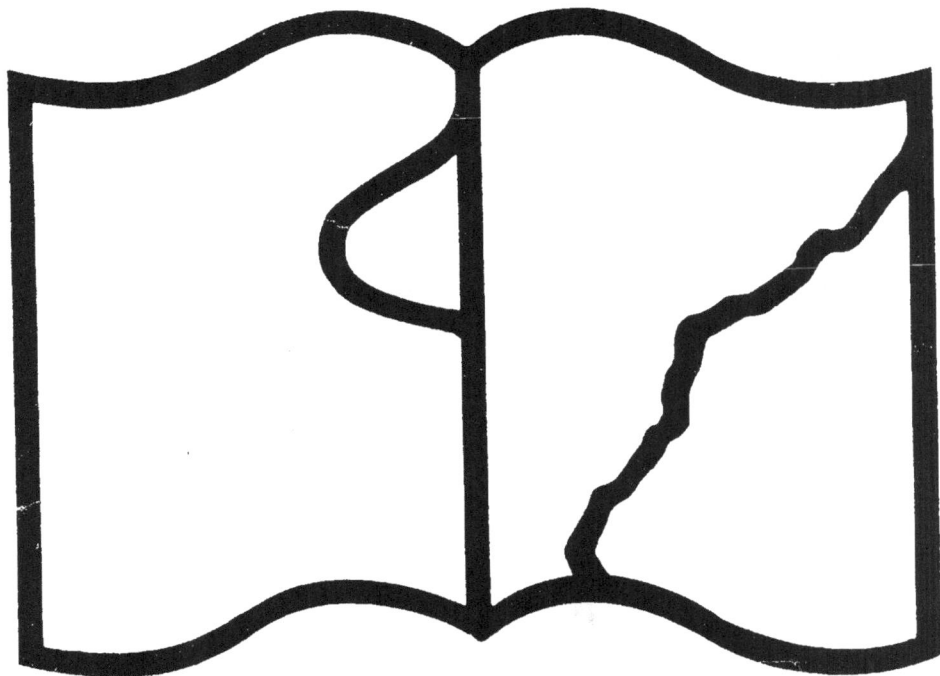

Texte détérioré — reliure défectueuse

NF Z 43-120-11

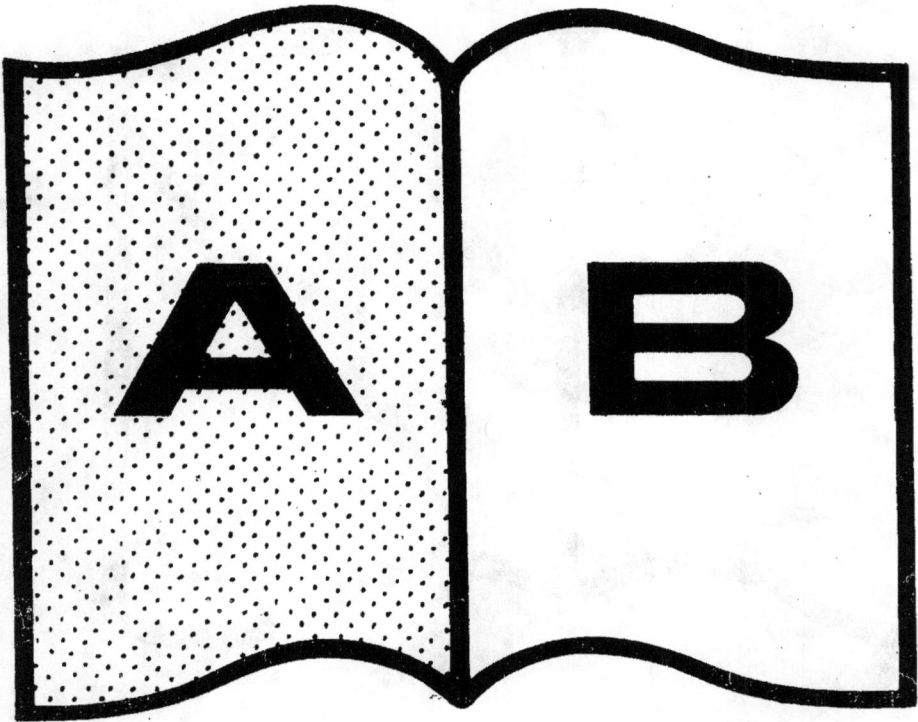

Contraste insuffisant

NF Z 43-120-14

ALBUM

ENCYCLOPÉDIQUE

125 GRAVURES AVEC TEXTE

HISTOIRE — GÉOGRAPHIE HISTORIQUE — MERVEILLES DE LA NATURE

MERVEILLES DE LA SCIENCE — HISTOIRE NATURELLE

PARIS

J. GARNIER, LIBRAIRE-ÉDITEUR

70, BOULEVARD SAINT-GERMAIN, 70

ALBUM

ENCYCLOPÉDIQUE

Paris. — Typ. Pillet fils aîné, 5, rue des Grands-Augustins.

ALBUM

ENCYCLOPÉDIQUE

125 GRAVURES AVEC TEXTE

HISTOIRE — GÉOGRAPHIE HISTORIQUE — MERVEILLES DE LA NATURE

MERVEILLES DE LA SCIENCE — HISTOIRE NATURELLE

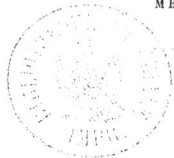

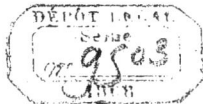

PARIS

J. GARNIER, LIBRAIRE-ÉDITEUR

70, BOULEVARD SAINT-GERMAIN, 70

DIVISION DE L'OUVRAGE

HISTOIRE

CHARLEMAGNE

après la prise de Pavie, se fait couronner, à Milan, roi d'Italie.

CHRONOLOGIE DES ROIS DE FRANCE

La Gaule, 58 ans avant J. C. — César, nommé proconsul des Gaules, repousse l'invasion germaine d'Arioviste. — 52 ans avant J. C. — La Gaule, conquise par César, se révolte; toutes les tribus gauloises se réunissent sous les ordres de Vercingétorix et résistent courageusement aux Romains; — siége et prise d'Avaricum; siége et bataille d'Alésia; — Vercingétorix vaincu se rend à César. — 51 à 420 après J. C. Domination romaine; introduction du christianisme dans les Gaules.

1re Dynastie, dite des Mérovingiens. — Conquêtes des Francs.

Rois

PHARAMOND, 420 à 428. Chef des Francs ou *hommes libres,* quitte la Germanie pour venir s'établir dans le nord de la Gaule.

CLODION, 428 à 448. S'avance jusqu'à la Somme, occupe les départements actuels du Nord et du Pas-de-Calais.

MÉROVÉE, 448 à 458. Fils de Clodion, lui succède, donne son nom à la 1re race des rois de France, les Mérovingiens. — 451. Prend part à la bataille de Châlons, qui délivre la Gaule d'Attila, le féroce roi des Huns.

CHILDÉRIC, 458 à 481. Son fils, est chassé pour ses excès, ses abus de pouvoir. Rappelé après un exil de sept ans, il laisse le trône à Clovis Ier.

CLOVIS Ier, 481 à 511. Le véritable fondateur de la monarchie française. — 486. Bataille de Soissons, où Clovis anéantit la domination romaine dans les Gaules. — 496. Bataille de Tolbiac, gagnée sur les tribus germaines, jalouses des succès des Francs dans les Gaules. A la suite de cette bataille, Clovis se convertit à la foi chrétienne. — 507. Clovis, par le gain de la bataille de Vouillé, enlève aux Visigoths leurs possessions, de la Loire aux Pyrénées. — Paris, ou plutôt Lutèce, est choisie par Clovis pour être la capitale de son royaume.

CHILDEBERT Ier, 511 à 558. Clovis laisse quatre fils qui se partagent son royaume, mais c'est le roi de Paris que l'on considère dans l'histoire comme le véritable roi de France. — Discordes continuelles entre les quatre frères. — 534. Ils se réunissent pour enlever la Bourgogne à Gondebaud, son roi.

CLOTAIRE Ier, 558 à 561. L'un des fils de Clovis règne seul sur toute la monarchie.

CARIBERT, 561 à 567. Le royaume est encore partagé; Caribert est roi de Paris.

CHILPÉRIC Ier, 567 à 584. Devient à la mort du roi précédent, son frère. La rivalité de Frédégonde et de Brunehaut ensanglante ce règne. — 576. Mort de saint Germain, célèbre évêque de Paris.

CLOTAIRE II, 584 à 628. Frédégonde fait assassiner le roi Chilpéric Ier; elle garde la régence. — 595. Mort

de saint Grégoire de Tours, le père de l'histoire de France. — 613. Clotaire règne seul.

DAGOBERT Ier, 628 à 638. Son fils, gouverne sagement par ses ministres ou maires du palais, Pépin de Landen et saint Éloi. — Il fonde l'abbaye de Saint-Denis, sépulture des rois de France.

CLOVIS II, 638 à 656. Le premier des rois fainéants.

CLOTAIRE III, 656 à 670. Règne sous la tutelle de sa mère, sainte Bathilde.

CHILDÉRIC II, 670 à 673. Succède à son frère, Clotaire III, malgré les intrigues du puissant maire du palais, Ebroïn.

THIERRY Ier, 673 à 691. Autre frère de Clotaire, n'a de roi que le nom. (687) Pépin d'Héristal, vainqueur d'Ebroïn à Testry, est le roi de fait.

CLOVIS III, 691 à 695. Son fils, est également sous la dépendance de Pépin, qui entreprend des expéditions contre les Frisons et les Allemands.

CHILDEBERT II, 695 à 711. Frère du précédent, abandonne le pouvoir aux maires du palais, dont la puissance est à son apogée.

DAGOBERT II, 711 à 716. A la mort de Pépin d'Héristal, ce prince essaie de ressaisir le pouvoir; il ne peut y parvenir et règne sous la dépendance de Charles Martel, fils du dernier maire du palais.

CLOTAIRE IV, 716 à 717. ⎫ Rois fainéants, n'exercent au-
CHILPÉRIC II, 717 à 720. ⎬ cun pouvoir; toute l'auto-
THIERRY II, 720 à 737. ⎭ rité est entre les mains de Charles Martel. Celui-ci repousse les incursions des Germains, bat deux fois le duc d'Aquitaine (732), qui, pour se venger, introduit en France les Arabes d'Espagne. Charles Martel, par sa victoire de Poitiers, sauve la France et la chrétienté.

Interrègne, 737 à 742. Charles Martel gouverne (741). Après sa mort, son fils, Pépin le Bref, le remplace comme chef du gouvernement.

CHILDÉRIC III, 742 à 752. Pépin aspire au trône, s'assure le concours des leudes, relègue le roi dans l'abbaye de Saint-Omer et met fin à la première dynastie.

2e Dynastie, dite des Carlovingiens.

PÉPIN LE BREF, 752 à 768-(754). Appelé en Italie par le pape Étienne II, Pépin passe les Alpes, conquiert sur les Lombards Ravenne et Rome, qu'il donne au Saint-Siége. Ainsi se trouve constitué le domaine temporel de la Papauté.

CHARLES Ier, dit **CHARLEMAGNE,** 768 à 814. Règne de concert avec son frère Carloman. — 771. Se trouve seul roi. — 772. Commence la guerre contre les Saxons, qu'il ne soumet qu'après neuf campagnes et trente-deux ans de guerre. — 774. Charlemagne prend Pavie, détruit le royaume des Lombards, se fait couronner à Milan roi d'Italie. — 778. Attaque les Sarrasins d'Espagne, s'empare de Pampelune, mais au retour son neveu Roland est défait et tué dans les défilés pyrénéens de Roncevaux. — 785. Conversion forcée

de Vitikind, chef des Saxons. — 786. Ambassade envoyée par Haroun-al-Raschid, calife de Bagdad. — 800. Charlemagne est couronné empereur d'Occident par le pape Léon III.

LOUIS LE DÉBONNAIRE, 814 à 840. — 817. Trop vaste, l'empire de Charlemagne se partage. Lothaire, fils aîné de Louis, est associé à l'empire. La Bavière est donnée à Louis, l'Aquitaine à Pépin, l'Italie à son neveu Bernard. — 818. Révolte de ce dernier. — 828. Louis le Débonnaire se soumet à la pénitence publique en expiation du supplice de son neveu Bernard. — 830. Guerre entre Louis le Débonnaire et ses fils. — 833. Ceux-ci le détrônent, mais peu après lui rendent une partie de son pouvoir. — 840. Il meurt dans l'une des îles du Rhin.

PHILIPPE-AUGUSTE

reçoit les hommages des Seigneurs et des Volontaires des Communes, après le triomphe de Bouvines.

CHRONOLOGIE DES ROIS DE FRANCE

Rois

CHARLES II, LE CHAUVE, 840 à 877. — 841. Uni à Louis le Germanique, Charles est vainqueur à Fontenay de Lothaire, roi d'Italie. — 855. Lothaire laisse à Louis de Bavière l'empire d'Occident et le royaume d'Italie. — 857. Premières invasions normandes. Les Normands assiégent Paris; Charles les éloigne à prix d'or. — 875. Charles le Chauve reconnu empereur d'Occident. — 877. Capitulation ou édit de Kiersy-sur-Oise, qui consacre l'hérédité des fiefs nobiliaires et assure le triomphe de la féodalité.

LOUIS II, LE BÈGUE, 877 à 879, LOUIS III ET CARLOMAN, 879 à 884. Véritables rois fainéants dominés par leur noblesse.

CHARLES LE GROS, 884 à 888. Elu au préjudice de Charles III, fils posthume de Louis le Bègue. — 885. Retour des Normands; ils assiégent Paris; le comte Eudes et l'évêque Gosselin les repoussent vaillamment pendant treize mois, mais le roi leur achète la paix. — 887. Déposition de Charles et élévation de Eudes. — 888. Mort de Charles le Chauve.

EUDES, 888 à 896. Les Normands et les Aquitains sont contenus.

Rois

CHARLES III, LE SIMPLE, 898 à 923. — 900. Alliance avec la fille d'Edouard l'Ancien, roi d'Angleterre. — 912. Abandonne à Rollon, chef des Normands, la Neustrie, qui prend dès lors le nom de Normandie et devient le pays le plus florissant de la France. — 922. Les seigneurs, mécontents de Charles, élèvent au trône Robert, frère d'Eudes. — 923. Charles, défait par Raoul, fils de Robert, est retenu captif à Péronne, où il meurt en 929.

RAOUL, 923 à 936. Empiétements du pouvoir féodal sur les droits de la royauté.

LOUIS IV, D'OUTREMER, 936 à 954. Fils de Charles le Simple, revenu d'exil, parvient à régner, malgré l'hostilité du puissant duc de France.

LOTHAIRE, 954 à 986. Roi sous la tutelle de Hugues le Grand; puis, à la mort de celui-ci, son fils, Hugues Capet, hérite de son pouvoir, et en 978 bat Othon, empereur d'Allemagne, qui revendiquait la Lorraine.

LOUIS V, dit LE FAINÉANT, 986 à 987. Hugues Capet se fait proclamer roi de France. Le dernier des Carlovingiens achève ses jours dans un monastère.

3ᵉ Dynastie, dite des Capétiens. — Première branche, Capétiens directs.

HUGUES CAPET, 987 à 996. Le domaine royal, très-restreint, se compose de l'Ile de France, de l'Orléanais, du comté de Laon. — 988. Charles de Lorraine, oncle du dernier roi, s'empare de Laon. Hugues reprend cette ville et fait son ennemi prisonnier. Déposition d'Arnould, archevêque de Reims. Hugues le fait remplacer par le savant Gerbert, depuis pape sous le nom de Sylvestre II.

ROBERT II, dit LE PIEUX, 996 à 1031. Le mariage de ce prince avec Berthe, sa parente, fait mettre le royaume en interdit. — 998. Il la répudie et épouse Constance d'Aquitaine. — 1000. Terreur superstitieuse des populations, attendant pour cette année la fin du monde. — 1016. Soumission de la Bourgogne après cinq années de guerre. Sous ce règne, premières persécutions contre les hérétiques. Grandeur du duché de Normandie.

HENRI Iᵉʳ, 1031 à 1060. — 1032. Famine effroyable qui pendant plusieurs années désole la France. — 1041. Établissement de la Trève et de la Paix de Dieu. 1055. Henri prête son appui à Guillaume le Bâtard, duc de Normandie, pour soumettre le duché.

PHILIPPE Iᵉʳ, 1060 à 1108. Baudouin, comte de Flandre, nommé régent. — 1066. Bataille d'Hastings, à la suite de laquelle Guillaume le Bâtard devient roi d'Angleterre. — 1087. Guerre entre le duc de Normandie et le roi de France; Guillaume ravage le Vexin, brûle Mantes et meurt à Rouen. 1094. Excommunication du roi pour cause d'union au degré interdit avec sa parente Bertrade. — 1095. Concile de Clermont, où Urbain II, sollicité par Pierre l'Ermite, décide la première croisade. — 1096. Départ des croisés sous les ordres de Godefroy de Bouillon. — 1097. Prise de Nicée, d'Edesse, par les chrétiens. — 1098. Prise d'Antioche. — 1099. Entrée à Jérusalem et fondation du royaume chrétien de la Palestine. — 1104. Siège et prise de Ptolémaïs. — 1106. Démêlés entre Robert, duc de Normandie, l'un des héros de la première croisade, et son f.ère Henri; le premier, vaincu à

Trinchebray, achève sa vie, prisonnier, au château de Cardiff (Angleterre).

LOUIS VI, dit LE GROS, 1108 à 1137. Réduit ses vassaux rebelles, et, pour contre-balancer le pouvoir de la haute noblesse, favorise l'affranchissement des communes. — 1116. Lutte avec le roi d'Angleterre; Louis VI est battu à Brenneville. — 1118. Fondation de l'ordre religieux militaire des Templiers. — 1124. Louis IV, aidé des milices communales, repousse l'invasion de Henri Iᵉʳ d'Angleterre, uni à Henri V.

LOUIS VII, dit LE JEUNE, 1137 à 1180. — 1137. Epouse Eléonore de Guyenne, dont les possessions augmentent considérablement le domaine royal. — 1142. Guerre contre Thibaut de Champagne. Incendie de Vitry. — 1145. Saint Bernard prêche la seconde croisade, à laquelle Louis VII prend part; la trahison d'Alexis Comnène, le peu d'accord existant entre les différents chefs chrétiens, font avorter l'expédition. — 1149. Retour du roi en France; en son absence, le royaume avait été habilement gouverné par l'abbé Suger. — 1150. Répudiation d'Eléonore, qui, en épousant Henri Plantagenet d'Anjou, plus tard roi d'Angleterre, rend ce prince plus puissant sur le sol français que le roi de France lui-même. — 1170. Hérésie des Vaudois. — 1178. Hérésie des Albigeois.

PHILIPPE II, dit AUGUSTE, 1180 à 1223. — 1189. Troisième croisade prêchée par Guillaume de Tyr; Philippe-Auguste y prend part, de concert avec Richard-Cœur-de-Lion, roi d'Angleterre, Frédéric Barberousse, empereur d'Allemagne. — 1191. Prise de Saint-Jean d'Acre par les croisés. La mésintelligence entre les différents chefs chrétiens paralyse leurs efforts; l'émir Saladin reste maître de Jérusalem. — 1192. Paix conclue entre les croisés et Saladin. Richard, à son retour en Europe, est retenu prisonnier par le duc d'Autriche, pendant que son frère Jean et le roi de France se partagent ses Etats. — 1194 Richard, li-

BATAILLE DE POITIERS

Le roi Jean se rend au prince Noir.

CHRONOLOGIE DES ROIS DE FRANCE

Rois

ore, déclare la guerre à Philippe-Auguste et reprend les places conquises par celui-ci. — 1199. Mort de Richard, tué au siège du château de Chaluz, en Languedoc. — 1200. Fondation de l'Université de Paris. — 1203. Toutes les provinces continentales du roi d'Angleterre sont déclarées confisquées au profit de la couronne de France. — 1204. Les croisés, qui s'étaient armés à la voix de Foulques, curé de Neuilly-sur-Marne, s'emparent de Constantinople, élisent Baudouin, comte de Flandre, leur chef, fondent ainsi l'empire latin de Constantinople. — 1207. Croisade contre les Albigeois, que protège le comte Raymond de Toulouse. — 1214. Philippe-Auguste triomphe à Bouvines d'une coalition du comte de Flandre, du roi d'Angleterre et de l'empereur d'Allemagne. — 1216. Expédition en Angleterre du prince Louis, fils du roi de France. — 1217. Cinquième croisade, dirigée par Jean de Brienne. Les croisés, débarqués en Égypte, s'emparent de Damiette.

Louis VIII, dit LE CŒUR DE LION, 1223 à 1226. Continue la guerre contre les Albigeois, enlève Avignon.

Louis IX, dit SAINT LOUIS, 1226 à 1270. La tutelle de la reine Blanche de Castille est agitée par des troubles. — 1229. Le traité de Meaux met fin à la guerre civile des Albigeois. — 1242. Batailles de Taillebourg et de Saintes, remportées par Louis IX sur le roi d'Angleterre, Henri III, et le comte de la Marche. — 1248. Saint Louis part pour la septième croisade et débarque en Égypte, prend Damiette, est fait prisonnier par les musulmans à la suite de la bataille de Massoure. Rendu à la liberté, il passe quatre ans en Palestine. — 1252. Fondation de la Sorbonne. — Mort de la reine Blanche. — 1258. Première apparition de l'artillerie dans la défense des places. — 1261. L'empire latin de Constantinople est renversé par Michel Paléologue. — 1266. Expédition de Charles d'Anjou en Sicile. — 1270. Huitième et dernière

croisade; saint Louis débarque à Tunis; il meurt pendant le siège de cette ville.

Philippe III, dit LE HARDI, 1270 à 1285. — 1271. Réunion à la couronne de l'Auvergne, du Languedoc, du comté de Toulouse. — 1282. Massacre des Français en Sicile (massacre dit des *Vêpres siciliennes*). — 1284. Mariage du fils de Philippe III avec Jeanne de Navarre, dont les possessions augmentent encore le domaine royal.

Philippe IV, dit LE BEL, 1285 à 1314. — 1291. Ruine des chrétiens en Orient par la perte de Saint-Jean d'Acre. — 1294. Confiscation de la Guyenne. — 1302. Perte par Philippe de la bataille de Courtray, livrée aux Flamands. Démêlés entre le roi de France et le pape Boniface VIII. Première réunion des États généraux. — 1304. Philippe, vainqueur des Flamands à la taille de Mons en Puelle, reconnaît en 1305 l'indépendance de ce pays. — 1309. Transfert à Avignon du siège pontifical. — 1311. Concile de Vienne en Dauphiné, où le pape abolit l'ordre des Templiers. — 1314. Supplice de Jacques Molay, leur grand maître.

Louis X, dit LE HUTIN, 1314 à 1316. — Réunit à la couronne les États de Navarre, dont il hérite du chef de sa mère. — 1315. Permet aux serfs des domaines royaux de se racheter.

Philippe V, dit LE LONG, 1316 à 1321. Frère du précédent. — 1320. Répression du soulèvement des Pastoureaux. — 1321. Cruels traitements infligés aux lépreux et aux juifs, accusés d'avoir empoisonné les fontaines.

Charles IV, dit LE BEL, 1321 à 1328. Frère de Philippe V, lui succède. — 1322. Mariage du roi avec la sœur du roi de Bohême. — 1327. Traité avec l'Angleterre. Traité qui donne l'Agénois à la couronne de France. — 1327. Erection en duché-pairie de la seigneurie de Bourbon. — 1328. Avec Charles IV mort sans laisser d'enfants mâles, s'éteint la branche des Capétiens directs.

Seconde Branche des Capétiens. — (Des Valois directs, 1328 à 1498.)

Philippe VI DE VALOIS, 1328 à 1350. — 1328. Bataille de Furnes, gagnée sur les Flamands révoltés. — 1340. Perte par les Français de la bataille navale de l'Écluse. — 1341. Guerre de la succession de Bretagne. — 1346. Bataille de Crécy. Premiers canons employés par les armées en campagne. — 1347. Prise de Calais par Édouard III, roi d'Angleterre. — 1349. Humbert, dernier comte du Dauphiné, cède ses États à la France. La peste noire ravage l'Europe.

Jean, dit LE BON, 1350 à 1364. — 1351. Combat des Trente. — 1356. Bataille de Poitiers perdue par le roi Jean contre le prince Noir, fils du roi d'Angleterre. — 1357-1358. Ravage des provinces par les grandes Compagnies. La Jacquerie. — 1360. Le traité de Brétigny rend la liberté au roi moyennant l'abandon de plusieurs provinces. — 1363. La maison éteinte de Bourgogne est relevée dans la personne de Philippe le Hardi, fils de Jean le Bon.

Charles V, dit LE SAGE, 1364 à 1380. — 1364. Bataille de Cocherel, gagnée par Duguesclin. — 1366. Charles V s'immisce dans la querelle entre Pierre le Cruel, roi de Castille, et son frère, Henri de Transtamarre; Duguesclin emmène en Espagne les grandes Compa-

gnies. Perte de la bataille de Navarette et captivité de Duguesclin. Revanche de Montiel. — 1371. Bataille navale de la Rochelle, remportée sur les Anglais par la flotte franco-castillane. — 1375-1378. Conquête de la Guyenne. — 1380. Mort de Duguesclin au château de Randon, forteresse du Gévaudan.

Charles VI, dit LE BIEN-AIMÉ, puis L'INSENSÉ, 1380 à 1422. — 1382. Bataille de Rosbecq. Révolte dite des Maillotins. — 1385. Paix de Gand entre le roi et les Flamands. — 1392. Assassinat d'Olivier de Clisson. — 1393. Le roi est atteint de folie. — 1396. Croisade dite de Nicopolis. — 1406. Reprise de la guerre avec l'Angleterre. — 1407. Assassinat du duc d'Orléans par ordre de Jean sans Peur, duc de Bourgogne. — 1410. Commencement de la rivalité des Armagnacs et des Bourguignons. — 1413. Paris au pouvoir des Cabochiens. — 1415. Bataille d'Azincourt. — 1418. Assassinat du duc de Bourgogne au pont de Montereau. — 1420. Traité de Troyes, qui reconnaît comme héritier de Charles VI, le roi d'Angleterre Henri. — 1421. Victoire du maréchal de la Fayette à Beaugé.

Charles VII, dit LE VICTORIEUX, 1422 à 1461. — 142

HENRI IV

fait passer des vivres aux Parisiens assiégés.

CHRONOLOGIE DES ROIS DE FRANCE

Rois

Perte des batailles de Cravant et de Verneuil. — 1428. Les Anglais, victorieux, assiégent Orléans. — 1429. Jeanne d'Arc fait lever le siège d'Orléans et mène le roi se faire sacrer à Reims. — 1431. Prisonnière des Bourguignons, Jeanne est vendue par eux aux Anglais, qui la condamnent à être brûlée à Rouen. — 1435. Charles VII est maître de Paris. — 1438. La Pragmatique sanction. — 1440. Révolte dite de la Praguerie. — 1441. Invention de l'imprimerie. — 1448-1450. Conquête de la Normandie. — 1450. Victoire des Français à Formigny. — 1451. Conquête de la Guyenne. — 1453. Reddition de Bordeaux. Fin de la domination anglaise en France. Calais seul reste au pouvoir des rois d'Angleterre.

Louis XI, 1461 à 1483. — 1462. Acquisition du Roussillon. — 1464. Ligue dite du Bien public des seigneurs contre le roi. Bataille indécise de Montlhéry entre les Bourguignons et les troupes royales. — 1467. Guerre civile en Normandie. — 1468. Traité de Péronne. — 1472. Jeanne Hachette repousse les Bourguignons qui assiégent Beauvais. — 1477. Charles le Téméraire, battu par les Suisses à Granson et à Morat, est tué au siège de Nancy. — Retour du duché de Bourgogne à la couronne de France. — 1478-1479

Bataille de Guinegate. Reprise de la Franche-Comté à Maximilien d'Autriche. —1481. Acquisition de la Provence après la mort du roi René.

Charles VIII, 1483 à 1498. — 1483. Régence d'Anne de Beaujeu. — 1488. Guerre contre la Bretagne ; bataille de Saint-Aubin-du-Cormier. — 1491. Réunion de la Bretagne à la France par le fait du mariage de la duchesse Anne avec Charles VIII. — 1492. Prise de Boulogne par Henri VIII, roi d'Angleterre. — 1494. Charles VIII revendique Naples, entre à Pise, à Florence, à Rome, conquiert le royaume de Naples. —1495. Bataille de Fornoue. — 1496. Naples, révoltée, est perdue pour les Français.

Louis XII, dit LE PÈRE DU PEUPLE, 1498 à 1515. — 1499. Mariage de Louis XII avec Anne de Bretagne. — 1500. Conquête du Milanais par les Français. — 1501. Louis XII enlève le royaume de Naples à Ferdinand le Catholique, qui le reprend peu après. — 1508. Ligue de Cambrai contre les Français et les Vénitiens. — 1509. Bataille d'Agnadel. — 1511. Sainte ligue formée par le pape Jules II contre les Français. 1512. Gaston de Foix, vainqueur à Ravenne, meurt au milieu de son triomphe. — 1513. Siége et prise de Térouanne par Henri VIII.

4e Branche des Capétiens. — Des Valois-Angoulême (1515 à 1589).

François Ier, 1515 à 1547. — 1515. Reprise de la guerre en Italie ; bataille de Marignan. — 1516. Traité de Noyon, qui met fin aux guerres d'Italie. Concordat avec Léon X. — 1517. Commencement du luthéranisme. — 1519. Élection de Charles-Quint, déjà roi d'Espagne, à l'empire. Rivalité entre les maisons d'Espagne et de France. — 1520. Entrevue de Henri VIII et de François Ier au camp du Drap d'or. Réunion à la couronne du Bourbonnais et des Marches, confisqués au duc de Bourbon. — 1525. Premières persécutions contre les protestants. Bataille de Pavie ; François Ier prisonnier de Charles-Quint. — 1526. Traité de Madrid, qui rend la liberté au roi de France. — 1529. Paix de Cambrai ou Paix des Dames entre les deux rivaux. — 1536. — Charles-Quint est chassé de la Provence. — 1545. Victoire des Français à Cérisolles. Conclusion du traité de Crespy en Valois. — 1545. Massacre des hérétiques vaudois. — 1546. Concile de Trente.

Henri II, 1547 à 1560. — 1549. Reprise de Boulogne aux Anglais. — 1552. Henri II se rend maître des Trois-Évêchés. Défense héroïque et heureuse de Metz contre Charles-Quint. — 1557. Charles-Quint abdique et se retire dans un monastère. — 1557. Perte de la bataille de Saint-Quentin. — 1558. Reprise de Calais par le duc de Guise. — 1559. Paix de Cateau-Cambrésis entre la France, l'Angleterre et l'Espagne. —

François II, 1560. Conjuration d'Amboise, déjouée par

les Guises. La jeune reine Marie Stuart se retire en Écosse, après la mort de François II.

Charles IX, 1560 à 1574. — 1560. Catherine de Médicis est régente pour son fils. Les États généraux d'Orléans se prononcent pour la tolérance religieuse. — 1561. Colloque de Poissy. — 1562. Le massacre des protestants, à Vassy, donne le signal des guerres de religion. Bataille de Dreux, gagnée par les catholiques. — 1563. Le duc de Guise est assassiné par Poltrot. Paix d'Amboise. — 1567. Seconde guerre civile. Combat de Saint-Denis. — 1568. Paix de Longjumeau. — 1569. Combat de Jarnac. Guerre de Béarn. Bataille de Montcontour. — 1570. Les Guises, vainqueurs, concluent avec les protestants la paix de Saint-Germain. — 1572 (24 août). Massacre de la Saint-Barthélemy. — 1573. Défense des protestants réfugiés à la Rochelle. Le duc d'Anjou appelé au trône de Pologne.

Henri III, 1574 à 1589. — 1574. Henri abandonne le trône de Pologne pour venir occuper celui de France. — 1576. Les avantages accordés aux huguenots par le roi décident de la formation de la Ligue. — 1585. Paris au pouvoir des Seize. — 1586. Guerre des Trois-Henris. Henri de Navarre, à Coutrai, est excommunié par le pape Sixte-Quint. — 1588. Journée des Barricades. Le roi Henri III, au château de Blois, ordonne le massacre du duc et du cardinal de Guise. — 1589. Le roi est assassiné par le moine fanatique Jacques Clément.

5e Branche des Capétiens. — Maison de Bourbon (1589 à 1793).

Henri IV, 1589 à 1610. — 1591. Henri IV bat les ligueurs à Arques et à Ivry. — 1593. Il abjure le protestantisme. — 1594. Entre à Paris. — 1595. Combat de Fontaine-Française. — 1598. L'édit de Nantes met fin aux guerres de religion. Paix de Vervins.

Louis XIII, 1610 à 1643. Marie de Médicis est régente. Faveur des Concini. — 1614. Révolte de Condé et des

Princes. — 1618. Commencement de la guerre dite de Trente-Ans. — 1627-1628. Siége et prise de la Rochelle. — 1631. Exil de la reine-mère — 1642. Conspiration et supplice de Cinq-Mars. Mort de Richelieu.

Louis XIV, 1643 à 1715. La reine Anne d'Autriche régente. — 1643. Bataille de Rocroy, gagnée sur les Es-

LOUIS XIV

CHRONOLOGIE DES ROIS DE FRANCE

Rois

pagnols par le duc d'Enghien. — 1644. Turenne triomphe à Fribourg, en 1645 à Nordlingue. — 1648. Bataille de Lens. Traité de Westphalie, qui donne l'Alsace à la France. — Guerre civile de la Fronde. — 1652. Combat du faubourg Saint-Antoine. — 1658. Victoire de Turenne aux Dunes. — 1659. Traité des Pyrénées. Mariage du roi avec l'infante Marie-Thérèse d'Autriche. — 1661. Mort de Mazarin. — 1667. Turenne conquiert la Flandre, et Condé la Franche-Comté. — 1668. Traité de la Triple-Alliance contre Louis XIV et l'Espagne. — 1672. Le roi passe le Rhin et entre en Hollande. — 1674. Bataille de Senef, gagnée par le grand Condé. — 1675. Incendie du Palatinat par Turenne, qui est tué à Salzbach. — 1678. Paix de Nimègue. La Franche-Comté est acquise à la France. — 1682. Duquesne bombarde Alger. — 1685. Révocation de l'édit de Nantes. — 1687. Ligue d'Augsbourg, formée par les princes protestants contre la France. — 1690. Victoires de Luxembourg à Fleurus, de Tourville devant Dieppe. — 1691. Prise par Louis XIV de Mons et de Namur. — 1692-1693. Triomphes de Luxembourg à Steinkerque, à Nerwinde; de Catinat à Marsaille; désastre de Tourville à la Hogue. Création de l'ordre militaire de Saint-Louis. — 1697. Paix de Ryswick. — 1700. Le duc d'Anjou, Philippe, petit-fils de Louis XIV, est appelé au trône d'Espagne par le testament de Charles II. Guerre de la Succession d'Espagne. — 1704. Revers des Français à Hochstedt, à Ramillies, à Oudenarde, à Lille. — 1709. Perte de la bataille de Malplaquet. — 1710. Victoire de Villaviciosa, qui assure l'Espagne à Philippe V. — 1712. Victoire de Denain. Paix d'Utrecht.

Louis XV, 1715 à 1774. Régence honteuse et désastreuse du duc Philippe d'Orléans. — 1716. Law fonde la banque du Mississipi, qui, trois ans après, aboutit à une banqueroute. — 1718. Traité de Londres, dit de la Quadruple-Alliance, contre l'Espagne. Conspiration de Cellamare. — 1741. Guerre de la Succession d'Autriche. — 1744. Prise de Menin et d'Ypres. Le maréchal de Saxe triomphe à Fontenoy. Victoires des Français dans l'Hindoustan. — 1748. Le traité d'Aix-la-Chapelle met fin à la guerre. — 1756-1763. Guerre de Sept-Ans. — 1757. Bataille de Rosbach. — 1758. Bataille de Crevelt. — 1759. Bataille de Minden. — 1760. Combat de Clostercamp. — 1761. Conclusion du Pacte de famille. — 1763. Le traité de Paris termine la guerre. — 1766. La Lorraine est réunie à la France. — 1768. La républ. de Gênes cède la Corse à la France.

Louis XVI, 1774 à 1793. — 1776. Louis XVI prend parti pour les colonies d'Amérique, révoltées contre l'Angleterre. — 1778. Victoire navale d'Ouessant. — 1781. Prise de Yorktown. — 1782-1783. Victoires du bailli de Suffren dans la mer des Indes. — 1783. Le traité de Versailles termine la guerre d'Amérique. — 1789. Réunion des États généraux, devenus bientôt l'Assemblée constituante. Prise de la Bastille. Le roi est arrêté à Varennes. L'Assemblée Constituante devient Législative. — 1792. Sac des Tuileries. Emprisonnement de la famille royale au Temple. L'Assemblée législative fait place à la célèbre *Convention*. Les Prussiens sont battus à Jemmapes et, à Fleurus.

République, 1793 à 1804. — 1793. Supplice du Roi, de la Reine, des Girondins. Régime de la Terreur. La Vendée est en insurrection. Victoire de Hondschoot sur les Anglais, à qui Bonaparte reprend Toulon. — 1794. Jourdan est victorieux à Fleurus. — 1795. Pichegru s'empare de la Hollande. Le Directoire succède à la Convention. Expédition de Quiberon. Mort de Louis XVII. — 1796. Hoche pacifie la Vendée. Campagne d'Italie. Bonaparte est victorieux dans cinq batailles. Glorieuse retraite de Moreau en Allemagne. — 1797. Bonaparte triomphe à Rivoli et signe le traité de Campo-Formio. — 1798. Expédition d'Égypte. Nelson détruit la flotte française à Aboukir. — 1799. Bonaparte renverse le Directoire et se fait nommer Premier Consul. — 1800. Victoires de Marengo, de Hohenlinden, de Montebello. — 1801. Paix de Lunéville. Concordat entre Pie VII et Bonaparte. — 1802. Paix d'Amiens. Création de la Légion d'honneur.

Empire. — **Napoléon**, 1804 à 1815. — 1804. Napoléon proclamé empereur. — 1805. Bataille d'Austerlitz. Paix de Presbourg. Perte de la bataille navale de Trafalgar. — 1806. Bataille d'Iéna. Entrée des Français à Berlin. Décret déclarant le blocus continental. — 1807-1808. Batailles d'Eylau et de Friedland. Traité de Tilsitt. — 1808. Guerre d'Espagne. — 1809. Victoires d'Eckmühl, d'Essling, de Wagram. — 1810. Mariage de Napoléon avec Marie-Louise d'Autriche. — 1811. Naissance du Roi de Rome. — 1812. Expédition de Russie. Victoire de la Moskowa. Incendie de Moscou. Déroute de la Bérésina. — 1813. Napoléon, vainqueur à Lutzen, à Bautzen, à Dresde, est forcé de reculer par la perte de la bataille de Leipzig. — 1814. Glorieuse, mais inutile campagne de France. Napoléon abdique, se retire à l'île d'Elbe. Retour des Bourbons. — 1815. Retour de l'Empereur. Bataille de Waterloo. Napoléon est prisonnier des Anglais, qui l'envoient mourir à Sainte-Hélène. Restauration des Bourbons. Congrès de Vienne.

Louis XVIII, frère de Louis XVI, 1815 à 1824. — 1816. Établissement du gouvernement parlementaire en France. — 1817. Évacuation du territoire par les alliés. — 1820. Assassinat du duc de Berri. — 1821. Mort de Napoléon. — 1823. Expédition d'Espagne.

Charles X, frère de Louis XVI, 1824 à 1830. — 1827. Affaires de Grèce. Bataille navale de Navarin. — 1828. Expédition de Morée. — 1830. Conquête d'Alger. Révolution de Juillet, qui remplace les Bourbons par la seconde branche des Orléans.

Louis-Philippe Ier, 1830 à 1848. — 1832. Occupation d'Ancône. Prise de la citadelle d'Anvers. — 1834. Traité de la Quadruple-Alliance. — 1837. Prise de Constantine. Traité de la Tafna avec Abd-el-Kader. — 1840. Défense de Mazagran. — 1841. Traité dit des Détroits, qui met fin à la question d'Orient. — 1843. Prise de la Smalah d'Abd-el-Kader. Le prince de Joinville bombarde Tanger et Mogador. Le général Bugeaud remporte sur les Marocains la bataille d'Isly. — 1847. Abd-el-Kader se rend prisonnier; la conquête de l'Algérie est achevée. — 1848. Révolution. Louis-Philippe abdique en faveur de son petit-fils, mais la République est proclamée. Le prince Louis-Napoléon est nommé Président.

BONAPARTE, GÉNÉRAL EN CHEF DE L'ARMÉE D'ÉGYPTE

NAPOLÉON Iᵉʳ

La Corse venait d'être, depuis six semaines, annexée à la France, lorsque naquit à Ajaccio, le 15 août 1769, Napoléon Bonaparte. En 1779, Charles Bonaparte, envoyé à Versailles comme député de la noblesse des Etats de la Corse, emmena avec lui son fils Napoléon, âgé de dix ans. La politique de la France appelait aux écoles royales les enfants des familles nobles de la nouvelle conquête, aussi le jeune Napoléon fut-il placé à l'Ecole militaire de Brienne. Bonaparte resta jusqu'à l'âge de quatorze ans à Brienne, où il eut pour professeur Pichegru, plus tard conquérant de la Hollande. Après s'être distingué d'une manière remarquable dans les études mathématiques, historiques et géographiques, mais fort peu dans les langues anciennes, Bonaparte, en vertu d'une dispense d'âge, passa (1783) à l'Ecole militaire de Paris, et le 1ᵉʳ septembre 1785, le succès d'un brillant examen lui valut, à seize ans, une lieutenance en second au régiment de La Fère, qu'il quitta bientôt pour entrer comme lieutenant en premier dans un autre régiment en garnison à Valence. Là, Bonaparte employa ses loisirs à commencer une histoire de la Corse, que le fameux abbé Raynal l'engagea vivement à continuer : mais ce travail, resté imparfait, n'a jamais été retrouvé. En 1786, il concourut, sous le voile de l'anonyme, et remporta le prix proposé par l'Académie de Lyon. Trois ans plus tard, en 1789, le jeune lauréat saluait, à vingt ans, avec enthousiasme, le brillant essor de la plus juste comme de la plus glorieuse des révolutions.

En 1793, Bonaparte, devenu chef de bataillon, fut envoyé à l'armée de Toulon par le Comité de Salut public, pour diriger l'artillerie du siége, et ce fut lui seul qui, par l'habile disposition de ses batteries, ouvrit au général Dugommier les portes de la ville. Dugommier, reconnaissant, demanda et obtint pour Bonaparte le grade de général de brigade. Au mois de mars 1794, le général Bonaparte arriva à Nice, où il prit le commandement en chef de l'artillerie de l'armée d'Italie; mais après le 9 thermidor (27 juillet 1794) il fut, comme suspect de terrorisme, laissé dans l'inaction. Cette inaction était providentielle. En effet, lorsque le 12 vendémiaire (4 octobre 1795) la Convention, menacée par les légions réactionnaires de la garde nationale, confia le commandement de la force armée à Barras, celui-ci s'adjoignit Bonaparte, qui, le lendemain 13 vendémiaire, foudroya les royalistes sur les marches de Saint-Roch, et prolongea ainsi l'existence de l'assemblée la plus mémorable qui ait jamais présidé aux destinées d'un grand peuple.

Le 4 brumaire an IV (26 octobre 1795), le président de la Convention, se levant, prononça la formule solennelle : « La Convention nationale déclare que sa mission est remplie et que sa session est terminée. » Et alors commença le Directoire.

C'est sous ce nouveau gouvernement que Bonaparte, nommé général de l'intérieur après le 13 vendémiaire, fut appelé, en 1796, au commandement de l'armée d'Italie. Le héros des journées de vendémiaire fut bien accueilli par ses anciens compagnons d'armes, en dépit de ses formes grêles et de ses manières réservées : c'est que depuis quatre ans ils avaient vécu dans les neiges des Alpes, sans solde, sans vêtements, sans souliers même, et que leur jeune chef leur montrait déjà en perspective les plaines si fertiles de la Lombardie. Les Français étaient environ trente mille, et devant eux se déployait l'armée austro-sarde, forte de soixante mille hommes ; mais jamais soldats républicains ne s'étaient rencontrés dans de meilleures conditions pour vaincre, et jamais grand capitaine n'avait eu une pareille phalange de lieutenants : c'étaient Augereau, Masséna, Berthier, Lannes, Joubert, Murat, Suchet, Victor..... A Montenotte, le centre de l'armée ennemie fut culbuté (12 avril 1796); à Millesimo (14 avril), le général Colli fut définitivement séparé du généralissime autrichien Beaulieu, qui courait défendre Milan ; à Mondovi, l'armée sarde fut écrasée (22 avril), et la cour de Turin, effrayée de la rapidité des Français, ne tarda pas à signer un armistice, puis la paix. Bonaparte, qui avait encore à triompher des Autrichiens, ne perdait pas de temps : le 7 mai, il passa le Pô à Plaisance; le 10, il emporta le pont de Lodi sur l'Adda, et le 17, il fit, à Milan, une entrée triomphante. Le pont d'Arcole (novembre 1796), la plaine de Rivoli (janvier 1797) sont encore témoins des hauts faits de ce guerrier, non moins rapide que César, non moins habile qu'Annibal, et, le 17 avril 1797, l'Autriche signait l'armistice de Léoben, renonçant dans le nord à la Belgique, dans le midi à la Lombardie.

Tant de gloire semblait devoir suffire à l'ardeur de Bonaparte ; mais ce héros de vingt-huit ans n'était qu'au début de sa carrière, et le 17 mai 1798, une flotte française, forte de quatre cents voiles et portant trente mille hommes de débarquement, partait de Toulon, sous les ordres du vainqueur de Rivoli. Au moment où l'amiral Nelson se lança à la poursuite de l'escadre républicaine, il était trop tard pour l'arrêter; Bonaparte prit terre à Alexandrie, remonta le Nil, culbuta Mourad-Bey et ses mameluks à Ramanieh, à Chébreiss, à la bataille des Pyramides. C'est à la vue de ces monuments, presque aussi vieux que le monde, que cet enthousiaste de l'armée française prononça ces mots fameux : *Soldats, du haut de ces pyramides quarante siécles vous contemplent !* Le 25 juillet 1798, Bonaparte occupa le Caire, et, maître du pays, se mit en devoir de l'organiser, sans se préoccuper du désastre d'Aboukir, où Nelson avait détruit (1ᵉʳ août) la flotte qui pouvait seule faciliter son retour en Occident.

L'Egypte soumise, Bonaparte partit pour la Syrie, afin de prévenir les desseins hostiles de la Porte Ottomane, prit d'assaut Gaza, Jaffa, Caïffa, et mit le siége devant, Saint-Jean-d'Acre, que défendait le pacha Djezzar, aidé du commodore anglais sir Sidney Smith et de l'émigré Phélipeaux. L'armée turque étant survenue, le général français l'écrasa à la bataille du Mont-Thabor (16 avril 1799); mais la ville d'Acre opposa une résistance invincible à notre armée, privée d'artillerie de siége, et, le 17 mai, désespérant du succès, on se décida au retour.

Bonaparte allait rentrer au Caire, quand il apprit qu'une armée turque, forte de vingt-cinq mille hommes, commandée par Mustapha-Pacha, venait de débarquer à Aboukir et d'en occuper le fort.

PASSAGE DU MONT SAINT-BERNARD

NAPOLÉON Ier

Ce lieu, si funeste à la France l'année précédente, lui réservait une glorieuse revanche, car l'armée de Mustapha-Pacha fut complétement battue et écrasée par une poignée de Français. Cette journée coûta aux Turcs dix-huit mille hommes hors de combat, et à nous sept ou huit cents seulement.

Tandis que Bonaparte essayait, mais en vain, de s'emparer d'une position avancée sur la route des Indes, la France était conduite à sa perte par le Directoire, et tous les regards demeuraient tournés vers un seul point, vers cette Egypte où luttait le seul homme capable de sauver la République. L'avénement au pouvoir suprême du conquérant de la Péninsule, de l'organisateur des républiques italiennes, du négociateur de Campo-Formio, était si logiquement fatal, que le succès incomplet de l'expédition d'Egypte, la flotte perdue, les revers devant Saint-Jean-d'Acre, le retour isolé et précipité du général, ne changèrent rien à l'impression publique. Il n'avait pas besoin de ramener une armée victorieuse; il revint, c'était assez, c'était lui.

Le 17 vendémiaire an VIII (9 octobre 1799), Bona-parte traverse la Méditerranée avec un bonheur inouï, et malgré l'active surveillance de la flotte anglaise, il débarque à Fréjus; un mois après, le 18 brumaire an VIII (9 novembre 1799), le Directoire a cessé d'exister et le Consulat commence. Cette période de notre histoire, cette période de la vie de Bonaparte, la plus glorieuse, la plus heureuse de toutes, fut dignement inaugurée par la bataille de Marengo. A peine arrivé au pouvoir, Bonaparte avait fait directement au roi de la Grande-Bretagne et à l'empereur d'Allemagne des propositions de paix qui furent dédaigneusement rejetées, et il résolut d'obtenir par la terreur ce qu'on refusait à sa générosité. La campagne de 1800 fut aussi courte que glorieuse. Le général autrichien Mélas, qui occupait la Lombardie avec cent trente mille hommes, avait reçu la mission de prendre Gênes et de pénétrer en Provence par le Var; il avait poussé vivement devant lui, puis rejeté dans Gênes le brave Masséna, lorsque le Premier Consul résolut de franchir les Alpes au grand Saint-Bernard, afin de tourner les positions autrichiennes et de déconcerter les généraux ennemis, qui l'attendaient devant eux et non derrière.

Deuxième partie. — **Le Consulat** (1800-1804.)

Ce fut dans la nuit du 14 au 15 mai 1800 que l'armée française commença le fameux passage du mont Saint-Bernard; Lannes s'avançait le premier, à la tête de six régiments de troupes d'élite. On se mit en route, entre minuit et deux heures du matin, pour devancer l'instant où la chaleur du soleil, faisant fondre les neiges, précipitait des montagnes de glace sur la tête des voyageurs téméraires qui s'engageaient dans ces gorges affreuses. Il fallait huit heures pour parvenir au sommet du col, à l'hospice même du Saint-Bernard, et deux heures seulement pour redescendre du côté de l'Italie. Les soldats surmontèrent avec ardeur les difficultés de cette route. Ils étaient fort chargés, car on les avait obligés à prendre du biscuit pour plusieurs jours, et avec ce biscuit une grande quantité de cartouches. Ils gravissaient les sentiers escarpés, chantant au milieu des précipices, rêvant la conquête de cette Italie où ils avaient goûté tant de fois les jouissances de la victoire, et ayant le noble pressentiment de la gloire immortelle qu'ils allaient acquérir. Pour les fantassins la peine était moins grande que pour les cavaliers. Ceux-ci faisaient la route à pied, conduisant leur monture par la bride. C'était sans danger à la montée, mais à la descente, le sentier fort étroit les obligeant à marcher devant le cheval, ils étaient exposés, si l'animal faisait un faux pas, à être entraînés avec lui dans les précipices. Vers le matin, on parvint à l'hospice, et là, une surprise ménagée par le Premier Consul ranima les forces et la bonne humeur de ces braves soldats. Les religieux, munis d'avance des provisions nécessaires, avaient préparé des tables, et servirent à chacun une ration de pain, de vin et de fromage. Après un moment de repos on se remit en route et on descendit, sans événement fâcheux, à Saint-Remy, le premier village qui se présente sur la route d'Italie.

Chaque jour l'une des divisions de l'armée recevait ordre de franchir le Saint-Bernard. L'opération devait donc durer plusieurs jours, surtout à cause du matériel qu'il fallait faire passer avec les divisions. On fit d'abord voyager les vivres et les munitions. Pour cette partie du matériel qu'on pouvait diviser, placer sur le dos des mulets, dans de petites caisses, la difficulté ne fut pas aussi grande que pour le reste. Elle ne consista que dans l'insuffisance des moyens de transport, car, malgré l'argent prodigué à pleines mains, on n'avait pas autant de mulets qu'il en aurait fallu pour l'énorme poids qu'on avait à transporter de l'autre côté du Saint-Bernard. Cependant les vivres et les munitions ayant passé à la suite des divisions de l'armée, et avec le secours des soldats, on s'occupa enfin de l'artillerie. Les affûts et les caissons avaient été démontés et placés sur des mulets. Restaient les pièces de canon elles-mêmes, dont on ne pouvait pas réduire le poids par la division du fardeau. On imagina un moyen qui fut essayé sur-le-champ et qui réussit : ce fut de partager par le milieu des troncs de sapin, de les creuser, d'envelopper avec deux de ces demi-troncs une pièce d'artillerie, et de la traîner ainsi enveloppée le long des ravins. Grâce à ces précautions, aucun choc ne pouvait l'endommager. Des mulets furent attelés à ce singulier fardeau, et servirent à élever quelques pièces jusqu'au sommet du col. Mais la descente était plus difficile : on ne pouvait l'opérer qu'à force de bras, et en courant des dangers infinis, parce qu'il fallait retenir la pièce et l'empêcher, en la retenant, de rouler dans les précipices. Malheureusement les mulets commençaient à manquer. Les muletiers surtout, dont il fallait un grand nombre, étaient épuisés. On songea dès lors à recourir à d'autres moyens. On offrit aux paysans des environs jusqu'à mille francs par pièce de canon qu'ils consentiraient à traîner. Il fallait cent hommes pour en traîner une seule, un jour pour la monter, un jour pour la descendre. Quelques centaines de paysans se présentèrent et transportèrent, en effet, quelques pièces de canon, conduits par les artilleurs, qui les dirigeaient.

DISTRIBUTION DES AIGLES AU CAMP DE BOULOGNE (15 Août 1804)

NAPOLÉON Ier

Mais l'appât même du gain ne put les décider à renouveler cet effort. Ils disparurent tous, et malgré les officiers envoyés à leur recherche et prodiguant l'argent pour les ramener, il fallut y renoncer et demander aux soldats de traîner eux-mêmes leur artillerie. On pouvait tout obtenir de ces soldats dévoués.

Pour les encourager, on leur promit l'argent que les paysans épuisés ne voulaient plus gagner; mais ils le refusèrent, disant que c'était un devoir d'honneur pour une troupe de sauver ses canons; et ils se saisirent des pièces abandonnées. Des troupes de cent hommes, sorties successivement des rangs, les traînaient chacune à son tour. La musique jouait des airs animés dans les passages difficiles, et les encourageait à surmonter ces obstacles d'une nature si nouvelle. Quant au Premier Consul, il gravit le Saint-Bernard monté sur un mulet, revêtu de cette fameuse redingote grise qu'il a toujours portée, conduit par un guide du pays, montrant dans les passages difficiles la distraction d'un esprit occupé ailleurs, entretenant les officiers répandus sur la route, et puis, par intervalles, interrogeant le conducteur qui l'accompagnait, se faisant conter sa vie, ses plaisirs, ses peines, comme un voyageur oisif qui n'a pas mieux à faire.

Le Premier Consul s'arrêta quelques instants chez les religieux, les remercia de leurs soins envers l'armée, et leur fit un don magnifique pour le soulagement des pauvres et des voyageurs. Il descendit rapidement, suivant la coutume du pays, en se laissant glisser sur la neige, et arriva le soir même sur la terre d'Italie.

Toutes les difficultés paraissaient vaincues, lorsqu'un dernier obstacle faillit rendre inutile tout ce que les Français avaient déjà fait. Avant d'atteindre Ivrée, la route passe entre une montagne escarpée et le fort de Bard, et l'artillerie ne pouvait suivre d'autre chemin que l'unique rue de Bard, qui longe presque le pied de la forteresse. On résolut d'abord de faire passer une pièce sous le feu même du fort, à la faveur de la nuit. Malheureusement l'ennemi, averti par le bruit, jeta des pots à feu qui éclairèrent la route comme en plein jour, et lui permirent de la couvrir d'une grêle de projectiles. Sur treize canonniers qui s'étaient aventurés à traîner cette pièce de canon, sept furent tués ou blessés. Il y avait là de quoi décourager les plus braves gens, lorsqu'on s'avisa d'un moyen ingénieux, mais fort périlleux encore. On couvrit la rue de paille et de fumier; on disposa des étoupes autour des pièces, de

manière à empêcher le moindre retentissement, on les détela, et de courageux artilleurs les traînant à bras, se hasardèrent à les passer sous les batteries du fort, le long de la rue de Bard. Ce moyen réussit parfaitement. L'ennemi, qui de temps en temps tirait par précaution, atteignit un certain nombre de nos canonniers, mais trouva transportée au delà du défilé, et ce redoutable obstacle, qui avait donné au Premier Consul plus de soucis que le Saint-Bernard lui-même, se trouva vaincu.

L'ennemi se trouvait séparé de l'Autriche; son armée, épouvantée de l'audace des Français, était vaincue avant même d'avoir engagé le moindre combat. Le généralissime Mélas refusa longtemps de croire à nos mouvements, mais force lui fut de se rendre à l'évidence quand il apprit l'entrée de Bonaparte à Milan, au milieu de l'admiration et de l'enthousiasme des populations. Craignant d'être enveloppé, il concentra rapidement ses corps de troupes disséminés en Piémont; le 9 juin il est battu par Lannes au village de Montebello; trois tentatives pour passer le Pô à Plaisance échouent également; il est cerné entre le fleuve, les Apennins et l'armée française; la bataille devient inévitable. Elle eut lieu le 14 juin 1800, au village de Marengo. Le choc fut terrible. Très-inférieurs en nombre et en artillerie, les Français furent écrasés par le feu des Autrichiens; Mélas, sûr de la victoire, envoyait déjà ses courriers annoncer la bonne nouvelle à toutes les cours de l'Europe, quand, à trois heures de l'après-midi, arrive Desaix à la tête de six mille hommes de troupes fraîches. L'action recommence, Bonaparte lance Desaix sur le front de l'armée autrichienne, tandis que le reste de l'armée attaque ses flancs. Bientôt l'ennemi est repoussé, le terrain perdu regagné, et l'armée autrichienne voit son premier triomphe transformé en une épouvantable défaite. Mais, perte à jamais regrettable, Desaix tombe, dès le commencement de l'action, frappé d'une balle à la poitrine. Ce jeune général tombait le jour même où Kléber périssait au Caire sous le poignard d'un assassin.

La pacification générale, précieux résultat de la bataille de Marengo, donna à la France toute la rive gauche du Rhin, la Savoie, le Piémont, la Lombardie, et permit au Premier Consul d'organiser à l'intérieur l'administration départementale, les finances, la justice, et de déterminer par le Concordat à quelles conditions renaîtrait le culte catholique.

Troisième partie. — L'Empire (1804-1815.)

Le 18 mai 1804, Bonaparte, proclamé *Empereur des Français*, allait désormais être désigné uniquement sous le nom de *Napoléon*. Une nouvelle constitution fut en même temps donnée à la France. Elle maintenait l'existence du Sénat, du Corps législatif et du Tribunat. Napoléon remit en usage tout le cérémonial des anciennes cours; il eut un grand aumônier, un grand chambellan, un grand maréchal du palais, un grand écuyer, un grand veneur, des pages, etc. Le 2 décembre 1804, Pie VII, venu exprès à Paris, sacra l'Empereur et l'Impératrice Joséphine dans l'église Notre-Dame.

Marengo avait inauguré le Consulat, Austerlitz inaugura l'Empire, et le 2 décembre 1805, jour anniver-

saire de son couronnement, dix mois après avoir été proclamé à Milan roi d'Italie, Napoléon dispersait dans les champs de la Moravie une armée de cent mille hommes, commandée par les empereurs de Russie et d'Autriche. Aussi cette bataille est-elle demeurée célèbre sous le nom de *Bataille des trois Empereurs*.

C'est le lendemain d'Austerlitz que date l'organisation définitive du gouvernement impérial. Napoléon voulut s'entourer de princes dévoués, élever sa famille, ressusciter la hiérarchie féodale du moyen âge.

LES ADIEUX DE FONTAINEBLEAU

NAPOLÉON Ier

Le trône de Naples fut donné à Joseph Bonaparte; celui de Hollande à Louis; Murat devint grand-duc de Clèves et de Berg. Le *Saint-Empire romain* fit place (1806) à la *Confédération du Rhin*, dont Napoléon devint le *Protecteur*, et l'empereur d'Allemagne, François II, renonçant à son premier titre, dut s'intituler empereur héréditaire d'Autriche. Les ducs de Bavière et de Wurtemberg furent redevables à l'Empereur des Français de la dignité royale.

Malheureusement, l'opiniâtreté des ennemis de Napoléon croissait toujours, et, en 1806, la Prusse et la Russie entraient en lice. Une seule bataille, celle d'Iéna (14 octobre), décida du sort de la Prusse.

Les Russes furent battus à Eylau (7 février 1807), à Friedland (14 juin), et au mois de juillet, la paix de Tilsitt, conclue avec la Russie et la Prusse, enleva à la dernière de ces puissances tout ce qu'elle possédait à l'ouest de l'Elbe. On en forma pour Jérôme Bonaparte le royaume de Westphalie. L'électeur de Saxe, notre allié, obtint le titre de roi, ainsi que le grand-duché de Varsovie. La colonne Vendôme, faite avec le bronze des canons ennemis, fut destinée à rappeler à la capitale de l'empire français les hauts faits de son grand Empereur.

C'était trop de gloire, même pour une tête telle que celle de Napoléon, et le vertige allait le saisir. Par le blocus continental, qui fermait tous les ports, sans aucune exception, aux marchandises de l'Angleterre, l'Empereur empêchait la lutte de pouvoir jamais finir avant l'*extermination d'un des deux adversaires*. En arrachant aux Bourbons d'Espagne (1808) un trône qu'il donnait à son frère Joseph, en abandonnant à Murat le trône de Naples, Napoléon prouvait qu'il voulait pour l'influence française non une juste prépondérance, mais un agrandissement indéfini. Alors la nation espagnole se lève pour maintenir son indépendance. Alors l'Autriche prend encore une fois les armes, et la France, quoique toujours guidée par le génie de Napoléon, va porter à ses adversaires des coups moins rudes, moins prompts, moins décisifs. La bataille d'Essling (21 et 22 mai 1809) nous coûte Lannes, le brave des braves, et la bataille de Wagram est le dernier succès de l'empire.

Parvenu au faîte des grandeurs et de la puissance, Napoléon regrettait amèrement de ne pas avoir eu d'héritiers de son sang. Il obtint du pape la rupture de son mariage avec Joséphine de Beauharnais, fit demander à l'empereur de Russie la main de l'une de ses sœurs, et sur la réponse évasive du czar, s'unit à l'orgueilleuse maison d'Autriche en épousant l'archiduchesse Marie-Louise. Cette union ne devait pas, ainsi que l'espérait Napoléon, lui donner, dans l'empereur d'Autriche, son beau-père, un allié fidèle et sûr. De son mariage avec Marie-Louise naquit, le 20 mars 1811, un enfant décoré à sa naissance du titre pompeux de *roi de Rome*, titre que quatre ans plus tard il devait être forcé d'abandonner pour celui beaucoup plus modeste de duc de Reichstadt.

Les années 1810 et 1811, si elles ne furent pas des années de paix pour la France, puisque les généraux de Napoléon combattaient en Espagne, et que les Anglais, maîtres par surprise de Flessingue, menaçaient Anvers, qui sut les repousser, furent pour l'Empereur un temps de repos pendant lequel il put s'occuper de l'organisation de son empire, plus vaste que celui de Charlemagne. Mais ce repos ne pouvait être durable; les peuples vaincus ne pardonnaient pas aux Français leur ruine et la perte de leur indépendance; déjà même, à Schœnbrunn, au milieu de son armée, Napoléon avait failli être assassiné par un étudiant allemand. La France, de son côté, fatiguée de vingt ans de guerre et de l'impôt du sang prélevé sur elle, ruinée par les croiseurs anglais et le blocus continental, presque sans industrie, malgré les encouragements du gouvernement, sans commerce, désirait ardemment une paix durable et sérieuse, quand une nouvelle guerre vint à éclater.

Napoléon se plaignait de ce que les stipulations du traité de Tilsitt, surtout en ce qui concernait le blocus continental, n'étaient pas observées; d'un autre côté, le czar, blessé de l'union de l'Empereur avec la maison de Habsbourg, était mécontent de son refus de reconnaître certaines stipulations relatives au royaume de Pologne. Ces diverses causes politiques ou personnelles amenèrent cette guerre de Russie si fatale à la France. C'est le 9 mai 1812 que l'Empereur se mit à la tête de son armée; le 23 juin, il passe le Niémen; le 28, il entre à Vilna; le 17 août, à Smolensk; le 14 septembre, dix jours après la bataille de la Moskowa, à Moscou. L'incendie le força à une retraite qu'un froid extraordinaire, même pour la Russie, rendit mortelle à l'armée française. Bientôt toutes les puissances se coalisèrent pour renverser le colosse, que les éléments venaient d'ébranler, et tous à l'envie, Russes, Prussiens, Autrichiens, Anglais, Suédois, Espagnols, Portugais, Siciliens, attaquèrent cette France, depuis plus de vingt ans la terreur de l'Europe. Les journées de Lutzen, de Bautzen, furent fatales à nos ennemis; mais ils étaient trop nombreux pour être anéantis par ces deux revers, qui ne firent que redoubler leur ardeur. Après trois jours d'une lutte gigantesque dans les champs de Leipsick, la défection des Saxons et des Wurtembergeois, le manque de munitions et l'immense supériorité numérique des ennemis, décidèrent Napoléon à la retraite. Le 21 décembre 1813, les Autrichiens franchirent le Rhin, et la France connut à son tour les maux de l'invasion. Napoléon fut admirable dans cette dernière lutte, et vainquit encore à Champaubert, à Montmirail, à Montereau. Sanglants et inutiles succès, dont la France épuisée ne pouvait plus profiter! Le 31 mars 1814, les coalisés entraient dans Paris, et le 13 avril, Napoléon renonçait, pour lui et pour les siens, à l'empire. Trois jours auparavant, le 10 avril, le maréchal Soult avait tiré contre l'ennemi, sous les murs de Toulouse, le dernier coup de canon.

Le 3 mai, Louis XVIII entrait à Paris; le 4 mai, Napoléon débarquait à l'île d'Elbe, que ses vainqueurs lui avaient laissée pour résidence. Mais les hommes incapables et fanatiques, vieux débris de l'émigration, qui entouraient Louis XVIII, eurent bientôt fatigué la France. Napoléon le sut, et lorsqu'il débarqua à Cannes, le 1er mars 1815, il fut reçu à bras ouverts par ses anciens soldats et par un grand nombre de partisans. A cette nouvelle, les puissances coalisées dirigent de nouveau leurs armées contre les frontières de France.

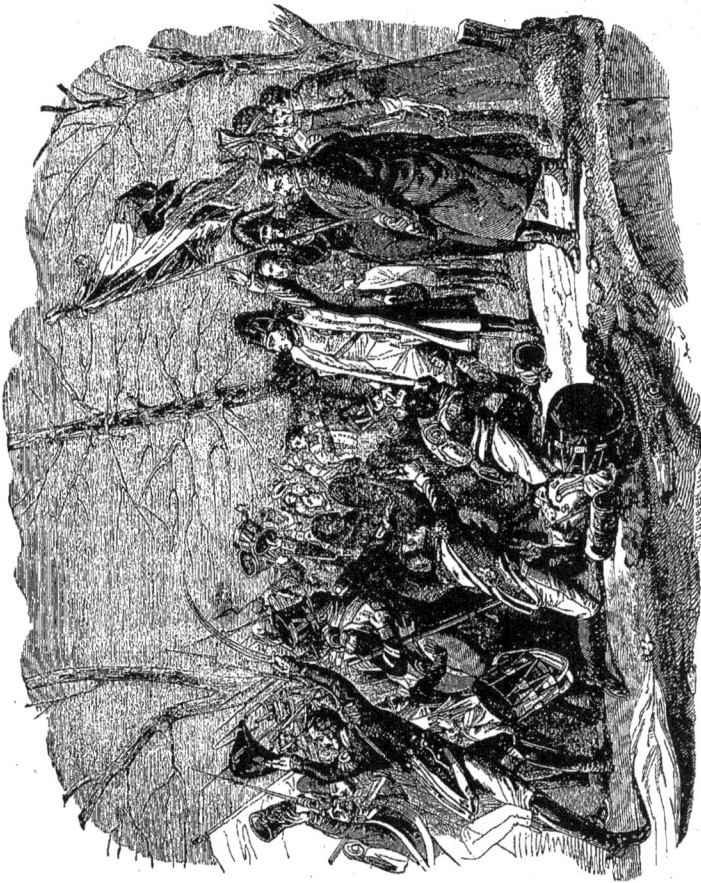

LE RETOUR DE L'ILE D'ELBE

NAPOLÉON Ier

Louis XVIII quitte Paris, où entre Napoléon le 20 mars 1815. Mais bientôt les circonstances deviennent critiques, et on apprend à Paris que cent quatre-vingt mille Anglais et Prussiens occupent la Belgique sous les ordres de Wellington et de Blücher. Napoléon part le 12 juin, avec cent dix mille hommes, dans l'espoir d'anéantir ses ennemis par des manœuvres rapides et de désorganiser ainsi la coalition; le 16, il rencontre à Ligny, dans la plaine de Fleurus, l'armée de Blücher, et lui tue vingt-deux mille hommes, puis se rabat sur le général anglais, qui avait pris position près de Mont-Saint-Jean et à quelque distance de Waterloo.

Quatrième partie. — Waterloo (1815).

Le 17 juin 1815, tout annonce pour le lendemain une grande bataille; Napoléon le désire, car il espère frapper un coup décisif avant que la coalition ait jeté tous ses soldats sur la France; une victoire qui le conduirait à Bruxelles, sur les débris de l'armée anglaise, peut résoudre en sa faveur la question politique qui arme toute l'Europe contre lui; ce ne serait pas la première fois que l'épée du grand capitaine aurait tranché le nœud de la diplomatie.

Malheureusement, la pluie qui a tombé par torrents pendant toute la nuit du 17 au 18 a rendu les chemins presque impraticables; la marche de nos soldats en est nécessairement ralentie; ils ont d'ailleurs à sécher leurs armes, à les mettre en état, et la bataille qui devait s'engager de grand matin ne commence que vers une heure. Tout, en ce jour fatal, devait se réunir pour déjouer les plans si bien conçus de Napoléon.

Les Français enlèvent d'abord aux Anglais, après une lutte acharnée, le bois de Hougoumont, puis le comte d'Erlon, appuyé par une immense artillerie, se porte vers le village de Mont-Saint-Jean. Là éclate une épouvantable canonnade qui porte le ravage dans les rangs de l'infanterie anglaise et balaye le plateau. Napoléon, après avoir parcouru toute la ligne, au milieu de l'enthousiasme et des acclamations de joie des troupes, se place sur une éminence près de la ferme de la Belle-Alliance, d'où il peut embrasser toutes les parties du champ de bataille, disposer de ses réserves, et s'élancer à leur tête partout où le danger appellerait sa présence.

Napoléon allait faire attaquer le centre de l'armée anglaise par le maréchal Ney, quand il aperçoit un corps de troupes sur les hauteurs de Saint-Lambert; ce sont non pas les divisions que l'Empereur a fait demander à Grouchy, pour le seconder dans la bataille contre Wellington, mais bien Bulow, à la tête d'un corps d'armée ennemi, et bientôt, par la faute de Grouchy, les alliés ont quatre-vingt-dix mille hommes à opposer à cinquante-neuf mille Français.

Néanmoins un nouveau combat s'engage sur toute la ligne. L'infanterie anglaise, assaillie par les charges impétueuses de notre cavalerie sous le commandement de Kellermann, se forme, par ordre de Wellington, en carrés qui vomissent la mitraille et la mort sur les escadrons français; mais ceux-ci s'élancent successivement contre ces remparts de feu, dont plusieurs sont enfin renversés, et douze mille Anglais sont, en moins de deux heures, écrasés sous nos coups.

Wellington est battu; déjà la route de Bruxelles est encombrée de fuyards et de bagages; des soldats de toutes armes se jettent à travers la forêt de Soignes; les voitures, les caissons renversés annoncent le désordre d'une déroute, et le général anglais s'apprête à donner le signal de la retraite; il a même fait rétrograder sur Anvers une batterie qui devait le rejoindre; la nuit et l'armée prussienne paraissent seules pouvoir le sauver si elles arrivent; car tout réussit à Wellington malgré ses fautes, et Napoléon, qui a tout prévu, tout combiné, voit les incidents les plus inattendus annuler, comme à plaisir, la sagesse de ses dispositions. C'est dans ce moment extrême que Blücher entre en ligne, à la tête de trente et un mille hommes, ouvrant la communication entre Bulow et Wellington. En même temps deux brigades de cavalerie anglaise, fortes de six mille hommes, placées naguère en réserve sur la route, et rendues disponibles par l'arrivée des troupes prussiennes, viennent se présenter aussi devant nous.

Que faisait alors Grouchy? En vain la canonnade de Waterloo l'appelle sur le terrain où Napoléon l'attend avec tant d'impatience; en vain Excelmans et Gérard le pressent de voler à son secours, il continue de s'éloigner du côté de Wavre. Napoléon, abandonné à lui-même, privé de son aile droite, en présence de cent cinquante mille hommes qui vont fondre sur sa faible armée, épuisée déjà par huit heures de combat, juge de sang-froid sa position. Il lui faut faire face aux deux armées, et il ordonne un grand changement de front. Les bataillons de la garde se forment en deux colonnes sous les yeux de l'Empereur. Cependant trois bataillons d'infanterie de la deuxième ligne viennent en bon ordre se mettre en retraite auprès de la garde; Napoléon court au-devant d'eux et les renvoie à leur poste. Mais leur mouvement rétrograde et la vue de l'arrivée du corps de Blücher avaient fait reculer plusieurs régiments aux prises avec l'ennemi; bientôt le cri fatal de sauve qui peut! poussé par quelques traîtres et répété par des soldats en désordre, se fait entendre; les lignes se rompent, les rangs se mêlent, et la déroute de l'armée française commence. Enfin, les huit bataillons de la garde qui étaient au centre, soutenus par le magnanime Cambronne, à jamais célèbre par ce beau mot : La garde meurt et ne se rend pas, et le magnanime Ney, qui avait eu cinq chevaux tués sous lui, après avoir résisté avec un courage héroïque aux attaques furieuses de l'ennemi et n'avoir cédé le terrain que pied à pied à des forces immenses, sont désorganisés à leur tour par la masse des fuyards et tombent écrasés sous le nombre, en se défendant jusqu'au dernier soupir. Napoléon, mettant lui-même l'épée à la main, se jette au plus fort de la mêlée, pour mourir au milieu de ses braves, et ce n'est pas sans peine qu'on l'arrache de ce champ de carnage. Ce grand désastre arriva le 18 juin 1815. Le 20, Napoléon était de retour à Paris, et le 22, il signait une seconde et dernière abdication.

BATAILLE DE WATERLOO

NAPOLÉON Ier

Cinquième partie. — Sainte-Hélène (1815-1821).

Le 13 juillet, Napoléon, à bord du *Bellérophon*, écrivait au prince régent d'Angleterre : « En butte aux factions qui divisent mon pays et à l'inimitié des plus grandes puissances de l'Europe, j'ai terminé ma carrière politique, et je viens, comme Thémistocle, m'asseoir au foyer du peuple britannique. Je me mets sous la protection de ses lois, que je réclame de V. A. R. comme du plus puissant, du plus constant et du plus généreux de mes ennemis. »

Le gouvernement anglais n'entendit pas cet appel à sa loyauté, car, loin d'accueillir généreusement un ennemi vaincu, il préféra se faire l'exécuteur des rancunes de la Sainte-Alliance, en donnant pour résidence à l'illustre proscrit le climat meurtrier de Sainte-Hélène.

Napoléon, à bord du *Bellérophon*, avait pu se croire encore empereur; quand il débarqua à Sainte-Hélène, ses derniers amis espérèrent un moment que, satisfait de le tenir éloigné de l'Europe, le gouvernement anglais le traiterait avec les égards dus à une si grande infortune. Il n'en fut rien, car Napoléon, après un court séjour dans la partie habitée de l'île, reçut pour demeure définitive la petite maison, depuis si célèbre, de Longwood. Situé sur un plateau sec, aride, exposé à tous les vents, Longwood était la localité la plus malsaine du pays. Napoléon et les amis qui l'avaient suivi, les généraux Gourgaud et Montholon, les comte Bertrand et de Las-Cases, n'attendirent pas longtemps pour en faire l'épreuve, et leurs réclamations contre une telle inhumanité, toutes pressantes et fréquemment renouvelées qu'elles fussent, ne furent jamais accueillies de sir Hudson Lowe, gouverneur de Sainte-Hélène, dont la postérité a justement flétri l'indigne conduite.

Sans nouvelles de sa famille, Napoléon ignorait absolument ce qui se passait en Europe. Sur l'ordre de sir Hudson Lowe, qui redoutait toute tentative d'évasion ou même de simple communication avec le dehors, Longwood était entouré d'un double cordon de sentinelles. Privé de ses courses à cheval si nécessaires à sa santé, abreuvé d'humiliations, en proie même au besoin, Napoléon se consolait en dictant ses mémoires à Gourgaud, ses campagnes à Montholon et à Las-Cases. Bientôt cette distraction manqua au captif, car en 1817, le comte de Las-Cases dut quitter l'île sur l'ordre du gouverneur, et, l'année suivante, son mauvais état de santé obligea le général Gourgaud à revenir en France. Enfin, après six années de luttes contre l'influence d'un climat meurtrier, la santé de l'empereur déclina tout à coup, son malaise empira par suite du défaut d'exercice, et, le 5 mai 1821, les généraux Bertrand et Montholon, et le fidèle valet de chambre Marchand, fermaient les yeux à l'homme extraordinaire qui, né dans une petite île de la Méditerranée, avait rempli le monde de son nom, avait éclipsé la gloire d'Alexandre, de César, de Charlemagne, et venait de terminer sa prodigieuse carrière sur ce rocher de Sainte-Hélène perdu au milieu de l'Océan.

La France, admirant le héros qui, pendant vingt ans, avait, par ses exploits, étonné le monde entier et enchaîné à son char tous les rois de l'Europe, tournait sans cesse ses regards vers le grand homme tyrannisé sur le rocher de Sainte-Hélène par l'aristocratie britannique; la nouvelle de sa mort fut un deuil national.

Tout cœur français, quelles que soient ses opinions, malgré le temps écoulé, malgré les révolutions survenues depuis, palpite encore douloureusement au souvenir d'une si grande infortune, d'une agonie si lente et si cruelle.

Et la France pouvait-elle oublier non-seulement la gloire immortelle dont l'a dotée son héros, mais encore les travaux plus calmes, mais aussi plus durables de la paix : la merveilleuse organisation de toutes les branches de l'administration, la promulgation du Code civil, ou Code Napoléon, dont bien des peuples devaient réclamer l'adoption comme la meilleure charte des sociétés modernes; la fondation des ports maritimes, le percement de routes et la construction de ponts et de canaux destinés à étendre le commerce, par suite à enrichir le pays; l'essor jusque-là inconnu donné à l'industrie nationale; l'établissement de ces musées riches encore malgré le pillage des étrangers, tous ces monuments enfin qui, dans les principales cités, rappellent aux générations à venir le passage d'un grand règne ?

Napoléon était descendu au tombeau à l'âge de cinquante-deux ans. Mais, sur son lit de mort, le grand empereur avait formulé ce dernier vœu : « Je désire que mes cendres reposent sur les bords de la Seine, au milieu de ce peuple français que j'ai tant aimé. » La Restauration n'entendit pas ce souhait touchant; mais le roi Louis-Philippe, son trône à peine affermi, entama avec l'Angleterre des négociations qui aboutirent à nous faire restituer les restes mortels de sa victime. Une flotille, sous les ordres du prince de Joinville, vint les prendre à Sainte-Hélène et les ramena à Cherbourg, salué par les canons des forts et de la digue. Des bâtiments plus légers transportèrent le cercueil à Rouen, puis à Paris, au milieu de l'enthousiasme des populations des deux rives. Ce n'était pas un cortège funèbre, mais la marche triomphale d'un vainqueur. Le 14 décembre 1840, vers le soir, le convoi arrivait à Courbevoie, et, le lendemain, il faisait son entrée dans Paris, où d'immenses et splendides préparatifs avaient été faits pour le recevoir. Le char qui portait le corps de l'Empereur, salué des acclamations d'une double haie de troupes et de gardes nationales, sous l'arc de triomphe de l'Etoile, passa pour cette cérémonie. Une foule sympathique avait bravé un froid des plus vifs pour assister au défilé du cortège et témoigner sa joie de voir rendues à la France des dépouilles si glorieuses. Après un service solennel célébré dans l'église des Invalides, les cendres de Napoléon furent déposées dans la chapelle Saint-Jérôme, où elles devaient attendre l'achèvement du magnifique tombeau qu'on leur élevait sous le dôme, au milieu des anciens compagnons d'armes de l'Empereur. Ce tombeau, terminé dans les premières années du second empire, n'a reçu définitivement les restes mortels de Napoléon que le 5 mai 1862. Près de leur ancien chef reposent les deux amis fidèles de ses jours heureux comme de ses jours de revers, Duroc et Bertrand.

PASSAGE DU PONT D'ARCOLE

PASSAGE DU PONT D'ARCOLE

L'an 1796, la France commença sa cinquième campagne contre l'Europe coalisée et confia son armée d'Italie à un général de vingt-six ans. Quoique Bonaparte se fût déjà fait connaître au siège de Toulon, on le trouvait bien jeune pour commander en chef. Petit, maigre, sans autre apparence que des traits romains et un regard fixe et vif, il n'avait dans sa personne et sa vie passée rien qui pût imposer aux esprits. On le reçut sans beaucoup d'empressement et avec peu d'espoir de le voir tirer l'armée de sa déplorable situation. Nos troupes étaient réduites à la dernière misère; sans habits, sans souliers, sans paye, quelquefois sans vivres, elles supportaient leurs privations avec une morne résignation. Bonaparte, par un langage énergique, fit sortir l'armée de sa torpeur et lui rendit l'élan qui a toujours caractérisé les Français. « Soldats, dit-il, vous êtes mal nourris et presque nus. Le gouvernement vous doit beaucoup, mais ne peut rien pour vous. Votre patience, votre courage vous honorent, mais ne vous procurent ni avantage ni gloire. Je vais vous conduire dans les plus fertiles plaines du monde; vous y trouverez de grandes villes, de riches provinces ; vous y trouverez honneur, gloire et richesses. Soldats d'Italie, manquerez-vous de courage? »

Ces magnifiques promesses, Bonaparte les tint promptement et les dépassa même. Arrivé à son quartier général de Nice le 26 mars 1796, dès le 12 avril il bat le général autrichien Beaulieu à Montenotte; le 13, il le bat encore à Millésimo; le 10 mai, à Lodi. Les Autrichiens sont repoussés vers le Tyrol; tout le Milanais est occupé, et le 15 mai, Victor-Amédée, roi de Sardaigne, signe un traité par lequel il cède la Savoie et Nice à la France. Parme, Modène, Naples et le Pape achètent une suspension d'armes. Un second général autrichien, Wurmser, est battu : le 3 août à Lonato, le 8 septembre à Bassano. Un troisième, Alvinzy, ne devait pas être plus heureux : la bataille d'Arcole, qui dura trois jours, 15, 16 et 17 novembre, lui apprit que les Français n'étaient point arrivés au terme de leurs succès.

L'attaque du pont d'Arcole fut un héroïque incident qui inaugura glorieusement la première journée de cette lutte opiniâtre.

Le village d'Arcole est situé au milieu d'un marais d'une étendue et d'une profondeur que les Français n'avaient pas encore bien reconnues. Ce marais est coupé dans tous les sens par des canaux et des ruisseaux qui en rendent les abords dangereux et le parcours extrêmement difficile.

Une partie de l'armée autrichienne était retranchée dans le village d'Arcole. Pour écraser ce corps de troupes avant qu'Alvinzy ne lui envoyât des renforts, il était urgent de forcer le pont d'Arcole, seul passage qui permit aux Français l'approche du village. Mais ce pont lui-même, d'un accès fort difficile, comme nous venons de le voir, et abordable seulement au moyen d'une chaussée très-resserrée, était en outre défendu par une formidable artillerie. Le succès de l'attaque dépendait donc de l'un de ces élans d'enthousiasme et d'intrépidité qui déjà tant de fois, notamment à Lodi, avaient donné la victoire aux soldats de l'armée d'Italie. Les généraux le sentirent bien, et sachant aussi qu'en pareille circonstance l'exemple était le seul ordre à donner, tous se précipitèrent à la tête de la colonne pour essayer de franchir le pont à travers la grêle de balles et de mitraille qui partait de l'extrémité opposée. Mais cette fois leur dévouement demeura inutile. L'intrépide Lannes, encore souffrant d'une blessure reçue naguère au pont de Governolo, fut atteint de deux coups de feu. Les grenadiers, épouvantés, reculaient ; Augereau prit un drapeau, s'élança jusque sur la moitié du pont, appelant à lui tous les braves, et restant pendant quelques minutes exposé au feu le plus destructeur. Efforts impuissants ! les décharges des Autrichiens étaient si vives et si bien nourries, que les pelotons qui se succédaient étaient tour à tour écrasés lorsqu'ils arrivaient à portée.

Sur ces entrefaites, Bonaparte arrive. Se jetant à bas de cheval, il s'approche des soldats, leur demande s'ils sont encore les vainqueurs de Lodi, les ranime par ses paroles et, saisissant un drapeau, à l'exemple d'Augereau, leur crie : « Suivez votre général ! » A peine a-t-il prononcé ces mots, qu'il s'élance sur le pont, suivi, pressé par tous ceux que l'étroit espace peut contenir. Lannes, malgré ses deux blessures récentes, apprenant que le général en chef est à la tête des combattants, monte à cheval, parce qu'il ne peut se soutenir à pied, et, blessé une troisième fois, il est presque aussitôt renversé. On conçoit facilement le ravage que fit le feu de l'ennemi dans cette masse serrée où tous les coups portaient. Le général Vignolle fut également blessé, et Muiron, aide de camp du général en chef, fut tué à ses côtés. Si Bonaparte ne fut pas lui-même atteint, il le dut au dévouement de l'adjudant général Belliard et de quelques officiers d'état-major, qui se placèrent devant lui pour le couvrir contre les tirailleurs ennemis, et firent ensuite filer quelques grenadiers dans ce même but. Cependant la colonne est parvenue au milieu du pont, lorsqu'une dernière décharge l'arrête et la rejette en arrière. Alors les grenadiers restés auprès de Bonaparte le saisissent, l'emportent au milieu des balles et de la mitraille, et veulent le faire monter à cheval. Une colonne autrichienne, qui débouche sur eux, les pousse en désordre dans le marais. Le cheval de Bonaparte, s'effrayant, s'y jette à son tour, et son cavalier enfonce dans la vase jusqu'au milieu du corps. A la vue du danger qui menace leur chef, « En avant ! » s'écrient les soldats pour sauver leur général. Ils courent à la suite de Belliard, afin de délivrer Bonaparte, l'arrachent du milieu de la fange et le remettent à cheval.

Le surlendemain de l'attaque du pont d'Arcole, le 17 novembre 1796, l'armée autrichienne avait perdu cinq mille prisonniers, huit ou dix mille morts ou blessés, et était obligée de se retirer dans le Tyrol et sur la Brenta, positions qu'elle ne devait pas même garder longtemps.

La victoire d'Arcole causa en France une joie extrême. Tout le monde admirait ce génie opiniâtre qui, avec quatorze ou quinze mille hommes, devant quarante mille, n'avait pas songé à se retirer ; ce génie inventif et profond qui avait su découvrir dans les marais d'Arcole un champ de bataille tout nouveau qui annulait le nombre et livrait à ses coups les flancs de l'ennemi.

Cette campagne prodigieuse, à jamais mémorable sous le nom de campagne de 1796, fut due à la rencontre d'un général de génie et d'une armée brave et intelligente.

BATAILLE DES PYRAMIDES

CAMPAGNE D'ÉGYPTE

BATAILLE DES PYRAMIDES. — RÉVOLTE DU CAIRE

Après les glorieuses campagnes qui assurèrent à la France la conquête de l'Italie, Bonaparte, de retour à Paris, conçut le vaste projet de fonder en Égypte une colonie puissante et d'agrandir encore le succès de cette entreprise par des découvertes scientifiques. Le Directoire, auquel il soumit le plan de cette expédition, s'empressa de l'approuver et lui en confia le commandement en chef. Investi de ces pouvoirs, le jeune général déploie une activité telle que, en moins de deux mois, cinquante mille hommes, dont dix mille marins, sont réunis dans les ports de la Méditerranée. En même temps un armement immense est préparé à Toulon; treize vaisseaux de ligne, quatorze frégates, quatre cents bâtiments sont équipés pour le transport de cette nouvelle armée.

Le 19 mai 1798, l'escadre sortit de Toulon, et quarante-trois jours après son départ, elle aperçut les minarets d'Alexandrie et la tour des Arabes.

A peine l'armée fut-elle à terre, qu'elle reçut l'ordre de marcher contre Alexandrie, qui, malgré la défense de Sédi-Mohammed-el-Corüm, fut emportée d'assaut le 2 juillet. Après cette conquête, l'armée prit la route du désert; privée d'eau sous un ciel et un soleil brûlants, elle éprouva les plus horribles souffrances sans cependant se laisser décourager; enfin, le 10 juillet, elle se trouva en face des Mamelucks qui l'attaquèrent à Rahmanieh, mais qui, après une vive canonnade, furent obligés de se retirer. Le 23 juillet, l'armée française rencontre l'armée égyptienne auprès des Pyramides. « Soldats! s'écrie Bonaparte plein d'un noble enthousiasme, songez que du haut de ces pyramides quarante siècles vous contemplent! » et il ordonne l'attaque après avoir disposé ses troupes en bataillons carrés.

La valeur téméraire, les charges rapides et multipliées des Mamelucks viennent se briser contre les carrés français, contre ces murailles de fer mouvantes qui vomissent la flamme, et qui firent croire à l'ennemi que les soldats français étaient tous liés les uns aux autres. Les Mamelucks tombent foudroyés aux pieds de nos soldats comme sous les murs d'autant fortes forteresses; aucun ne veut se rendre, dix mille payent de leur sang cette terrible journée. Le village d'Embabeh est pris à la baïonnette; quarante pièces de canon, quatre cents chameaux, les armes, les trésors, les bagages, les vivres de l'ennemi tombent au pouvoir des Français, après dix-neuf heures d'un combat acharné. Les dépouilles des Égyptiens portent dans le camp français l'abondance, la santé et l'enthousiasme. Le combat d'Embabeh reçut le nom de Bataille des Pyramides.

Pendant que cette brillante victoire nous ouvrait les portes du Caire et nous rendait maîtres de Rosette et de Damiette, un grand désastre frappait notre marine. Toute notre flotte était détruite à Aboukir (1er août). Treize vaisseaux, quatre frégates, commandés par l'amiral Brueys, sont attaqués par quatorze vaisseaux anglais et trois frégates aux ordres de Nelson. Ce dernier ayant traversé une passe que l'on croyait infranchissable, prend la flotte fran-

çaise entre deux feux, et le combat s'engage alors entre treize voiles anglaises et huit voiles françaises. L'amiral Brueys fait signe à son aile droite de se replier sur l'ennemi; mais, le signal n'ayant pas été aperçu, la droite, qui était commandée par le contre-amiral Villeneuve, resta immobile; cette faussemanœuvre causa notre perte. Villeneuve ne put sauver que deux vaisseaux et deux frégates. Ce résultat fut chèrement acheté par les Anglais, dont les bâtiments se retirèrent très-maltraités.

Bonaparte ne devait pas jouir en paix du fruit de ses conquêtes, car ayant appris qu'Ibrahim était disposé à tenir la campagne, il quitta le Caire et marcha contre lui; mais celui-ci, à son approche, se retira sur la Syrie. Bonaparte partit au galop à la tête de quatre cents cavaliers seulement, pour fondre sur les derrières d'Ibrahim, l'atteignit à Salahié et soudain lui livra combat; ce coup de témérité faillit lui coûter cher; néanmoins l'ennemi se mettant en retraite, abandonna l'Égypte et se retira dans le désert. De son côté, Bonaparte, délivré de ce dangereux adversaire, revint au Caire : là, comprenant la nécessité de s'attacher la population de cette ville, il redoubla de soins et d'égards envers les prêtres, les magistrats et les hommes éminents; il fit célébrer plusieurs fêtes dans lesquelles il sut allier à la pompe orientale tout le faste européen.

Cependant, au milieu de l'enthousiasme que ces fêtes excitent et des honneurs dont on comble Bonaparte, les Égyptiens conspirent dans l'ombre, et, le 22 octobre 1798, la nombreuse population du Caire se soulève; elle était excitée par les émissaires des beys, des Anglais, et soutenue par des milliers d'Arabes. La population du Caire a décidé l'extermination de nos troupes; les Français de tout âge, de toute condition sont indignement assassinés dans les rues. A cette nouvelle, Bonaparte se hâte d'accourir; avec sa présence d'esprit et son génie ordinaires, il donne des ordres, repousse les Arabes dans le désert, dirige ses troupes dans les rues, entoure la ville de son artillerie, et pousse les rebelles qui se dirigent dans la grande mosquée. Il est assez généreux pour leur offrir le pardon, mais les fanatiques le refusent et continuent le combat; c'était leur arrêt de mort! Bonaparte donne de nouveaux ordres, des batteries foudroient tout à coup la grande mosquée et la hache en brise les portes. Les Égyptiens effrayés demandent en vain grâce. « L'heure de la clémence est passée, leur dit le vainqueur, vous avez commencé, c'est à nous de finir, » et les rebelles sont livrés à la fureur des Français. Dieu et les hommes semblent irrités contre eux, l'air s'obscurcit de nuages, la mort se présente à eux sur la terre, et le ciel leur inspire la terreur. Réduits à cet affreux désespoir, ils jettent leurs armes, se rendent à discrétion et implorent encore la miséricorde des Français. Bonaparte se laisse fléchir. Les principaux chefs de la révolte suffisent à sa vengeance, et il pardonne à cette multitude de révoltés.

JEANNE D'ARC

JEANNE D'ARC

Le règne de Charles VII avait commencé sous les plus tristes auspices. Les Français avaient été battus à Cravant et à Verneuil ; le roi de France n'était plus que le roi de Bourges ; les Anglais étaient maîtres d'une partie du royaume. Pour chasser Charles VII du Berri, du Poitou et du Bourbonnais, ses derniers domaines, il ne leur restait plus qu'à s'emparer d'Orléans, qui en gardait la route. Les généraux anglais comprirent l'importance de cette place, et ils firent un effort suprême pour s'en rendre maîtres. Depuis plusieurs mois déjà, les habitants soutenaient le siége avec un courage héroïque ; mais les Anglais les resserraient de plus en plus. On touchait aux derniers désastres, quand une jeune fille inconnue de tous vint sauver le royaume en détresse ; cette jeune fille, dont on ne prononce le nom qu'avec attendrissement et respect, ce fut *Jeanne d'Arc* ; elle était née en 1409, dans la basse Lorraine, au village de Domremy, d'un pauvre paysan, Jacques d'Arc, et d'Isabelle Romée. Elevée dans l'amour de Dieu et dans l'amour du pays, bercée tout enfant par le récit des guerres que la France soutenait contre ses vieux ennemis les Anglais, et contre leurs alliés les Armagnacs, Jeanne, à qui Dieu avait accordé toutes les qualités qui font les héros et toutes les vertus qui font les saintes, Jeanne, dans son village de Lorraine, conçut le projet de délivrer sa patrie. Le patriotisme et la foi exaltèrent son âme ; elle entendit des voix mystérieuses qui lui disaient : « Va au secours du roi de France et rends-lui son royaume. » Elle s'excusait, parce qu'elle n'était qu'une simple fille de village et qu'elle ne savait pas conduire des hommes d'armes. Les voix répondaient : « Va trouver le sire de Baudricourt, capitaine de Vaucouleurs, et il te fera conduire devant le roi. »

Quatre ans se passèrent ainsi ; les bonnes gens qui entouraient Jeanne, et que son enthousiasme avait gagnés, lui achetèrent un cheval et l'équipèrent à leurs frais. Le sire de Baudricourt lui donna une épée ; elle coupa ses cheveux, prit des vêtements d'homme, et le 24 février 1429 elle arriva à Chinon, où était Charles VII. Les gens de la cour semblaient la prendre en pitié ; mais, après bien des obstacles, arrivée en présence du roi, qu'elle n'avait jamais vu, elle marcha droit à lui, s'engageant, s'il voulait lui donner des soldats, à faire lever le siége d'Orléans et à le conduire sacrer à Reims. Illumination vraiment surhumaine, et dans laquelle se révélait toute la tradition de notre histoire ! Jeanne avait deviné que les rois d'Angleterre réclameraient en vain la couronne comme un héritage ou comme une conquête, et qu'ils ne seraient rois de France devant le peuple et devant Dieu que le jour où l'archevêque de Reims, assisté de ses douze pairs, aurait versé sur leur front l'huile de la sainte ampoule. Jeanne parlait avec tant d'assurance, le peuple l'entourait déjà d'un tel respect, que le roi céda à sa demande. On lui donna des soldats ; le 29 avril, elle entra dans Orléans. Les Anglais étaient terrifiés. En trois jours, elle rétablissait la discipline dans l'armée française ; les généraux, désunis jusqu'alors, promettaient de s'entendre, de se soutenir ; ils se confessaient et communiaient en se réconciliant.

Le 6 et le 7 mai, les deux forts les plus redoutables que les Anglais avaient élevés contre la ville, étaient emportés d'assaut. Le 8 mai, les Anglais, commandés par Talbot, abandonnaient le siége, laissant aux mains des vainqueurs leurs bagages, leur artillerie, leurs malades. Le 13 mai, Jeanne partait d'Orléans et se rendait à Tours auprès du roi, et se jetant à ses pieds : « Gentil Dauphin, lui disait-elle, venez prendre votre sacre à Reims. » L'héroïne continua ses succès ; son génie avait deviné tous les secrets de la guerre moderne. Avec une rapidité de conception qu'on ne peut comparer qu'à celle de Napoléon Ier, elle enlève toutes les places de la Loire, écrase le 18 juin 1429 l'armée anglaise à Patay, et fait prisonnier lord Talbot, son général, surnommé l'*Achille anglais*. Troyes, Châlons, Reims, ouvrent leurs portes devant elle, et le 17 juillet, Charles VII est sacré dans cette dernière ville. Pendant la cérémonie, Jeanne, en armure de guerre, se tenait auprès de l'autel, portant son étendard à la main. « Puisqu'il a été au danger, disait-elle, « c'est bien le moins qu'il soit à l'honneur. »

Après avoir accompli ces prodiges, Jeanne déclara que sa mission était terminée et voulut retourner dans son village, « auprès de ses père et mère, pour garder leurs brebis et bestail. » Et quand les seigneurs qui l'entouraient « ouyrent ladite Jeanne ainsi parler, et qui les yeux tournés vers le ciel remercioit Dieu, ils crurent mieux que jamais que c'estaient choses venues de la part de Dieu plutost qu'autrement. » La France entière éleva la voix vers l'héroïne pour la prier de combattre encore ; mais cette jalousie qui trop souvent, chez nous, s'attache aux grands hommes, sembla prendre à tâche de contrarier son génie ; le conseil du roi voulut qu'elle attaquât Paris, qui alors tenait parti pour le roi d'Angleterre et les Bourguignons. Jeanne, qui s'était opposée à l'entreprise, n'en commanda pas moins l'assaut avec sa valeur accoutumée. Elle dirigea l'attaque contre l'enceinte du nord et la porte Saint-Honoré, précisément à l'endroit où se trouve aujourd'hui le Théâtre-Français. Son étendard à la main, elle franchit le fossé en criant : « Ville gagnée ! » Personne ne la suivit ; elle eut la jambe traversée d'une flèche et remonta le fossé pour rejoindre l'armée française. Le lendemain, elle voulut recommencer l'attaque sur le côté du midi, vers l'abbaye Saint-Germain, qui était le moins bien fortifié. On s'opposa à ce projet, et Charles VII, retombant dans sa mollesse, arrêta Jeanne à Chinon et abandonna Jeanne à elle-même. C'est alors qu'elle se rendit à Compiègne pour défendre cette ville, assiégée par le duc de Bourgogne, allié des Anglais. Le jour même de son arrivée, le 24 mai 1430, elle fut renversée de cheval dans une sortie par un archer picard, et remise au bâtard de Vendôme, qui combattait dans les rangs des Bourguignons. Celui-ci la livra à Jean de Luxembourg, qui commandait le siége, et Luxembourg la vendit aux Anglais moyennant 10,000 livres.

Ici commence le martyre de Jeanne. Livrée par ses vainqueurs à un tribunal qui restera éternellement flétri dans la mémoire des hommes, l'héroïne fut abreuvée d'outrages et n'opposa à l'ignorance et à la cruauté de ses juges que des réponses sublimes où brillaient sa pureté, sa foi et son courage. Son procès s'était instruit à Rouen ; elle fut condamnée à être brûlée vive sur la place de cette même ville, et la sentence fut exécutée le 30 mai 1431. En montant sur le bûcher, elle déclara que sa mission venait de Dieu, et le dernier mot qui sortit de sa bouche fut le nom de Jésus. Héroïne, vierge, prophétesse et martyre, Jeanne ne s'offre-t-elle pas, en effet, avec tous les caractères d'une mission providentielle ? Il n'y a rien de plus grand dans l'histoire que sa vie et sa mort. Aussi est-ce en vain que tous les historiens venus après elle ont essayé d'exprimer la grandeur de ses actions. C'est dans les documents contemporains, dans les récits mêmes des chroniqueurs témoins de ses actes, qu'il faut chercher le témoignage de son héroïsme ; c'est surtout dans les pièces de son procès qui ont été publiées de nos jours.

LOUIS XI

PAUQUET

LOUIS XI

Le 30 avril 1483, il y avait grand émoi au château de Plessis, près Tours : Louis XI venait de mourir, il avait 60 ans. Le sombre et ombrageux monarque vivait là depuis deux ans, en proie aux souffrances, aux terreurs, et sans doute aux remords (car ce n'est pas impunément qu'on peut verser le sang). Pour échapper à des vengeances que redoute toujours la tyrannie, il avait fait de son manoir une forteresse inabordable. Lorsque lentement il se traînait dans les longues galeries de Plessis, sa vue ne cherchait pas les belles campagnes d'alentour; elle suivait avec sollicitude les avenues de gibets, les grilles de fer, les chausses-trappes, les chaînes (ses *fillettes*), les couleuvrines et hallebardes qu'il avait semées partout pour la garde de sa *Majesté*. Le seul promeneur dans ces effrayantes avenues, c'était son *compère* Tristan l'ermite, le grand-prévôt, le *bourreau*. Autour du roi, triste société!... son barbier, Olivier Ledain, surnommé le Diable, insolent parvenu que la potence attend; son médecin, Jacques Coythier, homme rapace qui exploitait à merveille pour sa fortune les angoisses de son pusillanime malade; des astrologues et des empiriques « *qui faisaient sur lui de terribles et merveilleuses médecines.* » Pour éloigner de lui la mort, il se couvrit de reliques et accrut le nombre des figurines de la Vierge qui entouraient son chapeau. Il fit venir de Reims la Sainte-Ampoule, pour recevoir encore, par une nouvelle onction, l'inviolabilité royale.

Tout en méprisant l'homme soupçonneux, parjure, superstitieux, cruel, le mauvais fils qui fit mourir son père de terreur, le mauvais père qui, se défiant de son fils, l'écarta de sa personne et le tint dans une honteuse ignorance, il faut ne pas oublier que, roi, il fut le créateur de la politique moderne; la diplomatie, les négociations furent par lui substituées à la guerre, aux coups d'épée. Il fut en outre protecteur de la bourgeoisie aux dépens de la noblesse; en décimant les seigneurs par la prison et par la hache, il éleva les bourgeois par des priviléges et des institutions favorables au commerce et à l'industrie. Ainsi il établit grand nombre de foires et de marchés; il créa les premières manufactures de soie; il rendit plus faciles les communications par l'usage de la poste, étendue du service du roi à celui des particuliers; enfin il favorisa le développement de l'intelligence, au profit surtout des classes ignorantes, par l'introduction de l'imprimerie (1469). Il y a sous lui un notable progrès des lettres : il fonde trois universités nouvelles, entre autres celle de Bourges qui devient bientôt un centre d'études fameux. Cette époque littéraire est comme l'aurore de la Renaissance qui doit briller d'un si vif éclat sous François 1er. Mais le principal mérite de Louis XI aux yeux de l'histoire, c'est d'avoir fait plier la tête à cette hautaine et turbulente noblesse qui était un si puissant obstacle à l'unité nationale.

A l'avénement de Louis XI, sur les 27 provinces qui composaient alors le pays français, 11 1/2 appartenaient aux seigneurs; à sa mort, ils en avaient perdu 7 1/2, sans compter une foule de duchés, comtés, principautés, seigneuries réunis au domaine royal. Ce précieux résultat était dû à la politique plus encore qu'aux armes de Louis XI, politique qui savait attendre et profiter, ne reculant jamais devant un parjure ou un crime. Son plus redoutable antagoniste était Charles le Téméraire, duc de Bourgogne, représentant de la politique féodale. Cet homme fut l'âme de toutes les coalitions formées par les seigneurs contre Louis XI; mais presque toujours entraîné à d'autres luttes par son ardeur et son ambition, il laissa au roi l'avantage. Il y eut quatre grandes

ligues féodales contre Louis XI. La première, appelée *ligue du bien public*, eut pour cause l'irritation générale de toutes les classes du royaume : noblesse, clergé, parlement, bourgeoisie, tout se redresse, s'agite sous sa main tyrannique; son frère même, Charles, duc de Berry, abrite de son nom la révolte. Déjà le Téméraire, presque vainqueur à Montlhéry, se croyait maître de la capitale; Louis XI alors, suivant sa maxime constante : « Qui ne sait feindre ne sait régner, » fit mille concessions et promesses aux seigneurs. Il signa (à Saint-Maur et à Conflans, villages voisins de Paris) deux traités dont sa perfidie viola bientôt les clauses, clauses honteuses pour la royauté; car elle avait consenti à morceler la France entre les princes! Il fait casser ces traités par les États généraux de Tours (1466); de là, une seconde coalition : mais Louis a rapidement effrayé par ses troupes, et désuni par ses promesses les ligués. Charles le Téméraire restait seul. Plus confiant dans l'habileté de sa parole que dans la force de ses armes, le roi vint trouver son rival à Péronne. L'entrevue faillit lui devenir fatale. Le duc apprend une terrible insurrection à Liége (il possédait avec la Bourgogne les Pays-Bas), favorisée par les agents de Louis XI. Furieux, il le tient trois jours enfermé au château de Péronne; mais les intrigues et l'or gagnent au roi plusieurs des conseillers du Bourguignon, entre autres Philippe de Commines. Il sortit du château, sa personne sauvée, mais son honneur blessé, car il jura, et il le dit, d'assister avec Charles au sac et à la ruine de la malheureuse cité qu'il avait lui-même poussée à la rébellion (1468). Deux ans après, le traité de Péronne était cassé, et de nouveau les seigneurs faisaient appel aux armes. Le frère du roi servait toujours de drapeau à ces révoltes : il meurt tout à coup de poison. Dans un manifeste violent, le duc de Bourgogne appelle Louis XI empoisonneur et meurtrier, et il se met en campagne, mais il vient se briser contre les remparts de Beauvais, où s'illustrent par leur héroïsme les femmes, et surtout *Jeanne Hachette* : il signe la paix avec le roi, qui rapidement dissipe la ligue des autres princes. C'est ici que commence la lutte monarchique contre l'aristocratie; une foule de nobles têtes tombent sous la hache ou fléchissent sous les portes basses des cachots et des *cages de fer*. Une quatrième ligue a le même résultat. Le roi d'Angleterre, Édouard IV, qui était descendu à Calais pour prendre la couronne de France, fut amené à signer une paix qui permit à Louis XI d'accabler les ducs de Bretagne, de Bourgogne et leurs amis (1475). L'année suivante, Charles le Téméraire, poussé par son extravagante ambition à attaquer les Suisses, était vaincu par eux à *Granson* et *Morat*; en 1477, il tombait, couvert de blessures, sous les murs de Nancy qu'il assiégeait; Louis XI, qui apprend sa mort avec une joie indicible, met la main sur la Bourgogne, la moitié de la Picardie, la Franche-Comté, l'Artois; mais Marie, fille de Charles, proteste, et son époux, Maximilien d'Autriche, déclare la guerre à Louis XI. Le traité d'Arras, qui la termine, laisse au roi ces provinces; ajoutons-y l'Anjou, le Maine, la Provence, transmises à Louis XI par testament, et le Roussillon, cédé par le roi d'Aragon; telles sont les provinces réunies pendant ce règne au domaine royal. Résultat magnifique! la féodalité était blessée à mort, et il y avait un immense pas de fait vers l'unité territoriale de la France. Il est donc vrai de dire que Louis XI, malgré les sombres souvenirs qui s'attachent à son nom, est un des rois qui ont rendu le plus de services au pays.

DUGUAY-TROUIN

DUGUAY-TROUIN

René Duguay-Trouin, dont le nom est si justement célèbre dans les fastes de la marine française, naquit à Saint-Malo, le 10 juin 1673. Son père, brave et habile marin, commandait des bâtiments armés, tantôt en guerre, tantôt pour le commerce. La guerre était alors déclarée entre la France, l'Angleterre et la Hollande. La famille des Duguay armait une frégate de dix-huit canons; ce fut sur ce vaisseau que Duguay-Trouin fit sa première campagne en qualité de volontaire. Une affreuse tempête, un naufrage imminent, un abordage meurtrier, un incendie à bord, tels furent les premiers spectacles qui, en quelques mois, éprouvèrent le courage de Duguay-Trouin. L'année suivante, 1690, il s'embarqua, encore comme volontaire, sur une frégate de vingt-huit canons, équipée par sa famille. Il décida le capitaine à attaquer une flotte anglaise de quinze vaisseaux marchands; trois furent enlevés à l'abordage, et Duguay-Trouin, enflammant les autres courages par le sien, eut tout l'honneur de ces combats sanglants. A cette époque, d'Estrées, Duquesne, Tourville, Jean-Bart, Château-Regnaud et Forbin, donnaient à la marine de France un éclat qu'elle n'avait jamais eu. Les Anglais et les Hollandais ne dominaient plus sur l'Océan, et leurs vaisseaux fuyaient en se cachant devant les flottes de Louis XIV. Ce monarque avait voulu l'empire de la mer, et Colbert le lui avait donné. A dix-huit ans, Duguay-Trouin obtenait le commandement d'une frégate. L'an 1694, il en commandait une de quarante canons, lorsqu'il tomba, auprès de Sorlingues, dans une escadre de six vaisseaux anglais. Il voulut se défendre, et soutint, pendant quatre heures, un combat trop inégal. Un vaisseau de soixante-six l'attaque à portée de pistolet. L'équipage effrayé se cache à fond de cale. Duguay-Trouin indigné, y fait jeter un si grand nombre de grenades que la plupart de ses gens sont forcés de remonter sur le pont. Son vaisseau est démâté; le feu prend au magasin à poudre : Duguay-Trouin y descend et le fait éteindre; mais quand il remonte, il trouve son pavillon abaissé. Il veut qu'on le remette. Ses officiers lui représentent que toute résistance serait désormais inutile : il frémit, il se désespère; il hésitait encore, lorsqu'un boulet le renverse sans connaissance. Le capitaine anglais, admirant sa bravoure, lui céda sa chambre et le fit mettre dans son lit. L'escadre relâcha à Plymouth. Duguay-Trouin eut d'abord la ville pour prison; il fut ensuite arrêté par ordre de l'amirauté; mais il avait su plaire à une jeune anglaise qui lui procura les moyens de regagner la France.

Peu de jours après son retour en France, Duguay-Trouin prend, à Rochefort, le commandement d'un vaisseau du roi, et va croiser sur les côtes d'Angleterre et d'Irlande. Il s'empare d'abord de six bâtiments, tombe ensuite sur une flotte de soixante voiles, escortée par deux vaisseaux de guerre, attaque ces deux vaisseaux et les force de se rendre. L'un d'eux était commandé par un brave capitaine qui, en 1687, avait pris à l'abordage Jean-Bart et Forbin : ce capitaine avait retenu les brevets de ces deux célèbres marins; Duguay-Trouin les lui rendre. Il n'avait alors que vingt-un ans. Cette action brillante fut rapportée à Louis XIV, qui envoya une épée au vainqueur.

En 1696, on offrit à Duguay-Trouin le commandement de trois vaisseaux armés à Brest pour aller au-devant d'une flotte marchande ennemie. Il met à la voile au printemps et, huit jours après son départ, il rencontre cette flotte, escortée par trois vaisseaux de guerre que commandait le baron de Wassenaer, habile marin, qui fut depuis vice-amiral de Hollande. Le combat s'engage; jamais Duguay-Trouin n'en soutint de plus terrible. Il prit à l'a-

bordage le vaisseau commandant; tous les officiers de Wassenaer furent tués ou blessés; Wassenaer lui-même reçut quatre graves blessures. Une partie de la flotte fut enlevée; mais Duguay-Trouin perdit dans cette action trois de ses parents et plus de la moitié de son équipage. Cette victoire fut suivie d'une tempête et d'une nuit affreuse. Il fallut jeter les canons à la mer, et le danger devint si pressant que les flots pénétraient jusqu'à l'entre-pont. Les blessés, pour fuir l'eau qui les gagnait, se traînaient sur les mains en poussant des gémissements terribles, sans qu'il fût possible de les secourir. Enfin le vaisseau arriva au Port-Louis. Duguay-Trouin traita le baron de Wassenaer avec tous les égards dus à la valeur, et quand cet officier fut guéri de ses blessures, il le présenta lui-même à Louis XIV. Ce grand monarque reçut Duguay-Trouin comme un homme destiné à être l'honneur de sa nation. Il aimait à entendre de sa bouche le récit de ses actions. Un jour que le héros avait commencé celui d'un combat où se trouvait un vaisseau nommé la Gloire : « J'ordonne, dit-il, à la Gloire de me suivre. — Elle vous fut fidèle, reprit le roi. » En 1706, il fut nommé capitaine de vaisseau et chevalier de Saint-Louis.

De toutes les expéditions de Duguay-Trouin, la plus célèbre est celle de la prise de Rio-de-Janeiro. L'Europe admira la hardiesse de l'entreprise et la vigueur de l'exécution. En 1710, Duclerc, parti de France avec cinq vaisseaux de guerre et environ mille soldats, avait échoué dans l'attaque de cette colonie. Il s'était rendu prisonnier avec six ou sept cents hommes qui, plongés dans des cachots, périssaient de faim et de misère. Duguay-Trouin conçut le projet de venger la France de cet outrage, mais lorsqu'il se présenta à la cour pour proposer cette entreprise, l'État était épuisé par dix années de guerre, par la stérilité et la famine qui suivirent l'hiver de 1709, et on ne put lui donner aucun secours. On vit alors une compagnie de négociants entreprendre ce que l'État ne pouvait faire. Une escadre fut préparée avec autant de secret que d'activité. Duguay-Trouin partit le 9 juin 1711, et arriva le 12 septembre devant la baie de Rio-de-Janeiro. Les fortifications de cette place paraissaient inexpugnables; en onze jours elles furent toutes enlevées. Soixante vaisseaux marchands, trois vaisseaux de guerre et deux frégates pris ou brûlés, une quantité prodigieuse de marchandises pillées ou détruites par les flammes, ou transportées sur l'escadre, causèrent à la plus riche colonie du Brésil un dommage de plus de vingt-cinq millions. Duguay-Trouin remit à la voile le 13 novembre. A la hauteur des Açores, une tempête horrible dispersa ses vaisseaux; une immense colonne d'eau tomba sur le devant de celui qu'il montait, et l'engloutit jusqu'à son grand mât; deux vaisseaux périrent; enfin l'escadre rentra dans le port de Brest le 12 février 1712. Cette brillante expédition couvrit Duguay-Trouin d'une gloire immortelle. Le peuple s'empressait sur son passage, et le saluait par des acclamations.

Le roi lui avait accordé, au mois de juin 1709, des lettres de noblesse, conçues dans les termes les plus honorables. Il y était dit que Duguay-Trouin avait pris plus de trois cents navires marchands et vingt vaisseaux de guerre. Il fut nommé chef d'escadre en 1715, commandeur de l'ordre de Saint-Louis, et lieutenant général en 1728. Le régent, qui avait accordé à Duguay-Trouin, en 1725, une place honorable dans le conseil des Indes, aimait à s'instruire avec lui, et le premier ministre avait besoin de le consulter. Duguay-Trouin mourut à Paris le 27 septembre 1736.

LA FONTAINE

LA FONTAINE

Le plus grand de tous les fabulistes, Jean de La Fontaine, naquit à Château-Thierry, le 8 juillet 1621, près de La Ferté-Milon, où Jean Racine devait voir le jour en 1639. Son instruction fut très-négligée. Cette circonstance, et peut-être aussi le caractère de son esprit distrait, insouciant, paresseux, expliquent le phénomène d'un poëte si remarquable, arrivé à l'âge de vingt-deux ans sans avoir laissé entrevoir aucune étincelle de son rare et heureux génie. A l'âge de dix-neuf ans, il entra dans la congrégation de l'Oratoire, mais pour en sortir au bout de dix-huit mois. Ce fut peu après sa sortie de l'Oratoire qu'un officier en garnison à Château-Thierry lut en sa présence l'ode de Malherbe sur l'assassinat de Henri IV. Saisi d'étonnement et d'admiration, il semble que La Fontaine se soit écrié, à l'imitation du Corrége : « Et moi aussi, je suis poëte. » Dès cet instant, Malherbe fut sa lecture favorite : la nuit, il l'apprenait par cœur; le jour, il allait le déclamer dans les bois. Bientôt il ne se contenta pas de le lire, de l'apprendre, de le déclamer, il essaya de l'imiter. Mais quelque charmé que fût le père de La Fontaine de voir son fils cultiver les lettres et la poésie, il crut que le talent de faire des vers ne devait pas être l'unique occupation de sa vie, et il voulut lui donner un état. Pourvu de la charge de maître des eaux-et-forêts, il la fit passer sur la tête de son fils, et il le maria. Quelques pièces de vers échappées, au milieu des tracasseries domestiques, à la muse insouciante et paresseuse de La Fontaine, lui avaient déjà fait une certaine réputation, lorsque la duchesse de Bouillon, l'une des nièces du cardinal Mazarin, fut exilée à Château-Thierry. La duchesse de Bouillon accueillit La Fontaine, dont l'imagination libre et enjouée, encourageant le poëte, lui suggéra, dit-on, l'idée de ses premiers contes. Lorsqu'elle revint à Paris, rappelée de son exil, elle amena avec elle La Fontaine, qui, à quelques courtes absences près, y passa les trente cinq dernières années de sa vie. Un de ses parents, qui avait la confiance du surintendant Fouquet, l'introduisit auprès de ce magnifique Mécène, qui sut l'apprécier, et le plaça sur la liste nombreuse des pensions qu'il faisait aux hommes de mérite dans tous les genres : mais si la faveur et la prospérité de Fouquet répandirent sur La Fontaine quelques bienfaits passagers, l'exil et la disgrâce de ce ministre lui acquirent une gloire immortelle. Pélisson fut éloquent dans ses plaidoyers, et La Fontaine dans ses vers. « Il déplut à son roi, dit-il, parlant de Fouquet, ses amis disparurent, ou même l'accusèrent. »

Malgré tout ce torrent, je lui donnai des pleurs ;
J'accoutumai chacun à pleurer ses malheurs.

Qui ne les eût pleurés en effet, en lisant cette élégie attendrissante, où La Fontaine demande au roi la grâce de son bienfaiteur, et ose lui dire qu'il doit l'accorder ! Privé de la protection de Fouquet, La Fontaine en trouva une plus éclatante dans la plus aimable princesse de la cour de Louis XIV, Madame Henriette d'Angleterre, qui lui donna dans sa maison une charge de gentilhomme ordinaire; mais le poëte perdit bientôt cette intéressante bienfaitrice. D'illustres protecteurs, à la tête desquels il faut placer le grand Condé, le prince de Conti, le duc de Vendôme, le grand-Prieur, et surtout le duc de Bourgogne, dans un âge encore très-tendre, surent, par leurs bienfaits, préserver La Fontaine de cette détresse et de cette indigence où l'auraient infailliblement réduit son indifférence, son incapacité absolue dans les affaires les plus communes de la vie, et la mauvaise administration d'un patrimoine honnête, mais mal gouverné par sa femme, et vendu par lui pièce à pièce. Toutefois les libéralités de ces illustres Mécènes eussent encore été insuffisantes. Aussi mauvais économe de leurs dons qu'il l'avait été de son fonds et de son revenu, il n'en réglait pas mieux l'emploi, et retombait sans cesse dans les mêmes embarras. Une femme aimable et généreuse, Madame de la Sablière, le mit à l'abri de ces tristes embarras, du moins pendant vingt années, sans doute les plus heureuses de sa vie, puisque, dégagé de toute inquiétude, il les passa au sein de l'amitié et dans le doux commerce des muses, qui durant cette époque tranquille et fortunée, lui inspirèrent ses plus beaux ouvrages et assurèrent sa gloire. Rien n'exprime mieux l'extrême insouciance et la profonde incurie de La Fontaine qu'un mot plaisant de Madame de la Sablière. Elle venait de congé-lier à la fois tous ses domestiques : « Je n'ai gardé avec moi, dit-elle, que « mes trois animaux, mon chien, mon chat et La Fontaine. »

La première édition des six premiers livres des Fables est de 1668 : dix ans plus tard il donna au public les six derniers livres. Il fut reçu membre de l'Académie française le 2 mai 1684. Nous devons compter au nombre des plus illustres amis et des plus grands admirateurs de La Fontaine, St-Evremont, qui, après la mort de Madame de la Sablière, voulut l'attirer en Angleterre, et lui en fit la proposition, non-seulement en son nom, mais au nom de Madame de Mazarin, de la duchesse de Bouillon, et de plusieurs anglais de distinction. Les bienfaits du duc de Bourgogne, en retenant La Fontaine dans sa patrie, sauvèrent à la France l'humiliation de voir un de ses écrivains qui l'honorait le plus, réduit à chercher une ressource et des secours chez une nation rivale. La Fontaine mourut à Paris, le 13 avril 1695. A jamais célèbre par son génie et ses ouvrages, il l'est aussi par l'extrême simplicité de son caractère, par la singulière naïveté de quelques-unes de ses questions ou de ses répon-es, par la préoccupation habituelle de son esprit et les distract'ons plaisantes qui en étaient la suite. Un sourire niais, un air lourd, des yeux presque toujours éteints, nulle contenance. Rarement il commençait la conversation et même, pour l'ordinaire il y était si distrait, qu'il ne savait le plus souvent ce que disaient les autres. Il est vrai que lorsque la conversation s'animait, La Fontaine s'animait aussi; ses yeux prenaient de la vivacité, il paraît qu'alors il se mêlait à la discussion, qu'il citait les anciens, les citait à propos, et leur prêtait de nouveaux agréments. C'est sans doute à ces heureux éclairs qu'il faut attribuer l'empressement avec lequel il était recherché par les hommes les plus aimables et les femmes les plus spirituelles de son temps.

La Fontaine avait en sa femme, qui lui était devenue indifférente, un fils qui, il faut l'avouer, lui fut guère moins indifférent. Elevé loin de lui par les soins du président de Harlay, ce fils était à peu près sorti de sa mémoire. Il le rencontre un jour dans la société, cause avec lui sans le reconnaître et lui trouve de l'esprit; on s'empresse de lui dire que c'est son fils. — Ah, j'en suis bien aise, répond-il, et la reconnaissance se termina ainsi.

GÉOGRAPHIE

HISTORIQUE

LA BRETAGNE

BRETAGNE ANCIENNE

Lorsque les Gaules, subjuguées par le génie de Jules-César, adoptèrent la langue et les mœurs de Rome, en même temps qu'elles reconnurent son gouvernement, il ne se trouva dans cette vaste contrée qu'une seule province qui se refusa à suivre l'impulsion commune. Tandis que la plupart des Gaulois, se transformant promptement en Romains, devenaient des Gallo-Romains, les Armoricains ou hommes du bord de la mer, ainsi appelés parce qu'ils se trouvaient placés entre l'Océan Britannique et l'Océan Atlantique, conservaient la religion, la langue, les coutumes des anciens Celtes. Les Druides ou prêtres, les Bardes ou poètes, les Ovates ou devins et sacrificateurs, chassés de tout le reste de la Gaule, ne trouvaient de sécurité que dans les landes de l'Armorique, et c'était sur les côtes de cette péninsule, dans l'île de Sein, que demeuraient les neuf vierges sacrées. Pour avoir le droit de les consulter, il fallait être marin et encore avoir fait le trajet dans ce seul but. On croyait à ces femmes un pouvoir illimité sur la nature; elles connaissaient l'avenir; elles guérissaient les maux incurables; la mer se soulevait ou s'apaisait, les vents s'éveillaient ou s'endormaient à leurs paroles; elles pouvaient revêtir toute forme, emprunter toute figure d'animaux. Ce sont les dignes ancêtres des fées du moyen âge.

Il n'est donc pas étonnant que ce soit en Bretagne que l'on retrouve le plus de monuments druidiques, tels que : Menhir, grande pierre élevée debout, en forme d'obélisque; Peulven, ou menhir de médiocre grandeur; Dolmen, dont le nom signifie table de pierre, et qui consiste ordinairement en une large pierre horizontale posée sur plusieurs autres verticales; Cromlech, cercle de pierres verticales; Kystven, allée couverte formée par une suite de pierres, les unes horizontales, les autres verticales, et trop basses pour qu'on puisse passer dessous; Galgal, tumulus formé, non d'un amas de terre, mais d'un amas de pierres. Le dolmen semble avoir servi de tombeau; quant à la pierre horizontale qui le surmonte, plus d'une fois on y égorgea des victimes humaines, plus d'une fois elle servit de tribune au chef haranguant sa tribu.

Si les Armoricains, même au temps de la grandeur romaine, ne furent jamais pour les Césars que des sujets fort indociles, ils ne pouvaient manquer de profiter de la perturbation jetée au cœur de l'empire par les invasions barbares, pour recouvrer leur complète indépendance. En 410, tandis que les légions romaines se retiraient de la Grande-Bretagne, Conan se déclarait roi de l'Armorique. Celle-ci allait bientôt s'appeler Petite-Bretagne, des Bretons qui, assaillis au midi et à l'est par les Saxons et les Angles, passèrent la Manche et vinrent chercher un asile dans l'extrémité nord-ouest des Gaules. D'ailleurs les hommes de la Grande comme ceux de la Petite-Bretagne étaient également d'origine celtique, et ainsi tous frères.

Quand l'empire des Francs se fut élevé en Gaule sur les débris de celui des Romains, les Armoricains, que désormais nous nommerons Bretons, ne furent pas plus empressés d'obéir aux hommes de race germanique qu'aux descendants de Romulus, et leur soumission à Clovis fut purement nominale. Des princes ou chefs de la Bretagne,

successeurs de Conan, continuèrent à porter le titre de roi jusqu'à Hoël I, qui monta sur le trône en 509. Après cette époque, l'usage général des souverains de ce temps de partager leurs domaines entre leurs enfants, morcela la Bretagne en plusieurs comtés, indépendants par le fait les uns des autres, quoique celui qui était maître de Rennes s'attribuât la suzeraineté et prit le titre de duc et même de roi. Cet état dura jusqu'en 799, où Charlemagne, à qui rien ne résistait, vit aussi la Bretagne se courber sous son joug. Mais lorsque le faible successeur du grand empereur, lorsque Louis le Débonnaire reçut les hommages des peuples tributaires, il ne vit point paraître à sa cour les représentants des Bretons. Cette nation indomptable ne connaissait de tribut que la lance, de soumission que la guerre, de respect qu'une fierté farouche. Charlemagne lui-même l'avait châtiée de son indépendance, bien plutôt appelée d'un bien qu'il ne lui avait ravi que bien précieux. Les Bretons, du moins ceux qui habitaient la Basse-Bretagne, la Bretagne Bretonnante, n'étaient point considérés comme sujets, ni même comme alliés, puisque les rois francs entretenaient des garnisons sur leur frontière, sous les ordres des margraves de Nantes, de Rennes et d'Angers. Tant que les insultes de ce peuple se bornaient à des incursions partielles sur les terres des Francs, la cour n'en témoignait aucune alarme et se reposait sur les comtes limitrophes du soin de protéger les marches bretonnes. Mais quand on apprit à Aix-la-Chapelle que Morman, chef de cette audacieuse peuplade, venait de s'arroger le titre de roi, le scandale fut grand dans le palais, et l'empereur dut songer à venger un tel affront.

Lorsque par le traité de Saint-Clair-sur-Epte (912), Charles le Simple céda à Rollon, duc des Normands, la partie de la Neustrie appelée d'eux Normandie, il lui abandonna en même temps son droit de suzeraineté sur la Bretagne; d'où entre les Normands, hommes de race germanique, et les Bretons, hommes de race celtique, de sanglantes querelles. Quand la Normandie fut, en 1204, réunie à la France, la Bretagne retomba sous la suzeraineté directe de la couronne. Au quatorzième siècle, la mort du duc Jean III, arrivée en 1341, fut le signal d'une guerre civile qui ravagea la Bretagne pendant vingt-cinq ans. La lutte s'établit entre une princesse, mariée à Charles de Blois, neveu du roi Philippe VI de Valois, savoir Jeanne, fille de Gui, frère puîné de Jean III, et Jean, comte de Montfort, frère cadet de Jean III et de Gui. La cour des pairs, déclarant que la loi salique n'était applicable qu'à la couronne de France et non aux fiefs qui en relevaient, donna gain de cause à Jeanne de Penthièvre. Mais la maison de Montfort, soutenue par l'Angleterre, n'en finit pas moins par triompher, et le traité de Guérande la rendit (1365) maîtresse paisible de tout le duché. Le dernier duc, François II, mourut le 7 septembre 1488, et Anne de Beaujeu, héritière des talents comme de l'énergie de Louis XI, força Anne, fille du défunt, à épouser Charles VIII. Ce mariage amena (1491) la réunion de la Bretagne à la France.

LA BRETAGNE

BRETAGNE MODERNE

Cinq départements, savoir : Loire-Inférieure, Ille-et-Vilaine, Côtes-du-Nord, Morbihan, Finistère, correspondent assez exactement aux anciens comtés de la Bretagne indépendante : comtés de Nantes, de Rennes, de Vannes, de Cornouaille, de Léon, etc. La haute Bretagne se compose des deux premiers de ces départements et de la plus grande partie du troisième. Le reste de celui-ci et les deux derniers forment la Basse-Bretagne. Des neuf évêchés bretons, il n'en reste plus que cinq. Les cinq départements comprennent aujourd'hui : 1° la Loire-Inférieure: 5 arrondissements, 45 cantons, 206 communes, 555,996 habitants; — 2° l'Ille-et-Vilaine : 6 arrondissements, 43 cantons, 550 communes, 580,898 habitants; — 3° les Côtes-du-Nord : 5 arrondissements, 48 cantons, 378 communes, 621,575 habitants; — 4° le Morbihan : 4 arrondissements, 37 cantons, 236 communes, 473,032 habitants ; — 5° le Finistère: 5 arrondissements, 43 cantons, 283 communes, 606,550 habitants. Total : 25 arrondissements, 236 cantons, 1,453 communes, 2,638,943 habitants.

Suivant les derniers travaux du cadastre, la superficie de toute la Bretagne est de 3,388,843 hectares 60 ares.

Sur cette vieille terre de Bretagne, où l'on parle encore avec le bas-breton la langue employée par nos ancêtres il y a deux mille ans, il était beaucoup plus facile de faire adopter les nouvelles divisions territoriales que l'esprit de la Révolution. Le premier signal de l'insurrection de l'Ouest fut donné le 13 février 1794, dans la paroisse de Sarzeau (Morbihan), par le comte de Francheville du Pelinec, ancien officier de marine, qui marcha sur Vannes avec ses paysans, au cri: *Mon âme à Dieu, mon corps au roi!* Il fut repoussé, laissa cinquante hommes sur le terrain et lui-même devait trouver la mort en 1796. Toutefois l'insurrection n'était que différée. Le 10 mars 1793, jour fixé pour le tirage au sort des conscrits appelés par la République, il se trouva encore, quoiqu'on en eût fondu beaucoup, assez de cloches pour sonner le tocsin dans plus de six cents villages de la Bretagne et de l'Anjou. A Saint-Florent, les villageois enlèvent aux gendarmes leurs fusils et leurs sabres, mettent à leur tête le voiturier Cathelineau, se joignent à une autre troupe conduite par Stofflet le garde-chasse, et prennent Chollet à la garnison républicaine. D'un autre côté, Machecoul, Challans et Pornic tombèrent au pouvoir des insurgés de la Vendée, qui donnèrent, en fusillant leurs prisonniers, un exemple que les *bleus* crurent devoir imiter. Enfin, en moins d'un mois, tout le pays compris entre la Loire, la mer, le Thoué, et la route de Thouars aux Sables-d'Olonne est en pleine insurrection. Cent mille paysans sont sous les armes, commandés par les seigneurs qu'ils ont mis de gré ou de force à leur tête. Dans le Marais, c'est Charette, homme trop dur pour rester populaire; dans le Bocage, ce sont d'Elbée, Lescure, La Rochejacquelein ; dans la Plaine, c'est Bonchamps, dont on ne peut méconnaître la générosité et l'héroïsme. Sans autre uniforme que leurs costumes ordinaires, armés contre les bleus de tout ce qui leur tombait sous la main ; tenant de la gauche le crucifix, de la droite le sabre, et portant sur la poitrine un cœur surmonté d'une croix, ces soldats, improvisés comme leurs généraux, se divisèrent en trois grands corps,

dirigés par un conseil supérieur. Ils marchaient par paroisses, emportaient des vivres pour quelques jours, et regagnaient leurs foyers après chaque expédition.

Un des plus mémorables épisodes de cette lutte, fut le combat de Quiberon. En 1795 une flotte anglaise, portant 3,600 émigrés, 80,000 fusils, des uniformes, des canons, de l'argent, mit à la voile pour les côtes de Bretagne: elle opéra un débarquement dans la presqu'île de Quiberon, s'empara du fort Penthièvre, et fut jointe par neuf à dix mille *Chouans*. La Bretagne fut vivement agitée; mais elle détestait les Anglais; elle se défiait de l'absence du comte d'Artois, resté à bord : elle ne prit pas les armes. Pourtant il y avait chance de la soulever, si l'on s'était jeté hardiment sur la route de Rennes. Pendant le temps qu'on perdait, le général républicain, Hoche, rassembla des troupes; il marcha sur Quiberon, refoula les avant-postes des émigrés dans la presqu'île, et la ferma par une ligne de retranchements. Alors Puisaye, chef des émigrés, se voyant avec quinze ou seize mille hommes dans une langue de terre, sans abri et sans vivres, résolut de reprendre l'offensive et assaillit les retranchements républicains; mais les bleus, par un feu épouvantable, le menèrent dans la presqu'île. Aussitôt Hoche escalada le fort Penthièvre; les émigrés furent acculés à la côte; l'escadre anglaise, battue par une tempête, ne pouvait avancer, à l'exception d'un vaisseau qui (soit fatalité, soit trahison) balayait de son feu royalistes et républicains ; tout se jeta dans la mer, où la moitié des embarcations périt: il ne resta qu'un millier d'hommes qui se défendaient avec désespoir, lorsqu'un cri de : Rendez-vous! partit des rangs républicains. Sur ce cri qu'ils pouvaient regarder comme une capitulation, les émigrés posèrent les armes, et Hoche référa de cette des prisonniers au gouvernement qui donna ordre d'exécuter la loi, et Tallien, qui avait été envoyé en mission auprès de Hoche, fit fusiller les 711 émigrés qui s'étaient rendus. De son camp de Belleville, Charette répondit à cette exécution en faisant massacrer 2000 prisonniers républicains.

Pardonnons cependant à la Bretagne ce moment d'erreur et ces preuves si énergiques d'attachement à la dynastie royale et à la religion catholique qu'elle croyait menacée, en faveur des grands hommes qu'elle a donnés à la patrie. Elle a vu naître des marins tels que Lamotte-Piquet, Kersaint, Orvilliers, Jacques Cartier qui découvrit le Canada, Duguay-Trouin, La Bourdonnaye, Maupertuis et La Mettrie. La liste des hommes remarquables sortis d'une terre qui a produit Chateaubriand serait bien longue. Contentons-nous de citer le grand philosophe René Descartes; D. Morice, historien de sa province; Lesage, auteur de *Gil Blas*; La Chalotais, l'avocat Gerbier; le fameux Corret de la Tour-d'Auvergne, ce premier grenadier de France, qui maniait la plume comme l'épée. C'est également en Bretagne que naquirent Abailard, l'éloquent professeur ; le connétable Du Guesclin; Olivier de Clisson, cet autre connétable non moins redouté des Anglais ; et l'artiste Michel Columb, l'auteur du tombeau de François II et de Marguerite de Foix, célèbre à Nantes sous le nom de tombeau des Carmes.

CATHÉDRALE DE ROUEN

SEINE-INFÉRIEURE N° 1

Le département de la Seine-Inférieure est l'un des cinq départements qui ont été formés de la province de Normandie, plus anciennement connue sous le nom de Neustrie. Il est traversé dans toute sa longueur par la Seine qui y termine son cours et le borne au sud ; à l'est il a pour voisins les départements de l'Eure, de l'Oise et de la Somme ; au nord et à l'ouest il est baigné par les flots de la Manche.

Cette contrée n'offre guère que des collines peu élevées, quelques plateaux et de vastes plaines d'une fertilité proverbiale. Le climat est généralement tempéré, mais sujet à de brusques variations.

La Seine-Inférieure ne possède pas de mines, mais on y exploite des tourbières, des carrières de pierre de taille, dont les plus célèbres sont celles de Caumont, près de Rouen, d'où sont sortis les matériaux de presque tous les anciens monuments de la Normandie ; enfin des bancs de grès et de sable.

Cette contrée est tout à la fois industrielle et agricole. L'agriculture, beaucoup plus avancée que dans la plupart des autres parties de la France, produit en grand les céréales, surtout sur les plateaux du pays de Caux, les graines oléagineuses, les poires, les pommes, qui servent à la fabrication du poiré et du cidre, boissons remplaçant le vin dans toute la province normande ; le chanvre, le lin, qui alimentent de matières premières les filatures de Rouen, de Lisieux, de Vire, etc. Mais l'une des principales richesses de ce département repose sur ses magnifiques prairies naturelles et artificielles, au milieu desquelles vivent en liberté ces races de bestiaux renommés qui fournissent de lait, de beurre et de viande les marchés de Paris et de Londres. Vigoureux et de grande taille, les chevaux de la Seine-Inférieure sont recherchés pour la selle, la carrosserie et surtout pour la remonte de la cavalerie de ligne. L'élève de la volaille et la production des œufs, la confection des fromages de Neufchâtel, constituent également une importante branche de revenus pour le commerce d'exportation. Sur les collines qui circonscrivent la vallée de la Seine, sont des forêts considérables de chênes, de sapins, et de hêtres.

Sous le rapport industriel, la Seine-Inférieure occupe l'un des premiers rangs parmi les départements français. Elle possède de vastes chantiers de constructions maritimes, des ateliers et des forges pour la fabrication des engins à vapeur, des bâtiments en fer, des verreries, des fabriques de produits chimiques, quelques papeteries, mais surtout des teintureries et des filatures de laine, de coton, de chanvre et de lin, établissements de premier ordre qui livrent au commerce ces cotonnades dites rouenneries, les draps fins d'Elbeuf, les étoffes teintes et imprimées de Darnétal et de Rouen.

L'activité commerciale est largement servie par les voies de communications ouvertes sur le sol de ce département. C'est d'abord la Seine qui met une grande partie du pays en relations directes avec toutes les contrées maritimes de l'Europe et les pays transatlantiques, puis, par l'intermédiaire des canaux, avec l'intérieur de la France ; le chemin de fer de Paris à Rouen et de cette dernière ville au Havre, se rattachant par divers embranchements au réseau français et par celui-ci à tous les chemins de fer européens ; un système de routes ordinaires de toutes classes qui met en communication facile les diverses localités. Enfin, la Seine-Inférieure possède sur la Manche plusieurs grands ports pour lesquels ceux du Havre et de Dieppe sont les plus importants ; le port de Rouen, bien que situé sur la Seine à une distance de cent vingt kilomètres de la mer, est également considéré comme un port maritime.

Comme les autres contrées de la province dont il a été formé, le département actuel de la Seine-Inférieure fut enlevé aux Capétiens par les Normands qui en firent, pendant plus de deux siècles, le duché la plus riche, le plus puissant de la France. Confisqué sur Jean-sans-Terre et réuni aux domaines de la couronne par Philippe-Auguste en 1204, il retomba un moment entre les mains des Anglais, fut reconquis par Charles VII et déclaré partie intégrante de notre territoire par Louis XI, en 1468.

Ce département a pour chef-lieu Rouen, et pour sous-préfectures : Dieppe, le Havre, Neufchâtel et Yvetot.

Rouen, ville archiépiscopale, assise sur la rive droite de la Seine, avec des faubourgs sur la rive gauche, peuplée d'environ cent huit mille habitants, est une cité éminemment industrielle et commerciale. Sauf ses quartiers neufs et ses quais le long du fleuve, elle est assez mal bâtie, mais en revanche renferme un grand nombre de monuments du temps passé ; tels sont : sa cathédrale de style gothique mélangé, avec trois hautes tours, dont une centrale supporte une flèche métallique encore inachevée qui doit atteindre à la hauteur de cent quarante mètres ; l'abbaye de Saint-Ouen, dont le vaisseau est magnifique et la tour du transept citée comme une des merveilles de l'art ogival ; les églises de Saint-Maclou, bijou de l'art gothique ; de Saint-Patrice, remarquable par ses verrières ; le palais de Justice, superbe édifice bâti dans le style gothique du xve siècle ; l'hôtel du Bourgtheroulde, orné de bas-reliefs retraçant des scènes de la célèbre entrevue du camp du Drap d'Or. Sur la côte Sainte Catherine, dominant Rouen, est l'église gothique moderne de Notre-Dame de Bon-Secours, lieu de fréquents pèlerinages.

Rouen, qui rappelle l'invasion des Normands, sous la conduite de Rollon (912), sa prise par les Anglais en 1419 ; le supplice de Jeanne d'Arc en 1431 ; les sièges qu'en firent les protestants en 1562, puis Henri IV en 1591, est aujourd'hui une ville industrielle et commerciale dont on recherche les étoffes de coton et de laine, les toiles, les machines, les teintures, les produits chimiques, les sucres de pomme et de cidre. C'est la ville natale de l'illustre poète tragique Pierre Corneille et Boïeldieu, musicien français universellement connu.

Dans l'arrondissement de Rouen sont : Caudebec, non loin duquel se voient les vestiges de la célèbre abbaye de Saint-Wandrille ; — Jumièges, village si connu par son ancien monastère de bénédictins, dont on admire les imposants débris ; — Darnétal, centre manufacturier important, et Elbeuf, dont les teintureries et les draps fins jouissent d'un renom mérité. C'est en 1667, sous Louis XIV et par les soins de Colbert, que s'établirent dans cette ville les premières manufactures de draps qui, depuis n'ont pas cessé un seul moment de progresser.

CHÊNE-CHAPELLE D'ALLOUVILLE

SEINE-INFÉRIEURE N° 2

Si la ville préfecture de la Seine-Inférieure occupe en France le quatrième rang par sa population et son industrie, deux de ses sous-préfectures et plusieurs de ses chefs-lieux de canton sont plus importants que bien des chefs-lieux de département et contribuent à assigner à la Seine-Inférieure le premier rang après les départements de la Seine et du Nord.

Le Havre, ville d'environ 60 ou 65,000 habitants, située à l'embouchure de la Seine, doit son origine à François Iᵉʳ (1525). C'est un port de commerce de premier ordre qui n'a de supérieur en France que Marseille, est en relation avec toutes les parties du monde, mais spécialement avec l'Angleterre, les ports du nord de l'Europe, les États-Unis, les pays américains que baignent les océans Atlantique et Pacifique, les Indes orientales. Il se relie à toutes ces contrées par des lignes régulières et rapides de paquebots-poste à vapeur ou à voile; la plus importante de ces lignes est sans contredit celle de New-York, dont le service est fait par d'immenses steamers à grande vitesse.

Le Havre a peu de monuments; nous ne pouvons guère citer que ses églises Saint-Louis et Saint-François, son nouvel hôtel de ville et son musée, aux côtés duquel ont été érigées les statues de Bernardin de Saint-Pierre et de Casimir Delavigne, tous deux enfants de la ville; mais dans son enceinte sont d'admirables travaux de l'art du génie civil: bassins où les navires peuvent séjourner toujours à flot, double ligne de quais terminés par des jetées qui amortissent la violence des vagues venues du large, formes de radoub où l'on répare les navires, machines à mâter, grues monumentales pour le chargement et le déchargement des bâtiments. En outre le Havre possède des chantiers de construction pour les navires en bois ou en métal, de vastes usines métallurgiques pour les machines à vapeur de navigation, enfin des docks ou entrepôts qui couvrent un espace égal à l'emplacement d'une ville de 20,000 âmes. A environ trois kilomètres du Havre, au sommet d'une haute falaise crayeuse que la mer ne cesse de ronger et de faire écrouler, s'élèvent les deux phares de la Hève, éclairés depuis quelques années à la lumière électrique.

Bolbec (11,000 hab.), chef-lieu de canton de l'arrondissement du Havre, possède de grandes manufactures où l'on travaille le coton et la laine. Fécamp (12,000 hab.) est le quatrième port maritime du département. Cette ville, établissement de bains de mer fréquenté pendant la belle saison, se livre en grand à la construction de navires caboteurs, de barques de pêche, à la fabrication des cordages, des ancres et des salaisons pour la marine. Son église, reste d'une ancienne abbaye bénédictine, est remarquable par son étendue et sa beauté. — Harfleur (2,000 hab.) fut le précurseur du Havre; de son port, aujourd'hui ensablé et éloigné de la mer de trois ou quatre kilomètres, partirent pour l'Angleterre nombre de flottes royales ou marchandes. Il ne reste à cette ville de son ancienne grandeur que son église nombre de son ancienne grandeur que son église remarquable clocher gothique. — Lillebonne (5,000 hab.), sur la Seine, montre de précieuses antiquités romaines, entre autres un camp parfaitement conservé.

Dieppe (18,000 hab.), sur la Manche, est un port très-actif, le troisième du département comme importance.

Il fait des armements pour la grande pêche, le cabotage, est le point d'attache de plusieurs lignes de bateaux à vapeur à destination de l'Angleterre.

Comme industrie, Dieppe est surtout connue par ses salaisons et son travail de l'ivoire: la renommée de ses ouvriers ivoiriers est universelle. Les marins de Dieppe furent longtemps les rois de la mer; c'est à eux que l'on attribue la découverte des côtes occidentales d'Afrique, dans la seconde moitié du quatorzième siècle et l'un de ses armateurs, Ango, dont on va visiter le château à Varangeville, non loin de Dieppe, fut autrefois assez puissant pour armer une flotte de guerre qui vint braver le roi de Portugal jusque dans Lisbonne. A l'époque de la belle saison, Dieppe est l'un des établissements de bains de mer les plus fréquentés que possèdent nos côtes du nord et de l'ouest. — Eu, dans l'arrondissement de Dieppe, possède un beau château royal qui appartient à la famille d'Orléans et communique par un canal avec le Tréport (3,000 hab.), port de pêche assez actif et établissement balnéaire qui profite du trop plein de celui de Dieppe. — Arques, à quelques kilomètres de Dieppe, est un gros bourg agricole qui rappelle une victoire de Henri IV sur les ligueurs en 1589.

Neufchatel, est une ville industrieuse de trois à quatre mille âmes qui exporte des petits fromages cylindriques appelés bondes ou bondons de Neufchatel, et qui doivent à leur délicatesse une réputation méritée. — Gournay, dans cet arrondissement, exporte à l'intérieur de la France et surtout en Angleterre, un beurre rival de celui d'Isigny, une autre ville normaude.

Yvetot (9,000 hab.) reçut, dit-on, de Clotaire Iᵉʳ (525), le titre de royaume que son territoire conserva jusqu'au xviiⁱᵉ siècle; c'est aujourd'hui une cité manufacturière qui fabrique en grand les étoffes de coton tissées avec des fils teints d'avance et que l'on appelle rouenneries, du nom de Rouen, le grand marché de ces sortes de tissus. Dans l'arrondissement d'Yvetot est Saint-Valéry en Caux, port de pêche et de relâche assez important.

A quatre kilomètres d'Yvetot est une curiosité naturelle, le chêne-chapelle du cimetière d'Allouville, que représente notre gravure. Ce colosse végétal, l'une des merveilles de notre France, a plus de dix mètres de circonférence à son pied et huit environ à hauteur d'homme: ses branches énormes, aussi fortes que bien des chênes centenaires, s'étendent fort loin du tronc et couvrent de leur ombrage un espace considérable. D'après les naturalistes, ce chêne aurait plus de mille ans d'existence; il aurait donc vu les commencements de la monarchie française, les invasions des Normands, la grandeur du duché de Normandie, les invasions anglaises, nos guerres civiles et abrité sous son ombrage tant de fois séculaire une trentaine de générations.

A l'intérieur de cet arbre, qui est creux, a été disposée une petite chapelle, et à son sommet est une chambrette d'anachorète surmontée d'une cloche que termine une croix de fer. Cet édifice agreste, dont les lignes se marient si heureusement avec la vigoureuse verdure du chêne et auquel on parvient par un léger escalier de bois, a été consacré à la Vierge en 1696 par l'abbé du Détroit, alors curé d'Allouville.

CHAÎNE DES VOLCANS ÉTEINTS DE L'AUVERGNE

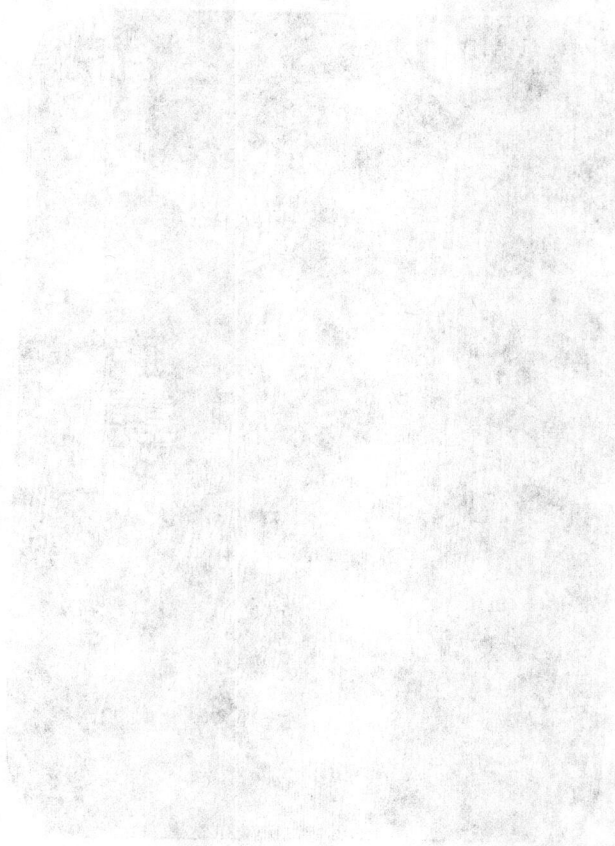

PUY-DE-DOME N° 1

Le département du Puy-de-Dôme, formé de la partie septentrionale de l'ancien comté d'Auvergne, d'une portion du Bourbonnais et d'une petite partie du Forez, est borné au nord par le département de l'Allier, à l'est par celui de la Loire; au sud, par ceux de la Haute-Loire et du Cantal; enfin, à l'ouest, par les départements de la Creuse et de la Corrèze.

C'est un pays montagneux, traversé à l'ouest et dans sa direction nord-sud par la chaîne des monts Dores; à l'est par celle du Forez. A ces deux chaînes principales se rattachent plusieurs rameaux et entre elles s'étend la vaste et fertile plaine de la Limagne.

La chaîne du Forez, couverte de sombres forêts de sapins, compte plusieurs pics ou puys élevés, tels sont: la Pierre-sur-Haute (1,634ᵐ); le puy de Motoncelle (1,292ᵐ), la Croix-Toutlée (1.013ᵐ).

Les montagnes qui forment la chaîne des monts Dores se partagent en deux groupes: au nord, la chaîne dite des Dômes, qui a pour sommets culminants le Puy-de-Dôme (1,465ᵐ), qui s'élève et domine au centre de soixante autres puys, et doit à son importance comme à sa position d'avoir donné son nom au département; le puy Baladou, presque aussi haut (1.464ᵐ), le puy de la Rodde (1.440ᵐ), le puy de Parion (1,123ᵐ), le puy de Mercœur (1.202ᵐ), le puy Lamoréno (1,179ᵐ).

Vers le sud s'étend le chaînon des monts Dores, formé d'un nombre considérable de pics que domine le puy de Sancy, élevé de 1,886 mètres et la plus haute montagne de l'intérieur de la France.

Les monts Dores et les monts Dômes abondent en curiosités naturelles, en paysages tantôt pittoresques, tantôt grandioses; c'est l'un des plus curieux pays que puissent visiter le géologue, le naturaliste et le peintre. Presque tous les puys des chaînes montagneuses, coniques, de formes arrondies et mammelonnées sont d'anciens volcans actuellement éteints, mais dont l'activité et l'intensité ont dû être très-grandes si l'on en juge par les torrents de lave et de basalte solidifiés qui couvrent leurs flancs, s'étendent dans les plaines et les vallons, ou qui, ayant été arrêtés par quelque obstacle plus puissant, forment des amas considérables. L'un de ces volcans, le puy de Nageue, au pied duquel est bâti Riom, a rejeté de son cratère dans un étroit vallon un fleuve de lave qui a coulé jusqu'à quatre kilomètres de la base du cône. La faible pente de ce vallon et son encaissement de tous côtés par des rochers granitiques, ont forcé le torrent liquéfié à grossir et à s'élever en épaisseur. Au centre et comme un îlot s'élève un gigantesque bloc de granit que la lave a contourné.

Telle a été la force de projection de quelques-uns de ces volcans, que parfois, à la distance de plusieurs kilomètres, on rencontre d'énormes blocs de basalte et de granit, qui ont été lancés au loin pendant les éruptions.

Quelques cratères parfaitement distincts, qui jadis et avant la création de l'homme ont vomi des flots de matières enflammées, sont maintenant devenus des prés émaillés de fleurs ou des bois aux frais ombrages. De plus, les trois vallées de la Limagne, de Ville-Morge, du Livradois, formaient autrefois trois lacs immenses dont le lit a été transformé en champs cultivés, en magnifiques prairies couvertes de troupeaux.

Le département du Puy-de-Dôme est arrosé par l'Allier, qui le traverse du sud au nord en recevant un grand nombre de petites rivières que dans le pays on désigne sous le nom de Couzes. La plupart de ces ruisseaux forment des chutes que l'industrie utilise pour donner le mouvement à de nombreux moulins.

Des flancs du pic de Sancy s'échappent deux faibles couzes, la Dore et la Dogne, qui se réunissent dans un petit vallon pour former la rivière de Dordogne qui, plus tard se joignant à la Garonne, formera le fleuve la Gironde qui passe à Bordeaux.

Les monts Dores renferment plusieurs lacs dont quelques-uns à une altitude de 1,200 mètres; les principaux sont les lacs de la Godivelle, de Pavin, de Chauvet, de Servières, de Guery, ce dernier le plus élevé de tous; enfin les lacs de Chambon et d'Aydan, formés l'un et l'autre par des ruisseaux dont le cours est interrompu par les torrents de lave qui forment une digue inébranlable.

Le climat du département du Puy-de-Dôme est très-variable; les changements de température sont brusques, les nuits et les matinées presque toujours très-fraîches. En hiver le froid est vif, mais en revanche, les chaleurs de l'été sont intenses.

Le sous-sol de cette contrée est riche en produits minéraux: on y exploite des mines de fer, de plomb argentifère, d'antimoine, d'arsenic, et des anciennes laves vomies par les volcans; on tire les laves basaltiques de Volvic et de Parinn employées sous la forme de dalles pour le pavage, ou comme pierres de construction, du granit, des pouzzolanes, quelques dépôts de houille, de tourbe et d'argile; on y trouve enfin des améthystes ou quartz cristallin de nuance violette.

Comme productions végétales, l'agriculture cultive dans le Puy-de-Dôme les céréales, le chanvre, les châtaignes, la vigne, les fruits, dont une partie s'exporte vers la capitale et l'autre est transformée dans le pays en conserves sucrées. Les montagnes sont couvertes de riches prairies naturelles qui nourrissent une forte race bovine; les chevaux, quoique de petite taille, sont assez estimés pour la selle, mais la race des moutons est médiocre: toutefois les derniers concours agricoles montrent qu'elle tend à s'améliorer. Dans les forêts où dominent les essences de hêtre, de chêne et de sapins, vivent un assez grand nombre d'animaux sauvages: sangliers, loups, chevreuils et renards, et dans les montagnes, des aigles, des vautours et des milans. Les rivières et les lacs sont très-poissonneux; les truites y sont superbes.

Le pays qui forme le département actuel du Puy-de-Dôme était avant la conquête romaine occupé par la puissante tribu des Arvernes, avec Gergovie pour capitale. C'est sous les murs de cette ville que Vercingétorix, l'illustre chef des Arvernes, vainquit César et l'obligea à la retraite. Après la chute d'Avaricum, la défaite des Gaulois et la capture de Vercingétorix sur le plateau d'Alésia, le pays devint province romaine. Ravagé pendant plusieurs siècles par les hordes de barbares, dévasté par les guerres de la féodalité, puis par celles de la Ligue, cette contrée échut par héritage à Marguerite de Valois, sœur de Henri III, première femme de Henri IV, qui, en 1606, en fit don au Dauphin, depuis le roi Louis XIII. (Voir la suite au n° 2.)

LE MONT-DORE

4

PUY-DE-DOME N° 2

Le département du Puy-de-Dôme est aujourd'hui un pays industriel qui exploite des mines de houille, de plomb, de fer, des carrières taillées en pleine lave volcanique; possède des fabriques de quincaillerie et de coutellerie, des papeteries; exporte ses blés à l'état de farines ou de pâtes dites d'Italie, ses fruits, ses fromages du Mont-Dore. Les relations commerciales, assez actives pour un pays aussi éloigné des grands centres consommateurs, ont à leur disposition sept routes impériales et dix départementales; en outre, le chef-lieu du département est relié au réseau ferré d'Orléans par un chemin de fer qui passe au nord au sud par Riom, Clermont et Issoire.

Le département du Puy-de-Dôme, d'une surface totale de 7,858 kilomètres carrés, peuplé d'environ six cent mille habitants, a pour chef-lieu Clermont-Ferrand et pour sous-préfectures : Ambert, Issoire, Riom et Thiers.

CLERMONT-FERRAND (35,000 hab.), siège d'un évêché, ville très-ancienne, bâtie non loin du Puy-de-Dôme, offre peu de monuments remarquables. Jadis pourtant, avant l'ère chrétienne et depuis sous la domination romaine, elle brilla d'une certaine splendeur et fut l'une des résidences préférées d'un grand nombre de riches familles romaines ou gallo-romaines.

Elle n'offre plus aujourd'hui à la curiosité des voyageurs que son église cathédrale, Notre-Dame-du-Port et sur la principale place, la statue du brave Desaix, le héros de Marengo. Dans ses environs sont les ruines d'un aqueduc romain qui amenait à la ville les eaux des sources de Royat. Clermont, qui malgré une série continue d'améliorations et de travaux, a encore la physionomie d'une ville du moyen âge, — rues étroites, tortueuses, maisons mal bâties, — fut témoin d'une défaite de Vercingétorix par César, cinquante-trois ans avant notre ère, et c'est dans ses murs que Pierre l'Ermite prêcha la première croisade.

Actuellement cette ville est l'entrepôt d'un grand commerce entre Lyon et Bordeaux, Paris et le Midi; elle exporte au loin ses pâtes d'Italie, ses conserves d'abricots et ses peintures sur verre.

Près de Clermont est la petite ville de Mont-Ferrand, qui lui a été annexée en 1751. C'est à cette réunion que le chef-lieu du Puy-de-Dôme doit d'avoir ajouté à son nom original de Clermont celui de Montferrand, dont on a fait par abréviation Clermont-Ferrand. A un kilomètre environ de Montferrand, est un monticule au sommet duquel se trouve le Puy de la Poix, ouverture naturelle d'où sort de la poix minérale ou plutôt de l'eau chaude mélangée dans une forte proportion avec une matière bitumeuse liquide. Une autre curiosité naturelle de Montferrand, est la fontaine incrustante située dans l'enclos de l'ancienne abbaye de Saint-Allyre. L'eau de cette source tient en suspension une substance minérale, le carbonate de chaux, qui s'attache ou plutôt se dépose grain par grain sur tous les objets : fruits, feuilles, reptiles, petits paniers qu'on jette dans le bassin où elle s'épanche, les moule en quelque sorte et leur donne l'aspect d'une pierre, tout en conservant les formes extérieures de l'objet ainsi pétrifié.

Billom, dans l'arrondissement de Clermont, est l'une des plus anciennes cités de l'Auvergne ; c'est dans ses murs que fut fondé, en 1556, le premier collége établi en France par les jésuites.

Royat possède une grotte que les voyageurs s'accordent à comparer à la célèbre grotte de Tivoli, en Italie. Cette petite ville est aujourd'hui un établissement d'eaux minérales très-fréquentées.

AMBERT (8,100 hab.), généralement bien bâti, mais percé de rues étroites et tortueuses, fut autrefois la capitale d'un petit pays appelé le Livradois ; c'est aujourd'hui une cité manufacturière dont les papiers, les étamines pour pavillons de marine, les lacets, les jarretières, les épingles, les fromages, et surtout les rubans à bas prix font l'objet d'un commerce d'exportation assez mouvementé.

ISSOIRE (6,000 hab.), située dans la partie la plus fertile de la Limagne, eut grandement à souffrir pendant les guerres de religion, tant de la part des catholiques que de celle des protestants. C'est une ville d'aspect agréable, convenablement percée, qui fait le commerce des bestiaux, de l'huile de noix, des articles de chaudronnerie en cuivre. Dans l'arrondissement d'Issoire se trouve *Mont-Dore-les-Bains*, village qui doit son renom à des eaux minérales célèbres déjà au temps de la domination romaine. Cette localité, élevée de 1,044 m. au-dessus du niveau de la mer, dominée par le puy de Sancy, est entourée de curiosités naturelles qui en rendent le séjour très-agréable aux baigneurs; tels sont les lacs Pavin et de Guery, la Grande Cascade, les chutes du Capucin, de Querellh, les Gorges d'Enfer, la vallée de la Tour et beaucoup d'autres sites ou de points de vue comparables à ce que l'on va chercher de plus pittoresque et de plus grandiose en Suisse et dans la Forêt-Noire.

RIOM (10,308 hab.) a longtemps disputé à Clermont le titre et le rang de capitale de l'Auvergne; c'est une jolie cité dont l'aspect est un peu sombre et bizarre à cause de la pierre noire dite lave de Volvic qui entre dans la construction des maisons et des édifices publics. Elle est le siège de la Cour impériale et fait le commerce des blés, des huiles, des cuirs et des pâtes d'abricot.

Volvic, au pied d'une montagne basaltique sortie des flancs du volcan de Nagerre, a pour principale industrie l'exploitation de ses inépuisables carrières de basalte que l'on exporte jusqu'à Lyon et même à Paris pour le dallage des trottoirs.

Pontgibaud, chef-lieu de canton de l'arrondissement de Riom, exploite une mine de plomb argentifère dont les produits sont très-estimés sur les marchés français. Non loin de cette ville sont les restes d'un camp gaulois et la fontaine d'Oule, dont les eaux sont constamment gelées même durant l'été.

THIERS (14,000 hab.), d'un aspect pittoresque et gracieux, s'élève en amphithéâtre sur le versant d'une montagne au pied de laquelle coule la Dore. C'est une ville industrieuse qui fabrique en grand des articles de coutellerie estimés, des objets de quincaillerie, des papiers et du carton. Un grand nombre de moulins établis sur la Dore fournissent aux habitants la force motrice nécessaire à leurs usines.

PAUL LAURENCIN.

LE SAUT DU DOUBS

DOUBS

Le département du Doubs est formé du tiers environ de l'ancienne province de Franche-Comté, qui, après avoir longtemps vécu d'une vie indépendante, passa a la maison royale d'Espagne par suite d'alliances matrimoniales, et fut enfin conquise par Louis XIV sur Philippe IV, roi d'Espagne, pendant la guerre de 1668 a 1674. La paix de Nimègue, signée en 1678, assura à la France la Franche-Comté qui, depuis, n'a plus cessé de faire partie de notre territoire.

C'est de la principale rivière, qui l'arrose, l'entoure presque entièrement et alimente le canal du Rhône au Rhin, que le département du Doubs tire son nom. Ce territoire est sillonné de montagnes et de chaînes de collines qui se rattachent au rameau du Jura, faisant partie lui-même du système des Alpes; elles offrent à la vue des sites pittoresques, enferment de riches vallées que fertilisent les eaux de nombreux ruisseaux descendant des hauteurs et ne tarrissant presque jamais. Quant au climat, il varie suivant la plus ou moins grande élévation du sol, l'exposition des localités; en général, il est doux et tempéré.

Le département du Doubs est un pays bien arrosé, mais ses cours d'eau n'étant guère que flottables, sont employés pour le flottage des trains de bois et surtout utilisés pour faire mouvoir les roues hydrauliques des usines. La rivière du Doubs prend sa source dans le département, traverse divers lacs et, à sa sortie de celui de Chaillons, est enserrée dans un étroit vallon, puis s'élance avec fracas d'une hauteur de vingt-sept mètres dans un abîme profond; cette cataracte, connue sous le nom de *Saut du Doubs*, attire un grand nombre de curieux. Le département renferme aussi plusieurs marais tourbeux, de nombreux étangs et quatre lacs, dont celui de Saint-Point offre une belle nappe d'eau d'une surface de six kilomètres carrés. C'est ce lac de Saint-Point qu'a chanté M. de Lamartine.

Le sol est riche en produits naturels minéralogiques: on y exploite de nombreuses tourbières dont la ma-`ière charbonneuse remplace, pour le chauffage domes-lque ou industriel, la houille et le bois, des marnières qui fournissent un excellent amendement pour certains sols; des carrières de ces pierres, dites du Jura, qui ont le poli et la dureté du marbre et s'exportent jusqu'à Paris; du gypse ou pierre à plâtre, du sel gemme et du tripoli, mais la principale richesse minérale du pays est dans ses mines de fer où le métal, se présentant en roches et en grains, peut être exploité à ciel ouvert.

Sous le rapport agricole, la contrée doit à son territoire accidenté d'être l'un des moins bien cultivés de la France. La production en blé et en vin est insuffisante pour la consommation locale, mais on cultive en grand diverses plantes oléagineuses dont on tire des huiles pour l'éclairage ou la peinture, les arbres fruitiers, pêchers, poiriers, noyers et amandiers; enfin les prairies nourrissent bon nombre de bestiaux et des chevaux que l'on recherche pour le service des routes et des montagnes. Les rivières et les lacs abondent en truites saumonées, perches, brochets, tanches, anguilles et écrevisses; les forêts dont les essences principales sont: le chêne, le hêtre, le sapin, le frêne, le sycomore, servant de retraite à des chevreuils, des sangliers, quelques ours et quelques loups.

Si l'on ne peut pas dire que l'agriculture du département soit florissante, il en est tout autrement de l'industrie et du commerce, qui y sont très-actifs et ont pour objet la fabrication ou l'échange des métaux, fer et cuivre, bruts ou façonnés, de la fonte, des articles de quincaillerie, de clouterie; l'industrie horlogère du Doubs le dispute en importance à celle de Genève aussi bien pour la quantité annuellement produite que pour la qualité; la confection des fromages façon gruyère s'exerce dans plus de trois cents communes.

Comme voies de communication, le commerce dispose, outre 800 kilomètres de routes impériales et départementales, de la rivière du Doubs, navigable sur une faible partie de son parcours, du canal du Rhône au Rhin, qui traverse le département sur une longueur de 136 kilomètres, et plusieurs embranchements de chemin de fer qui mettent les principales localités en communication avec la ligne-mère de Paris à Marseille.

Le département du Doubs, peuplé d'environ trois-cent mille habitants, a pour chef-lieu Besançon et pour sous-préfectures Beaume-les-Dames, Montbéliard et Pontarlier.

BESANÇON (42,000 hab.), siége d'un archevêché, est une ville importante, séparée en deux et entourée par le Doubs, défendue par des remparts et une citadelle qui en font l'une des plus fortes places de la France. Comme monument, on y remarque sa cathédrale, de style gothique, le palais espagnol de Granvelle et surtout la Porte-Noire, arc de triomphe romain, parfaitement conservé, dont on attribue la contruction à l'empereur Aurélien. Besançon est industrieux et commerçant, possède des fabriques d'horlogerie dont les produits sont recherchés du monde entier, des tanneries, des chamoiseries, des brasseries, des fabriques de tapis, de faïences et de bonneterie. — *Lods*, dans l'arrondissement de Besançon, a des établissements métallurgiques considérables. — *Ornans* fait un grand commerce de fromage de Gruyère.

BEAUME-LES-DAMES (3,000 hab.), doit son nom à une abbaye de chanoinesses nobles de l'ordre de Saint-Benoit, fondée au VIIIe siècle et détruite pendant la Révolution. La position de cette ville sur le Doubs et le canal du Rhône au Rhin en fait une place commerçante.

MONTBÉLIARD (6,000 hab.), autrefois capitale d'une principauté indépendante réunie à la France en 1792, s'élève dans une position charmante au fond d'un vallon qu'environnent des coteaux boisés. Cette ville a vu naitre l'illustre Cuvier en 1769.

PONTARLIER (5,000 hab.), sur le Doubs, ancienne station de la grande voie romaine qui conduisait de Rome en Gaule, doit à plusieurs incendies l'avantage d'être régulièrement construit; seulement, des édifices antérieurs au dernier sinistre, celui de 1670, il ne lui reste rien. Cette ville est l'entrepôt principal du commerce de la France avec la Suisse. Dans son arrondissement est le village de *Morteau*, qui possède une école d'horlogerie et près duquel est la fameuse cataracte dite *Saut du Doubs*. Enfin, à quatre kilomèt.es de Pontarlier s'élève sur une montagne escarpée le fort de Joux, qui défend de ce côté l'entrée de la France par la Suisse.

P. LAURENCIN.

PONT NATUREL D'ARC

ARDÈCHE

Le département de l'Ardèche, qui fit autrefois partie de l'importante province du Languedoc, a reçu son nom d'une rivière qui y prend sa source, traverse sa partie méridionale dans la direction de l'est à l'ouest, et après un parcours de 130 kilomètres va se jeter dans le Rhône qui baigne la partie orientale de ce département.

C'est un pays très-accidenté, très-tourmenté, semé de débris volcaniques, dont les cours d'eau coulent profondément encaissés, s'épanchent à travers des gorges étroites et sauvages, débordent et ravagent périodiquement les plaines et les vallons. Les chaînons montagneux qui couvrent une partie de ce département se détachent des Cévennes et forment un petit système appelé les monts du Vivarais, groupe de volcans éteints, dont les points culminants sont : le mont Mezent, élevé de 1,774 mètres; le Gerbier des Joncs, cône aux flancs escarpés, d'une hauteur de 1,562 mètres; le mont des Roulières, de 1,384 mètres; ce dernier est remarquable par sa nature volcanique et par l'effet merveilleux des hautes colonnes basaltiques, de figure polygonale, qui semblent le supporter, ou bien, isolées, simulent des ruines de temples gigantesques.

Le département de l'Ardèche est arrosé par un grand nombre de petits cours d'eau qui, s'ils ne sont pas navigables, donnent du moins la vie à diverses usines ou arrosent des prairies naturelles; par l'Ardèche, grossie d'une foule de tributaires qui coule dans une vallée encaissée et, près de Largentière, passe sous le Pont d'Arc, (que représente notre gravure), magnifique arcade naturelle de 60 mètres d'ouverture. Un lac, celui d'Issarlès, le seul qui mérite d'être cité, remplit l'ancien cratère d'un volcan éteint, et présente une superficie de 90 hectares.

Le climat du département de l'Ardèche est très-doux dans la partie qui longe le Rhône, mais l'hiver est long et rigoureux dans les contrées montagneuses.

Ce département exploite des usines de fer qui rendent année commune plus de 75,000 tonnes de fonte, quelques bancs de houille de qualité médiocre, de l'antimoine, des carrières de marbres bleus et roses; des roches basaltiques, du kaolin, de la pierre calcaire excellente pour la fabrication de ciments hydrauliques.

La configuration tourmentée du sol ne permet pas de recueillir assez de blé pour la nourriture des habitants; on y supplée par la culture en grand des pommes de terre et des châtaigniers : les produits de ces derniers sont très-estimés dans le commerce sous le nom de marrons de Lyon, du nom de la ville où se centralise leur commerce.

Les vignobles de l'Ardèche sont prospères et fournissent année moyenne une quantité approximative de 500,000 hectolitres de vins; l'élève des vers à soie formait, avant l'apparition du fléau qui depuis plusieurs années sévit sur cette industrie, la richesse d'une grande partie du Vivarais et donnait annuellement un bénéfice évalué à 25 millions de francs : aujourd'hui cette industrie est sinon éteinte, du moins excessivement réduite.

C'est principalement par le Rhône que le commerce écoule au dehors les productions de l'industrie locale, métaux, peaux de chevreaux et de moutons, marrons, noix, huiles de noix, olives, matériaux de construction, papiers et draperies.

Le département de l'Ardèche, peuplé d'environ 387,000 habitants, a pour chef-lieu Privas et pour sous-préfectures Largentière et Tournon.

PRIVAS (7,200 habitants), situé sur une colline et dominé par un monticule de 416 mètres d'élévation, est une cité industrieuse qui fabrique des étoffes de soie et de laine, possède des distilleries, des vanneries et des mégisseries. Cette ville est reliée à la grande ligne ferrée de Paris à la Méditerranée par un petit embranchement de 32 kilomètres de longueur qui traverse le Rhône à la Voulte sur un très-beau pont métallique. Privas, autrefois place forte, fut occupée par les protestants et prise d'assaut par Louis XIII (1625), qui la fit démanteler. — Aubenas, dans l'arrondissement de Privas, renferme plusieurs édifices remarquables entre autres le château de Montlaur et Ornavs, solide et massive construction des temps passés. — Antraigues, situé à quelque distance du volcan éteint de Crau, sur un plateau basaltique qu'entourent trois rivières, est l'une des localités les plus pittoresques du Vivarais. — La Voulte, bâtie aux flancs d'un rocher de basalte que couronne une ancienne forteresse féodale, est un centre métallurgique important. — Viviers, siège de l'évêché de l'Ardèche, autrefois la capitale du Vivarais, est une ville ancienne qui possède plusieurs monuments remarquables.

LARGENTIÈRE (3,200 habit.), ainsi nommée des anciennes mines de plomb mêlé d'argent que l'on y exploitait, se distingue surtout par le pittoresque de ses environs. — Thuyets (2,600 habitants), sur un plateau de lave, possédait il y a quelques années d'importantes magnaneries. — Vallon, chef-lieu de canton, est la localité dans les environs de laquelle les touristes vont admirer le fameux pont d'Arc, jeté par la nature au-dessus de l'Ardèche.

TOURNON (5,500 habitants), dominé par un antique château féodal à l'intérieur duquel on admire une charmante chapelle gothique, possède un collège fondé en 1542 par le cardinal de Tournon. Son port sur le Rhône fait un commerce actif en vins, bestiaux et bois. — Annonay (1,500 habitants), la ville la plus réellement importante et aussi la plus connue du département de l'Ardèche, est bâtie sur deux collines. Patrie des frères Montgolfier, Annonay vit s'élever en 1783 le premier aérostat lancé dans les airs, événement que rappelle un obélisque dressé sur l'une des places de la ville. Actuellement Annonay est une cité industrieuse et commerçante qui renferme des mégisseries, des minoteries, et surtout des papeteries dont les produits sont universellement recherchés. C'est même à ses papeteries plutôt encore qu'à l'invention des ballons qu'Annonay doit sa réputation, car les grandes manufactures qui y sont établies se tiennent au courant des progrès les plus récents et des procédés de fabrication les plus nouveaux; telles sont les importantes et honorables maisons de MM. Canson frères et Montgolfier, et celle de M. Johannot.

Saint-Péray, dans une fertile vallée près du Rhône, produit un vin mousseux très-estimé.

P. LAURENCIN.

RAVIN DES ARCS

HÉRAULT

Le département de l'Hérault, formé d'une partie du bas Languedoc, tire son nom du petit fleuve qui l'arrose,-mais n'est navigable que sur une faible partie de son cours. Ce pays est montagneux vers le nord, formé de ı laines vers le midi, baigné par la Méditerranée sur une longueur d'environ cent six kilomètres. Une portion de son littoral est couverte d'é angs salés d'un grand rapport en sel marin. Le climat est inégal, soumis à de brusques variations, mais généralement chaud et sec; l'automne est la plus belle saison de cette contrée, dont la végétation se montre de quinze jours en avance sur celle des environs de la capitale.

Le département de l'Hérault est riche en productions minéralogiques : on y exploite des mines de fer, de cuivre, de manganèse, de plomb, de riches dépôts de houille et de lignite, des carrières de marbre, de gypse, de granit et des bancs d'argile à poterie.

Le principal élément de l'industrie agricole, prospère et avancée de cette contrée, est la vigne, dont les produits sont des plus estimés à cause de leur excellente qualité et surtout de leur richesse en alcool. Parmi les plus connus des vins de l Hérault, nous citerons ceux de Vérargues, de Saint-Georges d'Orgues, de Castries, puis les fameux vins muscats de Lunel, de Frontignan, enfin les produits renommés de Rivesaltes. On évalue la production totale à environ trois millions d'hectolitres, dont une partie est consommée dans le département, une autre exportée pour être mélangée avec des vins plus faibles, une troisième enfin distillée et convertie sur place en eau-de-vie dite de Montpellier, qui jouit d'une certaine réputation.

Après la vigne viennent les céréales, les olives, les fruits, les amandes, puis les plantes médicinales, tinctoriales ou aromatiques : ricin, pastel, garance, gaude, tournesol, etc. Les forêts sont plantées comme essences principales de châtaigniers, de chênes verts, de chênes blancs; l'écorce de ces derniers est employée comme tan dans les tanneries.

Les prairies naturelles et artificielles nourrissent assez de bestiaux pour la consommation locale, mais les moutons, les vers à soie et les abeilles y donnent des produits qui font l'objet d'un trafic important. Le gibier abonde dans les forêts, les montagnes et les plaines; on y rencontre le lièvre, la perdrix, les lapins, les alouettes, les cailles et les grives.

A 25 kilom. de Montpellier, dans la vallée de Gillone, au milieu d'un paysage extrêmement pittoresque, se trouve le ravin des Arcs, auprès duquel un seigneur de la cour de Charlemagne fonda une abbaye de bénédictins qui fut supprimée en 1789.

L'industrie de l'Hérault s'occupe du tannage des cuirs et des peaux, de la fabrication des bougies, des produits chimiques, de la préparation et du tissage des soies, des laines et des cotons, de l'extraction de la houille, du traitement des minerais métallurgiques soit pour en extraire le métal, soit pour les transformer en verdet (sulfate de cuivre ou de fer, vitriol bleu ou vert), employé dans la teinture des étoffes. Le commerce exporte les produits du sol ou des cours d'eau : vins, eaux-de-vie, fruits, gibier et poissons, et ceux de l'industrie manufacturière par un ensemble complet de routes terrestres, par les chemins de fer du Midi, ceux de Graissesac à Béziers, de Lodève à Agde, de Cette à Nîmes qui, passant par Montpellier, se relient aux réseaux des Compagnies du Midi, et de Paris à Marseille, enfin par les canaux du Midi et des étangs qui font communiquer l'Océan avec la Méditerranée; sur cette mer le département de l'Hérault possède plusieurs ports dont les principaux sont Agde, la Vignole et Cette.

Le département de l'Hérault, peuplé d'environ quatre cent mille habitants, a pour chef-lieu Montpellier et pour sous-préfectures Béziers, Lodève et Saint-Pons.

MONTPELLIER (47,000 hab.), siège d'un évêché, était autrefois la capitale d'un comté qui fut acheté du roi de Majorque et réuni au domaine royal par Philippe VI, de Valois, en 1346. Longtemps désolée par les querelles religieuses qui suivirent l'établissement du protestantisme, cette ville fut reprise par Louis XIII (1622) aux réformés, qui s'en étaient emparés, et perdit dès lors ses franchises municipales, lesquelles, durant plusieurs siècles, en avaient fait l'une des cités les plus libres et les plus prospères du Midi. Actuellement, Montpellier est une ville savante qui possède une célèbre Faculté de médecine, la première en date, puisque sa fondation remonte à la fin du douzième siècle, notre plus ancien jardin botanique (1598), deux bibliothèques, se livre à un vaste commerce de vins, d'eaux-de-vie, de produits chimiques; elle est très-fréquentée des étrangers qu'y attire la douceur de son climat. — Ne datant guère que du huitième siècle, Montpellier n'a, comme monuments, que sa cathédrale peu remarquable et un arc de triomphe élevé sous Louis XIV; mais de sa place du Peyrou, élevée de cinquante un mètres au-dessus du niveau de la mer, l'œil embrasse un panorama enchanteur, d'une immense étendue. — Cette (27,000 h.), dans l'arrondissement de Montpellier, est, comme importance, le second port français de la Méditerranée. C'est une ville qui se livre en grand à la fabrication des vins artificiels et fait le commerce des vins, eaux-de-vie, conserves alimentaires et salaisons de poissons. Lunel et Frontignan sont renommés pour leurs vins muscats.

BÉZIERS (20,000 h.), sur le canal du Midi, existait déjà du temps des Romains, ainsi que le prouvent les antiquités qu'on y rencontre. Comme le chef-lieu du département, Béziers est un centre actif pour le commerce des spiritueux. — Agde, ville antique, port maritime, a des relations commerciales suivies avec l'Espagne.

Bédarieux (10,000 hab.) est une ville industrielle fabriquant des draps et des cuirs. — Pézenas (8,000 h.) est le marché régulateur de toute l'Europe pour les vins et les eaux-de-vie; cette ville tient des foires très-fortes et prépare en grand le verdet et les cuirs.

LODÈVE (11,000 hab.), au pied des Cévennes, est le centre manufacturier du département pour les étoffes de laine, les draps de troupe, le savon, les huiles, les bougies, qui, avec les produits des distilleries, donnent lieu à un commerce considérable.

SAINT-PONS (7,500 hab.) a une remarquable église bâtie en marbre de la vallée de Thomières, et renferme des manufactures de draps renommés depuis plus d'un siècle.
PAUL LAURENCIN.

LE MONT-BLANC

HAUTE-SAVOIE N° 1

Le département de la Haute-Savoie est limité au nord et à l'est par la Suisse dont le séparent le lac de Genève et les Alpes, au sud et à l'ouest par l'Italie, les départements de la Savoie et de l'Ain.

C'est un pays montagneux, très-accidenté, surtout dans sa partie orientale, car c'est de ce côté qu'il s'appuie sur un rameau des Alpes pennines et que se trouve cette portion de hauteurs appelées *massif du Mont-Blanc*, du nom du pic qui les domine de 4,810 mètres. Ce sommet, couvert de neiges éternelles, semble planer majestueusement sur le Dôme du Goûter (3,719 m.), l'Aiguille verte (4,084 m.), l'Aiguille des Dru (3,906 m.), l'Aiguille du Midi (3,916 m.), le Géant (4,266 m.), et une multitude d'autres monts, paraissant au voyageur qui les domine de gigantesques rochers soulevés et jetés les uns sur les autres par une puissance inconnue, mais irrésistible.

Sur les pentes du Mont-Blanc et les pics qui l'entourent sont de vastes glaciers, amas de neiges d'abord liquéfiées à demi par la chaleur du soleil, puis de nouveau saisies et solidifiées par le froid avant que les eaux aient eu le temps de s'écouler dans les vallées. Ces glaciers, que traversent de profondes crevasses de formes bizarres parfois, ne sont pas complétement stables : chaque printemps, ils glissent tout entiers sur les pentes qui les supportent, oscillent, puis s'arrêtent. Ce mouvement graduel dans les couloirs sinueux de la montagne est en moyenne de cinq à six mètres par an, et, quoique très-lent, est quelquefois appréciable à l'œil. C'est ainsi qu'au commencement de ce siècle, on vit s'avancer le grand glacier de Grinderwald. A ce moment, dit un observateur, des craquements se firent entendre, tout sembla se mouvoir ; les rochers, en apparence solidement encastrés dans la glace se détachèrent, s'entre-choquèrent, de larges crevasses s'ouvrirent, d'autres se fermèrent en faisant jaillir à une hauteur prodigieuse l'eau qu'elles contenaient, puis tout rentra dans le repos et dans un silence profond.

Le département de la Haute-Savoie est arrosé par divers cours d'eau, affluents directs ou indirects du Rhône qui prend sa source dans le canton suisse du Valais, traverse le lac de Genève et sert de limite au département sur une longueur de 30 kilom. Pendant son cours sur le territoire de la Haute-Savoie, ce beau fleuve reçoit comme tributaires principaux la Drance, le Brevon, l'Arve, le Giffre, la Borne, le Fier, grossis eux-mêmes d'une multitude de petits ruisseaux qui descendent des glaciers.

Bordé au nord par les eaux du lac Léman ou de Genève, d'une surface de cent quarante-trois mille hectares, le département de la Haute-Savoie possède en propre, sur son territoire, plusieurs lacs, situés pour la plupart dans des contrées pittoresques ; tels sont entre autres le lac d'Annecy, d'une surface de quarante kilomètres carrés, dominé par les monts Tournette et Lemnoz ; ceux de Gers, de Montriond, de Franchat, de Morzino, etc.

Le climat de cette partie de la Savoie est variable, sujet à de brusques changements ; les froids de l'hiver y sont excessifs, mais les chaleurs de l'été très-supportables, tempérées qu'elles sont par les vents qui soufflent du côté du lac Léman, du Jura et du Valais.

Les richesses minérales du sol de cette contrée sont assez complètes. On exploite des mines de fer, de cuivre, de plomb argentifère, des dépôts d'anthracite, de lignite, d'asphalte, des carrières de granit, de cristal de roche, d'ardoise, de pierre calcaire et enfin, mêlées au sable du torrent le Chéran, roulent des paillettes d'or.

Comme productions végétales, les forêts des Alpes savoisiennes sont riches en chênes, chênes-liéges, sapins, bouleaux, pins, mélèzes, frênes ; les pâturages, très-étendus et très-riches, nourrissent une race de chevaux excellents pour le trait, un grand nombre de bêtes à cornes, des moutons, des porcs, des chèvres et des boucs.

L'agriculture, en voie de progrès, cultive les céréales : froment, maïs, sarrazin, dont la quantité récoltée est insuffisante pour la consommation locale, les pommes de terre qui suppléent largement à la pénurie des grains, le tabac, les arbres fruitiers, surtout les pommiers qui donnent, année moyenne, soixante-dix mille hectolitres de cidre, la vigne qui produit en vin le double de cette quantité.

A côté de ces denrées agricoles, végétales ou animales, se placent la recherche et la préparation des plantes médicinales abondantes dans les forêts et les montagnes, l'élève des oiseaux de basse-cour et les dépouilles que procure la chasse aux animaux sauvages : ours, loups-cerviers, bouquetins, chamois, aigles, gibiers de plume et de poil.

Le commerce s'alimente de ces divers produits, de ceux que l'on retire des mines et des carrières, enfin des objets manufacturés par les nombreuses usines du département : fonderies et chaudronneries, tanneries et corroieries, stéarineries, verrerie, poteries, briqueteries et distilleries. L'exportation et l'importation sont assez actives, surtout avec la France et la Suisse par la voie du Rhône, du canal des Thioux, de près de six mille kilomètres de routes de toutes classes, enfin par un embranchement de chemin de fer appartenant au réseau de Lyon, celui d'Aix-les-Bains à Annecy.

Une partie du territoire actuel de la Haute-Savoie, le *Faucigny*, appartint, après la domination romaine, au duché de Bourgogne, se déclara et vécut indépendant jusqu'en 1349, époque à laquelle Humbert II, dernier dauphin du Viennois, le légua avec ses autres domaines au roi de France, Philippe VI de Valois, à condition que l'héritier présomptif de la couronne porterait le titre de dauphin. Environ un siècle après, et par suite de conventions entre Louis XI et la maison de Savoie, le Faucigny fit retour à cette dernière.

Le *Chablais*, autre territoire ayant formé le département de la Haute-Savoie, suivit la fortune du Faucigny jusqu'au xiv° siècle qu'il fut érigé en duché relevant de la maison de Savoie.

Le Chablais et le Faucigny qui, sous le premier empire, avaient fait partie du département du Léman, retournèrent à la maison de Savoie par les traités de 1815, et n'ont cessé de lui appartenir que par la convention du 24 février 1860, suite de la guerre de 1859, qui les a réunis à la France.

VALLÉE DE CHAMONIX

HAUTE-SAVOIE N° 2

Le département de la Haute-Savoie, d'une surface totale de 428,837 hectares, est peuplé d'environ 283,000 habitants, en majeure partie catholiques et dont les trois quarts au moins savent lire et écrire. Malgré la richesse du pays et son activité commerciale, l'émigration lui enlève chaque année une partie de sa population qui s'en va sur tous les points de la France exercer diverses industries.

La Haute-Savoie, l'intendance générale d'Annecy, sous la monarchie sarde, est aujourd'hui un département qui a pour chef-lieu Annecy et pour sous-préfectures Bonneville, Saint-Julien et Thonon.

ANNECY (11,500 hab.), siége d'un évêché, est une petite ville située dans une position charmante à l'extrémité septentrionale du lac qui porte son nom. Son origine paraît remonter au temps de la domination romaine. Parmi ses édifices et ses curiosités on cite : la cathédrale bâtie au XVIᵉ siècle, l'église de la Visitation où sont conservés les restes de saint François de Sales et ceux de sainte Jeanne de Chantal, l'ancien château fort, aujourd'hui transformé en caserne, enfin les ruines du célèbre couvent de Sainte-Claire et les restes de l'abbaye de Bonlieu.

Annecy est une localité industrielle, dont les filatures de coton et de soie, les tanneries, les papeteries sont très-actives. Sur la route de cette ville à Genève a été jeté, à cent soixante mètres au-dessus du précipice des Tloses, le gigantesque pont suspendu, dit de Charles-Albert ; le tablier de ce pont est long de cent soixante-dix mètres.

Faverges, dans l'arrondissement d'Annecy, est une cité industrielle près de laquelle se voient les ruines d'une abbaye fondée au XIᵉ siècle.

Alby conserve encore quelques restes d'une enceinte fortifiée et les ruines de plusieurs forteresses féodales.

Rumilly, *Thones* et *Thouns* sont également des cités manufacturières où l'on fabrique de la bière, des huiles, des produits chimiques, des tissus de laine, de soie et de coton. C'est à Thouns qu'est situé l'ancien château dans l'enceinte duquel naquit saint François de Sales.

BONNEVILLE (2,300 hab.), bâtie sur la rive droite de l'Arve et au pied du Môle, montagne élevée de 1,868 mètres, fut autrefois la capitale du Faucigny. Son commerce porte sur les bestiaux, les fromages, les produits de ses fabriques d'ustensiles et d'outils.

Dans cet arrondissement se trouvent le bourg de *Cluses*, à la base du Mont-Châtillon, et dans les environs duquel les voyageurs vont admirer la belle grotte de la Balme, de six cents mètres de profondeur; *La Roche*, cité industrielle qui possède des filatures, des tanneries et surtout des fabriques d'horlogerie; *Saint-Gervais*, situé au débouché de la vallée de Montjoie et où se trouve un établissement thermal très-fréquenté; *Sallanches*, ville complétement incendiée en 1840, mais réédifiée depuis, qui exploite des minerais de zinc et du plomb argentifère; enfin *Chamonix*, sur la rive droite de l'Arve et dans une vallée élevée de mille mètres au-dessus du niveau de l'Océan.

La vallée de Chamonix, l'une des plus pittoresques qui existe au monde, s'étend du pied du Mont-Blanc jusqu'au col de la Balme, sur une longueur d'environ vingt kilomètres. Elle est traversée par l'Arve et entourée de rochers différant par leurs formes des autres masses rocheuses des Alpes. Au lieu de présenter un ensemble d'agglomérations ou de mamelons, les cimes des montagnes sont terminées par des aiguilles granitiques hautes et effilées d'un effet extrêmement pittoresque. Cette disposition a été expliquée par une révolution géologique qui aurait soulevé les assises horizontales de granit et les aurait disposées verticalement. Puis les influences atmosphériques amollissant les parties extérieures de ces bancs ainsi dressés, en détachant par intervalles de grandes plaques, en a formé ces masses de sables et de cailloux appelées *moraines*, que les eaux provenant de la fonte des neiges ont peu à peu refoulé et transporté dans la plaine. Les parties dures, l'ossature de la montagne, imperméables à l'eau, ayant seules résisté à l'action combinée du temps et des éléments, ont fini par affecter cet aspect effilé qui leur fait donner le nom d'aiguilles.

Dominée au sud par le pic neigeux du Géant des Alpes, la vallée de Chamonix est le centre des excursions pour tout le massif du Mont-Blanc; c'est de là que partent les caravanes de touristes qui vont visiter les aiguilles du Maine, du Chardonneret, du Mont-Auvers, les célèbres glaciers des Bossons et de la mer de glace, enfin le Mont-Blanc lui-même.

SAINT-JULIEN (1,400 hab.), est une localité qui n'a d'importance que par son titre de chef-lieu de l'arrondissement dans lequel se trouve *Seyssel*, où l'on exploite des dépôts d'asphalte dont les produits s'exportent par toute la France; cette commune, située sur la rive gauche du Rhône, communique avec le Seyssel du département de l'Ain par un beau pont suspendu. *Annemasa*, dans le même arrondissement, est le centre d'un important commerce de vins du pays, et possède des tanneries et des fabriques de toiles.

THONON (5,600 hab.), ancienne capitale du Chablais, situé sur la rive droite du lac Léman, se divise en haute et basse ville. Dans son enceinte s'élève une église assez remarquable, toute construite en marbre, et un assez bel hôtel de ville. De la terrasse de l'ancien château de Thonon, l'œil embrasse le splendide panorama du lac et de sa ceinture de montagnes. Cette ville, pour laquelle on construit en ce moment un port sur le lac de Genève, possède des filatures de coton, fait le commerce des fromages et exploite dans ses environs une riche mine de jaspe. A quelques kilomètres de Thonon, se voient les ruines de l'ancienne Chartreuse de Ripaille, fondée par Amédée V, l'un des ducs souverains de la Savoie.

Evian, dans l'arrondissement de Thonon, possède des sources minérales, qui se distribuent en boissons, douches et bains. Par son petit port sur le lac de Genève, Evian exporte en Suisse les produits de ses tanneries, de ses brasseries et ses fleurs artificielles; *Douvaine* est renommé dans ce pays pour ses fromages; *Orcège* engraisse des poulardes estimées. *Abondance* est le centre d'un commerce assez estimé de bestiaux et de fromages.

PAUL LAURENCIN.

CHATEAU DE CHENONCEAUX

CHATEAUX DE LA LOIRE

D'abord manoir féodal de peu d'importance, Chenonceaux ne commença à être connu que vers la fin du quinzième siècle, quand Thomas Bohier, général des finances de Normandie, en devint propriétaire.

Bohier fit démolir les constructions existantes alors, et commença, non pas à la même place, mais sur la rive et dans le lit du Cher, les travaux du château actuel; et, comme s'il pressentait qu'il n'en verrait jamais l'achèvement, il fit graver dans les ornements de la tour cette devise : *S'il vient à point me souviendra.*

Son fils et son héritier fut forcé d'abandonner le domaine à François Ier. Le roi-chevalier, à qui cette résidence plaisait, fit continuer les travaux et éleva la chapelle, gracieux spécimen du style gothique-renaissance, dont les faisceaux de sveltes colonnettes supportent des tribunes et une voûte à pendentifs sculptés et découpés à jour. Six grands vitraux de couleur qu'on y voit encore aujourd'hui datent également du règne de François Ier.

Henri II, peu de temps après son avénement au trône, fit présent de ce domaine en même temps que du duché de Valentinois à Diane de Poitiers. C'est Diane qui fit élever l'admirable façade du levant, ainsi que cette aile construite sur un pont au milieu du Cher, d'après les dessins de Philibert Delorme.

La mort de Henri II vint interrompre la duchesse de Valentinois dans la réalisation des rêves artistiques qu'elle méditait pour son château de Chenonceaux. Elle se vit obligée d'échanger avec Catherine de Médicis le domaine des rives du Cher contre celui de Chaumont, bâti sur une éminence au bord de la Loire.

La régente, maîtresse du château qu'elle désirait depuis tant d'années, se hâta de l'agrandir. Aidée par des architectes et des artistes venus de sa patrie, elle acheva, telle que nous la voyons aujourd'hui, l'œuvre commencée par Bohier soixante ans auparavant.

En mourant, la régente légua Chenonceaux à sa belle-fille, Louise de Vaudemont, qui, après l'assassinat de son mari, Henri III, se retira sur ce domaine, où elle s'abîma dans une tristesse et dans des regrets qui ne devaient finir qu'avec sa vie.

Le château de Chenonceaux passa alors tour à tour dans les maisons de Vendôme et de Bourbon; il fut la propriété du grand Condé et resta dans sa famille jusqu'en 1730, époque où le duc de Bourbon le vendit à M. Dupin, fermier général. Celui-ci, loin de le laisser dans l'abandon, comme ses prédécesseurs, le restaura, lui rendit une partie de son éclat primitif, et y reçut l'élite de la société française du dix-huitième siècle.

La liaison de madame Dupin avec la plupart des hommes politiques de la Révolution préserva le château des désastres de cette orageuse époque. Cette dame morte en 1799, Chenonceaux appartint à son petit-fils, le comte René de Villeneuve, et après lui le domaine, mis en vente aux enchères publiques, est devenu, en 1863, la propriété de M. Pelouze, le chimiste.

Le château de Chenonceaux a été déclaré monument historique, et comme tel, l'État entre pour une partie dans les frais de restauration et d'entretien. On y montre encore la chambre de la duchesse de Valentinois, avec sa toilette et son lit de satin blanc. La chambre est vaste, et de la fenêtre, un peu petite, on découvre toute la vallée du Cher.

L'ancienne salle des gardes, transformée en vestibule, est meublée en chêne et en noyer sculpté, et des panoplies d'armes et d'armures qui remontent à François Ier, à Henri II, à Henri III, décorent les murailles.

Chambord, la construction la plus grandiose, la plus complète du style premier de la Renaissance, est enfoui comme un trésor au fond d'un pays réputé le plus triste et le plus malsain de la France, la Sologne.

On ignore quel fut le véritable architecte de Chambord. Longtemps on a nommé le Primatice et le Rosso, célèbres artistes italiens, mais des recherches plus modernes permettent d'en attribuer la construction à Pierre Nepveu, dit Trinqueau, architecte natif d'Amboise.

Le domaine appartenait depuis longtemps à la couronne, quand François Ier fit commencer les travaux. Pendant douze ans, dix-huit cents ouvriers, dit-on, y travaillèrent sans relâche, et en 1539 Charles-Quint, visitant Chambord, l'appelait déjà *un abrégé des merveilles que peut enfanter l'industrie humaine.* Pendant la plus grande partie de sa vie, François Ier habita Chambord, devenu son œuvre et sa résidence favorite. Il mourut sans l'avoir achevé, et ses successeurs y dépensèrent des sommes considérables. Mais Louis XIV, plus ardent à fonder Versailles, non-seulement négligea Chambord, mais encore, par une suite de modifications des plus malencontreuses, en bouleversa complétement l'aspect intérieur.

Abandonné de la cour, Chambord fut tour à tour la résidence de Stanislas Leczinski, du maréchal de Saxe, de la famille Polignac, et, sous l'Empire, du maréchal Berthier, à qui Napoléon le donna après la bataille de Wagram. En 1820, le château, mis en vente, fut acheté par une souscription publique et offert au fils du duc de Berry, le duc de Bordeaux, à qui il appartient encore aujourd'hui.

Chambord, création vraiment féerique, est sans contredit le plus beau des châteaux de la vallée de la Loire. L'ensemble de ses bâtiments forme un carré long de 156 mètres sur 117, flanqué aux angles de grosses tours rondes. Ce système de construction en enveloppe un second, soutenu également par de massives tours circulaires à pignons pointus. Les deux façades se confondent au nord en une immense ligne partagée en trois sections par les tours qui s'y rencontrent.

Ce qui caractérise surtout le château de Chambord à l'extérieur, c'est le nombre et la variété de ses ornements, surtout dans les parties supérieures : cheminées, lucarnes, flèches, clochetons, n'ont entre eux aucune ressemblance, ne se font même pas pendant, et sont décorés d'innombrables sculptures entremêlées et relevées de place en place par des plaques d'ardoise.

La merveille du château, c'est son escalier qui, depuis les fondations jusqu'aux combles, s'élève en spirale à double rampe entrelacée, de telle sorte que plusieurs personnes peuvent monter ou descendre sans se rencontrer. Cet escalier se termine par un belvédère de forme pyramidale, couronné lui-même par une colossale fleur de lis, du haut de laquelle on domine tous les environs.

Quant à l'intérieur de Chambord, sauf quelques salles, les 440 chambres à feu qu'il contient sont à l'état de ruine, et exigeraient pour être restaurées de longs et coûteux travaux. Jusqu'à présent, on s'est seulement borné aux réparations les plus urgentes.   P. LAURENCIN.

PONT SUR LE RHIN ENTRE STRASBOURG ET KEHL

BAS-RHIN

Le département frontière du Bas-Rhin doit son nom à sa situation sur la partie inférieure du fleuve qui sépare de ce côté la France de l'Allemagne. Il a été formé en 1790 de la Basse-Alsace et d'une petite partie de la Lorraine.

Le territoire du Bas-Rhin fut autrefois occupé par une peuplade de race celtique qui résista longtemps à César et ne se soumit qu'après la défaite de Vercingétorix. Les grandes invasions des Germains, puis celles d'Attila ruinèrent ces contrées qui ne recouvrèrent un peu de repos qu'à l'époque des rois francs. Lors de la déposition de Charles le Gros à la diète de Tribur, en 888, le territoire du département actuel du Bas-Rhin fit partie de l'apanage des empereurs allemands en la possession desquels il resta jusqu'à la paix de Westphalie qui le reconnut partie intégrante du territoire français. Seule, la ville de Strasbourg conserva quelques années encore son indépendance, mais fut également acquise par la France après la paix de Nimègue, en 1679.

Pendant la Révolution, le département du Bas-Rhin devenu français de cœur comme il l'était de fait, défendit vaillamment les frontières, se distingua en 1814 et 1815 par sa fidélité au drapeau, mais souffrit cruellement des deux invasions.

Cette contrée occupe le versant oriental des Vosges et forme une belle et vaste plaine inclinée de l'ouest vers l'est jusqu'au Rhin. Son climat est tempéré bien que les hivers y soient longs, le printemps très-court et les orages fréquents. On y exploite des mines de fer de houille, de lignite, quelques filons de cuivre et de plomb, de belles carrières de grès rouge, d'ardoise et de marne.

Les sources minérales sont nombreuses, et les plus renommées sont celles de Niederbronn, dans l'arrondissement de Wissembourg, connues déjà du temps des Romains.

Le sol est généralement fertile, l'agriculture très-prospère. On cultive les céréales, le houblon, le tabac, la garance, les graines oléagineuses et potagères, de pommes de terre, les choux dont on fait la choucroute renommée de Strasbourg, la vigne dont les produits offrent beaucoup d'analogie avec les vins allemands du Rhin. Les vastes forêts des versants vosgiens fournissent plusieurs variétés de bois.

L'industrie de ce département est des plus développées et en même temps extrêmement variée : de nombreuses forges transforment en fonte, acier ou fer les produits des mines. Les manufactures d'armes, de grosse quincaillerie, de machines, les filatures de coton, les fabriques de tissus de tous genres, de produits chimiques ou tinctoriaux, d'orfévrerie, d'instruments de musique, les papeteries, les tanneries, les scieries mécaniques font les produits de l'industrie agricole l'objet d'un commerce actif.

Le département du Bas-Rhin a pour préfecture Strasbourg et pour sous-préfectures Saverne, Schelestadt et Wissembourg.

STRASBOURG, ville de 80,000 habitants et siège d'un évêché, est située sur l'Ill, à quatre kilomètres du Rhin. Cette place, l'un des plus forts boulevards de la France, est entourée d'une enceinte bastionnée défendue par des forts et une citadelle, œuvre de Vauban. Fondée dit-on, quinze ans avant l'ère chrétienne, Strasbourg fut témoin d'une victoire de Julien l'Apostat sur les Germains, devint cité impériale en 1205, vit naître l'imprimerie en 1440 et fut réunie à la France en 1681. Elle est la patrie des fameux généraux républicains Westermann, Kléber et Kellermann, du poète Andrieux et du philanthrope protestant Oberlin.

On admire à Strasbourg sa superbe cathédrale, dont la tour est surmontée d'une flèche pyramidale de pierre de 142 mètres de hauteur, œuvre de l'architecte Erwin de Steinbach ; le temple protestant de Saint-Thomas, qui conserve le mausolée de Maurice de Saxe ; le Palais-Royal, la statue de Guttenberg, l'inventeur de l'imprimerie, et celle du général Kléber.

Strasbourg est aujourd'hui non-seulement une ville industrielle et commerçante, mais c'est aussi une ville savante qui possède une académie où sont représentées les cinq facultés, une belle bibliothèque de 130,000 volumes, et enfin une école d'artillerie.

C'est à trois ou quatre kilomètres de ses remparts qu'a été construit sur le Rhin le fameux pont métallique de Kehl, achevé en 1861 et servant à la soudure des chemins de fer français à ceux de l'Allemagne. Les piles de ce pont sont formées de caisses en tôle remplies de béton et le tablier d'un treillis de fer. La partie centrale du pont est fixe, les extrémités en sont mobiles et peuvent tourner sur elles-mêmes pour intercepter en cas de guerre le passage du fleuve.

Haguenau (12,000 hab.), dans l'arrondissement de Strasbourg, est célèbre par une défaite des Prussiens en 1793. Mutzig (4,000 hab.), possède une fabrique d'armes de guerre.

SAVERNE (4,500 hab.), ancien poste militaire romain, fait le commerce des bois et de la grosse quincaillerie.

SCHELESTADT (11,000 hab.), sur les bords de l'Ill, fut autrefois résidence de rois francs, puis ville impériale. C'est aujourd'hui une place de guerre importante et une ville industrielle qui se livre en grand à la fabrique des toiles métalliques.

A sept kilomètres de Schelestadt, sur un monticule, se trouve le château ruiné de Hoh-Kœnigsbourg, le plus remarquable et le plus vaste de ceux construits autrefois sur la chaîne des Vosges et sur les anciennes fortifications romaines appelées le mur païen.

Obernai, dans l'arrondissement de Schelestadt, fait un commerce très-actif des produits de son industrie, la bonneterie et les étoffes de coton.

WISSEMBOURG (6,000 hab.), doit son origine à une abbaye fondée par Dagobert II. Détruite pendant la guerre de Trente ans, cette ville a été rebâtie plus sur un plan assez régulier. C'est près de Wissembourg que commencent les fortifications appelées de son nom les lignes de Wissembourg, qui se continuent jusqu'à la petite ville de Lauterbourg et protégent de ce côté la frontière française. P. LAURENCIN.

VIADUC DE MORLAIX, SUR LE CHEMIN DE FER DE PARIS A BREST.

FINISTÈRE

Le département formé de cette presqu'île s'avançant dans l'Océan à l'extrémité ouest de la France, et par conséquent, à la dernière limite maritime de l'ancien monde, a reçu de cette situation son nom de Finistère (du latin *finis terræ*, fin de la terre). Il est borné à l'est par les départements des Côtes-du-Nord et du Morbihan ; au nord, à l'ouest et au sud, ses côtes sont baignées par l'océan Atlantique.

Comme les autres contrées de l'Armorique, le département du Finistère fut autrefois occupé par des peuplades de race celtique vouées au culte de Teutalès. La religion des Druides, qui eut dans ce pays ses collèges de druidesses, y fut très-florissante, s'il faut en juger par le grand nombre de dolmens, de menhirs, de peulvens existant encore surtout dans les îles de Sein et d'Ouessant.

Ce département qu'arrosent une foule de petites rivières dont quelques-unes sont navigables vers leurs embouchures, jouit d'un climat tempéré mais plutôt humide que sec. Son sol est riche en mines de plomb argentifère, en granit, en porphyre, en argile, en ardoise d'excellente qualité. L'agriculture, encore arriérée, si ce n'est dans les arrondissements de Brest et de Morlaix, produit du froment, du seigle, du chanvre, du lin, des plantes légumineuses et fourragères, des pommiers et des poiriers fournissant annuellement à la consommation locale quatre-vingt mille hectolitres de cidre.

On élève dans le Finistère une race de chevaux petite mais sobre et infatigable, des bestiaux également de taille médiocre mais de bonne qualité au point de vue de la production du lait et de la viande de boucherie, des porcs et des abeilles.

L'industrie de ce département est assez développée, notamment dans l'arrondissement de Brest, elle comprend l'exploitation des mines de plomb, des carrières de granit et d'ardoise, les constructions et les armements maritimes, la pêche côtière, surtout celle de la sardine, source de richesses pour ce pays, la fabrication des papiers, des toiles, des cordes et des cuirs, l'extraction du sel marin, de la soude, des varechs du rivage, des huiles de poisson et de lin. Quant aux relations commerciales déjà actives, elles tendent à s'accroître depuis l'établissement de deux chemins de fer de Paris à Brest et de Brest à Nantes, qui mettent le Finistère en relations avec le reste de la France.

Le département du Finistère a pour chef-lieu Quimper et pour sous-préfectures Brest, Châteaulin, Morlaix et Quimperlé.

QUIMPER (11,500 hab.), siège d'un évêché, est situé sur l'Odet traversé par la ligne du chemin de fer de Nantes à Brest, comme le sont aussi toutes les sous-préfectures de ce département. La cathédrale est un bel édifice de styles mélangés, commencée en 1239 et surmontée de deux hautes flèches pyramidales construites dans ces dernières années avec le produit d'une souscription ouverte dans le diocèse.

BREST (65,000 hab.), sur une magnifique rade, est en même temps le plus beau port militaire de l'Europe et le mieux fortifié de la France. C'est à Richelieu que Brest doit le commencement de sa fortune militaire, qui bientôt deviendra industrielle et commerçante quand seront terminés les travaux du port marchand décrété par Napoléon III lors de son voyage en Bretagne. Ce port, desservi directement par le chemin de fer de Brest à Paris, doit servir de point d'attache aux lignes de paquebots transatlantiques desservant les pays de l'Amérique du Nord.

Brest n'offre à la curiosité de l'archéologue aucun monument ancien si ce n'est son vieux château, ancienne résidence de la reine Anne de Bretagne, mais ce que l'on y admire, ce sont les vastes établissements maritimes élevés sur les deux rives de la Penfeld, rivière profonde qui forme le port militaire, les cales, les chantiers de construction, les bassins de radoub, les arsenaux, les forges, les ateliers de tous genres où travaillent journellement de huit à neuf mille ouvriers, les vastes et belles casernes pour les marins ou les troupes de marine et le grand hôpital de Clermont-Tonnerre qui, en temps ordinaire, peut recevoir de douze à quinze cents malades. Brest est relié à son faubourg de Recouvrance par un pont tournant gigantesque jeté à une grande hauteur au-dessus de la Penfeld. Malgré son poids de sept cent cinquante mille kilogrammes, chacune des volées de ce pont peut être manœuvrée par quelques hommes seulement.

LANDERNEAU (5,500 hab.), sur l'Elorn et dans l'arrondissement de Brest, est le centre d'une industrie active de toiles et d'étoffes de laine.

CHÂTEAULIN (3,000 hab.), petite ville assise dans une vallée pittoresque sur les bords de l'Aulne, qui se jette dans la rade de Brest, exploite des carrières d'ardoises assez importantes ; c'est dans son arrondissement que se trouvent les mines célèbres de Poullaouen et de Huelgoat, où s'exploitent depuis des siècles des filons de plomb argentifères.

MORLAIX (12,500 hab.), au confluent de deux ruisseaux, le Jarlot et le Queffleut, qui se jettent dans la mer à sept kilomètres de là, est le port marchand le plus important et le plus actif du Finistère. Le chemin de fer de Paris à Brest passe au-dessus de ce port, sur le grand et superbe viaduc que représente notre gravure. Cet ouvrage d'art, long de deux cent quatre-vingt-quatre mètres et élevé de soixante-quatre au-dessus de ses fondations, est formé de deux étages, l'un de neuf arcades, l'autre de quatorze, avec un passage pour les piétons et les voitures entre les deux étages. Effrayant de hardiesse et de légèreté, il domine de beaucoup non-seulement les maisons, mais aussi les plus hautes églises de la ville.

SAINT-POL-DE-LÉON, autrefois la capitale d'un évêché indépendant, possède une église dont le clocher, haut de cent vingt et un mètres, est en son genre l'un des plus beaux de toute la France.

QUIMPERLÉ (6,000 hab.), sur les bords de l'Ellé, dans un riant et frais vallon, fait un commerce assez actif des denrées du pays. Son église de Sainte-Croix, remarquable édifice gothique renfermant une crypte du VIe siècle, s'est écroulé en partie pendant l'année 1862.

P. LAURENCIN.

PORT DE NANTES. — CHEMIN DE FER DANS L'INTÉRIEUR DE LA VILLE.

LOIRE-INFÉRIEURE

Le département de la Loire-Inférieure, formé de la partie méridionale de l'ancienne Bretagne que l'on appelait l'évêché de Nantes, a reçu son nom du grand fleuve qui y termine son cours.

Baigné à l'ouest par l'océan Atlantique, il est traversé par la Loire, les rivières navigables de la Sèvre nantaise, de l'Erdre, de l'Archenau, du Don et le canal de Nantes à Brest.

Dès la plus haute antiquité, le territoire formant maintenant le département de la Loire-Inférieure était habité par la peuplade des *Namnetes* qui s'allia aux Vénètes, ou habitants de Vannes, dans le combat que ceux-ci livrèrent à César. L'an 275 de l'ère chrétienne, Saint-Clair vint prêcher l'Evangile dans cette contrée et devint le premier évêque de Nantes, où deux de ses disciples, Rogatien et Donatien, subirent le martyre en 290. Quand Clovis, maître des Gaules, divisa son royaume entre ses fils, il forma de la Bretagne quatre comtés dont l'un était celui de Nantes. Depuis cette époque, les comtes de Nantes furent presque toujours en lutte contre leurs suzerains, les ducs de Bretagne; ces derniers finirent par l'emporter et firent de Nantes la capitale de leurs Etats. Comme le reste de la province, l'évêché de Nantes passa définitivement à la couronne de France par le mariage de la duchesse Anne avec le roi Louis XII.

Ce pays présente l'aspect d'une plaine légèrement ondulée au nord par une chaîne de collines rocheuses connue sous le nom de *sillon de Bretagne*. Bien qu'un peu humide, son climat est généralement sain et tempéré, sauf dans quelques contrées marécageuses.

Le sol, composé de roches granitiques et schisteuses, recèle de la houille et de l'argile; on y exploite des tourbières, des marais salants, quelques mines de fer et des filons de plomb et d'étain.

L'agriculture de ce département est dans une situation assez prospère et fait chaque année de nouveaux progrès. Les pâturages des îles de la Loire et des bords de l'Océan nourrissent des troupeaux de moutons dits de *présalé*, dont la chair est très-estimée des gourmets; la vigne y fournit de seize à dix-sept cent mille hectolitres de vin consommés sur place ou transportés à Orléans pour y servir à la fabrication du vinaigre.

Les forêts qui couvrent la plus grande partie de ce département produisent des bois d'essences diverses. La race des chevaux est petite, mais pleine d'ardeur, les vaches y donnent un lait dont on fait le beurre renommé de Bretagne, et avant d'être engraissés pour la boucherie, les bœufs y servent aux charrois de l'agriculture.

L'industrie manufacturière des habitants de cette contrée est très-active; elle embrasse tout ce qui tient aux constructions navales et aux armements maritimes : les chantiers de Nantes, de Saint-Nazaire, les forges d'Indret, de la Basse-Indre, de la Munaudière, les raffineries de sucre indigène et colonial, les filatures de laine et de coton, les exploitations marais salants, les fabriques d'engrais, fournissent au commerce d'importants objets de trafic.

Ce commerce, dont Nantes est le centre s'effectue par mer avec l'Amérique, les colonies françaises, l'Angleterre et les pays du Nord, et, par terre, au moyen des deux voies ferrées de Nantes à Paris, et de Nantes à Brest.

Le département de la Loire-Inférieure a pour chef-lieu Nantes, et pour sous-préfectures Ancenis, Châteaubriand, Paimbœuf et Savenay.

La ville de Nantes, siége d'un évêché, grande et belle cité d'environ cent mille âmes, et le quatrième en importance de nos ports de commerce, est située sur la Loire au confluent de l'Erdre et de la Sèvre, à trente-huit kilomètres de l'Océan. Son aspect le long du fleuve est magnifique, mais elle a peu de monuments; toutefois on peut citer comme assez remarquables sa cathédrale et ce qui reste du vieux château-forteresse des ducs de Bretagne. Nantes, dont l'histoire se rattache à celle de la Bretagne, rappelle le fameux édit de pacification que rendit Henri IV, en 1588, et que, plus tard, révoqua Louis XIV. Sous la Révolution, cette ville embrassa les idées nouvelles, repoussa victorieusement les attaques des royalistes, mais n'en subit pas moins la terrible proconsulat du sanguinaire Carrier. Aujourd'hui, Nantes est une cité industrielle et commerciale de premier ordre. Cependant ses armements maritimes diminuent au profit du port mieux situé de Saint-Nazaire, auquel la relie un chemin de fer représenté par notre gravure. Cette voie ferrée, qui parcourt un des quais de la ville dans toute sa longueur, est le premier exemple en France d'un chemin de fer circulant dans une ville au niveau de ses rues.

ANCENIS (4,000 hab.) se livre à un important commerce de vins et de bestiaux. C'est dans son arrondissement, à Goué-sur-Erdre, qu'est le bassin alimentant d'eau le canal de Nantes à Brest.

CHATEAUBRIAND (4,100 hab.), berceau d'une famille célèbre à divers titres, prépare de l'angélique renommée. La Meilleraye, dans ses environs, doit sa célébrité à une ancienne abbaye de l'ordre de Cîteaux, dont les bâtiments, aujourd'hui relevés, sont occupés depuis 1817 par la maison chef-d'ordre des Trappistes.

PAIMBŒUF (4,200 hab.), ville maritime, à l'embouchure de la Loire, dut sa prospérité à l'ensablement du fleuve, ce qui obligeait les navires d'un fort tonnage à s'alléger avant de remonter jusqu'à Nantes. Paimbœuf a depuis été ruiné par Saint-Nazaire.

SAVENAY (2,500 hab.), ville insignifiante, rappelle une sanglante et désastreuse défaite de la grande armée vendéenne en 1793. Dans son arrondissement se trouvent le Croisic, petit port de pêche assez actif; Guérande, ville de 8 à 9,000 âmes, qui a conservé en grande partie son ancienne physionomie, enfin Saint-Nazaire, autrefois petit port de relâche, mais aujourd'hui grande ville à l'état naissant. Son port déjà vaste, et qu'on augmente chaque jour, peut recevoir les bâtiments du plus fort tonnage et sert de point d'attache à la ligne de paquebots transatlantiques du Mexique et des Antilles.

P. LAURENCIN.

HABITATION TURQUE.

LA TURQUIE

Les contrées qui forment aujourd'hui l'empire turc ou ottoman ont joué un rôle célèbre dans l'histoire ; elles ont vu naître et se transformer la civilisation humaine, s'élever et s'anéantir des empires puissants, éclore et de là se répandre dans le monde entier les trois grandes religions juive, chrétienne et mahométane. Quelques-unes des cités aujourd'hui ruinées de ces pays ont jeté un vif éclat dans les temps anciens ; d'autres, qui ont vu s'accomplir les mystères évangéliques, sont devenues des sanctuaires vénérés de chrétiens attristés de les voir aux mains des *Infidèles*.

Après la conversion de Constantin au christianisme, la Turquie moderne forma l'empire d'Orient jusqu'en 1453, époque où les Turcs, après un siège mémorable, s'emparèrent de Constantinople. Cette ville, destinée par son fondateur à être la métropole du monde chrétien comme Rome l'avait été du monde païen, devint dès lors la capitale politique des sectaires de Mahomet.

L'empire ottoman est à cheval sur deux parties du monde : l'Europe et l'Asie ; ces deux grandes sections sont séparées l'une de l'autre par le canal long et étroit des Dardanelles, joignant la Méditerranée à la mer Noire. Il comprend en outre plusieurs territoires des états tributaires soumis à la suprématie de la Turquie et dont les chefs ne peuvent prendre aucune décision importante avant d'avoir obtenu l'assentiment du souverain ottoman. Ces états sont en Europe : le Monténégro, la Servie, la Moldavie, la Valachie : la situation de ces derniers sur les rives du Danube leur a fait donner le nom de *Principautés danubiennes*. En Asie, l'empire turc possède comme tributaires l'Hedjaz ou Arabie ; en Afrique, l'Égypte, Tunis et Tripoli, à peu près indépendants aujourd'hui du pouvoir central.

Toutes ces possessions, plus ou moins immédiates, portent à environ quatre millions de kilomètres carrés la surface de l'empire turc ; c'est près de huit fois la superficie de la France. La population, évaluée à un peu plus de trente-six millions d'habitants, se divise en une foule de races dont les principales sont les Turcs, les Slaves, les Arabes ; puis viennent les Grecs, les Roumains, les Juifs, etc. Selon leur origine, ces peuples parlent un idiome différent et professent les religions mahométane, juive chrétienne, grecque ou catholique.

Le gouvernement de la Turquie est une monarchie absolue dans le fait, mais tempérée dans la forme par la religion, les institutions et les mœurs, fort douces quand le fanatisme religieux n'est pas en jeu. Le souverain porte le nom de *sultan* ou *grand seigneur*, sa cour s'appelle la *Porte ottomane* ; le chef de l'administration civile prend le nom de *vizir*, tandis que celui de la religion, chargé aussi de la justice, s'appelle *mufti*.

Par suite de l'immense étendue et de la disposition du sol peu montagneux en Europe, mais très-accidenté en Asie, le climat de la Turquie est varié, il est moins chaud que pourrait le faire croire la latitude de ces pays. Une différence marquée existe dans la Turquie d'Europe entre les territoires du versant nord des monts Balkans et ceux des versants opposés. Quant à la Turquie d'Asie, autrement dite Asie Mineure, de tout temps on a vanté sa douceur de température pendant l'hiver ; mais cet avantage compense bien faiblement les chaleurs torrides de l'été donnant naissance à des épidémies meurtrières, les pluies torrentielles de la mauvaise saison, et l'influence maligne du *sirocco* soufflant des déserts de l'Afrique.

Dans presque toutes les parties de l'Empire, le sol, très-propre à tous les genres de culture, offre une végétation extrêmement variée. Dans le nord croissent des forêts de chênes, d'ormes, de hêtres ; vers le centre prospèrent la plupart des arbres de nos vergers, tels que les cerisiers, les amandiers, les pêchers, les abricotiers, les pruniers du reste originaires de ces contrées. Sous les climats chauds du sud on rencontre des bois d'olivier, de citronnier, d'oranger, de laurier, de myrte ; les palmiers et les figuiers y croissent en abondance, et sur les montagnes du Liban se voient encore quelques-uns des cèdres si fameux dans l'antiquité biblique.

A côté de ces produits végétaux d'une croissance pour ainsi dire spontanée, on cultive en Turquie les plantes des climats les plus divers, telles sont : les courges de toutes sortes, très-recherchées dans ces pays ; le mûrier blanc dont la feuille nourrit les vers à soie ; le safran, le tabac, une multitude de plantes tinctoriales, aromatiques ou oléagineuses, le figuier, le maïs, le pavot ; mais les plantes les plus communes, comme les céréales, le cotonnier, la vigne, sont encore les plus utiles.

On élève avec soin du bétail en Turquie, mais on y admire la beauté des chevaux d'Arabie, la grandeur et la force des mulets et des ânes de l'Anatolie, la finesse de toison des chèvres et des moutons, la soyeuse fourrure des chats d'Angora ou de Syrie. Le gibier y est commun, notamment dans la Turquie d'Asie ; mais les renards, les loups, les ours, les chacals, les hyènes ne sont guère moins.

Le règne minéral de la Turquie paraît moins riche que celui de nos contrées, pourtant le sol renferme des filons d'or et d'argent, des veines de cuivre et de fer, des gisements d'alun, d'asphalte, d'huiles minérales, du sel gemme, des carrières de marbres magnifiques dont furent autrefois édifiés les plus beaux monuments de l'empire d'Orient.

Depuis peu les ingénieurs français et anglais ont découvert en Turquie des agglomérations de houille assez abondantes pour suffire à l'alimentation de la flotte à vapeur turque et des lignes de paquebots qui sillonnent la mer Noire et la Méditerranée.

L'industrie très-peu active des Turcs se borne à la fabrication de quelques objets de luxe : tapis de Smyrne, étoffes de soie et de laine, cuirs et peaux préparés, armes damasquinées, essences et parfums renommés dans le monde entier. Ces objets forment, avec les céréales, les vins de Chypre, de la Canée, du mont Ida, les tabacs de Syrie, les essences aromatiques, les principaux articles du commerce de la Turquie.

PAUL LAURENCIN.

RIVIÈRE DE SAÏGON. — COCHINCHINE.

RIVIÈRE DE SAÏGON. — LA COCHINCHINE

L'insigne mauvaise foi de l'empereur d'Annam dans ses rapports avec les agents français, les cruautés exercées contre les missionnaires dont il s'était engagé à respecter la vie, l'inutilité de nos réclamations contre de fréquentes violations du droit des gens, amenèrent la guerre avec ce souverain.

Jusqu'en 1859, les opérations militaires furent bornées au blocus des principaux ports, à quelques combats isolés, mais au commencement de cette année, une expédition navale quitta la baie de Touranne pour aller s'emparer de Saïgon.

Interrompue par la guerre de Chine, la lutte contre l'empire d'Annam fut reprise et poussée avec vigueur aussitôt après la signature du traité de Péking. La capitale cochinchinoise fut cette fois encore enlevée par l'élan de nos soldats et de nos marins, que secondait la bravoure d'un contingent espagnol joint à l'expédition (25 février 1861).

Le 12 avril, après quelques jours de repos, l'armée mi-navale, mi-terrestre, s'emparait de Mytho. Des députations des principaux centres de population vinrent alors au camp français faire leur soumission : désormais les six provinces formant la basse Cochinchine devenaient colonie française. Enfin, au commencement de 1863, la conquête du pays fut achevée d'une manière définitive par la prise des forts de Win-long.

L'empire d'Annam, dont la Cochinchine et le Camboje sont les provinces les plus importantes, est lui-même le plus peuplé et le plus puissant des États qui forment la vaste presqu'île appelée Indo-Chine ou Inde transgangétique (située au delà du Gange). C'est un pays extrêmement varié dans ses richesses tant minérales que végétales ou animales.

Des savants ont pensé que la Chersonèse d'or des anciens, le pays d'Ophir des récits bibliques, peuvent être placés non loin de nos nouvelles possessions de Cochinchine. Leur opinion paraîtrait confirmée par l'or, l'argent, les pierres précieuses, saphir, rubis, améthyste, agate, jade, que l'on y trouve en grande quantité, malgré la faiblesse des moyens d'exploitation. Outre les métaux précieux, la Cochinchine offre à l'industrie d'importants gisements de fer, d'étain, de cuivre ; quelques sources d'huiles minérales, pétrole ou schiste, donnent à penser que le sol renferme des dépôts houillers.

Quant aux produits végétaux, la situation de la colonie sous un climat multiple, une admirable irrigation naturelle, un sol propre à toute espèce de culture, en font un des pays les mieux partagés de l'Asie et dont la possession, dans un avenir peu éloigné, doit nous libérer du tribut que nous payons aux étrangers pour certaines denrées médicinales, aromatiques ou industrielles, devenues aujourd'hui de première nécessité. Tels sont surtout le coton, l'indigo, la canne à sucre, le thé, dont on a déjà commencé de grandes plantations ; le camphre, le poivre, le jalap, le gingembre, le bétel, le benjoin et le ricin, qui sert de nourriture à une espèce particulière de vers à soie.

D'immenses forêts offrent à l'exploitation industrielle ou commerciale des bois de teck, de fer ou d'aigle, que les navires vont aujourd'hui acheter à Ceylan ou au Bengale ; à la menuiserie de luxe, les essences précieuses et odoriférantes du sandal, de l'ébène, du sycomore ; aux constructions indigènes, des bois légers et des bambous. Presque tous les palmiers, les bananiers entre autres, et tous les fruits de la zone équatoriale, croissent en abondance dans les plaines ou sur le versant des montagnes.

Les animaux qui peuplent les forêts ou les jungles de la Cochinchine offrent moins de ressources utiles que ceux de nos climats. Ces derniers cependant peuvent y être acclimatés et répandus pour servir soit à l'alimentation des colons, soit au ravitaillement des navires. Parmi les espèces indigènes, les éléphants de la plus grande espèce servent en Cochinchine de bêtes de somme, ou sont chassés, ainsi que le rhinocéros, pour l'ivoire de leurs défenses ou pour leur cuir épais ; les tigres et les léopards sont également poursuivis à cause de leur magnifique fourrure ; les oiseaux, d'espèces extrêmement nombreuses, fournissent ces plumes de nuances brillantes auxquelles l'industrie ou la mode trouvent tant d'emplois divers.

Assez fortement peuplée, notre possession actuelle de la basse Cochinchine a pour capitale Saïgon, ville très-ancienne, de plus de cent mille âmes, et première place de commerce de l'empire d'Annam. Elle communique par un canal au Camboje, le fleuve le plus étendu et le plus parcouru de l'Indo-Chine. Outre cette place importante, la France possède, sur une magnifique baie de 110 kilomètres, le petit port de Touranne, qui lui a été cédé en 1787, mais dont la révolution empêcha de prendre possession.

Touranne semble destinée à devenir le port et l'entrepôt où arriveront les produits manufacturés de nos usines, pour se répandre de là parmi les quatre ou cinq cents millions de consommateurs indiens, chinois ou japonais de l'Asie orientale. Du double courant d'échanges entre l'Orient et l'Occident, du transport des émigrants attirés par la facile culture de ces riches contrées, notre marine marchande est appelée à recevoir une vive impulsion, à se développer largement, à oublier ses mauvais jours passés, et à faire connaître à nos ports l'animation et le mouvement des ports anglais.

De sa conquête la France retirera donc des avantages : politiques et religieux, par le respect qu'imposera aux souverains orientaux sa présence si près d'eux ; commerciaux, par les débouchés immenses et nouveaux à l'entrée desquels elle se place ; industriels, par l'abondance des matières premières qu'elle n'ira plus chercher sur les marchés étrangers. Aujourd'hui l'œuvre militaire achevée laisse la place aux travaux des colons, qui, plus sûrement que les armées, nous assureront la possession des provinces de la basse Cochinchine.

Quand le canal de Suez, ouvert, aura permis l'établissement de communications rapides et régulières avec la métropole, nouvelle France orientale, la colonie n'aura pas beaucoup à faire pour égaler en richesse, en prospérité, cet empire anglo-indien si puissant et si vaste. Grâce enfin aux expéditions de Chine et de Cochinchine, le drapeau national aura reconquis sur les mers d'Asie, le renom éclatant que nous acquirent jadis les exploits des Dupleix, des Suffren, des Surcouf.

PAUL LAURENCIN.

LE BANANIER.

AMÉRIQUE SEPTENTRIONALE

L'Amérique, ce vaste et beau continent baigné par les deux immenses océans Atlantique et Pacifique, les mers polaires du Sud et du Nord, est formée de deux tronçons séparés par les eaux et réunis par une étroite langue de terre, l'isthme de Panama.

Les fleuves de cette partie du monde sont incontestablement les plus imposants et les plus majestueux de l'univers, tant pour l'étendue de leur parcours que pour la force de leur courant, la beauté et la fertilité de leurs rives. Dans l'Amérique du Nord, coule le Mississipi qui traverse les États-Unis, passe à la Nouvelle-Orléans, après avoir reçu comme affluents le Missouri, l'Ohio, l'Arkansas, rivières bien autrement puissantes que la plupart de nos fleuves européens. Le Saint-Laurent, l'ancien fleuve français, arrose le Canada et baigne les murs de Québec et Montréal. Dans l'Amérique du Sud, l'Orénoque fertilise les pampas de la Colombie et du Rio de la Plata; le San-Francisco arrose le Brésil, et la magnifique rivière des Amazones coule sur une longueur de cinq mille sept cents kilomètres. Ce fleuve, le plus beau du monde par l'étendue de son bassin, qui égale quatre vingt-sept fois celui de la Seine, refoule jusqu'à cent vingt kilomètres de son embouchure les eaux de l'Atlantique.

Le nombre des lacs de l'Amérique septentrionale est tel qu'une région tout entière en a pris le nom de région des lacs. Les lacs Supérieur, Huron, Michigan, Erié, Ontario forment entre les États-Unis et le Canada une mer intérieure d'eau douce, d'une superficie totale de cent douze mille kilomètres carrés; cette mer a ses ports, ses flottes et ses lignes de paquebots qui relient entre elles les différentes villes du littoral.

La rivière qui déverse les eaux du lac Erié dans le lac Ontario forme, en tombant, une nappe d'eau de cinquante mètres de hauteur, célèbre sous le nom de chute du Niagara.

Une immense chaîne de montagnes court, à peu de distance du rivage, de l'extrémité de l'Amérique du Nord parallèlement à l'océan Pacifique, jusqu'au détroit de Magellan, où s'éteignent ses dernières ondulations. Ces hauteurs, connues sous les différents noms de Montagnes Rocheuses, montagnes Bleues, Vertes... etc., selon les pays de l'Amérique du Nord qu'elles traversent, prennent le nom générique de Cordillères des Andes dans toute l'Amérique méridionale. À l'est des États-Unis, se trouve aussi l'important sillon des monts Alléghanys. Quelques-uns des sommets de ces montagnes atteignent une altitude de plus de sept mille mètres et renferment un grand nombre de volcans en activité, surtout dans la chaîne des Andes, où le Xorullo, l'Arequipa, le Cotopaxi, etc., bouleversent le sol par leurs éruptions périodiques et renversent les villes bâties à leur base ou sur leurs flancs.

L'Amérique participe de tous les climats, glacée à ses extrémités, elle doit à son peu de largeur, à sa configuration et surtout à la position de ses montagnes, de jouir à sa partie centrale d'une température assez douce. Les côtes, situées entre les tropiques, sont très-chaudes, partant très-insalubres; c'est là que règne la terrible fièvre jaune à laquelle succombent tant d'Européens. C'est aussi sous ces latitudes qu'ont lieu les ouragans les plus violents et les plus désastreux que l'on puisse voir.

Dans tous les temps, la richesse de l'Amérique a été proverbiale. Les pierres précieuses, diamants, rubis, topazes, etc., abondent au Brésil et dans la Colombie, mais la plus grande réputation de richesse de l'Amérique vient surtout de ses célèbres mines d'or et d'argent. Avant la conquête, ces mines étaient exploitées; les Péruviens et les Mexicains connaissaient l'art de travailler les métaux précieux. La vue de l'abondance de l'or, en éveillant la cupidité des Espagnols, causa et la perte de ces empires et la destruction des peuplades indiennes que l'on forçait de travailler aux mines. De nos jours, les gisements d'or et d'argent du Pérou, du Mexique et de la Californie sont loin d'être épuisés, malgré une exploitation vaste et continue. Avec l'or et l'argent, l'Amérique possède aussi de riches dépôts de fer, de cuivre et de houille, sources de prospérité pour le Canada et les États-Unis, tandis que les mines du Pérou et du Mexique, en détournant les habitants de l'agriculture et des travaux, ont plutôt appauvri ces pays.

Extrêmement variée, la flore du nouveau monde n'est pas encore complètement connue; on y compte environ quinze mille espèces, qui croissent spontanément et atteignent des dimensions souvent colossales; tels sont les palmiers dont plusieurs arrivent à quatre-vingts mètres de hauteur. Les cocotiers, les bananiers sont la providence des Indiens et des nègres, qui trouvent dans ces arbres la nourriture, le vêtement et les matériaux de leurs habitations. Les cèdres, les chênes, les hêtres et autres arbres de nos climats forment d'immenses et inépuisables forêts au Canada et aux États-Unis; plusieurs de ces arbres, tels que les pins de Virginie, y atteignent des dimensions gigantesques. Les contrées plus chaudes fournissent les bois d'acajou, de palissandre, de campêche, employés pour les meubles ou la teinture.

Parmi les autres plantes, il nous faut citer : le coton, dont la culture et le travail font vivre, en Europe comme en Amérique, un si grand nombre d'hommes, plongés dans la misère quand manque cette denrée; le café, la canne à sucre, le cacao, le caoutchouc, le quinquina, le manioc, et tant d'autres produits alimentaires, médicinaux ou industriels, qui font l'objet de transactions considérables.

L'Europe doit à l'Amérique la pomme de terre, que Parmentier importa en France sous le règne de Louis XVI; le tabac, introduction de Jean Nicot; la tomate, les ananas, la jolie et gracieuse capucine, le magnifique dahlia, originaire du Chili.

Le règne animal en Amérique se distingue autant par la beauté et la variété des espèces que par leur originalité. Dans ces immenses forêts vierges où la hache n'a jamais éclaircies, qui subsistent depuis des milliers d'années, tombent de vétusté, se renouvellent constamment, ont quelquefois, comme dans les vallées du Mississipi et de l'Amazone, plus de cinq cents kilomètres de profondeur, vivent d'immenses troupes de singes, voltigent des perroquets, des colibris, des oiseaux-mouches aux éclatantes couleurs, des millions d'insectes aux reflets phosphorescents. Les vampires, qui sucent le sang des êtres endormis; les ours, les jaguars, les boas, les serpents à sonnettes, les caïmans peuplent les déserts, les rochers ou les fleuves de ces pays. Au-dessus des Andes plane le condor; le Lama, la vigogne, l'alpaca servent de bêtes de somme dans les contrées montagneuses. D'innombrables troupeaux de chevaux sauvages, de buffles, de bisons parcourent les savanes des États-Unis ou du Mexique et les pampas de l'Amérique du Sud. Enfin le chinchilla, le castor, le vison, le renard bleu, du Canada ou des glaces du pôle, fournissent des fourrures, dont le haut prix atteste la finesse et la beauté.

On ne sait pas au juste quand ni comment l'Amérique s'est peuplée; mais ce qu'il y a de sûr, c'est que ses habitants primitifs ont la même origine que ceux de l'ancien monde, quoiqu'ils aient le teint olivâtre et le nez camus. La population est évaluée aujourd'hui à environ soixante millions d'habitants dont la plus grande partie est originaire d'Europe ou d'Afrique. Les peuplades indiennes ne comptent guère plus que cinq ou six millions d'individus. Les langues parlées par ces populations sont celles des peuples dont elles descendent. Sauf l'islandais et l'idiome indien des Chérokis, les autres langues indigènes ont disparu. Les religions catholique et protestante se partagent en nombre à peu près égal dans les populations des deux Amériques; quant à l'idolâtrie, universelle autrefois, elle ne s'est maintenue que chez quelques peuplades sauvages dont plusieurs se livrent encore à l'horrible coutume de l'anthropophagie.

L'instruction, dont l'organisation aux États-Unis et au Canada n'a rien à envier à l'Europe, est très-négligée dans les autres États américains; quand elle n'y est pas complétement nulle. Excepté aux États-Unis, au Canada et dans les possessions européennes, le commerce et l'industrie ne répondent pas à la richesse et à la fertilité du pays. L'Union américaine, sillonnée de canaux, de routes magnifiques, d'un réseau étendu de chemins de fer, ses côtes pourvues de ports vastes et sûrs, rivalise avec les deux premières nations du globe, l'Angleterre et la France. Parmi les chemins de fer de l'Amérique, aucun n'est aussi important, malgré son peu de longueur (soixante-six kilomètres), que celui de Panama qui relie l'Atlantique au Pacifique et dispense les voyageurs de la longue et pénible navigation par le cap Horn. Depuis longtemps, on a eu la pensée de couper cet isthme par un canal, comme on le fait en ce moment à l'isthme de Suez, mais cette idée n'est encore qu'à l'état de projet.   PAUL LAURENCIN.

FORÊT D'AMÉRIQUE.

AMÉRIQUE MÉRIDIONALE

Jusqu'aux dernières années du quinzième siècle, le monde connu se bornait à l'Europe, une partie de l'Asie et de l'Afrique. La découverte de la route des Indes orientales, par Vasco de Gama, fit reculer ces limites étroites, mais un jour on apprit avec étonnement et admiration qu'un navigateur intrépide venait de découvrir un nouveau continent, plus riche, plus beau et plus vaste que l'ancien. Ce hardi marin, c'était Christophe Colomb, né à Gênes, vers 1447. D'une famille vouée depuis longtemps à la mer, il commandait un navire à l'âge de quatorze ans. Grand admirateur des idées de Galilée, Colomb, d'après son système, admettait que le poids des continents placés sur l'un des côtés du globe devait être balancé par une quantité égale de terre placée sur l'hémisphère opposé.

Longtemps ce grand homme erra incompris d'Italie en Portugal et en Espagne; ce ne fut qu'après plusieurs années de sollicitations qu'il obtint, de la reine Isabelle de Castille, trois faibles et mauvais navires. Le 12 octobre 1492, il voyait ses rêves réalisés et débarquait sur l'île de San-Salvador, de l'archipel des Bahama. La route du nouveau monde était découverte, la voie tracée aux explorateurs. Malgré l'immensité du service rendu à l'Espagne, Christophe Colomb n'eut pour récompense qu'une longue série de persécutions et de déboires. Accusé de malversations, il fut enchaîné, jeté dans une prison et mourut, âgé de cinquante-neuf ans, quand la justice allait se faire pour lui. La postérité elle-même, en laissant le Florentin Améric Vespuce donner son nom au nouveau continent, semblait oublier les droits de l'infortuné Colomb.

Les Espagnols continuèrent ses recherches; les Portugais ne tardent pas à les suivre dans le vaste champ ouvert aux aventuriers, et s'établissaient au Brésil. Nunez de Balboa traverse l'isthme de Panama et prend possession de l'océan Pacifique au nom du roi d'Espagne. Fernand Cortez, à la tête d'une poignée d'hommes intrépides et malgré d'incroyables difficultés, se rend maître du puissant empire du Mexique; tandis que François Pizarre renverse au Pérou la domination des Incas. Magellan, enfin, par la découverte du détroit qui porte son nom, trace le premier la route occidentale des mers d'Asie. De leur côté, les Français, sous la conduite de Jacques Cartier, de Saint-Malo, découvrent le Canada, la Louisiane, la Floride. Jusqu'au temps de Henri IV, les guerres civiles et religieuses ne permirent pas de s'occuper d'expéditions lointaines; mais à la paix, le Canada et nos autres possessions gouvernés par Champlain, intrépide colonisateur, virent s'élever les villes de Québec et de Saint-Louis, et les établissements français se multiplier sur la rive septentrionale du fleuve Saint-Laurent et des Grands Lacs. La Louisiane, de son côté, voyait commencer, sur les bords du Mississipi, la Nouvelle-Orléans, humble bourgade destinée à un avenir des plus brillants.

Venus les derniers, les Anglais prirent possession des terres de l'Ouest et de celles que formaient les vallées du Mississipi, de l'Arkansas et de l'Ohio. Drake fut le premier explorateur anglais de l'Amérique (1582). Il fut bientôt suivi, sous le règne d'Élisabeth, de Walter Raleigh, qui colonisa la Virginie. Les réactions religieuses des règnes suivants forcèrent plus d'une fois les dissidens, quakers ou puritains, à chercher un asile en Amérique. Les émigrants s'établirent sur les territoires du Connecticut, du Massachusset, du Maryland, de la Pensylvanie, jetèrent les fondemens des cités célèbres de Baltimore, de Philadelphie, de Boston, de New-York, formant ainsi le noyau de cette agglomération, qui, sous le nom de Nouvelle-Angleterre, fut pendant un siècle le plus beau joyau de la couronne coloniale de la Grande-Bretagne.

Les conquêtes des Espagnols, que le défaut d'espace nous oblige à résumer rapidement, avaient causé la destruction et la ruine des habitants des pays découverts. Le travail forcé auquel les soumirent les vainqueurs et l'apparition de la petite vérole, inconnue avant l'arrivée de ceux-ci, achevèrent d'anéantir les populations indiennes. Aujourd'hui, refoulées dans les montagnes Rocheuses, à l'ouest des États-Unis et dans les déserts ou les forêts vierges de l'Amérique du Sud, les quelques tribus existantes encore tendent à disparaître complètement.

Pour remplir les vides faits par la mort dans les rangs des travailleurs indiens, les Espagnols allèrent à la côte d'Afrique acheter les prisonniers de guerre nègres, pour les transporter en Amérique et les vendre aux planteurs. Cet indigne commerce de chair humaine, appelé *traite des nègres*, subsiste encore aux États-Unis et à Cuba.

Les luttes qui divisaient les États de l'Europe sur l'ancien continent ne devaient pas tarder à faire sentir leurs effets sur le nouveau. Longtemps les Français et les Anglais tentèrent d'enlever aux Espagnols les riches domaines que ceux-ci possédaient. Plusieurs expéditions échouèrent, et, malgré la prise de Rio de Janeiro, en 1691, par Duguay-Trouin, ce vaste pays est resté au pouvoir des Portugais jusqu'en 1801 qu'il s'est rendu indépendant avec le titre d'empire constitutionnel. A la suite de ces échecs, une poignée d'aventuriers français, débris des anciennes expéditions, allèrent s'établir dans l'île de la Tortue, l'une des Antilles, et de là, sous le nom de flibustiers, causèrent d'incalculables dommages au commerce espagnol en s'emparant des galions chargés de richesses par les colonies et expédiés à leur métropole. Plus tard, vers 1666, transportés à Saint-Domingue par Bertrand d'Ogeron, les hardis flibustiers se transformèrent en colons et firent de cette île la plus belle et la plus célèbre des colonies françaises. Elle est devenue depuis, par la révolte des noirs contre les blancs, l'empire nègre d'Haïti.

Voisins et rivaux en Amérique, comme ils l'étaient déjà en Europe, les Anglais et les Français se disputèrent longtemps la possession de la vallée du Saint-Laurent et des terres découvertes par Cartier ou ses successeurs. Sur mer comme sur terre, la victoire balança longtemps entre les deux partis, quand enfin elle parut se décider en faveur des armes anglaises. L'abandon par la mère patrie des défenseurs de ses colonies, le traité d'Utrecht, la prise de Montréal et de Québec, enfin la mort de Montcalm sous les murs de cette dernière ville, achevèrent la ruine de la France, à qui il ne resta plus bientôt de son splendide empire colonial que deux ou trois petites îles perdues au milieu de l'Océan.

Après la défaite des Français, les Anglais se trouvaient maîtres de presque toute l'Amérique du Nord, quand une malencontreuse loi de l'impôt vint mettre le comble aux griefs des colonies contre leur métropole. Bientôt, après avoir gagné la bataille de Bunker's hill, les Anglo-Américains s'emparent de Boston, défendu par l'armée royale, proclament leur indépendance à Philadelphie et soutiennent la lutte. L'héroïque et sage Washington commande; Lafayette, Rochambeau, à la tête des volontaires français, les secondent sur terre, et d'Estaing combat sur mer les flottes anglaises; Franklin, l'illustre savant, dirige leur politique. Après des années de luttes, les Anglais, constamment battus, se voient forcés de reconnaître l'indépendance de leurs anciennes colonies, qui, composées dans l'origine de treize États, se réunissent en confédération sous le nom d'États-Unis d'Amérique. Pendant dix ans, George Washington eut l'honneur de présider la grande république, dont la prospérité ne cessa de grandir. Dès lors, les États-Unis purent compter parmi les premières puissances du monde, et leur fortune serait sans exemple si la triste lèpre de l'esclavage n'avait maintenu chez eux les ferments d'une atroce guerre civile.

L'exemple des colons anglais fit germer chez les habitants des colonies espagnoles les idées d'indépendance. Sous les ordres de l'immortel Bolivar, la Colombie chasse les troupes royales et se proclame république. Puis, après des luttes intestines, ces immenses territoires se subdivisent en plusieurs États continentalement en butte les uns contre les autres, malgré leur commune origine.

Le Chili, le Pérou, le Mexique suivent le même exemple, et le Paraguay, heureux pendant deux siècles du gouvernement paternel des missionnaires jésuites, cesse pour se constituer en État indépendant, et se soumet au despotisme le plus absolu et à une séquestration des plus complètes.

Malheureusement, depuis leur soulèvement, la plupart des États du centre ou du sud de l'Amérique sont tourmentés par les guerres et surtout par les révolutions. Ces désordres, passés à l'état presque permanent, forcent, comme de nos jours au Mexique, les puissances européennes à intervenir pour la sûreté de leurs nationaux et la sauvegarde de leurs intérêts.

PAUL LAURENCIN.

MERVEILLES

DE LA NATURE

LES MONTAGNES.

LES MONTAGNES

La surface de la terre présente de nombreuses aspérités; sur une immense étendue, près des quatre cinquièmes de sa superficie, le sol est déprimé et recouvert par les eaux de la mer, et dans la partie qui reste à sec, sa surface onduleuse offre tantôt des parties sensiblement planes, d'une plus ou moins grande étendue, que l'on appelle des *plaines*, tantôt des masses fortement saillantes et quelquefois élevées de plusieurs milliers de mètres au-dessus du niveau idéal de la mer, qu'on supposerait prolongé sphériquement sur toute l'étendue du globe.

Quelle que soit, par rapport à nous, l'énormité de ces masses que l'on appelle *montagnes*, elles n'altèrent encore que bien faiblement la forme sphérique du globe terrestre, si l'on songe que la terre a environ 1432 lieues de rayon, et que les plus hautes montagnes n'ont guère plus de 2 kilomètres de hauteur verticale. Ainsi, les aspérités que ces montagnes donnent à la surface de la terre n'ont pas plus d'importance relative que les rides qui existent sur la peau d'une orange fine.

Assez rarement les montagnes sont isolées, elles forment le plus souvent des groupements assez considérables pour donner à une vaste étendue de pays une configuration toute particulière. Ce sont ces groupes de montagnes que l'on appelle des *chaînes*.

Les cartes de géographie donnent une idée assez inexacte des chaînes de montagnes. Il semblerait, à voir ces dessins, qu'une chaîne de montagnes affecte la forme d'une sorte de toit ou de remblai, à deux versants à peu près égaux, se prolongeant en ligne droite ou sinueuse sur une *longueur* de pays plus ou moins grande. Rien n'est plus éloigné de la vérité : on s'en ferait une idée beaucoup plus juste en les comparant à ces feuilles à grosses nervures dont une côte fortement saillante, et des nervures latérales qui partent de cette côte principale, et s'affaiblissent et s'amoindrissent, à mesure qu'elles s'en écartent. De celles-ci s'échappent d'autres nervures plus faibles encore, et qui semblent se perdre dans la masse du tissu de la feuille. C'est ainsi que de la chaîne principale partent de chaque côté les chaînes transversales et les chaînons. Les espaces compris entre deux chaînes transversales portent le nom de *vallées* transversales. L'arête qui forme le sommet d'une chaîne ou *ligne de faîte* présente en outre des sinuosités très-prononcées. Elle se compose d'une série de crêtes plus ou moins élevées, toujours situées aux points d'intersection des chaînes transversales; les deux versants se trouvent ainsi reliés par une série de passages qu'on appelle des *cols*.

Très-fréquemment plusieurs chaînes de montagnes se croisent dans un même pays, et forment alors comme un réseau confus de chaînes et de chaînons. Il en résulte toujours une surélévation générale du sol du pays; c'est ce qui a lieu par exemple pour certaines parties de la Suisse, *entre les Alpes et le Jura*, et pour les plateaux élevés du Thibet.

On appelle *pics* ou *pitons* des montagnes de forme à peu près conique et qui ont souvent une très-grande élévation; tels sont le pic de Ténériffe, le pic du midi; quand le pic offre des formes très-aiguës, on lui donne le nom de *dent* ou d'*aiguille*. D'autres fois, les montagnes offrent des formes très-arrondies : nous pourrions en citer pour exemple les *ballons* des Vosges, dont le nom indique assez bien la figure. Souvent aussi, les montagnes se dressent presque verticalement, et se terminent à leur sommet par des plates-formes presque horizontales, présentant ainsi l'aspect de tours ou de gigantesques murailles.

On peut regarder comme à peu près certain, d'après l'étude comparée des phénomènes géologiques, que la terre a été dans l'origine une masse, maintenue à l'état liquide ou pâteux par l'action d'une chaleur propre très-intense. Cette masse, en se refroidissant d'abord très-vite, puis de plus en plus lentement, s'est peu à peu solidifiée à la surface. Mais comme elle se contractait en se refroidissant, la croûte s'est brisée ou disloquée à plusieurs reprises; de là sont nées les premières, les plus anciennes aspérités de la surface du sol, les montagnes dont la masse est surtout formée de matières granitiques. Des mers, formées par la condensation des vapeurs atmosphériques, se sont établies dans les cavités profondes. Au sein de ces mers et sur leur fond se sont formés des dépôts, dont la disposition horizontale a été à plusieurs reprises bouleversée par de nouvelles dislocations du sol; soulevés en certains points, affaissés en d'autres, ces dépôts, entraînés avec le sol que l'on pourrait appeler d'*encroûtement* et qui leur servait de support, ont, sur un grand nombre de points du globe, formé des montagnes, où la disposition par couches parallèles, mais toujours fortement inclinées, trahit l'origine sédimentaire, et en même temps le bouleversement qui les a dérangées de leur situation originelle et relevées à des milliers de mètres au-dessus de leur niveau primitif. Puis elles ont pu se trouver plus tard modifiées peu à peu dans leur forme par les agents atmosphériques, par les eaux, qui tantôt dissolvant leurs principes solubles, les ont en certains points désagrégées et rongées, ou bien encore ébranlées et disloquées par de nouveaux bouleversements du sol, auprès desquels les tremblements de terre actuels, tout terribles qu'ils nous paraissent, ne sont que des phénomènes insignifiants. Et l'on comprend alors que la nature plus ou moins compacte et résistante des couches qui les formaient, a dû influer puissamment sur l'étendue des modifications qu'elles ont pu subir. À mesure que l'on s'élève sur les montagnes, la température s'abaisse; le froid y devient bientôt si vif et l'air si rare, qu'il est impossible de s'y établir d'une manière permanente.

En même temps, la végétation s'y étiole progressivement. Certaines espèces de plantes, plus vigoureuses, persistent à de grandes élévations, puis à des hauteurs plus grandes encore disparaissent à leur tour, abandonnant ainsi à une stérilité complète ces sommets couronnés de nuages et couverts de neiges éternelles. C'est ainsi qu'en quittant les belles et riches prairies des vallons de la Suisse, on voit, si l'on s'élève sur ses montagnes, disparaître l'un après l'autre le châtaignier, le noyer, les hêtres, les bouleaux, les sapins, les pins rabougris; on n'y trouve plus bientôt que quelques fleurs vivaces, puis des lichens, et enfin la nudité la plus complète.

Sur ces sommets, la neige reste en permanence; le soleil est impuissant à la fondre complètement, même aux jours les plus chauds de l'été. Tout au plus fait-il remonter sa limite inférieure de quelques centaines de mètres; puis, aux premiers froids de l'hiver, la neige reprend sa proie et étend de nouveau son blanc et froid linceul sur cette nature désolée.

LES VOLCANS.

6

LES VOLCANS

Parmi les phénomènes de la nature, les plus curieux peut-être, ceux qui saisissent le plus vivement l'imagination humaine, sont ceux que présentent les volcans.

On appelle *volcan* une ouverture de la terre qui donne passage à de la fumée, à des vapeurs chaudes, à des torrents d'eau brûlante ou de cendres, à des pierres rougies ou fondues. Lorsque ces diverses matières sont vomies en assez grande quantité pour porter au loin le ravage, on dit qu'un volcan est en *éruption*. Le plus souvent, le volcan sommeille ou révèle seulement par un léger panache de fumée ses agitations intérieures.

Il en connaît beaucoup dont les éruptions, marquées par des ruisseaux figés de pierres fondues, qu'on appelle *laves*, ont dû avoir lieu à des époques inconnues, mais qui, de nos jours, sont éteints ou du moins semblent l'être.

Les volcans se présentent d'ordinaire sous la forme de montagnes isolées, dont l'ouverture ou les ouvertures sont appelées *cratères*. Mais cette forme n'est pas essentielle au volcan, puisque la montagne ne se compose souvent que des matières rejetées par les fissures de la terre. Les savants ne sont pas d'accord sur la cause de ces crevasses et sur l'origine de ces incendies de la croûte terrestre; mais l'opinion la plus probable et la plus généralement adoptée est celle-ci : ce que nous nommons le sol, c'est-à-dire cette croûte que nous habitons, sur laquelle nous vivons, nous marchons, nous bâtissons, repose, comme on le sait, sur une masse énorme de matière en fusion qui compose notre globe. Qu'on se figure une grande quantité de métal fondu, du plomb, par exemple; lorsqu'il commence à se refroidir, une pellicule solide se forme à la surface. C'est ce qui est arrivé pour la terre. Elle n'était d'abord qu'une masse en fusion; peu à peu, le refroidissement y a formé à la surface une pellicule qui s'est augmentée jusqu'au point de devenir une croûte véritable. Assez solide pour supporter ses nombreux habitants, cette croûte est cependant, comparativement, très-mince, comme le prouve la rapide augmentation de la chaleur à mesure qu'on creuse cette écorce de la terre et qu'on se rapproche du feu central.

Or, pour continuer notre comparaison, la pellicule formée sur le métal en fusion se fend par places, et le refroidissement y laisse des vides, indiqués par des boursouflures. Il en a été ainsi pour la croûte terrestre, et les boursouflures sont des volcans. Supposez maintenant que la matière s'introduise tout à coup dans la fournaise intérieure, et le feu expulsera avec fureur l'élément ennemi; ou bien encore dans ce laboratoire incandescent que recèlent les entrailles de notre planète, des gaz puissants se forment, s'accumulent et forcent la paroi légère que leur oppose la croûte refroidie. Le poids seul de cette écorce, pesant sur la matière en fusion, suffirait à en faire monter une partie dans ces évents ou soupiraux que nous appelons des volcans.

La succession des éruptions par une même fissure forme à la longue ces montagnes volcaniques. On compte un grand nombre de ces montagnes à la surface du globe terrestre.

En Europe, on ne trouve aujourd'hui que deux régions où des volcans soient en action : l'Islande et l'Italie. L'ancienne province de France qu'on nommait l'Auvergne, était un véritable nid de volcans, tous morts ou muets aujourd'hui. Les montagnes granitiques situées à l'ouest de Clermont présentent une série de cratères refroidis. L'Islande, grande île de l'Océan arctique, située entre l'Europe et l'Amérique, contient dix volcans, parmi lesquels le plus célèbre est l'Hécla. La hauteur de ce volcan est de 1200 mètres : ses éruptions ont souvent ravagé l'île. L'Hécla présente l'étrange spectacle d'un soupirail ardent, ouvert au milieu des glaces éternelles. L'Islande renferme aussi des volcans qui n'affectent pas la forme des montagnes, tels que le Grand-Geyser, qui lance des jets d'eau bouillante, mêlée de pierres et de boue. L'Italie offre deux volcans remarquables, l'Etna et le Vésuve, et quelques-uns plus petits, par exemple le Stromboli, Vulcane et Vulcanello dans les îles Lipari. Les plus petits parmi les volcans sont presque toujours ceux dont les éruptions sont les plus fréquentes. Le Stromboli vomit incessamment des flammes. L'Etna, placé en Sicile, est une énorme montagne de 180 kilomètres de circuit à la base, qui s'élève à près de 3,350 mètres. Les histoires les plus anciennes nous le représentent en éruption, et la Fable, pour expliquer ses convulsions, avait imaginé que deux géants, Encelade et Typhon, étaient ensevelis vivants sous sa masse. La terrible éruption de 1669 engloutit, sous les torrents de lave, la ville de Catane, et donna la mort à 20,000 personnes. Dans ses jours de colère, l'Etna lance jusqu'à 2,000 mètres de hauteur d'énormes quartiers de roc incandescent.

Le Vésuve, placé à 8 kilomètres de Naples, n'a que 30 kilomètres de tour et environ 1,000 mètres d'élévation. S'il n'a pas la masse grandiose de l'Etna et sa ceinture de cratères, le Vésuve n'en a pas moins causé de fréquents désastres, depuis l'an 79 de notre ère, date de sa première éruption connue. Cette année, la montagne se déchira tout à coup, et de gigantesques débris de la montagne, des rivières de feu ou des nuages de cendre et de cailloux brûlants engloutirent trois villes : Herculanum, Pompéi et Stabies. Depuis lors, le Vésuve n'a cessé de gronder et de vomir à de fréquents intervalles. Ses éruptions sont souvent précédées de tremblements de terre qui agitent au loin le sol dans le royaume de Naples et dans les Calabres.

L'Afrique continentale a sans doute aussi ses explosions de feux souterrains; mais nous ne connaissons que les volcans de ses îles, entre autres ceux presque tous éteints des Açores, des Canaries, de l'Ascension et des îles du Cap vert. La plus grande des Canaries, Ténériffe, renferme un pic volcanique fameux, dit le pic de Teyde ou de Ténériffe, dont la cime s'élève à 3,800 mètres. Sa dernière éruption eut lieu en 1798.

L'Asie fourmille de volcans : l'île de Java à elle seule en compte quarante-huit, parmi lesquels le terrible Papandayang qui, en 1772, dévora quarante villages. En Amérique, l'action des feux souterrains s'étend sur toute cette chaîne immense qui forme comme l'épine dorsale du Nouveau-Monde. Dans les hautes Andes, les cratères occupent une région d'à peu près 700 lieues carrées, dont Quito, placée au centre, peut être considérée comme la capitale. Le plus fameux de ces volcans, le Cotopaxi, s'élève à 5,900 mètres, et projette jusqu'à 12 kilomètres des rochers énormes.

Tels sont ces effrayants phénomènes, encore inexpliqués pour la science, et dont la vue est bien faite pour rappeler à l'homme sa propre faiblesse et la puissance infinie de son Créateur.

LA LUNE.

LA LUNE

Ce n'est pas seulement dans l'étude des merveilles terrestres qu'il nous faut admirer la puissance, la beauté, l'harmonie de l'œuvre d'un Dieu créateur, car notre planète n'est en réalité qu'une portion infime de cette œuvre. Mais cette harmonie et cette puissance se manifestent surtout par l'existence de ces astres qui brillent au-dessus de nos têtes et qui, pour la plupart plus volumineux que notre globe, doués d'une vitesse vertigineuse, gravitent dans l'espace sans jamais s'écarter de la ligne que leur traça une immuable volonté, sans jamais enfreindre les lois que leur imposa au jour de leur création celui qui les lança dans l'espace. Quelques-uns de ces astres accomplissent directement leur révolution autour du soleil, centre de notre univers, tandis que d'autres globes secondaires gravitent autour des premiers, dont ils sont les satellites.

Telle est la lune, le satellite de la terre. Comme notre globe tourne sur lui-même en accomplissant une révolution autour du soleil, la lune décrit à la fois une orbite autour de la terre et une révolution sur elle-même de l'est à l'ouest. L'un et l'autre de ces mouvements s'accomplissent en vingt-sept jours, sept heures et quarante-trois minutes. La lune, dans son mouvement sidéral (mouvement d'un astre sur lui-même), présente à la terre toujours la même face, ce qui fait que nous ne connaissons qu'un seul côté de notre satellite. Ainsi tous ses points sont successivement éclairés par le soleil, mais tandis que l'un des hémisphères jouit pendant quinze jours d'une lumière continue et d'une chaleur intense, l'autre est plongé dans une profonde obscurité, en même temps que dans un froid glacial. Les habitants de la lune (en supposant qu'il y en ait) n'ont donc par mois qu'un seul jour et qu'une seule nuit, mais ceux de l'hémisphère tourné de notre côté jouissent pendant leur nuit de quinze jours de la vue magnifique de notre planète, qui leur apparaît comme un disque treize fois plus grand que ne l'est à nos yeux le disque lunaire.

La lune, dans sa composition physique, est un corps opaque non producteur de lumière par lui-même, mais qui nous paraît lumineux par la réflexion à sa surface des rayons solaires. Son diamètre, de 3485 kilomètres, est par rapport à celui de la terre comme un est à quatre, son volume est à quarante-neuf et sa densité présumée comme deux est à trois; c'est-à-dire que la lune est quarante-neuf fois moins grosse que la terre et une demi-fois moins pesante que notre planète, dont elle est éloignée de trois cent quarante mille kilomètres. Toutefois, cette distance de notre satellite n'est pas uniforme, parce que dans son mouvement de révolution il décrit une courbe elliptique et non une circonférence. La plus grande distance entre les deux astres s'appelle *apogée*, la plus petite *périgée*, et elles diffèrent entre elles de trois à quatre fois le diamètre de la lune.

La forme de la lune est un ellipsoïde irrégulier, à la surface duquel on remarque des anfractuosités, des déchirures, des crevasses plus nombreuses et plus profondes que celles du globe terrestre. Elle est hérissée de montagnes proportionnellement plus élevées que les nôtres. Ces montagnes circulaires et coniques sont, pour la plupart, des volcans en pleine activité, dont on observe et signale de temps à autre les éruptions.

L'observation attentive du disque lunaire démontre que les bouleversements de sa surface doivent être l'effet de causes ignées, car rien n'indique l'action corrosive des eaux, ni même l'existence de celle-ci. Longtemps on prit pour des mers les taches noires visibles à la surface de la lune, mais on a reconnu depuis que ces taches sont de profondes cavités en forme de puits. Non-seulement l'élément liquide paraît manquer dans la lune, mais encore cet astre est dépourvu d'atmosphère, et de cette double privation de fluides liquides ou gazeux ressort qu'il n'y a dans la lune ni végétaux, ni êtres vivants. Le problème si controversé jadis de l'existence d'habitants lunaires paraît ainsi résolu dans le sens de la négative.

La lune, comme nous l'avons dit plus haut, n'est pas un corps générateur de lumière, il est seulement, par rapport à nous, un réflecteur des rayons du soleil, ce qui est cause que nous pouvons la voir seulement dans sa partie éclairée et que, dans sa révolution, nous l'apercevons sous différents aspects appelés les phases de la lune.

Ces phases sont :

La *nouvelle lune*, le *premier quartier*, la *pleine lune* et le *dernier quartier*.

On dit que la lune est *nouvelle*, en conjonction ou à son *apogée*, quand elle est placée entre le soleil et la terre. Dans cette position elle passe au méridien à midi et nous présente son hémisphère obscur. Après être demeurée invisible pendant environ trois jours, la lune commence à apparaître sous la forme d'un croissant, dont l'étendue augmente de jour en jour jusqu'au septième, où la moitié du disque paraît lumineuse. On dit alors que la lune est dans sa *première quadrature* ou dans son *premier quartier*; elle passe au méridien à six heures du soir. L'astre continue sa révolution, la surface éclairée s'étend graduellement, et le quatorzième jour après la conjonction, parvenue à la moitié de sa course, passe au méridien à minuit; elle est alors en *opposition* ou à son *périgée* et est dite *pleine lune*.

A ce moment la terre est placée entre le soleil et son satellite. Après être resté quelques jours en opposition, le disque de la lune commence à décliner. Sept jours après la *pleine lune*, alors que l'astre passe au méridien à six heures du matin, il ne présente plus qu'un demi-cercle; c'est la *dernière quadrature*, le *dernier quartier*. La diminution de la surface éclairée continue et, le quatorzième jour après son opposition, la lune entre de nouveau en conjonction pour recommencer la même série de phases.

Mais pendant cette rotation de la lune, la terre s'est avancée sur l'écliptique (la ligne idéale qu'elle suit dans son mouvement annuel de transport autour du soleil), aussi la révolution d'une nouvelle lune à une autre exige-t-elle plus de temps que la rotation sidérale; elle s'accomplit en vingt-neuf jours douze heures quarante-quatre minutes, ce qui constitue la révolution *synodique* de la lune, *le mois lunaire* ou simplement la *lunaison*.

Enfin, on désigne sous l'appellation d'*âge de la lune* le nombre de jours écoulés depuis la conjonction.

P. LAURENCIN.

L'ARC-EN-CIEL.

L'ARC-EN-CIEL

Ce magnifique météore que l'on ne se lasse jamais d'admirer, bien qu'il se manifeste fréquemment, *l'arc-en-ciel*, a eu le privilège d'occuper de tous temps l'imagination poétique des peuples.

La mythologie grecque prétendait que la vindicative Junon, femme de Jupiter, n'avait d'attachement que pour Iris, sa messagère et sa confidente. Afin de récompenser Iris, qui ne lui apportait jamais que de bonnes nouvelles, Junon la plaça au ciel, après l'avoir changée en arc-en-ciel.

Les anciens Scandinaves et tous les peuples du nord de l'Europe, adorateurs d'Odin, faisaient du dieu Hiemdall le gardien de l'arc-en-ciel, lequel, dans la religion de ces barbares, était le pont servant aux dieux pour communiquer avec la terre.

D'après la Bible, cet arc majestueux aux multiples couleurs parut pour la première fois aux yeux des hommes après le déluge, quand Dieu promit à Noé, sorti de l'arche, de ne plus inonder la terre à cause des crimes des hommes et lui montra l'arc-en-ciel comme signe de son alliance, comme gage des promesses de pardon et de mansuétude faites à l'humanité dans la personne de celui qui devait être son second père.

L'arc-en-ciel se produit quand un nuage placé à opposite du soleil se résout en pluie, et que l'observateur tourne le dos à l'astre éclairant. Dans cette position, il aperçoit un arc dont les extrémités semblent reposer sur le sol comme les pieds-droits d'une arche gigantesque, et dont les sept couleurs, rouge, orangé, jaune, vert, bleu, indigo et violet, sont tout à la fois d'une pureté admirable, d'une douceur et d'une vivacité extraordinaires. Pour que le phénomène ait lieu et soit bien visible, il faut que la hauteur du soleil au-dessus de l'horizon soit inférieure à quarante-deux degrés et que la nuée soit fortement éclairée.

On voit ordinairement ensemble deux arcs concentriques : l'un, le véritable arc-en-ciel, offre des couleurs très-vives, mais l'autre, qui n'est qu'une réflexion du premier dans les gouttes de pluie, n'est pas toujours visible à cause de la faiblesse de ses teintes. Tous deux sont formés des mêmes couleurs, seulement dans l'arc inférieur le rouge est placé extérieurement et le violet intérieurement, tandis que dans l'arc supérieur, l'image réfléchie du premier, les couleurs sont placées dans un ordre inverse.

L'étendue de l'arc-en-ciel dépend de la hauteur du soleil. Quand cet astre est à son coucher, l'arc apparaît à l'orient et affecte la forme d'une demi-circonférence dont les extrémités effleurent le sol. Si l'observateur était placé sur un sommet élevé et isolé il pourrait apercevoir plus d'une demi-circonférence d'arc-en-ciel. Au lever du soleil, l'arc, quand il se produit, est visible du côté de l'occident. Plus le soleil est élevé au-dessus de l'horizon, moins étendu est l'arc coloré. Ainsi, sous les tropiques, au moment où le soleil darde ses rayons, le phénomène n'a pas lieu ou plutôt on ne peut l'apercevoir.

La nature de l'arc-en-ciel, les circonstances dans lesquelles il peut se montrer sont parfaitement connues aujourd'hui, et la science a découvert que cet effet météorologique a pour cause les phénomènes physiques de la *réfraction*, de la *réfrangibilité* et de la *réflexion*.

La réfraction est la déviation ou changement de direction qu'éprouve un rayon lumineux quand il passe d'un milieu transparent dans un autre également transparent, de l'air dans l'eau ou de l'air dans le verre, par exemple. C'est en vertu de la réfraction qu'un bâton, mi-partie dans l'eau, mi-partie dans l'air, paraît brisé au point de séparation de l'air et de l'eau.

La lumière du soleil est blanche, mais si on en fait passer un rayon à travers un prisme de verre blanc, ce rayon de lumière blanche non-seulement se réfracte, c'est-à-dire dévie de sa direction première, mais encore se décompose et montre qu'il est formé de la combinaison de sept couleurs. Ce nouveau phénomène de la décomposition de la lumière traversant certains milieux transparents a lieu en vertu de la réfrangibilité.

La réfrangibilité est donc la propriété par laquelle les divers rayons lumineux sont susceptibles d'être plus ou moins réfractés. Les rayons lumineux colorés, dont la combinaison forme la lumière blanche, sont d'une réfrangibilité différente, ce qui fait qu'en passant à travers un prisme de verre ils changent d'abord de direction, comme nous l'avons dit plus haut, puis se divisent et vont se réfléchir dans l'ordre de leur réfrangibilité à des points différents d'un écran, par exemple, qui serait placé dans une chambre obscure sur le trajet du rayon lumineux filtrant par le trou d'un volet. Cette séparation complète et distincte des couleurs a lieu dans l'ordre suivant, en commençant par le haut : le rouge, l'orangé, le jaune, le vert, le bleu, l'indigo, le violet; c'est cette figure, que forment les sept couleurs de la lumière blanche décomposée, que l'on appelle *le spectre solaire.*

Enfin la réflexion est la répulsion, le renvoi dans une autre direction perpendiculaire à la première, du rayon lumineux par une surface quelconque plane ou sphérique.

Partant de ces trois principes, voyons ce qui se passe dans une goutte d'eau quand il pleut en même temps que le soleil brille. Le rayon lumineux, que ne voit pas directement l'observateur puisqu'il a le dos tourné au soleil, n'arrive à son œil qu'après avoir pénétré dans la goutte sphérique à l'intérieur de laquelle il se réfléchit, est renvoyé dans une direction opposée à celle de son arrivée, mais en traversant un milieu différent du premier, passant de l'air dans l'eau de la goutte de pluie, ce rayon a dévié de la ligne droite, s'est réfracté et, chacun des rayons colorés qui le constituent n'étant pas doué de la même réfrangibilité, va frapper la rétine de l'œil observateur à un point différent. Les couleurs apparaissent alors dans le même ordre que celles du spectre solaire dans la chambre noire, c'est-à-dire que le rouge, moins réfrangible, occupe l'extérieur de l'arc, et le violet l'intérieur.

Cette explication nous permet donc de définir l'arc-en-ciel : une modification particulière qu'éprouve la lumière du soleil quand elle est réfléchie, réfractée et décomposée dans les gouttes d'eau.

C'est le fameux physicien anglais Newton qui a démontré la véritable nature de l'arc-en-ciel. Sa théorie, que nous avons essayé de faire comprendre, a été reconnue la seule exacte et la seule rationnelle.

P. LAURENCIN.

UNE FORÊT DE LA SIBÉRIE.

LA SIBÉRIE. — LA NEIGE

La Sibérie, dont notre gravure représente un des paysages, est une vaste région qui occupe tout le nord de l'Asie et forme la majeure partie des possessions russes dans cette contrée. Séparée de l'Europe par la chaîne des monts Ourals, la Sibérie est tristement connue comme le lieu d'exil d'un nombre immense de condamnés politiques, la plupart Polonais. Ce pays est pour les Russes l'intermédiaire de leur commerce avec la Chine, la Perse et les Indes. Il se divise en deux zones distinctes : l'une, celle du nord, se compose de vastes marais glacés, de mornes déserts couverts d'une neige éternelle, et qui pour toute végétation n'ont que des mousses et des lichens.

La zone du sud ne souffre pas d'un climat aussi rigoureux; la culture s'y est développée autant que l'a permis la température moyenne, encore assez basse. Elle possède d'immenses forêts de pins, de cèdres, de saules, exploitées en partie; des mines d'or, d'argent, de cuivre et de fer, des carrières de malachite et des dépôts de pierres précieuses. Mais la principale richesse des contrées sibériennes provient de leur immense commerce de pelleteries avec le monde entier. C'est de là que nous arrivent les précieuses fourrures des ours blancs, des zibelines, des martres, de l'hermine royale, etc.

La neige, qui couvre une partie de la Sibérie comme d'un immense linceul, est un fléau qui tue dans ce pays toute végétation et le condamne à n'être jamais qu'un vaste et stérile désert, peuplé seulement des infortunés déportés, enfouis au plus profond des mines.

Dans nos contrées, il est unanimement reconnu que l'action de la neige est plus souvent bienfaisante que nuisible aux végétaux. L'hiver, elle est attendue avec non moins d'impatience que les chauds rayons d'un soleil ardent au moment des moissons ou une rafraîchissante ondée d'orage après une sécheresse prolongée.

On connaît, comme on le sait, le nom de neige à la pluie congelée en petits flocons blancs, diaphanes, extrêmement ténus et délicats, diversement ramifiés, qui, pendant l'hiver, quand la température est assez basse, flottent dans l'atmosphère et tombent sur le sol. C'est l'un des météores aqueux sur l'origine duquel la science possède le moins de données, car on ne connaît pas au juste son mode de formation. On pense toutefois que ces cristaux proviennent de la congélation des vapeurs vésiculaires des nuages toutes les fois que la température de ces derniers est plus basse que le zéro du thermomètre. On ignore également si les flocons neigeux sont formés primitivement tels qu'ils se déposent sur la terre, ou si, à mesure qu'ils s'en approchent, leur volume, extrêmement restreint d'abord, s'accroît d'autant plus.

Reçus sur un drap noir et examinés à la loupe, les flocons de neige, par un temps calme, présentent des dessins admirables de pureté, de délicatesse et de régularité, dessins dont on connaît plusieurs centaines de variétés. Si, au contraire, l'agitation de l'atmosphère fait s'entre-choquer et se heurter entre eux les petits cristaux, ils ne se présentent plus alors qu'en une masse floconneuse irrégulière. La neige ne fond pas, mais reste sur le sol en couches plus ou moins épaisses, tant que la température est inférieure à celle de la glace fondante; son volume est alors douze fois moindre que celui de l'eau produite par sa fonte.

La neige exerce plus d'une influence sur la végétation des plantes. Quand une couche assez forte revêt la terre, elle prévient le rayonnement nocturne vers le ciel, rayonnement qui, par les nuits sereines et calmes, occasionne aux végétaux un refroidissement sensible et très-destructif. Extrêmement divisé, l'air emprisonné dans les nombreuses cellules de ses flocons rend la neige un corps mauvais conducteur de la chaleur, et cette propriété lui permet d'opposer, par les temps de gelée, une grande résistance à la déperdition du calorique des plantes; elle empêche le froid extérieur de se faire sentir sur les pousses trop hâtives, sur les semences délicates. Enfin, par sa fusion uniforme, la neige humecte lentement et profondément la terre, mieux que ne le ferait une forte et abondante pluie.

Il neige et la neige persiste d'autant plus longtemps dans une localité que cette localité se rapproche davantage des pôles ou qu'elle est plus élevée au-dessus du niveau de la mer. Vers les pôles et sur les hautes montagnes, même celles des régions équatoriales, à une latitude de deux mille cinq cents ou trois mille mètres, se trouve ce que l'on appelle la région des *neiges perpétuelles*. Ces immenses masses d'eau congelée, permanentes sous les latitudes boréales ou sur la cime des montagnes, sont en quelque sorte les réservoirs d'air frais des zones torrides, car les vents se refroidissent en passant sur ces plaines ou en rasant ces pics neigeux, et vont jusqu'aux contrées équinoxiales former ces douces et bienfaisantes brises du soir qui aident à supporter la dévorante température de ces pays.

D'un autre côté, la partie supérieure de ces dépôts de neige, plus exposée à l'action des rayons solaires, ou les couches inférieures déposées sur une limite moyenne entre les neiges fondantes et les neiges éternelles, se liquéfient, se dissolvent peu à peu, donnent naissance à de minces filets d'eau qui retombent en cascades, se réunissent en ruisseaux et forment plus tard de puissantes rivières, comme la Saône en Europe, l'Arkansas en Amérique; des fleuves majestueux, comme le Rhône et le Danube, l'Amazone et le Mississipi.

Mais ces flocons si blancs, si légers, si ténus, si délicats, deviennent par leur masse, quand se rompt un certain équilibre, quand la température s'élève ou s'abaisse brusquement, la cause de redoutables fléaux. Dans les Alpes, un simple mouvement de l'air ne suffit-il pas pour déterminer la chute de terribles avalanches; et si pendant la nuit la neige à moitié fondue a été saisie de nouveau par le froid, quelle désorganisation dans le tissu des plantes, que d'espérances de récolte complétement anéanties! Quand, dans les montagnes, sur un accident atmosphérique, les neiges fondent toutes à la fois, des torrents d'eau se précipitent dans les vallées, gonflent en quelques heures le volume des cours d'eau et donnent naissance à d'effroyables inondations.

Cette blancheur de la neige, si remarquable qu'elle en est passée en proverbe, réfléchit fortement la lumière solaire et peut, quand on la regarde longtemps, causer des ophthalmies. Cet accident est fréquent chez les exilés sibériens, et pendant la campagne de 1812, nos malheureux soldats en ont aussi cruellement éprouvé les funestes effets.

PAUL LAURENCIN.

CASCADE DANS LES ALPES.

LES ALPES

La formation de ces grands soulèvements de terrain que l'on rencontre sur différents points du globe et que l'on nomme *montagnes*, remonte à une époque antérieure à la création de l'homme.

Les Alpes, tel est le nom d'une immense chaîne de montagnes situées au centre de l'Europe, et qui, séparant la France de l'Italie, de l'Allemagne et de la Suisse, forment une partie du territoire de ce dernier pays, et envoient à droite et à gauche des ramifications presque aussi importantes que la grande chaîne elle-même; tels sont les Alpes bernoises et les monts Jura, le Vorarlberg et les Apennins.

La noyau principal, lui-même, tout en conservant dans son ensemble le nom générique d'Alpes (qui veut dire hauteur, lieu élevé), reçoit différentes dénominations, et l'on estime à 1,800 ou 2,000 kilomètres sa longueur, du golfe de Gênes aux dernières ondulations vers le Nord.

C'est dans cette chaîne que se remarquent les sommets les plus élevés de l'Europe : le mont Blanc, qui atteint 4,810 mètres; le mont Cenis, 4,800; le Grand-Saint-Bernard, le Saint-Gothard, plus de 3,800. Ces élévations sont encore bien au-dessous de celles qu'atteignent les pics de l'Himalaya ou les volcans des monts Alléghanys.

A 2,000 mètres environ du sol commence la région des neiges éternelles, de ces immenses glaciers qui ont plusieurs centaines de pieds d'épaisseur, et dont la masse est inébranlable, tandis que d'autres, situés dans des régions moins élevées, augmentent ou diminuent selon la température des années. Le fameux glacier des Bois, au-dessus de l'admirable vallée de Chamounix, a plus de 8 kilomètres de large, et ce magnifique chaos, cette mer aux vagues immobiles, miroitant par le soleil, et nommée pour cette raison la *Mer de Glace*, fait l'admiration de tous les visiteurs venus pour la contempler de tous les points du monde.

Les neiges amoncelées sur les pentes glissantes des roches cèdent quelquefois à un faible souffle de l'air; elles se détachent alors, roulent en augmentant sans cesse de volume, et, si nul obstacle ne vient briser ces boules immenses, elles entraînent les arbres les plus vigoureux, écrasant ou ensevelissant des villages entiers. C'est le terrible fléau des Alpes que l'on appelle *avalanche*.

Cependant, ces immenses dépôts de glace, de neige qui donnent aux régions supérieures des Alpes l'aspect d'un pays désolé et maudit, ce désordre, ce chaos n'est pas l'effet d'un caprice de la nature, mais bien le résultat d'une sage et divine prévoyance qui a su tout régler. Quand les vents froids du Nord ont cessé de souffler, que les rayons vivifiants du soleil de mai ou de juin viennent frapper ces masses séculaires, elles s'affaissent, se dissolvent peu à peu, donnent naissance à de légers écoulements d'eau qui deviennent des ruisseaux. Plus tard ces ruisseaux réunis à d'autres forment des torrents qui roulent sur les roches, tombent en gracieuses cascades, semblent s'arrêter pour retomber de plus haut encore en une belle nappe d'eau qui va devenir le Danube ou le Rhin, le Rhône ou l'Isère. Ces glaciers sont donc ainsi les réservoirs naturels des plus grands fleuves comme des plus modestes rivières; des lacs superbes de Genève, de Constance, des Quatre-Cantons, comme des délicieux lacs Majeur et Mineur, bordés de coquettes villas.

Où s'arrêtent les glaces éternelles commence à paraître un peu de végétation. Sur les versants supérieurs, on voit d'ombreuses forêts de sapins, de pins et de mélèzes, qui s'étendent à perte de vue, encadrent d'une manière pittoresque les moindres dentelures des rochers; leur sombre verdure fait ressortir l'éclat vif et argenté des eaux jaillissantes et le miroitement des aiguilles glacées qui les dominent. La plupart de ces arbres, âgés de plusieurs siècles, atteignent une hauteur et une grosseur énormes, et souvent placés loin de l'homme, ils meurent, tombent de vétusté et finissent par être emportés et rompus par les torrents.

D'autres, plus accessibles, sont abattus par les bûcherons, lancés dans des cours d'eau et amenés aux scieries où l'industrie s'en empare. Les châtaigniers, les chênes et les hêtres poussent vigoureusement dans les parties inférieures des contre-forts des Alpes, et, plus bas encore, entre chaque ondulation des monts ou des collines s'étendent des vallées d'une merveilleuse beauté et d'une grande fertilité. Des prairies naturelles, arrosées par de frais ruisseaux, forment les gras pâturages où paissent ces bestiaux, dont les produits sont renommés dans le monde entier.

Par l'annexion récente de Nice et de la Savoie à la France, notre pays a recouvré ses frontières naturelles, qui semblent lui avoir été données par la Providence ellemême pour le mettre, de ce côté, à l'abri de tout envahissement. Mais quels que soient les terribles obstacles que ces montagnes opposent au passage de l'homme, déjà, dans l'antiquité, Annibal, pour aller écraser les Romains à la Trebbia et à Trasimène, avait osé les faire franchir à son armée. Deux mille ans plus tard, Bonaparte, alors premier consul, traversait aussi le Grand-Saint-Bernard, malgré l'embarras d'un immense matériel de guerre, et détruisait quelques jours après l'armée autrichienne au village de Marengo.

Il n'existait pas autrefois de route proprement dite pour la traversée des Alpes, mais quelques défilés seulement permettaient aux voyageurs de passer en Suisse ou en Italie. Touché des périls que présentaient ces passages, un homme charitable, Bernard de Menthon, fonda en 982 les monastères du Grand et du Petit-Saint-Bernard, dont les moines devaient se consacrer aux soins de recueillir et de rechercher les voyageurs qui auraient perdu leur route ou ceux qui seraient engloutis par les neiges. Ces généreux hospitaliers, dont l'ordre subsiste encore, se font aider dans leurs recherches par des chiens intelligents dressés à cet effet.

Aujourd'hui les dangers de la traversée des Alpes sont bien diminués par la construction, sur l'ordre de Napoléon Ier, des deux magnifiques routes carrossables du mont Cenis et du Simplon. Cette dernière, la plus belle des deux, élevée de 800 mètres au-dessus du niveau des mers, a 69 kilomètres le long de Bregg à Domo d'Ossola; elle est taillée dans le roc vif, franchit les torrents sur cinquante ponts et passe, au moyen de tunnels, sous six masses de rochers. C'est par ces routes ainsi que par le col du mont Genèvre, que, en 1859, est passée une partie de l'armée française pour aller porter encore une fois au delà des Alpes nos aigles victorieuses.

Ces travaux gigantesques seront peut-être bientôt dépassés par le tunnel du mont Cenis que l'on perce en ce moment, et même n'est-il pas question de faire franchir par les locomotives les rampes du Saint-Gothard!...

PAUL LAURENCIN.

LE BUFFADÉRO.

LE BUFFADÉRO

Plus d'une fois, enfants studieux qui lisez cette notice, nous avons essayé de vous décrire pour vous le faire admirer quelque coin de ce splendide et merveilleux tableau que l'on appelle la Création, mais jusqu'à présent les paysages et les êtres terrestres avaient seuls captivé vos regards. Aujourd'hui tournons les yeux du côté de l'Océan et considérons ensemble le spectacle de quelques phénomènes parfois terribles, toujours grandioses auxquels donne naissance l'action des flots se pressant tumultueusement sur les rivages.

Cette action est lente, mais jamais incessante, jamais inoffensive, et la vague, loin de s'arrêter devant le grain de sable que des fictions poétiques voudraient lui imposer comme limite infranchissable, secoue la base des rochers de porphyre et de granit, et, à la longue, les font s'effondre sur eux-mêmes, en entraînant les travaux que l'homme à établis à leur sommet. Ils forment alors ces rescifs redoutés des navigateurs que poussent vers la côte les vents et les courants marins. Ne dirait-on pas que l'Océan jaloux cherche à reconquérir le domaine dont le chassa jadis le souffle divin ?

Quand au lieu d'offrir à l'effort continu des eaux, une masse en apparence indestructible, inébranlable, les côtes sont formées de couches calcaires, schisteuses, friables, entremêlées de morceaux de silex, comme le sont les blanches et hautes falaises de la Normandie, de la Bretagne et de l'Angleterre, alors se forment, ainsi qu'on en voit dans la baie de Douarnenz, des cavernes profondes à l'intérieur desquelles les vagues grondent en bouillonnant, ou, comme on en admire plusieurs sur les côtes du Finistère, des arches gigantesques reliant au continent un îlot rocheux, ou enfin comme à Etretat, des aiguilles, des obélisques isolés que chaque année la mer rend plus grêles et plus effilés.

C'est à la suite de cette désagrégation des falaises que les fragments de rochers roulés par les flots, arrondis et polis par leur continuel frottement les uns contre les autres, deviennent ces galets dont les amas couvrent presque toutes les grèves. Les sables proviennent de la même cause destructive et ne sont, comme on peut s'en assurer à l'aide du microscope, que des galets extrêmement divisés. Sur certains rivages, notamment ceux de nos départements du Nord et des Landes, ces sables amoncelés par la double poussée de la mer et des vents forment des buttes ou dunes mamelonnées tendant à s'avancer dans l'intérieur des terres. On ne parvient à arrêter ce mouvement de progression destructif des dunes qu'en les plantant de *pins maritimes* dont les longues racines pivotantes retiennent et immobilisent les couches sablonneuses.

Remarquons en passant que si d'un côté l'Océan enlève souvent sur un point donné de larges portions du sol, de l'autre, comme en sont la preuve les anciens ports de Harfleur et d'Aigues-Mortes, aujourd'hui comblés et distants de la mer de plusieurs kilomètres, il forme sur d'autres points des relais considérables devenus avec le temps des prairies, des vergers et des forêts.

Quand le mouvement des eaux marines s'effectue sur les belles plages de sable unies et inclinées en pente douce, si recherchées des amateurs de bains de mer, il est calme et quelque peu monotone, mais il en est tout autrement quand la course de l'Océan est contrariée par les anfractuosités des rochers. Tantôt comme aux îles d'Ouessant, le flot se brise bruyamment sur l'écueil qu'il couvre d'une blanche écume ; tantôt, comme sur les côtes d'Irlande, il s'engouffre avec un sourd mugissement dans ces étroits couloirs basaltiques que laissent entre eux les rochers à demi-détachés d'une masse principale, ou tourbillonne dans des abîmes sans fond tels que le Maëlstrom sur les côtes de Norwège, le Charybde et le Scylla sur celle de Sicile.

D'autres fois poussées par des forces en apparence invisibles, les eaux marines s'élancent vers le ciel en jets puissants : la fontaine naturelle du Buffadero en est un curieux exemple.

Situé sur la côte mexicaine de l'océan Pacifique, le Buffadero, que représente notre gravure, est un rocher isolé d'une largeur de soixante-dix mètres environ et d'une élévation de quarante mètres au dessus du niveau de la mer. Chaque fois que le flot de la marée montante se brise contre le Buffadero, jaillit de l'ouverture de ce rocher comme d'un cratère volcanique, une épaisse colonne d'eau qui s'élance à une hauteur d'une quarantaine de mètres, s'épanouit en gerbe et retombe en pluie.

La décomposition de la lumière qui s'effectue dans les gouttes liquides, si l'on regarde le Buffadero en ayant le soleil derrière soi, fait apparaître au-dessus de la gerbe d'eau un arc-en-ciel aux couleurs éclatantes.

L'explication de ce curieux phénomène est assez facile à concevoir. Lorsque la marée est basse, on aperçoit, dans le flanc du rocher, l'ouverture d'une grotte en forme d'entonnoir renversé, communiquant avec la partie supérieure de l'îlot par une longue cheminée ou tube naturel vertical. Les vagues, à mesure qu'elles s'élèvent, emplissent la grotte, et lorsqu'elle est pleine, le mouvement ascensionnel des flux n'en continuant pas moins, pousse l'eau dans la cheminée. Avant que cette eau ait eu le temps de s'écouler et de reprendre son niveau, d'autres vagues viennent se briser à l'ouverture de la grotte, impriment une violente secousse à l'eau emprisonnée et pressée de bas en haut dans la cheminée, d'où cette secousse la fait jaillir en jets intermittents.

Au dire des voyageurs qui ont pu admirer le phénomène du Buffadero mexicain, c'est surtout quand un vent violent ajoute à la force de projection des vagues sur l'entrée de la grotte que la gerbe d'eau prend des proportions énormes, et que ce spectacle est véritablement grandiose.

P. LAURENCIN.

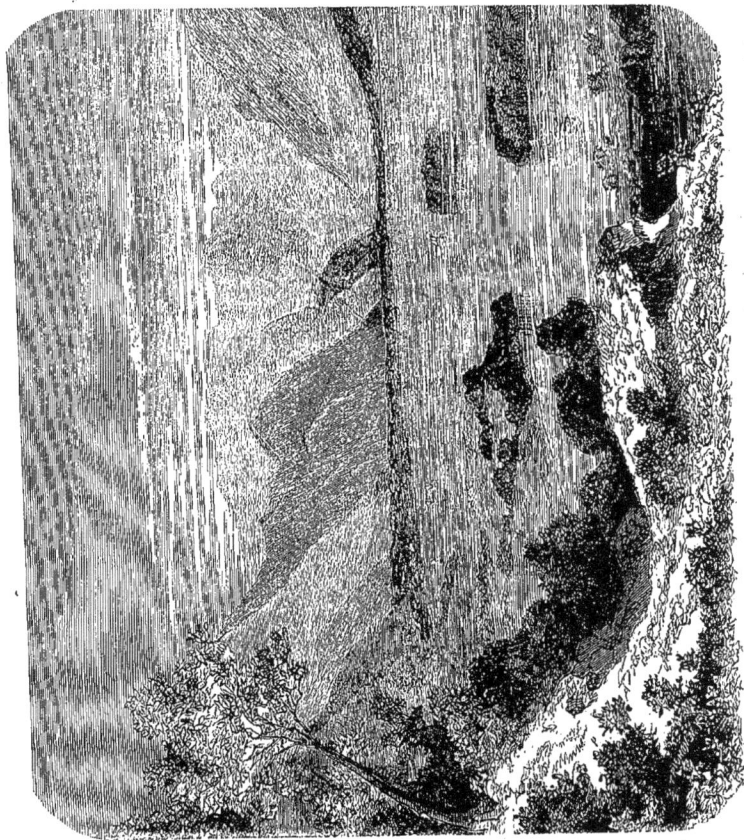

LES LACS.

LES LACS

S'il est vrai qu'un paysage sans eau manque d'animation et de vie, il n'en est peut-être pas de plus séduisant que celui qu'anime le voisinage d'un cours d'eau et surtout d'un lac. Les pays les plus fréquentés des classes opulentes, ceux où se plaisent à prendre leur retraite les hommes qui ont vécu dans le tourbillon du monde, qui ont occupé dans la société les plus hautes positions sociales, artistiques ou littéraires, ont, pour la plupart, choisi comme séjour dernier ces charmantes contrées du Dauphiné, de la Suisse, de l'Italie, que vivifient les eaux des lacs. Que de merveilleuses villas sur les bords du lac de Genève, sur les rives verdoyantes des lacs Majeur, des Quatre-Cantons, de Neufchâtel!

Un lac est une certaine étendue d'eau environnée de tous côtés par la terre: c'est donc tout juste le contraire d'une île, portion de terre complétement environnée par les eaux. Le lac ne se distingue de l'étang que par son étendue, qui souvent permet de le parcourir en bateau à voile ou même à vapeur, comme cela a lieu sur le lac de Genève, où des lignes régulières de paquebots unissent entre elles les différentes localités de ses rivages, et aussi sur les cinq grands lacs: Supérieur, Huron, Michigan, Erié, Ontario, formant entre les Etats-Unis et le Canada une vaste mer intérieure d'eau douce où voguent les flottes du commerce et même des navires de guerre.

On divise les lacs en trois séries. La première comprend ceux qui n'ont aucune communication connue avec les cours d'eau; la seconde, ceux qui donnent naissance à des rivières, mais n'en reçoivent point; enfin, ceux d'où sortent les rivières et qui en reçoivent.

Parmi les premiers, il en est qui sont temporaires, formés momentanément par l'amas des eaux pluviales et de la fonte des neiges: ce ne sont en quelque sorte que de vastes étangs; d'autres sont permanents, et comme ils ne sont alimentés par aucune rivière, on suppose que les pertes subies par l'évaporation sont compensées par des sources de fond. Les lacs de cette catégorie sont ordinairement d'étendue très-restreinte, mais il en est au contraire qui ont une surface considérable et peuvent être en quelque sorte regardés comme des mers intérieures, tels sont: la mer Caspienne, entre l'Europe et l'Asie, quelques lacs de la Perse, de la Turquie et de l'Arménie, enfin, en Palestine, le célèbre lac Asphaltique, appelé aussi mer Morte. Les eaux de ce dernier, chargées de bitume, sont d'une densité telle qu'il est impossible à un homme qui s'y baigne de couler à fond, il flotte à la surface sans avoir besoin pour se soutenir de faire aucun mouvement natatoire.

Les lacs qui donnent naissance à des rivières sans en recevoir se dégagent ainsi de l'excédant des eaux que leur fournissent les pluies et les sources souterraines; ils sont souvent situés à de grandes hauteurs; c'est ainsi que le fameux lac Titicaca, dans la république de Bolivie, de l'Amérique du Sud, est encaissé à une altitude élevée au milieu de la masse des Andes, et qu'il s'en échappe un cours d'eau traversant souterrainement la chaîne montagneuse pour aller se déverser dans l'océan Pacifique.

Quant aux lacs de la troisième catégorie, recevant des rivières et en formant d'autres, on pense que la quantité de fluide qu'ils reçoivent doit contre-balancer celle qui s'évapore et qui s'écoule. Ces lacs sont souvent disposés en groupes et en chaînes d'une étendue variable, tels sont ceux du nord de l'Europe, quelques-uns de la Suisse et les grands lacs de l'Amérique du Nord, ces derniers laissant s'écouler entre autres cours d'eau le majestueux fleuve Saint-Laurent. On a remarqué qu'en général les lacs à déversoir ont des eaux douces, tandis que ceux qui n'ont pas d'issues apparentes ont des eaux salées; dans ce dernier cas sont les eaux de la mer Caspienne et celles du grand Lac salé, dans le nord-ouest des Etats-Unis d'Amérique.

Parmi les lacs les plus remarquables à divers titres, nous citerons, en Europe, le lac Ladoga, d'une surface de 17,000 kilom. carrés; la mer Caspienne, les lacs de Genève, des Quatre-Cantons, de Garde, de Neufchâtel, sur les rives desquels sont bâties une multitude de maisons princières; le lac Majeur, au milieu duquel se trouve le merveilleux groupe des îles Borromées.

En France sont les lacs du Dauphiné et ceux du Mont-Dore, dont les eaux remplissent souvent les cratères de volcans éteints.

En Angleterre et en Écosse existent aussi plusieurs lacs, parmi lesquels celui de Derwent est l'un des plus visités à cause de sa situation pittoresque et des curiosités géologiques de ses environs. Entouré de hautes chaînes de collines, parsemé d'îlots verdoyants, formant une belle nappe claire et limpide, il donne naissance à une rivière navigable qui va se jeter dans une baie de la mer d'Irlande.

En Asie sont les lacs de Génézareth ou de Thibériade, la mer Morte, si célèbre dans l'histoire sacrée, le grand lac d'Aral (25,000 kilom. carrés), le Koukou-noor, situé au centre même de la Chine, et un grand nombre d'autres en Sibérie, au Thibet et dans les contrées dont la réunion forme l'empire chinois.

En Afrique est le lac Tchad ou mer de Nigritie, mesurant 50,000 kilom. carrés et découvert en 1824.

L'Amérique possède à la fois le plus grand nombre de lacs et les plus considérables en étendue: la mer intérieure, dont nous avons déjà parlé, forme une nappe d'eau de 212,000 kilomètres carrés. L'un de ces lacs, celui d'Erié, se jette dans l'Ontario par la rivière de Niagara et forme la célèbre chute de ce nom, qui mesure de 40 à 50 mètres de hauteur.

PAUL LAURENCIN.

LES STALACTITES. — GROTTE D'ANTIPAROS.

LES STALACTITES

Quel est celui d'entre nous qui n'a pas, une fois au moins, regardé avec attention un de ces morceaux de sel marin qui, raffinés et réduits en poussière blanche, sont l'indispensable assaisonnement de tous nos mets? Ou encore, qui n'a pas admiré un de ces cailloux étincelants, diamants aux vifs scintillements, rubis aux reflets de feux, émeraudes vertes comme la mer? Le grain de sel et le diamant sont des corps dont les parties se sont réunies suivant une loi qu'on nomme l'*affinité* chimique, et ont pris ces formes régulières qui caractérisent les *cristaux*. Mais voilà deux corps qui portent ce même nom de cristaux et dont l'un, le sel marin, se forme sous nos yeux par l'évaporation de l'eau salée de la mer, tandis que l'autre se trouve tout formé dans les entrailles de la terre. Eh bien, ces deux corps rentrent dans le domaine d'une science commune, la science qui étudie tous les corps bruts dont se compose l'écorce de la terre, la *minéralogie*.

C'est cette science qui nous apprend que le diamant, parure du riche, et le sel, aliment du pauvre comme du riche, se sont formés et accrus de la même manière. Tous deux ont été, à l'origine, une goutte de liqueur, de laquelle l'évaporation, ou une force mystérieuse, a dégagé une première molécule solide, qui est devenue le centre commun autour duquel une foule de molécules semblables se sont disposées symétriquement : de là un premier noyau solide, dont les faces différentes ont reçu à leur tour des molécules nouvelles, lentement appliquées et juxtaposées dans tous les sens. De ce travail mystérieux qui, pour le sel, a pu durer quelques jours, et pour le diamant a peut-être demandé quelques siècles, naissent des corps dont la précision géométrique étonne profondément tous ceux qui ne se rappellent pas qu'une loi divine préside incessamment à la création et à la conservation de tous les êtres, de l'homme qui pense, comme de la plante qui végète, comme de la pierre brute qui n'a ni la pensée ni la vie.

Toute pierre ou tout minéral cristallisé n'est donc autre chose qu'un assemblage de molécules disposées par lamelles placées parallèlement entre elles en différents sens et n'affectant à leur naissance que trois formes, mères de toutes les autres : le *tétraèdre irrégulier*, le *prisme triangulaire* et le *cube*. Les combinaisons de ces trois formes primitives donnent toutes les formes géométriques de tous les cristaux connus.

Nous connaissons maintenant le cristal, la loi d'affinité qui le forme, la manière invariable dont il commence : mais quels procédés emploie le Créateur, dans son divin laboratoire, pour faire passer ainsi des liquides à l'état solide du cristal? Ces procédés sont au nombre de deux : la *voie humide* ou la *voie ignée*, c'est-à-dire l'eau et le feu. Le grain de sel, se formant par l'évaporation de l'eau salée, nous a montré la voie humide; l'action de feux souterrains qui réduit violemment en liqueur ardente et même en gaz légers les matières les plus solides, a formé ces pierres si dures : le granit, le porphyre, les basaltes et les laves, qui toutes renferment des cristaux d'une grande régularité.

Suivez-moi maintenant dans une de ces grottes ou cavernes naturelles qui nous montrent, avec les effets les plus admirables, ce travail mystérieux de la nature. Dans l'archipel de la Grèce, près de l'île de Paros, qui fournissait le plus beau marbre aux statuaires antiques,

est un rocher aride, de 24 kilomètres de tour environ : c'est l'île d'Antiparos. Ce rocher recèle une sorte d'antre à l'aspect sinistre, qui s'ouvre dans une masse de rochers en désordre ; au milieu de l'ouverture s'élève un rocher grossièrement taillé en fût de colonne. Des ronces, des plantes grimpantes couronnent l'entrée de la voûte. Mais faites quelques pas, et la voûte s'abaisse, le terrain se dérobe sous les pieds, et vous voyez un abîme béant, presque perpendiculaire. Pour y descendre, il faudra remplacer par la lumière tremblante des torches la lumière du jour, et des cendre en vous attachant à des cordes. Un ambassadeur de France en Turquie, M. de Nointel, fut le premier qui, en 1673, osa descendre dans ce gouffre effrayant. Arrivé à une profondeur de 20 mètres environ, il parvint à une sorte de sentier naturel taillé dans le roc et entouré d'affreux précipices. L'atmosphère humide et épaisse était chargée de vapeurs qui de toutes parts tombaient des voûtes en gouttes d'eau sonores, et la lumière des flambeaux se perdait dans cette obscure immensité. Après avoir fait sur cette pente glissante un voyage de près de 200 mètres, l'intrépide voyageur fut récompensé par un magnifique spectacle. Il était parvenu dans une salle de 30 mètres de hauteur et de 100 mètres d'étendue, dont les voûtes étaient constellées de cristallisations calcaires, tombant des voûtes en piliers gigantesques, s'y suspendant en guirlandes, s'y développant en formes bizarres d'animaux, s'élançant du sol et rejoignant les voûtes, s'éparpillant en festons, en fleurs et en dentelles semblables à celles que le froid dessine pendant l'hiver avec l'eau figée de nos fontaines. Au fond de la caverne est un énorme bloc de 8 mètres de haut et de 7 mètres de diamètre à sa base, énorme fragment de cristal que l'on nomme l'*autel*, parce que M. de Nointel y voulut faire célébrer la messe.

Tous ces cristaux de formes si variées ne sont autre chose que des concrétions pierreuses formées par les eaux qui, s'infiltrant à travers des couches calcaires, en entraînant les principes solides : les matières calcaires tenues en dissolution sont déposées par suite de l'évaporation, et chaque goutte donne naissance à un petit mamelon cristallisé qui retient la forme primitive de la goutte. Si la goutte s'est évaporée lorsqu'elle tenait encore à la voûte, le cristal se forme de haut en bas et reste suspendu; si la goutte est tombée, l'évaporation a lieu par terre et le cristal semble s'élancer du sol vers la voûte. Ces sortes de cristallisations calcaires se nomment *stalactites* ou *stalagmites*, et se composent ordinairement de carbonate calcaire. On en trouve de fort belles en France, dans les grottes d'Arcy-sur-Cure, près Vermenton (Yonne).

Les cristaux sont le plus souvent des pierres ou minéraux ; mais il est des substances qui cristallisent sans être minérales. La neige affecte des formes régulières, et si nous regardions au microscope un grain de grêle, nous verrions qu'il est tapissé à l'intérieur de petits cristaux, pyramides à quatre faces. Le savant Clarke, chimiste anglais, a réussi à faire cristalliser l'huile d'olive, et un pharmacien français, M. Pelletier, a vu dans une bouteille, abandonnée depuis longtemps, une résine qui avait cristallisé en lames hexagonales et en prismes hexaèdres. La loi de cristallisation étend peut-être sa puissance à tous les règnes de la nature.

LES SPECTRES DU BROCKEN

LES SPECTRES DU BROCKEN

Il est dans la nature bon nombre de phénomènes grandioses, bizarres, extraordinaires, dont la superstition et l'ignorance peuvent s'effrayer, mais que la science explique et que l'observation apprend à ne plus redouter. Tels sont les phénomènes électriques, les feux follets, les étoiles filantes, les aurores boréales et les effets de mirage.

Le mirage, le seul de ces phénomènes dont nous allons nous occuper ici, nous montre deux images distinctes d'un seul objet éloigné. Aux yeux de l'observateur, l'une de ces images paraît droite dans sa position naturelle, l'autre, qui est la reproduction de la première, est renversée. On croit voir l'ombre de l'objet se réfléchir dans des eaux calmes et transparentes.

L'illustre Monge, savant attaché à l'expédition d'Egypte en 1797, observa les phénomènes du mirage dans les déserts de l'Egypte où ils sont journaliers et, le premier, il en donna l'explication. Cette explication, exigeant pour être bien comprise des connaissances en optique que le défaut d'espace ne nous permet pas de développer ici, nous nous contenterons de noter que c'est le résultat de ce qu'on appelle, en optique, les phénomènes de réflexion et de réfraction de la lumière dans les différentes couches plus ou moins denses de l'atmosphère.

Comme nous l'avons dit plus haut, le mirage se produit très-fréquemment en Egypte, où les villages sont situés sur des éminences disséminées dans une vaste plaine de sable. Vers le milieu du jour, au moment où la chaleur est très-intense, chacun de ces villages, pour le voyageur qui les aperçoit à quelques kilomètres de distance, paraît émerger du sein d'un lac. A mesure qu'on se rapproche ce lac semble s'éloigner, et quand on arrive à la place où on croyait l'avoir vu, il disparaît tout à fait pour reparaître un peu plus loin. L'illusion est d'autant plus forte que les contours des objets sont moins accusés, et elle est très-cruelle dans un pays où les caravanes, manquant souvent d'eau, sont en proie à une soif dévorante.

Pendant l'expédition d'Egypte, lorsque Bonaparte, maître d'Alexandrie, se dirigea vers le Caire, ses soldats eurent à supporter des souffrances inouïes durant leur marche dans des plaines brûlées par le soleil, sous une atmosphère chargée de particules sablonneuses. Dans ces moments-là, chacun n'aspirait plus qu'à trouver quelques gouttes d'eau rafraîchissante. De l'eau..., de l'eau..., tel était le cri de tous, généraux, officiers et soldats; puis comme si Dieu, prenant ces malheureux en pitié, avait voulu exaucer leurs désirs, ils voyaient devant eux, à une lieue à peu près, un lac d'une immense étendue; les palmiers, les buissons, les collines se miraient dans leurs eaux pures et calmes. Ils pressaient leur marche, ils redoublaient d'efforts, mais, à mesure qu'ils avançaient, le lac reculait, et quand ils arrivaient au bouquet de palmiers, au village qu'ils avaient cru voir entouré d'eau, ils ne trouvaient qu'un sable aride.

De cette espérance tant de fois trompée résultaient pour les soldats l'abattement et la prostration de leurs forces : un certain nombre se suicidaient, d'autres périssaient comme par extinction, et cette mort, raconte le chirurgien Larrey, paraissait calme et douce, car les victimes de la soif lui devaient au dernier instant de leur vie un bien-être inexprimable.

Les phénomènes du mirage sont loin d'être particuliers à l'Egypte, on les observe fréquemment en Perse, en Arabie, dans les déserts de l'Afrique et de l'Asie et quelquefois aussi sur la mer, où il arrive que l'on aperçoit en double un navire éloigné.

Sur les côtes de Sicile, le phénomène dit de la Fée Morgane est aussi un curieux exemple de mirage. A certains jours de fortes chaleurs, le peuple de Naples, de Reggio, de l'île de Sicile, se porte sur le rivage pour admirer les palais et les jardins de la Fée Morgane qui apparaissent à l'horizon et semblent sortir de la mer; des palais, des ruines, des arbres, qui semblent changer d'aspect à tous moments. Ce phénomène n'est autre chose qu'une réflexion d'objets terrestres dans les couches d'air chaud, réflexion analogue à celle de ces mêmes objets à la surface d'eaux transparentes.

Un phénomène dont les effets se rapprochent beaucoup de ceux du mirage est celui que l'on observe sur le mont de Brocken. Ce pic, le plus élevé de la chaîne du Harz, dans l'ancien royaume de Hanovre, une des plus vastes plaines de l'Europe. La montagne est ordinairement enveloppée de nuages et de brouillards que le vent agite; si, au moment du lever ou du coucher du soleil, un observateur se place au sommet du Brocken, apparaît devant lui, à quelque distance, une ombre gigantesque noyée dans les vapeurs. Cette ombre, comme ne tarde pas à s'en convaincre l'observateur, c'est la sienne, c'est sa silhouette amplifiée qui reproduit tous ses mouvements, paraît, disparaît, devient claire, augmente, diminue, suivant les divers mouvements de la couche nuageuse.

Cette bizarre apparition, dont notre gravure donne une idée parfaite, ne se manifeste sur cette montagne du Brocken que si le brouillard a peu d'étendue, s'il s'élève à une certaine distance du mont et au côté opposé à celui où se montre le soleil.

Les spectres du Brocken avaient été remarqués dès les temps les plus reculés, aussi les anciens Saxons attribuaient-ils ce phénomène à des causes surnaturelles qu'exploitaient les prêtres de leurs idoles. Aujourd'hui encore, on voit au sommet du Brocken des blocs de granit désignés sous les noms de *sièges*, d'*autels*, de *Chaire de la Sorcière*; une source qui roule le long des pentes de la montagne s'appelle la *Fontaine magique*, et l'anémone du Brocken est toujours pour le peuple la *Fleur de la Sorcière*. PAUL LAURENCIN.

GROTTE DE FINGAL

GROTTE DE FINGAL

C'est dans les régions montagneuses, comme aussi dans celles que baignent les flots de la mer, qu'il faut contempler le travail souvent grandiose de la nature. Dans les montagnes une force cachée, inconnue, mais soudaine, a soulevé d'énormes rochers, des sillons entiers de granit, à plusieurs milliers de mètres de hauteur, les a rejetés les uns sur les autres et creusé entre eux de profonds précipices ou bien ménagé de pittoresques et fertiles vallées. Le travail des eaux océaniques est bien différent. Si parfois pendant une tempête, un ouragan, la mer renverse violemment les falaises et les rochers qui l'enserrent, détruit les plus solides ouvrages de l'homme, son action ordinaire est lente, mais continuelle et irrésistible; sa puissance vient de cette continuité même qui lui permet de désagréger les roches les plus dures, d'en transformer les débris en galets, en sable, lui fait creuser dans les hautes terres de ses rivages des cavernes, des grottes profondes dont nous possédons quelques beaux spécimens dans nos pays, mais dont aucun n'atteint les proportions gigantesques de la grotte de Fingal.

L'île de Staffa, où se trouve la célèbre grotte de Fingal, fait partie du groupe des Hébrides, petit archipel situé au nord de l'Irlande et non loin des côtes occidentales de l'Ecosse. Cet îlot n'est qu'un amas de laves et de basaltes que l'on présume avoir été soulevé au-dessus des eaux par l'action de quelque volcan sous-marin; ses bords sont escarpés, inaccessibles dans toute leur circonférence, sauf un petit espace où les rochers s'entr'ouvrent pour laisser s'étendre une plage de sable.

Tout autour de l'île règnent d'immenses colonnades basaltiques qui semblent supporter le rocher, et telle est leur régularité, qu'au premier abord on se refuse à croire à une œuvre de la nature, et qu'on s'imagine volontiers contempler les ruines d'un édifice élevé par la main des hommes.

La grotte de Fingal s'ouvre au milieu de ces gigantesques piliers; sa voûte aux belles proportions, n'est pas surbaissée comme dans les cavernes ordinaires, mais élevée et soutenue dans les airs par des colonnes étroites, prismatiques, aux angles et aux arêtes d'une pureté extraordinaire. Aucune pierre, aucun fragment qui ne semble avoir été taillé par le ciseau d'un artiste, tant elles sont symétriques et régulières dans leur figure prismatique.

A cause de ses colonnades et de sa profondeur, la grotte de l'île de Staffa semble une vaste cathédrale gothique, dont la nef présenterait une double rangée de piliers de hauteurs inégales, qui auraient été ou brisés ou transportés tout d'une pièce et tout debout par quelque cataclysme, à droite et à gauche de l'édifice noirci par les flammes d'un incendie. Le fond de la caverne, fermé comme le chœur d'une chapelle, présente une foule d'angles rentrants et saillants, sombres et ténébreux.

Au-devant de la grotte, la grève de l'île est désolée d'aspect, elle rappelle, par l'étrange désordre de ses éléments, les ruines d'un gigantesque escalier de marbre noir dont les marches, les balustrades auraient été brisées et bouleversées par un tremblement de terre.

Sur l'un des côtés de la muraille rocheuse, les colonnes basaltiques s'écartent pour laisser voir une espèce de corridor conduisant à un réduit étroit qui se rétrécit tellement, à partir de son ouverture, que dans sa partie la plus reculée il y aurait à peine place pour un fauteuil, d'où le surnom de siége de Fingal, donné à ce renfoncement dont le dais est formé de colonnes brisées, et simule assez bien une arcade ogivale.

La grande voûte qui recouvre tout l'ensemble de la grotte est composée, comme les parois murales, de colonnes basaltiques séparées par des espaces à peu près égaux. Une partie de ces colonnes est restée suspendue, tandis que l'autre s'est détachée et en tombant a laissé un vide, dont la réunion avec d'autres a constitué la caverne. Les fragments prismatiques encore debout sur le sol correspondent exactement avec ceux de la voûte, et il est facile de reconstituer par la pensée le rocher tel qu'il a dû être autrefois. Loin d'être d'une seule pièce, ces piliers de basalte sont composés de nombreux prismes à faces planes de faible hauteur, étroitement unis et cimentés entre eux par une substance calcaire, qui se détache en jaune citron sur la masse gris de fer du basalte.

Quand les tempêtes extrêmement violentes de ces parages se déchaînent sur l'île de Staffa, et que les flots de la mer, poussés les uns par les autres, roulent pêle-mêle en s'engouffrant dans la grotte de Fingal, le spectacle devient grandiose, et les tourbillons du vent, en se perdant dans ces profondeurs, se brisent contre les piliers rocheux, se divisent, reviennent sur eux-mêmes en produisant des sons que répètent et se renvoient les échos: le tout donne naissance à une étrange harmonie. Ce sont, disent les bardes écossais et irlandais, les harpes éoliennes que font vibrer les ombres fingaliennes, tant chez les peuples du Nord est innée cette idée, de faire remonter tout ce qui leur paraît surnaturel au fabuleux Fingal, père du barde Ossian.

Lorsqu'au contraire la mer est calme, les pierres des galeries revêtent des teintes vertes et orange clair, d'une riche variété de tons et d'un effet imposant.

Au-dessus de la grotte de Fingal est un plateau couvert d'une mince couche de terre végétale, dont un défriché produit à grand'peine quelque peu d'avoine. L'île, qui appartient à la famille écossaise des Mac-Donald, n'est habitable que pendant les seuls mois de l'été, car les trois quarts de l'année, les tempêtes ne permettent pas d'y aborder. C'est d'une voisine, plus grande et mieux favorisée sous le rapport des productions végétales, que les pâtres amènent sur des radeaux leurs troupeaux de moutons, quelques chevaux et des vaches de petite taille. Plus sensibles à la rigueur du climat de Staffa, aux brumes presque continuelles qui l'enveloppent qu'à des beautés naturelles, ces pâtres sont tristes et mélancoliques; ils n'ont pour se distraire dans leur solitude que la vue qui ne les émeut guère, de l'immensité océanique, que le spectacle des cormorans, des monettes, des pingouins, des guillemots qui font la chasse aux insectes, aux crustacés, aux poissons, s'abandonnent aux vents, se poursuivent dans le sillon des vagues écumeuses.

P. LAURENCIN.

FORÊT VIERGE D'AMÉRIQUE

LES FORÊTS VIERGES EN AMÉRIQUE

S'il est un tableau qui émeut toujours le voyageur européen débarquant en Amérique, ce n'est pas celui des hautes montagnes terminant l'horizon, l'aspect des immenses savanes ou des pampas qui s'étendent à perte de vue, ni les animaux souvent bizarres qui vivent dans ces pays, mais c'est celui qu'offre à la vue ces océans de verdure que l'on appelle des forêts vierges et que parcourent, arrosent et inondent des fleuves gigantesques. En fait de curiosités géologiques et minéralogiques, notre ancien monde est pour le moins aussi richement pourvu que le nouveau, mais nulle part, si ce n'est dans les contrées à peine explorées de l'Afrique centrale et sur quelques points de l'Asie, il ne présente ces épais et interminables massifs végétaux que sans cesse entame le pionnier dans les deux Amériques.

Les forêts vierges couvrent encore au Canada, aux Etats-Unis, en Californie, dans les pays qui avoisinent les terres froides de l'Amérique du Nord, d'immenses territoires, refuge ordinaire des animaux à riche fourrure que poursuivent les trappeurs. Elles sont formées de chênes, de sapins, de pins, de cèdres, de hêtres, de mélèzes, de bouleaux, de noyers, que l'industrie exploite pour l'entretien des hauts fourneaux où se traitent les minerais métalliques, pour le chauffage des chaudières des locomotives et de bateaux à vapeur, que, par la voie du flottage sur les fleuves Saint-Laurent, Arkansas, Missouri, Hudson, Mississipi, elle fait arriver à Québec, à Montréal, à New-Orléans, à New-York où le commerce exporte vers l'Europe ce que n'ont employé ni l'industrie locale, ni la construction des navires. Quelle que soit la consommation des bois provenant des forêts nord-américaines, ces forêts paraissent loin d'être épuisées, elles sont la richesse, l'aimant qui attire vers ce pays de nombreuses tribus d'émigrants européens. Elles paraissent inépuisables, disons-nous, elles le seraient certainement si le sol défriché était en tout ou en partie rendu à la végétation forestière, si trop souvent le feu ne dévorait malheureusement ce qu'ont épargné les pionniers. Les Américains ne pratiquent encore aucun procédé de culture et de conservation des bois, et si les grands massifs vierges des atteintes de l'homme couvrent encore d'immenses territoires, leur exploitation devient d'autant moins facile, et par suite plus dispendieuse, que leur lisière s'éloigne chaque jour davantage des cours d'eau et des localités habitées.

C'est dans ces forêts de l'Amérique septentrionale que vivent les castors, si industrieux constructeurs, les hermines au poil blanc de neige, les martres, les visons, les renards, les ours, les lièvres, les lapins et tous ces animaux dont les riches et soyeuses fourrures font l'objet d'un commerce étendu entre la Nouvelle-Bretagne, le Canada, les Etats-Unis et l'Europe.

Les massifs forestiers de l'Amérique du Sud ne présentent pas le même caractère que ceux de l'Amérique septentrionale. Tandis que ces derniers, composés d'essences croissant spontanément de ce côté-ci de l'Atlantique, ne sont, pour ainsi dire, que des forêts européennes transportées sur un autre continent, les premiers sont plantés d'arbres absolument différents qui ne pourraient végéter sous nos climats, sont particuliers non-seulement à la zone torride, mais encore au continent sud-américain. A vrai dire, le nom de forêt vierge s'emploie plus communément quand on veut désigner ces massifs boisés des contrées intertropicales que quand on veut parler de ceux des zones tempérées ou froides.

Une forêt brésilienne ou guyanaise est merveilleuse à contempler. Aussi loin que peu s'étendre la vue, un océan de verdure se déploie, il suit les ondulations du terrain, couvre les collines, gravit les pentes montagneuses, descend et s'enfonce au plus profond des vallées et des précipices ; çà et là une vaste clairière indiquant un marais, une prairie, les tiges géantes de certains palmiers dominant toutes les cimes feuillues, des troncs gigantesques dépouillés attendant qu'un ouragan les brise et les couche sur le sol.

Quand on pénètre sous ces voûtes onduleuses et murmurantes, l'œil peut à peine en percer les mystérieuses profondeurs; les dômes formés par l'épais feuillage ne laissent que bien rarement entrevoir un coin du ciel, tandis qu'une multitude de végétaux à larges feuilles, de fougères arborescentes, de plantes d'eau, cachent le sol. Sous les quartiers de roc rampent les reptiles; dans les airs voltigent en nombre infini des insectes aux reflets métalliques; accrochés aux troncs ou suspendus aux lianes qui, s'étendant d'un arbre à l'autre, forment un réseau inextricable, sont perchés les oiseaux aux chatoyantes couleurs, gambadent des tribus de singes; sous les rameaux qui traînent à terre, se tapissent les carnassiers guettant une proie, tandis qu'heureux et tranquilles au sein de ces solitudes, les échassiers dorment paresseusement debout sur une seule patte, ou fouillent de leur long bec les eaux et la vase des marais.

C'est dans ces forêts, où l'homme ne peut pénétrer qu'en s'ouvrant un passage par la hache ou l'incendie, que croissent ces arbres magnifiques que nous avons, si connus sous les noms d'acajou, d'ébène, de palissandre, ceux dont le tronc laisse suinter le caoutchouc et la gutta-percha, les palétuviers aux larges feuilles, les mangliers, les tamariniers, les bananiers, ces bois de teinture appelés des pays où on les croît, bois de Campêche, du Brésil, de Pernambouc, des bois de charpente incorruptibles, des oliviers, des myrtes, des cèdres atteignant, sous ces chauds climats, des proportions colossales. Dans ces forêts ou sur leurs lisières croissent aussi à l'état sauvage le quinquina, le tabac, le cacaotier, l'indigotier, le nopal, la pomme de terre, le dahlia, les patates, les ananas, les goyaviers et une foule d'autres plantes dont la découverte et la culture ont rendu tant de services à l'humanité.

Telles sont ces forêts vierges que la hache n'a fait qu'effleurer, qui subsistent depuis l'origine du globe, tombent de vétusté, se renouvellent et s'épaississent toujours.

PAUL LAURENCIN.

MERVEILLES

DE LA SCIENCE

LA HOUILLE. — OUVERTURE DU PUITS D'UNE HOUILLIÈRE.

LA HOUILLE

La houille ou charbon de terre, ce pain quotidien de l'industrie moderne, est une matière charbonneuse résultant de la décomposition des végétaux qui couvraient la surface de la terre dans les premiers âges du monde, antérieurement à la création de l'homme, et qu'un grand cataclysme a enfouis plus ou moins profondément sous le sol. Elle forme des bancs d'épaisseurs diverses, souvent uniques, mais quelquefois superposés les uns aux autres et séparés par des couches terreuses. La houille est d'un beau noir, sa cassure est brillante, elle brûle avec une flamme jaune rougeâtre et laisse échapper une fumée épaisse.

Quand, au lieu d'être brûlée à l'air libre, elle est distillée en vases clos, elle donne comme produits : du gaz hydrogène carboné qui sert à l'éclairage, des bitumes, des goudrons, des sels que l'industrie fait servir à divers usages, enfin du coke, employé soit au chauffage de nos habitations, soit à l'alimentation des foyers de locomotives.

A poids égal, la houille donne plus de chaleur que le bois, aussi est-elle préférée pour les industries qui ont besoin d'une haute élévation de température : elle est, par excellence, l'agent producteur de la fonte, du fer et de tous les métaux.

Comme nous l'avons dit plus haut, les dépôts de houille sont enfouis sous le sol, et c'est à de grandes profondeurs qu'il faut souvent pénétrer pour les exploiter. Quand, par des opérations préliminaires, on a reconnu dans une localité la présence d'un banc de houille, on fore un puits, et à l'intersection de ce puits avec la couche de houille, on ouvre une galerie horizontale étançonnée par des madriers; selon l'épaisseur du dépôt, on ouvre une ou plusieurs galeries réunies entre elles par des puits et des corridors ou boyaux intermédiaires, descendant des galeries supérieures dans les plus profondes. C'est par ces cavités que les ouvriers mineurs exploitent les veines de charbon minéral. Partagés en escouades, sous la conduite d'un contre-maître appelé le chef-portion, ils attaquent le massif à l'aide du pic, de la pioche ou de la poudre de mine.

Les produits de l'extraction sont transportés dans la galerie inférieure de la mine par des wagons que leur propre pesanteur entraînent sur des chemins de fer en pente, et que des chevaux ou divers systèmes de contre-poids font remonter quand ils sont vides.

Autrefois le charbon de terre était amené du fond de la mine à la surface du sol dans de grands tonneaux appelés bennes ou cuffats, suspendus à un câble s'enroulant, comme le représente notre gravure, sur des treuils auxquels une machine à vapeur communiquait un mouvement de rotation. Les cuffats, parvenus à l'orifice du puits, versaient la houille dans des wagons qui la transportaient au dépôt.

De ce mode d'enlèvement, résultaient une grande perte de temps et une diminution de la valeur commerciale de la houille, que toutes ces manipulations pulvérisaient; enfin les oscillations des cuffats dans les puits rendaient les manœuvres dangereuses pour la vie des ouvriers.

Aujourd'hui, dans presque toutes les exploitations houillères, de vastes cages, glissant dans des rainures, ont remplacé les anciens cuffats et servent à monter les wagons remplis de charbon, du fond de la mine au dépôt même.

Comme les bennes, ces cages servent à la fois au transport de la houille, à la montée et à la descente des ouvriers; leur ascension s'opère également, mais sans oscillations, par des chaînes ou des câbles s'enroulant sur des tambours mus par des moteurs mécaniques.

L'exploitation des mines de charbon de terre est une industrie extrêmement pénible et des plus dangereuses. Non-seulement les ouvriers mineurs sont obligés de travailler dans un espace très-étroit et dans des positions extrêmement gênantes, dont l'une même a reçu le nom caractéristique de méthode à col tordu, mais encore ils sont exposés aux éboulements; les mines peuvent être inondées par l'eau des sources souterraines auxquelles le pic du mineur aura donné issue; il se dégage de la houille un gaz irrespirable, vulgairement appelé grisou (l'hydrogène carboné), qui, mêlé à l'air dans certaines proportions, fait explosion quand, par mégarde, on vient à l'enflammer.

On prévient la trop grande accumulation des eaux par le moyen de puissantes pompes d'épuisement qui mettent en jeu des machines à vapeur, et pour empêcher la formation du grisou dans les mines, on y renouvelle l'air soit par des puits ou cheminées d'aérage, soit par des ventilateurs mécaniques, remplaçant par de l'air frais l'air vicié des galeries.

Enfin, au lieu d'une lampe à flamme libre, les mineurs ont pour s'éclairer dans leur travail une lampe, dite de Davy, dont la flamme est entourée d'une toile métallique à mailles serrées. Cette toile a la double propriété de laisser pénétrer l'air nécessaire à la combustion de la mèche, et d'éteindre les gaz enflammés qui la traversent; elle peut impunément brûler au milieu du grisou; elle s'éteindrait si le gaz s'accumulait en trop forte proportion, mais ne déterminerait pas d'explosion.

On connaît un très-grand nombre de variétés de houille, qui toutes peuvent se rapporter à trois espèces principales : la houille grasse, la houille sèche ou maigre et la houille compacte.

Chargée de bitume, la houille grasse s'allume facilement et, pendant la combustion, se gonfle, éprouve une espèce de demi-fusion qui soude les fragments entre eux. On la rencontre dans les mines de Newcastle, en Angleterre, et dans celles des bassins de la Loire, du Rhône, d'Anzin et du Creuzot.

La houille sèche, dite aussi charbon de grille, plus lourde et moins bitumineuse, brûle en exhalant une fumée fétide et épaisse. On l'extrait des mines du comté de Durham (Angleterre) et des bassins de Mons et de Charleroi (Belgique).

La houille compacte, que les Anglais, à cause de la flamme longue, blanche et brillante qu'elle produit en brûlant, appellent cannel-coal ou charbon-chandelle, est la plus recherchée des trois variétés, mais c'est aussi la moins abondante, car elle n'existe en grands amas qu'en Angleterre, dans le comté de Lancastre et en Irlande, dans celui de Kilkenny.

P. LAURENCIN.

MACHINE A VAPEUR. — DÉPART D'UN CONVOI. — GARE D'ORLÉANS

LES MACHINES A VAPEUR.

De toutes les inventions dont peut s'enorgueillir l'esprit humain, la plus merveilleuse, sans contredit, est celle des machines à vapeur. Quelque répandues que soient aujourd'hui ces machines, quelque habitués que nous soyons à leur emploi, on ne peut réellement se défendre d'un sentiment toujours nouveau d'étonnement et d'admiration à la vue du mouvement si puissant et si régulier qu'elles prennent d'elles-mêmes sous l'unique influence d'un foyer de chaleur. Mais combien cet étonnement et cette admiration grandissent, quand on descend dans les détails de la machine et qu'on reconnaît avec quelle simplicité le mouvement se produit et s'entretient.

Sur un foyer de chaleur, repose une chaudière fermée et contenant de l'eau; cette eau échauffée fournit de la vapeur, qui, ne pouvant s'échapper, acquiert une force élastique toujours croissante à mesure que la température s'élève. La vapeur peut atteindre ainsi tel degré de puissance que l'on voudra, pourvu que les parois de la chaudière soient assez fortes pour résister à la pression intérieure qu'elles subissent. On ne connaît pas de limites à l'énergie de cette puissance, et quelque résistantes que soient les parois de la chaudière, il y aurait toujours un degré de température auquel elles devraient voler en éclats. L'homme a donc à trouver dans cet appareil si simple la source d'une force incalculable, dès qu'il est parvenu à en régler et à en modérer les effets.

Lorsque la vapeur a atteint le degré de force élastique nécessaire pour produire l'effet que l'on se propose, degré qu'il faut toujours maintenir de beaucoup au-dessous du degré de résistance des parois de la chaudière, et dont l'intensité plus ou moins grande constitue la différence entre les machines à *basse* et à *haute pression*, on ouvre un robinet qui permet enfin à la vapeur de sortir; elle se précipite à travers un tuyau de conduite qui l'amène dans un corps de pompe au-dessous d'un piston qu'elle presse et soulève; mais au moment où ce piston arrive au plus haut de sa course, l'ouverture qui donnait entrée à la vapeur au bas du corps de pompe se ferme, et une nouvelle issue s'ouvre pour elle à la partie supérieure au-dessus du piston. En même temps, la partie inférieure du corps de pompe se trouve mise en communication directe soit avec un cylindre vide d'air et contenant de l'eau froide appelé *condenseur*, où la vapeur va se condenser et s'anéantir dans les machines à basse pression, soit tout simplement dans l'air extérieur au milieu duquel la vapeur s'échappe en vertu de sa grande force élastique, dans les machines à haute pression. La vapeur de la chaudière pressant alors au-dessus du piston, et celle qui était venue tout à l'heure agir en dessous pour le soulever perdant toute sa puissance ou se condensant, ou se dissipant au dehors, le piston doit descendre de même qu'il a monté; mais aussitôt qu'il est revenu à sa première position, le même phénomène se reproduit en sens inverse, c'est-à-dire que l'ouverture inférieure devient libre de nouveau et ramène la vapeur de la chaudière en dessous du piston, tandis que l'issue ouverte pour elle en dessus se ferme, et qu'en même temps, la communication avec le condenseur ou l'air extérieur, cessant à la partie inférieure, s'ouvre au contraire à la partie supérieure du corps de pompe. Le piston doit donc remonter, et le jeu alternatif de distribution directe soit au-dessus, tantôt en dessous du piston, et de communication inverse des parties supérieures et inférieures du corps de pompe avec le condenseur ou l'air extérieur, se reproduisant à chaque coup de piston, le mouvement de va-et-vient doit se continuer tant que la chaudière fournit de la vapeur.

Tel est le résumé du système ingénieux des diverses parties dont l'action concourt à produire, à entretenir et à régulariser le mouvement dans toute machine à vapeur; tout est prévu et exécuté avec un ensemble merveilleux. Ne semblerait-il pas vraiment un être vivant, animé, dont tous les organes sont mis en jeu par une volonté ferme et intelligente, qui surveille et ordonne, et dont tous les ordres sont aussitôt accomplis.

N'est-ce pas là du moins la pensée que nous inspire la vue de ces machines à vapeur qui animent aujourd'hui toutes nos usines, quelque variés qu'en soient les produits, y distribuent le mouvement à tous les étages, et remplaçant partout la main intelligente de l'homme, confectionnent si rapidement des produits à la fois si parfaits et si nombreux; ou de ces machines à vapeur, qui, sur les fleuves ou à travers les mers, nous transportent avec une si grande vitesse, et, malgré tous les obstacles, établissent entre les contrées les plus éloignées des rapports si prompts et si réguliers; ou peut-être mieux encore la vue de ces locomotives si massives, si pesantes, et qui pourtant se meuvent sur nos chemins de fer avec tant de grâce et de légèreté, qui, sur un seul signe d'un seul homme, avancent, reculent ou s'arrêtent en tournant sur elles-mêmes comme le cheval le mieux dressé : elles semblent rugir impatientes de partir, et cependant elles attendent immobiles le signal du départ; puis aussitôt s'élancent plus rapides que le vent, en entraînant avec elles des populations tout entières.

Une question d'un bien vif intérêt pour nous qui jouissons des bienfaits de cette prodigieuse invention, est sans doute celle de savoir à qui nous la devons, quel est l'homme de génie qui a doté l'humanité de tant de richesse et de puissance. Certes le peuple qui peut le revendiquer pour un de ses enfants, ne doit pas avoir assez de mots dans la langue pour célébrer sa mémoire, assez de places publiques pour lui élever des statues! La ville qui l'a vu naître, où il a vécu, doit en être bien orgueilleuse; vous ne devez pas pouvoir y faire un pas sans y rencontrer un souvenir de cet homme à jamais célèbre; elle doit montrer à tout venant la maison qu'il habitait, le tombeau qui renferme ses précieuses dépouilles!

Connaissez-vous le nom de PAPIN? Eh bien! il y eut un Français nommé Papin, né à Blois, le milieu du dix-septième siècle, qui, lors de la révocation de l'édit de Nantes, chassé de sa patrie, fut forcé d'aller chercher un refuge d'abord en Angleterre, où il fut nommé membre de la Société royale de Londres, puis en Allemagne, où il mourut professeur de mathématiques, sans avoir obtenu aucun souvenir de ses compatriotes, sans avoir même été nommé membre associé de l'Académie des sciences de Paris (1); et c'est ce Français, ce Papin qui est l'inventeur des machines à vapeur. Cependant l'Angleterre, profitant de notre coupable indifférence, publie et débite, par milliers d'exemplaires, les nombreux ouvrages où elle accumule avec orgueil les noms tout anglais du marquis de Worcester, de Savery, de Newcomen, de Brighton, de Watt, de Wolf, etc., où elle dit positivement que la machine à vapeur est une invention *entièrement* anglaise, et que cette machine admirable fut *sans aucun doute* inventée par le marquis de Worcester sous le règne de Charles II. Mais c'est en vain qu'à tous ces noms l'Angleterre affecte de ne mêler jamais le nom français de Papin; la voix puissante et généreuse d'un homme de cœur, dont le nom fait autorité dans la science, la voix d'Arago s'est fait entendre; elle est venue enfin faire sortir le nom de Papin de l'oubli où il était enseveli chez nous, et arracher à l'Angleterre la gloire de l'invention des machines à vapeur pour la restituer à Papin, c'est-à-dire à la France.

(1) Il fut cependant nommé membre correspondant, le 4 mars 1699; il correspondait avec l'abbé Gallois, géomètre.

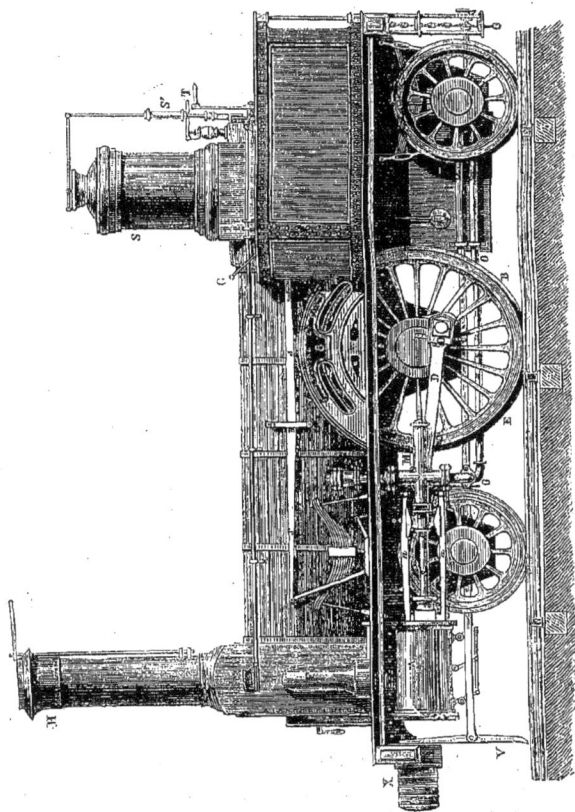

LOCOMOTIVE MONTRANT LE MÉCANISME MOTEUR

LA LOCOMOTIVE

La locomotive, cette merveilleuse machine qui, sur les chemins de fer, opère la traction des wagons de voyageurs ou de marchandises, se compose, dans ses parties essentielles, de trois éléments : le *foyer*, qui engendre la chaleur, la *chaudière*, où se forme la vapeur, et *l'appareil mécanique* destiné à transmettre le mouvement.

Ces trois éléments, on les distingue facilement à première vue quand on regarde une locomotive.

Ainsi, le *foyer*, ou boîte à feu, est la partie inférieure de la machine près de laquelle se tiennent le mécanicien et le chauffeur, sur une plate-forme se reliant au tender ou wagon destiné à contenir la provision d'eau et de combustibles de la locomotive. L'ouverture du foyer est pratiquée sur celui de ses côtés qui regarde la plate-forme; dans notre gravure, elle est cachée par le garde-feu entourant le poste du chauffeur et du mécanicien. Le feu est alimenté dans le foyer par de la houille, du coke ou des briquettes de charbon aggloméré. En Amérique et dans quelques pays du centre de l'Europe où le bois est abondant, on le substitue souvent au charbon minéral.

Quel qu'il soit, le combustible est soutenu sur une grille dont tous les barreaux, suffisamment espacés pour laisser à l'air un large et libre accès, sont mobiles et peuvent être enlevés quand, pour éteindre le feu, on veut le faire tomber dans la voie. Au-dessous de la grille est suspendu le cendrier.

La *chaudière* ou *générateur* est la partie cylindrique allongée, occupant le centre de la locomotive. Construite en tôle rivée, elle peut supporter une pression de vapeur triple de celle qu'elle aura à subir pendant toute la durée de son travail. Intérieurement, la chaudière est traversée dans toute sa longueur par des tubes en cuivre de petit diamètre, au nombre de cent, cent vingt, quelquefois plus, qui s'ouvrent d'un côté dans le foyer, de l'autre dans la boîte à fumée Q Q, placée au-dessous de la cheminée, à l'avant de la machine. Ces tubes donnent passage jusque dans la cheminée aux produits gazeux de la combustion, qui pendant leur parcours échauffent l'eau remplissant les intervalles des tubes.

La vapeur formée se rend dans la boîte ou réservoir à vapeur S, au-dessus duquel on remarque la *soupape de sûreté* R, destinée à laisser échapper l'excédant de vapeur, quand la pression dépasse la limite fixée, et le *sifflet avertisseur* ou *d'alarme* S', dont le nom indique suffisamment l'usage. Pour prévenir toute déperdition de chaleur, les parois du générateur sont entourées extérieurement d'un tissu de laine maintenu par des bandes de bois ou des lames de cuivre.

La boîte à fumée, surmontée de la cheminée, la chaudière et le foyer sont portés sur un bâtis solide de bois ou de fonte de fer, au devant duquel sont les *tampons amortisseurs des chocs* X, et le *chasse-pierre* V; au-dessous, le mécanisme destiné à mettre en mouvement les roues de la machine.

Ce mécanisme, tantôt intérieur aux roues, tantôt extérieur, se compose de deux *cylindres*, dont un seul A est visible sur notre gravure.

Un large tuyau, traversant intérieurement la chaudière, prend la vapeur dans le réservoir S, à une certaine hauteur au-dessus du niveau de l'eau, la conduit au cylindre A, derrière lequel est disposé un appareil de *tiroir* ou *distributeur*, le dirigeant alternativement sur chacune des faces d'un piston, qui se meut dans l'intérieur de ce cylindre. L'introduction de la vapeur du réservoir dans le tuyau conducteur est réglée par la *manivelle* ou *régulateur* I, placée à la portée de la main du mécanicien, et dont le jeu détermine le mouvement ou l'arrêt de la locomotive.

Au piston du cylindre A est fixée la tige S qui, guidée par les *glissières* a a, se meut d'un mouvement horizontal de va-et-vient et s'articule à la *bielle* D fixée par son autre extrémité à l'une des jantes de la *roue motrice* E B. Cette roue remplit dans la locomotive le rôle du volant dans les autres machines à vapeur.

La bielle D agit donc sur la roue E B comme le ferait une manivelle, et transforme le mouvement alternatif horizontal du piston en un mouvement circulaire qui détermine la progression des roues de la locomotive et, par suite, le mouvement de celle-ci en avant ou en arrière.

Chaque piston fait mouvoir la roue motrice qui lui correspond, et leurs bielles ont par rapport l'une à l'autre un mouvement réglé de telle sorte que celle de gauche est au *point vif* et produit son effet le plus puissant quand celle de droite est au *point mort* où son effet est à peu près nul.

Outre le mouvement donné aux organes de la progression de la machine, le jeu du piston règle encore l'entrée et la sortie de la vapeur du cylindre A, au moyen de deux bielles secondaires appelées *excentriques*, qui reçoivent leur mouvement alternatif de l'arbre ou essieu de la roue motrice, et font mouvoir la *pompe alimentaire* M, qui aspire l'eau du réservoir que porte le tender par le tuyau O O et la refoule dans la chaudière par la *pompe* M P.

Enfin, quand la vapeur a rempli son effet dans le cylindre A, elle se dirige par la conduite F, dans la boîte à fumée, puis s'échappe par la cheminée avec une rapidité extrême; quelque court cependant que soit son trajet dans cet espace d'une température inférieure à la sienne, elle s'y condense, produit un vide que remplit tout aussitôt l'air arrivant du foyer par les tubes du générateur. La succession rapide de ces deux phénomènes entretient une vigoureuse aspiration d'air et provoque dans le foyer un tirage très-actif.

Tous les systèmes de locomotives se rapportent au type que nous venons de décrire. Seulement quand ces machines sont destinées à un service accéléré, on donne aux roues motrices un diamètre d'autant plus grand que plus grande doit être la vitesse réalisée. Il en est tout autrement des machines qui doivent servir à la traction des lourds convois de marchandises pour lesquels on a besoin d'un effort puissant. Les roues sont petites, accouplées les unes aux autres, et la machine, pour être bien adhérente aux rails, est d'un poids considérable.

P. LAURENCIN.

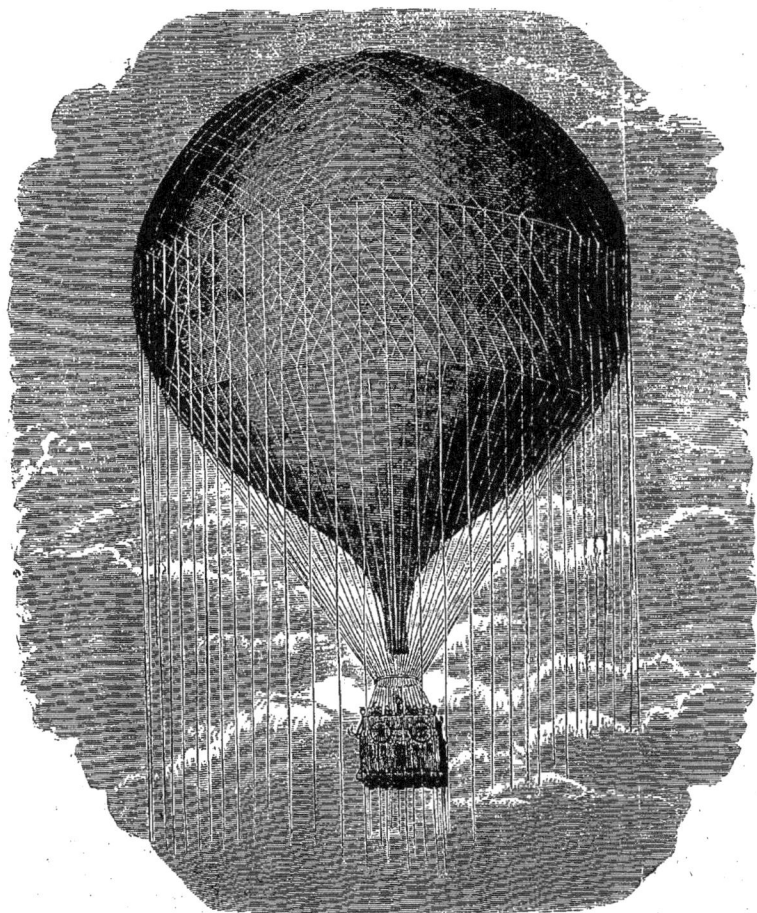

LE BALLON LE GÉANT

LES BALLONS

Aucune des grandes découvertes modernes n'excita à son origine autant d'enthousiasme et autant d'espérance que celle des aérostats. L'homme allait donc enfin pouvoir parcourir à son gré ces immenses solitudes dont l'œil est impuissant à sonder la profondeur; son empire s'étendrait sur ces vastes régions inexplorées; pour son génie, il n'y avait plus d'espaces, plus d'abîmes; de ce jour, il était véritablement le roi, le maître du monde. Trop brillant espoir, il en a été déçu faute d'un complément nécessaire à la découverte du principe des ballons : le moyen de les diriger. Jusqu'à présent, les aérostats n'ont été qu'un colossal jouet servant à l'amusement des foules, et, à de rares intervalles, ils ont permis aux savants de vérifier quelques faits météorologiques et physiques.

Le principe de l'ascension des aérostats dans l'atmosphère est le même que celui qui fait monter la fumée dans l'air; à la surface de l'eau, les corps légers que l'on y plonge, c'est-à-dire la différence de poids entre le corps immergeant et le corps immergé. Qui ne sait en effet que le liége, beaucoup plus léger que l'eau, flotte toujours à sa surface, que les nuages, moins denses que l'air, s'élèvent jusqu'à ce qu'ils rencontrent des couches atmosphériques d'un poids égal au leur.

L'observation de ces phénomènes journaliers conduisit les frères Etienne et Joseph Montgolfier, papetiers à Annonay, à essayer de les reproduire. A diverses reprises, ils construisirent des petits ballons de papier dont l'intérieur était échauffé à l'aide d'une éponge imbibée d'alcool. Par l'effet de la chaleur, l'air emprisonné dans le ballon se dilatait, occupait un plus grand volume, devenait plus léger que le fluide extérieur, et quand la différence entre son poids ajouté à celui de l'enveloppe et le poids d'un égal volume d'air extérieur était suffisante, le petit ballon s'enlevait jusqu'au plafond de l'appartement.

Pour renouveler leur expérience en grand, les frères Montgolfier construisirent une vaste sphère en toile doublée de papier, firent brûler de la paille sous une ouverture ménagée à la partie inférieure et eurent la joie de voir le premier ballon s'enlever majestueusement dans les airs. L'expérience renouvelée publiquement à Annonay, le 4 juin 1783, réussit parfaitement, et la nouvelle, répandue avec une rapidité surprenante pour l'époque, causa dans toute la France une impression des plus vives.

A Paris, l'ascension de la montgolfière agita le monde savant. On était informé qu'un ballon s'élevait dans les airs, mais quel gaz le remplissait? Le physicien Charles, auquel la science est redevable de plusieurs belles expériences physiques, devina que ce gaz n'était autre que de l'air chaud, et un éclair de génie lui fit entrevoir la possibilité de substituer à l'air le gaz hydrogène, récemment découvert, et qui, à température égale et à égal volume, pèse quinze fois moins que le fluide atmosphérique. Charles fit donc construire par les frères Robert, fabricants d'instruments de physique, un ballon que l'on remplit de gaz hydrogène, et, le 27 août 1783, le premier aérostat proprement dit s'élevait dans les airs.

Cependant les frères Montgolfier mandés à Paris y étaient arrivés, avaient assisté aux expériences de Charles, et se préparaient, dans le jardin de leur ami Réveillon, à renouveler l'ascension d'Annonay. Leur montgolfière s'éleva au Champ-de-Mars sous les yeux des Parisiens; puis à Versailles, devant la cour : cette fois le ballon emportait dans les airs une cage contenant un mouton, une poule et un canard. Enfin, le 15 décembre 1783, Pilâtre des Rosiers, gentilhomme aventureux et intrépide qui, après avoir déjà tenté une ascension en ballon retenu captif, partit en ballon libre des jardins du château de la Muette à Passy.

L'exemple de Pilâtre des Rosiers piqua d'émulation le physicien Charles, qui, lui aussi, s'éleva dans les airs avec l'un des frères Robert, mais en ballon de soie gonflé de gaz hydrogène. A propos de cette ascension, Charles créa pour ainsi dire d'un seul coup l'art de l'aérostation : il adopta l'enveloppe de soie légère et solide dont sont encore formés les ballons actuels, imagina la soupape qui permet de donner issue au gaz quand on veut descendre, le lest qui sert à modérer la force d'ascension, le filet qui enveloppe la sphère et supporte la nacelle, l'enduit gommeux dont on recouvre la soie pour empêcher la déperdition du gaz, l'ancre ou crampon, avec laquelle on peut accrocher un arbre ou tout autre corps pour amortir la vitesse de l'aérostat quand on veut atterrir; enfin il se servit du baromètre pour se rendre compte par l'élévation ou la dépression du mercure de la hauteur à laquelle plane le ballon.

Depuis la première ascension du ballon à gaz hydrogène, un grand nombre d'autres ont été tentées mais l'aérostation n'a pas fait de progrès sensibles, aucun des nombreux inventeurs qui ont poursuivi la solution du problème de la direction des ballons n'a pu réussir : la force de résistance qu'oppose le vent et qui s'accroît en raison directe du volume de l'aérostat est trop forte pour que les appareils mécaniques essayés jusqu'à ce jour aient pu la vaincre. Les ballons, quand ils s'élèvent dans l'atmosphère, s'abandonnent à tous les caprices des vents et suivent la direction que leur impriment les courants d'air supérieurs.

Quelques ascensions ont marqué dans l'histoire des ballons. Le 7 janvier 1785, Blanchard et le docteur Jeffries eurent la hardiesse de partir de Douvres pour venir, après d'émouvantes péripéties, descendre à Calais. Le 26 juin 1794, avant la bataille de Fleurus, un ballon fut utilisé pour connaître les mouvements de l'ennemi et contribua beaucoup au succès de la journée. Cette expérience du ballon militaire, renouvelée plusieurs fois depuis, a encore été pendant la guerre de 1859, la veille de la bataille de Solférino.

Le 15 septembre 1804, Gay-Lussac, dans un but d'observations scientifiques, s'éleva à plus de sept mille mètres, la plus grande hauteur à laquelle l'homme soit jamais parvenu; enfin, dans ces dernières années, d'intrépides amateurs ont lancé dans les airs le ballon le Géant. Cet aérostat, le plus colossal construit jusqu'à ce jour, a une hauteur totale de soixante mètres, huit mètres de moins que les tours de Notre-Dame de Paris. Son voyage de Paris en Hanovre a été marqué de graves accidents qui ont démontré une fois de plus la difficulté de manœuvrer de telles machines dont le vent se joue comme d'une plume.   PAUL LAURENCIN.

LE SOLFÉRINO, VAISSEAU CUIRASSÉ A ÉPERON

HISTOIRE DE LA MARINE

Le précurseur de nos grands navires de guerre cuirassés, mus par de puissantes machines à vapeur, défendus par des batteries d'artillerie du plus fort calibre, fut vraisemblablement le simple tronc d'arbre emporté à la dérive, sur lequel un homme, peut-être pourrions-nous dire un héros, eut l'idée de s'aventurer. Cet inventeur de la navigation, quels furent son nom, son pays, l'époque de son existence? On l'ignore : l'art du marin paraît remonter à l'antiquité la plus reculée.

Grands ou petits, les navires, dès leur origine, reçurent le mouvement des bras de l'homme; plus tard ils se livrèrent à la force du vent; enfin, au commencement de notre siècle, l'Américain Fulton réussit à faire servir la vapeur à leur propulsion au moyen de roues à palettes; le Français Alexis Sauvage inventa dans le même but l'hélice placée à l'arrière du bâtiment.

Les chocs destinés à couler les navires ennemis, les combats d'abordage, telles furent les seules manières de combattre dans l'Antiquité et pendant le moyen-âge. Au quatorzième siècle, l'introduction de l'artillerie sur les vaisseaux de guerre permit la lutte à distance, mais aujourd'hui l'effrayante puissance des armes de jet semble devoir ramener les modes de combat naval : l'abordage et le choc par les éperons.

Les travaux de la science appliquée à l'industrie ont doté les navires modernes d'un agent de propulsion rapide, puissant, indépendant des caprices des éléments; mais en même temps cette même science, par son secours prêté aux engins de combat, a tellement augmenté leurs effets destructifs que les murailles de bois les plus épaisses des vaisseaux ne peuvent plus désormais protéger les équipages, les approvisionnements ou les machines. C'est dans l'attaque des défenses de Sébastopol que ce défaut parut dans toute sa gravité, et alors, sur les plans de l'Empereur Napoléon III, on construisit les cinq batteries flottantes : la *Dévastation*, la *Lave*, la *Tonnante*, la *Foudroyante*, la *Congrève*, bâtiments peu élevés sur l'eau, entièrement recouverts d'une armure de fer forgé de dix à douze centimètres d'épaisseur. Ces batteries marchaient au moyen d'une machine à hélice de 150 chevaux et portaient seize pièces d'artillerie pouvant lancer des boulets de 25 kilogr. Notre marine devint donc ainsi créatrice des premiers bâtiments cuirassés employés dans la guerre maritime, par la construction du *Napoléon*, œuvre de l'ingénieur Dupuy de Lôme; elle avait également devancé les autres nations en faisant paraître sur les mers le premier *vaisseau de guerre* à vapeur.

Les foudroyants effets des batteries flottantes sur les fortifications granitiques de Kinburn, dans la mer Noire; le succès non moins brillant des canonnières cuirassées employées en Chine et en Cochinchine, gagnèrent tout à fait la cause des bâtiments blindés. Résolue pour les navires devant servir à l'attaque des forts maritimes, la question restait la même en ce qui concernait les combats de vaisseau à vaisseau. Avec les canons à longue portée, les boulets explosifs, les bombes et autres projectiles perfectionnés de l'artillerie moderne, un combat naval se terminerait en très-peu de temps par l'anéantissement total des deux adversaires. On voulut donc essayer d'appliquer sur une grande échelle le mode de préservation employé pour les batteries flottantes, et, en 1858, la grande frégate à hélice la *Gloire* fut mise en chantier à Toulon.

Ce bâtiment, de 5,620 tonneaux de charge, neuf cents chevaux, vapeur de force, armé de 36 canons rayés du calibre 30, est complètement enveloppé d'une cuirasse de fer de dix à douze centimètres d'épaisseur. Son avant est armé d'une étrave coupante, bordée de plaques d'acier en forme de >, destinée à tailler comme une hache gigantesque dans les flancs d'un adversaire. Un blockaus crénelé en fer, pour le jeu de la mousqueterie, défend son pont contre toute tentative d'abordage par l'ennemi.

La réussite des essais auxquels on soumit la *Gloire*, fit décider de la mise en chantier de trois autres frégates blindées de 30 à 36 canons, et de deux vaisseaux de 52 pièces d'artillerie; un éperon d'acier fondu placé à fleur d'eau à l'avant de ces derniers, leur permettrait, en cas de besoin, de briser le navire ennemi contre lequel ils seraient lancés à toute vapeur.

Ces différents navires, dont les essais comparatifs ont eu lieu en 1862, forment le noyau de notre future flotte cuirassée, qui comprendra dans un prochain avenir : trois vaisseaux de mille chevaux et de 52 canons; — dix frégates de mille chevaux et de 38 canons; — quatre frégates de neuf cents chevaux de 30 à 36 canons; — sept corvettes de 150 chevaux et de 14 canons; — les cinq batteries flottantes que nous avons citées plus haut; — près de 500 canonnières à masque de fer, et un bélier flottant destiné à la défense d'un point quelconque de la côte.

Les autres nations maritimes du globe, l'Angleterre à leur tête, n'avaient pas tardé à suivre l'exemple de la France; mais à tous les essais, dont se tiraient avec plus ou moins d'honneur les différents systèmes de navires blindés, manquait la grande et décisive expérience du combat.

Cette épreuve eut lieu en Amérique, le 9 mai 1862. La frégate confédérée *le Merrimac* et le navire fédéral *le Monitor*, tous deux recouverts d'une cuirasse de fer, purent combattre pendant plus de sept heures, tirer l'un sur l'autre, à bout portant, des boulets énormes de fer forgé, sans se causer de graves avaries.

L'invention de la cuirasse est donc venue comme à point nommé rendre possible l'existence de la marine de combat, compromise par les rapides progrès des moyens de destruction. Seulement ces navires invulnérables aux coups loyalement portés à la face du soleil, voient poindre pour les combattre un ennemi d'autant plus redoutable que, se rendant invisible, il portera des coups plus sûrs et que ces coups seront subis par les parties inférieures des navires, œuvres vives desquelles dépend leur existence même; nous voulons parler des bâtiments sous-marins dont plusieurs essais tentés simultanément en France, en Angleterre, aux États-Unis, ont démontré l'idée pratique.   Paul Laurencin.

LE NAPOLÉON III. — PAQUEBOT TRANSATLANTIQUE

LA MER ET LES MARINS

La mer est un magnifique sujet d'études, un vaste champ de bataille où se sont vidées les plus fameuses querelles des temps anciens et modernes; c'est le but vers lequel ont tendu les plus énergiques efforts de l'esprit humain. L'obstacle, en apparence invincible, lentement vaincu par des tentatives téméraires, est devenu le moyen d'accomplir des entreprises plus téméraires, s'il est possible; car la mer rappelle cette merveilleuse série de voyages, de guerres, de batailles, de découvertes et de conquêtes qui commence à l'expédition semi-fabuleuse des Argonautes, et qui se poursuit de nos jours dans l'Océanie et autour des deux pôles. La mer, c'est Salamine, les guerres puniques, Actium, les incursions des Sarrasins, les invasions des Normands, les Croisades, Aboukir, Trafalgar, Navarin, Alger, Tanger, la campagne de Crimée, et enfin la glorieuse expédition de Chine et de Cochinchine, pendant lesquelles la marine française vient encore de se couvrir d'une gloire éclatante. Au nom de la mer, les âges ne présentent qu'une phalange serrée de héros ou d'hommes de génie qui ont leur place au premier rang parmi les plus illustres renommées de la terre. Christophe Colomb nous a donné les Amériques; Gama, l'Afrique et les Indes; leurs illustres successeurs ont ouvert à la civilisation, à la science, au christianisme, tous les continents et toutes les îles. Les véritables conquêtes, celles qui restent, celles qui appartiennent non à un peuple, mais à tous les peuples, ont été faites par les marins; nous en avons été dotés par la mer.

Les marins, les grands navigateurs, dont on ne comprend pas tout le génie, seraient en droit de répondre à l'humanité ce que Fernand Cortès, méconnu, répondit à Charles-Quint, quand l'empereur, impatienté de le voir se frayer un passage à travers les courtisans, demanda très-haut : « Quel est donc cet homme ? — Dites à Sa Majesté, répliqua le vainqueur du Mexique, que c'est un homme qui lui a conquis plus de royaumes que ses ancêtres ne lui ont laissé de provinces. »

Pour les marins, la mer n'est pas seulement une carrière, une profession, un métier, ce qui serait déjà beaucoup, puisque autour de ces mots surgissent l'orgueil, l'ambition, l'amour de la patrie, l'espoir de la fortune; la mer est encore un gigantesque théâtre où s'agitent les passions humaines modifiées par une existence exceptionnelle; il faut voir ce qu'ils voient, sentir ce qu'ils sentent, aimer comme ils aiment; enfin, connaître tout ce que cette vie de périls et de joie renferme d'émotions douces et terribles.

Dans tous nos ports il y a une hauteur, une jetée ou un bout de rempart qui domine la rade et d'où l'on aperçoit le mouvement des navires; c'est là que s'assemblent les marins ou leurs familles, c'est là qu'on apprend les nouvelles de mer, nouvelles souvent trompeuses. Il est bien rare que le monticule soit entièrement désert. Vous y rencontrerez au moins de vieux navigateurs en retraite, qu'une longue habitude attire au bord de la mer, car la mer fut leur jeunesse; sur la mer s'écoulèrent leurs meilleures années; elle leur donna des émotions, des périls, de la gloire, ils viennent à présent lui demander des souvenirs.

D'ordinaire, la butte est peuplée par une foule nombreuse d'hommes, de femmes et d'enfants. La mer les appelle tous. Les uns guettent un canot, les autres un navire : ceux-ci cherchent une espérance, ceux-là recueillent un dernier adieu. L'ami qui compte sur le retour d'un ami, la mère inquiète, les enfants du marin absent, se rendent tour à tour au même lieu et jettent un regard d'attente sur l'horizon. Si vous veniez alors demander à l'une de ces femmes ce que c'est que la mer, la mer qu'elle regarde ainsi avec des larmes aux yeux, un nom bien cher, n'en doutez pas, s'échapperait de ses lèvres. A quoi pense-t-elle depuis deux mortelles années, chaque fois qu'elle entend parler de la mer? A qui songe-t-elle toutes les fois que le vent souffle avec furie, quand les lames grandissent, se dressent, se tordent et montent à la grève blanches d'écume comme des coursiers haletants? Autrefois, lorsqu'il était à terre, elle s'agenouillait pieusement et récitait une prière pour les pauvres marins; maintenant elle se précipite à genoux, lève ses mains suppliantes vers le ciel, et murmure avec effroi le nom bien-aimé. La douleur est confiante; si vous l'interrogez, elle s'écria : Mon fils, monsieur, mon fils est sur l'*Arthémise*, annoncée depuis un mois! Chaque jour, monsieur, et la mer est si grande! On signale au loin un navire, la pauvre mère a entendu. Ah! monsieur! murmure-t-elle, si ce n'était pas lui? La voile apparaît enfin; un cri de joie se fait entendre, la pauvre mère a reconnu le navire, elle se précipite à bord et tombe éplorée dans les bras de son fils bien-aimé.

Ainsi la mer est le canevas de mille drames intimes, pleins d'angoisses et de mystères, qui commencent le jour de l'appareillage par de touchants adieux, et qui se terminent trop souvent par d'incomparables douleurs. Au retour d'une longue campagne, combien de fatales nouvelles sont réservées à ceux qui arrivent joyeux dans le port! La mort et l'oubli ont fauché leurs plus douces espérances; ceux qui les attendaient ne sont plus; d'autres qui avaient promis d'attendre se sont lassés; car la mer, c'est l'absence, et malheur aux absents!

Pour le navire, le port représente dix états bien divers, depuis la mise en chantier jusqu'à la démolition complète; la construction, le lancement, l'amarrage *bord à quai*, le premier équipement, l'armement définitif; au retour d'une longue campagne, le désarmement, puis la mise en réparation, le bassin, la refonte; ensuite, si l'on n'a pas besoin de ses services, l'abandon, l'immobilité, le silence, le sommeil; il est emmagasiné : que va-t-on en faire? Une voile, une caserne ou un ponton? Pour les bâtiments de commerce, le port est l'époque du chargement et du déchargement. Le port enfin, c'est l'agonie, car d'ordinaire ce vieux vaisseau, qui vient mourir aux lieux qui l'ont vu naître, la noble carène qui a labouré toutes les mers, le glorieux vétéran qui tant de fois a bravé le feu, l'air, la terre et l'eau, n'est plus qu'un pauvre invalide : une consultation de praticiens va prononcer sur son sort, une commission d'ingénieurs et d'officiers s'assemble; on le visite, on le sonde, on l'examine froidement, et, s'il est condamné, rien ne le sauvera du fer des démolisseurs.

MACHINE A FABRIQUER LE PAPIER

A Cuve contenant la pâte. — B Table de fabrication. — C Cylindre séchant le papier par la vapeur. — D Papier fabriqué.
E Dévidoire du papier s'enroulant pour la coupeuse. — F Coupeuse.

HISTOIRE D'UN CAHIER D'ÉCOLIER. — N° 1. — LE PAPIER

Chers enfants, à qui ce cahier est destiné, connaissez-vous l'histoire de sa fabrication? Quand souvent, même avant qu'il soit complétement rempli de vos devoirs — peut-être bien aussi de vos pensums — vous le froissez, le déchirez, lui enlevez sa couverture souillée d'encre, dispersez au loin les feuillets, savez-vous de combien d'hommes vous détruisez, vous déshonorez ainsi l'œuvre? Il est à croire que si vous vous doutiez des laborieuses recherches scientifiques, mécaniques, industrielles dont ce cahier, de si peu de valeur par lui-même, est le résultat; si vous saviez ce qu'il a fallu de découvertes, d'observations, de travaux incessants, de perfectionnements légués de générations en générations pour permettre à M. Garnier, votre éditeur, de vous donner au prix de quelques centimes un cahier de papier blanc, satiné, réglé, préservé des accidents extérieurs par une couverture de papier de couleur qu'orne une jolie vignette dont une notice imprimée vous développe le sujet; si vous aviez, dis-je, une teinte de toutes ces choses, peut-être imiteriez-vous l'exemple des Chinois : ils ne jettent jamais au rebut un morceau de papier écrit ou imprimé; s'ils ne peuvent le garder, du moins le brûlent-ils par respect pour la pensée humaine dont ce lambeau de papier est une manifestation.

Jetons donc ensemble un coup d'œil sur les diverses industries au concours desquelles il nous faut recourir pour arriver à posséder notre cahier, et commençons par le fabricant du papier, qui nous en fournit l'élément indispensable.

Quand Cadmus le Phénicien eut inventé l'écriture, cet art d'exprimer par un petit nombre de signes ou de lettres tous les mots et tous les sons d'une langue, on se servit de ces caractères pour graver sur la pierre des monuments les dogmes de la religion, les événements remarquables du règne des souverains. Plus tard, les prêtres égyptiens écrivirent leurs doctrines religieuses et les annales de leur pays sur des tablettes de bois mince, des lames d'ivoire, des bandes d'étoffes, puis enfin ils se servirent exclusivement des feuilles préparées du *papyrus*, sorte de roseau qui croît en abondance sur les bords du Nil. Au temps de la splendeur d'Alexandrie, le papyrus préparé pour recevoir l'écriture était l'une des branches principales du commerce de cette ville célèbre. Au moyen âge, le *parchemin*, peau de mouton amincie, remplaça le papyrus, et, pour les ouvrages précieux, missels, bibles, livres d'heures, le *vélin*, peau de veau fine, douce et blanche, fut préféré au parchemin. De nos jours, papyrus, parchemin et vélin ont cédé la place au *papier*.

Connu par les Chinois trois cents ans avant Jésus-Christ, le papier, fabriqué avec des chiffons d'étoffes, était devenu, dès le vii° siècle de notre ère, une des sources de richesses de la ville asiatique de Samarkande.

Les Arabes introduisirent le papier de la Perse à la Mecque, d'où leurs caravanes le firent connaître aux pays occidentaux. Enfin, en 1170, des Grecs réfugiés à Bâle créèrent la première papeterie connue en Europe.

Le papier est fabriqué avec des chiffons de toute espèce d'étoffes. Ces chiffons, séparés en diverses catégories, suivant les usages auxquels on les destine, lessivés et rincés pour en séparer les matières qui les salissent, sont soumis à l'action de cylindres armés de dents qui déchirent et séparent les fibres. Cette opération, dite du *défilage*, complétement achevée, on peut procéder au blanchiment des chiffons par le moyen du chlore employé à l'état de chlorure de chaux en dissolution dans l'eau. C'est à Berthollet, chimiste français, qu'est due l'application du principe décolorant des chlorures au blanchiment de la matière première du papier. La pâte est alors soumise aux *bocards*, lourds maillets soulevés par des coins, qui en achèvent la trituration; puis, par l'addition d'une grande quantité d'eau, elle est réduite en une bouillie claire dans laquelle un ouvrier appelé l'*ouvreur* plonge la *forme*, chassis de bois garni dans toute sa longueur de fils de laiton assez rapprochés les uns des autres — et la retire couverte d'une légère pellicule de pâte à papier. Cette feuille, égouttée. est retournée sur un feutre, puis recouverte d'un autre feutre sur lequel, un instant après, s'étend une nouvelle feuille humide. L'ouvreur procède ainsi jusqu'à ce qu'il ait obtenu une *pile*, que l'on soumet à l'action de la presse; le papier achève de sécher dans l'étuve.

Ce mode de fabrication, dit à la *cuve* ou à la *main*, long et coûteux, était devenu insuffisant à satisfaire les besoins de la consommation, quand, à la fin du xviii° siècle, Didot l'aîné fit à la papeterie d'Essonne, près de Corbeil, les premiers essais d'une machine à fabriquer le papier d'une manière continue, expéditive et économique. Les événements politiques obligèrent l'inventeur à aller en Angleterre chercher des constructeurs pour sa machine, qu'un Anglais, Édouard Cowper, compléta par l'adjonction d'un mécanisme qui divise les feuilles selon les dimensions voulues.

Les opérations préliminaires du blanchiment de la pâte sont les mêmes pour le papier, qu'il soit fabriqué à la main ou à la mécanique. À partir de ce moment, quand on emploie le dernier procédé, la matière est soumise à l'action des cylindres broyeurs; elle se lave complétement, prend de l'homogénéité, puis passe au travers de grilles métalliques où elle se tamise en se débarrassant des parties imparfaitement broyées qui formeraient des inégalités, des grumeaux... La masse pâteuse, à l'état de bouillie claire, en suspension dans une grande quantité d'eau, est entraînée sur des cylindres de toiles métalliques mis en mouvement sur leur axe, soit par une machine à vapeur, soit par une roue hydraulique. De ces cylindres, où elle s'égoutte, se feutre, prend de la consistance, la feuille, encore imparfaite, glisse entre des rouleaux recouverts de drap, où elle continue à se dessécher, et enfin elle se débarrasse complétement de toute humidité par son passage sur les cylindres sécheurs, en fonte, chauffés intérieurement par la vapeur.

Cette méthode de fabrication du papier s'appelle la *méthode continue* ou à la *mécanique*; c'est celle qui aujourd'hui donne à un prix très-réduit les produits les plus nombreux; cependant, pour certaines qualités de papier, comme les papiers à lavis, à filtrer, la fabrication dite *à la cuve* est encore préférée.

MACHINE A SATINER LE PAPIER

A. Table sur laquelle est placé le papier.

B. Cylindre sous lequel passe le papier par le mouvement donné à la table.

C. Volant destiné à donner plus ou moins de pression au cylindre.

D. Poulie destinée à donner le mouvement au moyen de la vapeur.

CLERPAGE

N° 2. — LE SATINAGE. — LA RÉGLURE. — L'ENCRE

Le papier ordinaire, qu'il soit fabriqué à la mécanique ou à la main, peut être livré au commerce au sortir des étuves ou des cylindres sécheurs ; mais par la rudesse, les aspérités, les rugosités que présente sa surface à cette phase de la fabrication, le papier n'est guère en état de servir ni à l'écriture manuscrite, ni aux impressions de luxe. Aussi faut-il encore le *coller*, le *lisser ou le satiner*, et quelquefois *le glacer*.

Le collage a pour objet d'empêcher l'encre aqueuse dont on se sert pour écrire, de s'étendre, de faire tache sur le papier. La colle employée pour les papiers à la mécanique est une *colle végétale* formée de résine-colophane, dissoute dans une solution de soude caustique, à laquelle on ajoute de la fécule ou de l'alun, et que l'on mélange à la pâte après son blanchiment par le chlore. Dans la fabrication à la cuve, c'est quand la feuille de papier est terminée que l'on procède à son collage en la plongeant dans une solution de gélatine.

Le *lissage* et le *satinage* s'obtiennent en soumettant la feuille de papier placée entre deux cartons à une forte pression, qui en fait disparaître toutes les aspérités. Le glaçage, degré plus grand encore de poli, s'opère par le passage du papier déjà lissé entre des cylindres de cuivre ou de zinc à surfaces bien unies.

Pour la fabrication des papiers de différentes nuances, la coloration se fait dans les cuves au moment du broyage. L'indigo, le bleu de prusse, colorent la pâte en bleu, le curcuma, la gomme-gutte en jaune, la garance, le carmin en rouge, certains oxydes de cuivre ou d'arsenic en vert. La plupart de ces substances sont vénéneuses, ce qui doit faire rejeter avec beaucoup de soin les papiers de couleur quand il s'agit d'envelopper les aliments.

Les filigranes, les lettres, les marques de fabrique, les dessins incrustés dans les papiers sont produits au moyen de caractères ou de dessins en relief tracés sur les toiles métalliques ou les cylindres sur lesquels s'étend la pâte liquide. Cette pâte, pressée et foulée, prend aux endroits où elle a été en contact avec les parties en relief une épaisseur moindre et, en opposant le papier à la lumière, on peut voir les caractères se détacher lumineux sur un fond opaque. C'est ainsi que se fabriquent les papiers vergés, rayés, quadrillés, spécialement réservés à la correspondance épistolaire.

La réglure des papiers à usage de cahiers d'écoliers, de livres de compte ou de commerce, de copie de musique, s'obtient par le passage des feuilles sous des cylindres portant à leur surface des lignes en relief, plus ou moins rapprochées les unes des autres et que l'on a préalablement humectées d'une encre légère noire ou de couleur.

Comme on l'a vu précédemment, le chiffon est la matière première du papier : les débris d'étoffes de lin et de chanvre donnent un papier solide, résistant, comme par exemple les papiers destinés aux actes timbrés ; ceux de linge de coton produisent un papier mou et sans consistance, que l'on peut renforcer par l'addition à la pâte de débris de vieux cordages de chanvre. Quelque grande que soit la masse des chiffons mise au rebut chaque année, elle reste stationnaire, tandis que la consommation des papiers augmente tous les jours. Aussi cette inégalité entre la production de la matière première et les besoins des fabricants de papier a-t-elle conduit ceux-ci à rechercher un moyen de réduire directement en pâte certains végétaux à filaments tel que la paille, les roseaux, les joncs. Jusqu'à présent les résultats obtenus ne permettent pas de croire le problème résolu, si ce n'est cependant pour certains produits grossiers destinés aux enveloppes et emballages du commerce.

Quelques espèces de papier sont pourtant directement fabriqués avec des végétaux, mais le choix de ces végétaux en rend le prix plus élevé que celui des papier de chiffon. Ainsi, les *papiers* dits de *Chine*, si recherché pour le tirage des estampes, si favorables à la netteté à la force de l'impression, ont pour base l'écorce d bambou ; en Europe, dans la fabrication des qualité imitées de Chine, on remplace le bambou par l'écorc du mûrier blanc, la paille de riz, la pellicule qui garn l'intérieur des cocons de vers à soie. Le *papier serpen* est également un papier végétal transparent fabriqu avec les filaments encore verts du lin et du chanvre. Le billets de la banque de France sont formés de deux feuilles minces de papier serpente collées l'une su l'autre. Les caractères filigranés, un des signes distinc tifs de ces billets, sont pris à l'intérieur de la doubl feuille.

Le papier complétement achevé est vendu au poid et le plus souvent à la rame. La rame comprend ving mains, la main vingt-cinq feuilles, ce qui donne un quantité de cinq cents feuilles à la rame. C'est en c état qu'il arrive chez le fabricant de cahiers d'éc liers. Dans ces ateliers le papier est réglé, rogné, sel différentes grandeurs, par une large lame d'acier rec vant un mouvement d'un levier-balancier, d'un voleu ou d'une vis que fait tourner une forte barre de fer.

Après avoir terminée ce premier cahier, il ne nous reste à nous occuper de la couverture, et c'e à l'imprimerie et à la gravure que cette fois nous allo avoir recours.

Nous avons dit plus haut que le papier à écrire a b soin d'être collé pour ne pas *boire* l'encre, tandis q l'on peut se dispenser de soumettre à cette opération papier fabriqué en vue de l'impression typographiqu La raison de cette différence provient de ce que l'e cre de nos écritoires est aqueuse, tandis que l'enc d'imprimerie est grasse et épaisse.

L'*encre ordinaire* est une décoction de *noix de gal* excroissance maladive des feuilles et des tiges légèr des chênes, à laquelle on ajoute un peu de *gomme ar bique* et une solution de *sulfate de fer* ou couper verte, appelé aussi vitriol vert. Cette composition, d' beau noir quand elle est d'application récente, se é truit avec le temps, finit même par disparaître ; au pour quelques usages, notamment pour le dessin gr phique et pour les lavis, lui préfère-t-on l'*encre Chine*, dont la base, le *noir de fumée*, est inaltérable influences de l'air et de la lumière.

L'encre d'imprimerie est une sorte de glu, mélan intime de noir de fumée et d'huile de lin bouillis semble. La composition de cette encre a peu varié dep son invention, au XVᵉ siècle, par Laurent Coste, imp meur à Harlem (Hollande).

PRESSE MÉCANIQUE, FONCTIONNANT, SOIT A BRAS, SOIT AU MOYEN DE LA VAPEUR

N° 3. — L'IMPRIMERIE

C'est maintenant, chers enfants, que commencent les dispositions prises pour faire servir la couverture de ce cahier à votre instruction, et c'est le *typographe* qui s'est chargé d'imprimer la notice que vous lisez en ce moment.

L'art de la typographie, au moyen de caractères mobiles, était inconnu des anciens : c'est vers le milieu du xv° siècle que Jean Guttemberg, de Mayence, et ses deux associés, Fust et Schœffer, inventèrent l'imprimerie ou typographie, art qui multiplie les écrits. De Mayence, la nouvelle découverte se répandit rapidement dans les principales villes de l'Europe, et, dès 1470, Paris possédait un atelier typographique établi au Louvre sous la protection du roi Louis XI.

Deux opérations principales, la composition et le tirage, constituent le travail de l'imprimeur. La *composition*, ou reproduction du manuscrit, se fait au moyen de *caractères mobiles* indépendants les uns des autres. Ces caractères sont de petits rectangles solides hauts de deux à trois centimètres portant gravés en relief, mais dans le sens contraire à celui de l'impression, des lettres, des chiffres, des signes de ponctuation, tous les caractères enfin nécessaires à la composition d'une phrase. Grands ou petits, ces caractères sont formés d'un alliage d'antimoine et de plomb auquel, pour lui donner plus de solidité, on ajoute quelquefois de l'étain.

Bien que l'on puisse imiter à volonté tous les genres d'écriture manuscrite, on préfère généralement l'emploi du caractère droit ou romain de dimensions plus ou moins grandes. Ces dimensions prenaient autrefois les noms de romain compacte, de gros œil, de petit œil, etc., mais aujourd'hui l'usage est de distinguer la force du caractère par la hauteur du corps prise de la tête de la lettre la plus haute, le b, par exemple, jusqu'au pied de celle qui descend le plus bas, comme le p. Cette hauteur se calcule par points, mesure égalant un sixième de ligne de l'ancienne mesure linéaire appelée le pied-de-roi. Ainsi, il y a le romain perle de 4 points, le petit texte de 7 1/2, la gaillarde de 8, le cicéro de 11, le gros texte de 14, le gros romain de 16, le petit canon de 26, le gros canon de 40, etc... La notice, sous vos yeux en ce moment, est imprimée en caractère de huit points.

Tous ces caractères, *majuscules* ou grandes lettres, *minuscules* ou petites, signes de ponctuation, lettres accentuées, liées, les traits d'union, les *cadrats* pour conserver les espaces blancs, les *cadratins*, pour séparer les mots, les alinéas, etc..., sont contenus dans le *cassetin* d'une boîte rectangulaire appelée la *casse*. L'ouvrier compositeur, debout devant la table qui supporte la casse inclinée, prend dans celle-ci avec une étonnante rapidité les caractères et les signes dont il forme les mots et les lignes qu'il range au fur et à mesure dans le *composteur*, instrument composé de deux règles en fer, unies à angle droit par un de leurs bords et terminé à l'une des extrémités par un talon immobile, à l'autre par un curseur mobile dont le rapprochement plus ou moins grand du talon détermine la longueur invariable des lignes.

Le composteur plein, les lignes sont déposées sur la *galée*, petite planche à rebords, et le *metteur en pages*, quand les modifications indiquées par le *correcteur* ont été effectuées, les réunit, arrête les pages, les met en

forme dans un châssis de fer dont les dimensions égalent celle de la feuille d'impression.

Quand l'auteur en a revu et corrigé les épreuves, obtenues au moyen d'une petite presse à main, la forme est remise à l'imprimeur qui en tire un nombre plus ou moins considérable d'exemplaires, soit par la presse à bras, soit par la presse mécanique.

La première est spécialement réservée pour les ouvrages de luxe, ceux qui n'exigent pas une grande rapidité d'impression. Les dispositions en sont variables, mais les presses à bras les plus perfectionnées sont les presses en fer dites *Stanhope* du nom de leur inventeur.

L'ouvrier ayant posé et arrêté la forme sur la table ou *marbre* de la presse Stanhope, fixe sur un *tympan* ou châssis la feuille de papier destinée à être imprimée, couvre, au moyen de la *frisquette*, les parties devant rester blanches, renverse le tout sur la forme préalablement enduite d'encre à l'aide d'un rouleau. Ceci disposé en moins de temps qu'il nous en faut pour l'indiquer, l'imprimeur fait avancer la forme sous une plaque de fonte nommée la *platine* et opère la pression de la feuille sur les caractères au moyen d'une vis que fait tourner un levier de fer, le barreau.

Quant aux presses mécaniques, qui permettent un tirage beaucoup plus rapide et par suite moins coûteux, il en existe également plusieurs systèmes qui, presque tous, procèdent du même principe : la pression opérée par des cylindres roulant sur la surface plane de la forme. Le plus souvent mise en jeu par la vapeur, la presse mécanique est double; elle porte deux cylindres presseurs et deux marbres pour recevoir les deux formes *recto* et *verso* : la feuille, quand elle sort de la presse, est imprimée sur ses deux faces, tandis que dans les presses manuelles le recto et le verso sont tirés successivement par deux presses différentes.

Aux extrémités de la presse mécanique et tournant sur eux-mêmes par l'impulsion que leur donne le mouvement de va-et-vient du marbre, sont placés les *cylindres broyeurs* fournissant l'encre aux *rouleaux preneurs* qui l'étendent sur une table où la prennent les *rouleaux toucheurs* destinés à encrer les formes. La feuille blanche placée sur une surface inclinée à la partie supérieure de la presse s'enroule sur le premier cylindre; une de ses faces imprimée, elle passe sur le second qui l'imprime sur l'autre côté, puis elle sort par un espace ménagé entre les rouleaux presseurs et vient s'empiler automatiquement sur une table dépendant aussi de la presse. Le tirage terminé et la forme lavée à grande eau, on desserre les caractères que le compositeur replace un à un dans leurs cassetins respectifs. Cette opération finale s'appelle la *distribution*.

Il arrive souvent que l'on ne veut ou ne peut pas laisser sans emploi l'énorme quantité de caractères nécessaires à la composition d'un ouvrage; dans ce cas, on *cliche* ou *stéréotype* la forme. Clicher une forme, c'est en prendre une empreinte ou matrice au moyen d'une substance à mouler, du plâtre, ou mieux de la pâte de carton. Dans ce moule en creux on coule de la fonte à caractère, et le métal refroidi, retiré de la matrice, on possède une planche, reproduction exacte de la forme et qui la remplace sur le marbre de la presse.

INTÉRIEUR D'UNE IMPRIMERIE. — LA COMPOSITION. — LES MACHINES. — LES PLIEUSES

N° 4. — LA GRAVURE. — LE CLICHAGE

Pour orner ce cahier dont nous possédons désormais les éléments principaux, il nous faut réclamer l'aide de la *gravure*, dont on pratique aujourd'hui divers procédés. Les plus remarquables sont la gravure *en taille douce* ou *au burin* et la gravure *à l'eau forte*, toutes deux sur métal, cuivre, acier ou zinc.

Dans le premier de ces procédés, le graveur se sert d'un outil d'acier trempé, rond, pointu, taillé en biseau, appelé *burin*; dans le second, la planche métallique est recouverte d'un vernis uniformément étendu et noirci, que le burin enlève aux places indiquées par les traits du dessin décalqué; le travail achevé, on verse sur la planche de l'acide nitrique faible qui entame et creuse le métal partout où il a été mis à nu.

Ces deux genres de *gravure en creux* sont les plus employés soit pour la reproduction à un certain nombre d'exemplaires des tableaux, dessins, croquis, soit pour l'impression des cartes géographiques, des cartes de visite, des armoiries, etc. Ils conviennent et réussissent admirablement à rendre les teintes, les demi-teintes, les clairs, les dégradations de lumière des œuvres artistiques, mais le prix très-élevé des gravures sur métal, le temps considérable que nécessite leur achèvement et aussi le peu de facilité, sinon l'impossibilité de tirer à la presse une planche gravée en creux en même temps qu'une forme de caractères en relief, en ont interdit l'emploi aux éditions dites illustrées dont les gravures et le bas prix sont une des conditions de réussite. C'est ainsi que l'on a été amené à adopter pour cet usage la *gravure en relief sur bois*.

Ce mode de gravure s'exécute ordinairement sur buis ou sur poirier dans le sens dit *debout*. La planche bien dressée, saupoudrée de *sandaraque*, l'artiste trace, copie ou calque son dessin. Le graveur, à l'aide de sa *pointe*, lame longue, étroite, enlève toutes les parties restées blanches, laisse en relief les traits, les hachures, les contours qui deviennent ainsi autant de *tailles*. Quand les espaces blancs sont considérables, le graveur les fait sauter à l'aide d'un *ciseau* ou *gouge* qu'il pousse dans le bois à coups de maillets. Pour certains traits délicats, à peine indiqués, les graveurs sur bois se servent aussi d'un burin semblable à celui des graveurs sur métal.

Il arrive parfois que les dimensions du dessin dépassent de beaucoup celles de la planche destinée à le recevoir. Dans ce cas, on en forme une plus grande par la réunion les unes aux autres de plusieurs planchettes fortement serrées par des coins dans un châssis de fer.

Que la planche soit d'une seule pièce ou un plusieurs réunies, elle pourrait dès ce moment être soumise à l'action de la presse, mais le peu de résistance du bois aux longs tirages, le désir que l'on a souvent de conserver intacte la gravure originale, ont fait naître l'idée de clicher les bois gravés comme on cliche dans les imprimeries les formes composées.

Toutefois, les procédés employés ne sont pas les mêmes, parce que la gravure demande une netteté, un *fini* que le moulage en carton ne pourrait donner.

Deux moyens sont employés pour le clichage des bois de gravures : l'un, dont on ne se sert plus que pour les œuvres communes destinées aux éditions à très-bas prix et aux images enfantines, consiste à prendre avec du plâtre fin l'empreinte de la gravure sur bois. Ce moule en creux est attaché à un barreau de fer pesant, lequel glisse verticalement entre les coulisses de deux supports, et tombe sur un alliage de plomb et de bismuth liquéfié à une faible température. On obtient ainsi un cliché en relief, solide et résistant, identique à ceux dont on se sert dans les ateliers typographiques.

Le second procédé est plus compliqué, mais il donne des résultats vraiment remarquables comme finesse. L'opération s'exécute par la galvanoplastie, application des lois que sur les courants électriques de décomposer les sels métalliques.

L'empreinte de la planche à reproduire est prise avec de la gélatine ou mieux de la gutta-percha, gomme plastique analogue au caoutchouc et que ramollit la chaleur. Ce moule, dont la surface creuse a été préalablement enduite de plombagine, dite aussi, quoique à tort, mine de plomb, est suspendu à l'un des pôles, le négatif, d'une source d'électricité appelée pile (nous réservons pour une autre occasion la description et l'explication de cet appareil), et plonge dans une solution concentrée de sulfate de cuivre ou vitriol bleu. Le sel chimique, résultat de la combinaison du cuivre avec l'acide sulfurique, est décomposé par l'électricité; ses deux éléments, l'acide et le cuivre, se séparent : le premier, rendu libre, se porte au pôle positif de l'appareil, et le métal se dépose molécule par molécule dans les creux du moule. Après un certain temps, — environ un jour ou deux, — il se forme une planche solide reproduisant en *relief*, l'empreinte en *creux* de la gravure originale en *relief*.

Le tirage des estampes, nom donné aux épreuves tirées sur papier, des planches gravées par un procédé quelconque, se fait par les presses à bras pour les œuvres soignées du burin et de l'eau-forte. Pour les gravures sur bois, le tirage mécanique réussit très-bien. Les clichés de cuivre ou même la planche originale de bois, sont intercalés dans la forme pour être imprimés en même temps que celle-ci. Nous avons sous les yeux, par la vignette du présent cahier, un exemple des résultats obtenus.

Pour rendre plus économiques les frais de tirage et arriver ainsi aux limites extrêmes du bon marché en répartissant la dépense sur un plus grand nombre de couvertures, l'imprimeur tire sur une seule feuille de papier quatre et même huit notices accompagnées de leurs vignettes.

En sortant de la presse, ces couvertures sont séparées les unes des autres; des ouvrières en couvrent les feuilles de papier devant composer le cahier et elles réunissent le tout par un fil. Les cahiers ainsi formés sont rassemblés par fractions de cinquante pour former une rame, puis soumis à une forte pression et rognés tous également par une lame rogneuse mécanique. Enfin ils vont se distribuer partout où de jeunes enfants désireux de s'instruire savent que, si l'instruction ne mène pas toujours l'homme à la fortune, du moins lui donne-t-elle le moyen d'améliorer son sort ou de supporter l'adversité, si l'adversité le frappe, tandis que l'homme ignorant n'a d'autre avenir qu'une misère sans espoir et sans consolation.

P. LAURENCIN.

HISTOIRE

NATURELLE

SIMPLES NOTIONS D'HISTOIRE NATURELLE
PAR UN INSPECTEUR PRIMAIRE

DES TROIS RÈGNES DE LA NATURE.

LES TROIS RÈGNES DE LA NATURE SONT :

1° LE RÈGNE ANIMAL, QUI COMPREND TOUS LES ANIMAUX (*zoologie*)
2° LE RÈGNE VÉGÉTAL, QUI COMPREND TOUTES LES PLANTES OU VÉGÉTAUX (*botanique*)
3° LE RÈGNE MINÉRAL, QUI COMPREND TOUS LES CORPS BRUTS OU SUBSTANCES INORGANIQUES (*minéralogie*)

Tous les êtres compris dans les deux premiers règnes sont aussi appelés *corps organisés*
et tous ceux qui sont compris dans le troisième sont appelés *corps inorganisés*.

RÈGNE ANIMAL

L'ANIMAL est un être doué de sensibilité et de mouvement.

On divise les animaux en quatre classes : 1° les vertébrés, 2° les articulés, 3° les mollusques, 4° les zoophytes.

On appelle animaux *vertébrés* ceux dont les os soutiennent la chair, comme chez l'homme, le cheval, le poisson, le serpent, etc.

On compte cinq classes parmi les vertébrés : 1° les mammifères, 2° les oiseaux, 3° les reptiles, 4° les poissons, 5° les amphibiens.

On appelle *articulés* ceux qui ont le corps composé d'une suite variable de segments ou d'anneaux placés les uns après les autres.

Les articulés se divisent en quatre classes : 1° les insectes, comme l'abeille et la mouche ; 2° les arachnides, comme l'araignée, le scorpion ;

3° Les crustacés, qui ont le corps enveloppé d'une croûte, comme l'écrevisse, le homard, le crabe ; 4° les annélides, comme la sangsue, le ver de terre, etc.

On appelle *mollusques* ceux qui, formés d'une substance molle, sont enveloppés, du moins en partie, d'une peau musculaire ou *manteau*, ou protégés par une forte *cuirasse* ou *coquille*, comme l'huître, le limaçon. Un assez grand nombre d'espèces font partie de la nourriture de l'homme.

Les *zoophytes* sont des animaux qui ont quelque rapport avec les plantes, et qu'on appelle pour cette raison animaux-plantes, tels que les oursins, les étoiles de mer, etc. On appelle aussi ces animaux *rayonnés*, parce que les différentes parties qui les constituent se groupent autour d'un axe et donnent au corps une forme rayonnée.

On appelle *mammifères* les animaux qui nourrissent leurs petits avec leur lait ; *vivipares* ceux qui mettent au monde leurs petits tout vivants, et *ovipares* ceux qui se reproduisent par les œufs.

On appelle *oiseaux* ceux qui sont conformés pour la marche et surtout pour le vol. Leurs membres antérieurs forment des ailes, et leur corps est couvert de plumes. Les oiseaux sont *ovipares*.

On appelle *reptiles* les animaux qui rampent et qui sont sans pieds, comme les serpents, ou qui en ont de très-courts, comme le lézard, le crocodile, etc.

On appelle *poissons* les animaux pourvus de nageoires qui naissent et vivent dans l'eau.

On appelle *amphibiens* ceux qui vivent sur terre et dans l'eau, comme les grenouilles, les crocodiles et certains lézards. Ces animaux ont à la fois des *poumons* pour respirer l'air atmosphérique, et des *ouïes* pour respirer l'air contenu dans l'eau.

On appelle *bipèdes* ceux qui ont deux pieds, comme l'homme, l'oiseau.

On appelle *qua-drupèdes* ceux qui ont quatre pieds, comme le cheval, le bœuf, le lion, le chien, le chat, etc. Les vrais *quadrupèdes*, dit Buffon, sont le *solipèdes*, qui n'ont qu'une corne à chaque pied tels que le cheval, et ceux qui ont les pied fourchus, tels que le bœuf.

On appelle *palmipèdes* ou *nageurs* ceux qui ont les doigts réunis par une membrane, comme le cygne, le canard, etc., oiseaux parfaitement conformés pour la natation.

On appelle l'homme *bimane* parce qu'il a deux mains. Ce qui distingue avant tout l'homme des autres animaux c'est son intelligence.

On appelle *quadrumanes* les animaux dont les quatre membres se terminent par une main, tels que le singe, le lémurien, le maki, l'ouistiti. Le singe est de tous les animaux celui qui s rapproche le plus de l'homme par la forme, pa ticulièrement l'orang-outang, surnommé l'*homm des bois*.

On appelle *échassiers* les oiseaux qui ont les jambes fort longues, comme les autruches, les grues, les hérons, les cigo- gnes, etc. La disposition des membres inférieurs des *écha siers* leur permet d'entrer dans l'eau à une certai profondeur sans se mouiller le corps. Ces oiseaux v vent sur les bords de la mer, dans les lacs salés, et

On appelle *carnassiers*, ou *carnivores*, ceux qui se nourrissent de chair, comme le lion, le tigre, la panthère, la hyène, le chacal, le loup, le chien, etc. Il existe cependant une différence entre les mots *ca nassier* et *carnivore* : le premier signifie qui vit e chair crue; le second, qui en mange, sans en faire e sentiellement sa nourriture.

On appelle *oiseaux de proie* ceux qui se nourrissent également de chair, comme l'ai- gle, le vautour, le faucon, l'émouchet, etc. L'oiseau de proie vit essentiellement de rapine, c'e pour cela qu'il est appelé *rapace*. Il se fait remarqu par la force de ses serres et par son bec crochu.

On appelle *herbivores* ceux qui se nourrissent d'herbe, comme le bœuf, l'âne, le mouton, le lapin, et autres. Les espèces *herbivores* se distinguent particuli rement par leurs dents à couronne plate, leur estomac pl vaste et par un tube digestif plus long.

On appelle *granivores* ceux qui se nourrissent de graines, comme le pigeon, la poule et la plupart des oiseaux. Le jabot (1re partie de l'estomac) est plus déve- loppé chez les granivores que chez les autres oiseaux. Le rat et la souris, de la famille des *ron- geurs*, se nourrissent également de graines.

On appelle *insectivores* ceux qui se nourrissent d'insectes, comme les tau- pes, les musaraignes, les hérissons, etc. Sans faire de dégâts, le hérisson, dont la chair bonne à manger, détruit un grand nombre d'insec nuisibles aux plantes.

On appelle *ruminants* ceux qui font remon- ter les aliments après les avoir mangés, pour les mâcher plus complétement, tels que le chameau, le bœuf, la chèvre, le chevreuil, le cerf, la vigogne, la girafe, e

On appelle *gallinacés* les oiseaux pesants, à vol court, qui ont pour type le coq, tels que le paon, le pigeon, dindon. On donne à ces derniers le nom d'oiseaux de basse-cour.

On appelle *cétacés* les mammifères qui, ayant la forme de poissons, respirent, comme les quadrupèdes, par les poumons; tels sont la baleine, le cachalot, le narv le dauphin, etc.

On a donné le nom de *souffleurs* à ces animaux parce qu'ils ont la facilité de rejeter par leurs évents (ouvert placée sur leur tête) l'eau qui pénètre dans leur gueule lorsqu'ils saisissent leur proie.

Le plus grand de tous les animaux est la baleine, qui atteint quelquefois jusqu'à 30 mètres de longueur. animal habite les mers du Nord, près de la région des glaces.

On donne le nom de *fanons* aux lames de cornes qui garnissent les mâchoires de la baleine; cette substan connue sous le nom de *baleine*, entre dans la confection des corsets, des parapluies, etc.

LES SINGES ATÈLES

LES SINGES ATÈLES

Les atèles, appelés quelquefois singes-araignées, formant la troisième tribu des singes, sont caractérisés par une queue très-longue, fortement prenante et calleuse dans sa partie extrême. Leurs membres sont grêles et terminés par trois doigts seulement, d'où leur viennent leur nom dérivé du grec *atélés* (imparfaits); ce sont des singes imparfaits ou à main imparfaite.

D'un caractère doux et craintif, ces animaux sont tristes, paresseux, et, quand rien ne les excite, excessivement lents dans leurs mouvements. Ils marchent tantôt en s'appuyant sur leurs poings fermés, ou bien exécutant des sauts parfois considérables. Les singes atèles se trouvent réunis en troupes sur les arbres élevés, et, lorsqu'ils veulent changer de place, étendent, pour les accrocher au loin, leurs longs membres ou leur queue qui remplit, ainsi l'office d'un véritable cinquième membre. Quelques voyageurs prétendent que les atèles, quand ils veulent sans descendre de terre franchir une rivière ou tout autre espace considérable, s'attachent les uns aux autres à l'aide de leur queue et forment ainsi une espèce de chaîne dans laquelle chaque individu est supporté par la queue de son voisin. Le dernier singe, formant l'extrémité de ce câble vivant, enroule sa queue au premier objet favorable et tire ensuite à lui ses compagnons. Cette assertion paraît une exagération de la vérité. Cependant il est un fait certain, c'est que la queue des atèles est assez robuste pour supporter non-seulement le corps pendant de l'animal, mais aussi le corps d'un second atèle que tiendrait le premier.

Outre ses fonctions locomotrices, cette queue sert aux singes atèles à saisir au loin les objets sans que l'animal ait besoin de faire mouvoir son corps ou même de se servir de ses yeux; sa mobilité, sa force et sa sensibilité la constituent donc tout à la fois un instrument de préhension et un organe du toucher. Les atèles ne se servent pas de ce long rameau pour porter leurs aliments à la bouche, mais souvent les individus amenés dans nos climats s'en entourent le corps comme d'un manteau destiné à les garantir du froid. Il en est qui agissent ainsi à l'égard d'autres singes non-seulement de la même espèce, mais encore de variétés très-différentes de la leur.

Les atèles habitent les contrées les plus chaudes de l'Amérique du Sud et sont très-répandus dans les magnifiques forêts vierges du Brésil, du Paraguay et du Rio de la Plata. On n'en voit que très-rarement en Europe, car la plupart des sujets qu'on a tenté d'y apporter sont morts en route ou n'ont vécu que trop peu de temps sous notre climat, dont la rigueur relative paraît leur être extrêmement pénible.

Comme tous les individus des autres familles de singes, les atèles se nourrissent de fruits, d'amandes, de bananes, de noix de coco qu'ils ouvrent en les laissant tomber du haut de l'arbre sur le sol; ils sont extrêmement friands de cannes à sucre et commettent dans les plantations des dégâts considérables.

Les Indiens se nourrissaient autrefois de la chair des atèles; mais les peuples d'origine européenne n'ont jamais pu surmonter leur répugnance pour la chair d'animaux si voisins de notre espèce par leurs apparences extérieures; s'ils les chassent à coups de fusil, c'est pour en délivrer leurs champs de cannes à sucre.

Parmi les variétés les mieux connues de singes atèles, nous citerons:

L'*atèle cotta*, à pelage entièrement noir, à face de nuance brun-noirâtre et d'une taille de soixante à soixante-dix centimètres, non compris la queue, qui à elle seule est plus longue que le corps. Cet atèle, l'espèce que l'on voit le plus communément en France, habite la Guyane, où les naturels lui donnaient autrefois le nom de *cotta* ou *coata*, que Buffon lui a conservé.

L'*atèle noir* ou *atèle cayon* a la face plus noire que le précédent, et comme lui se rencontre dans les forêts de la Guyane.

L'*atèle à face encadrée* est également noir de pelage; mais il a le visage entouré d'une espèce de fraise de poils blancs. Cette variété est commune au Brésil et dans les forêts marécageuses au milieu desquelles coule le majestueux fleuve des Amazones.

L'*atèle belzébuth* est sensiblement plus petit que les individus des trois variétés que nous venons d'énumérer; son pelage, au lieu d'être noir franc, est noir tirant sur le brun, et les parties inférieures, ainsi que le dessous des membres, sont d'un blanc jaunâtre. L'atèle belzébuth est commun dans les forêts qui bordent le fleuve Orénoque.

L'*atèle métis* n'est pas noir, mais son pelage est brun-cendré, clair au-dessus du corps et blanc pur au-dessous et à la face interne des membres. Cette espèce est originaire de la Colombie, où on lui a donné son nom de *mono-zambo* ou singe-métis, à cause de sa couleur générale, qui tient tout à la fois de celle de l'indien et de celle du nègre.

L'*atèle pentadactyle* diffère des individus précédents par les pouces antérieurs qui se montrent à ses extrémités sous forme de tubercules ou de verrues sans ongles, tandis qu'ils font complètement défaut chez les autres atèles. Cette espèce à pelage noir, comme les premières dont nous avons parlé, habite le Pérou et la Bolivie.

Une dernière variété, l'*atèle mélanochire*, si peu observée jusqu'à présent que bien des naturalistes doutent de son existence, est grise avec une tache oblique de brun-noir ou de gris-brun au sommet de la tête, sur chacun des genoux et à l'extrémité des quatre membres.

PAUL LAURENCIN.

LES PAPIONS

LE PAPION

Le singe est l'animal qui, par ses formes extérieures, se rapproche le plus de l'homme. De cette ressemblance, quelques esprits ont voulu en conclure que notre espèce ne serait qu'une race de singes plus intelligents que les autres. Il n'en est rien, hâtons-nous de le dire. Les hommes n'ont de commun avec les singes que les organes dont sont pourvus tous les mammifères; et ce n'est pas seulement par leur intelligence qu'ils s'éloignent des quadrumanes, mais encore par la forme de leur crâne, de leur face, leur peau nue, lisse, la force de leur épine dorsale et des muscles des jambes, force qui leur rend naturelle la station debout, accidentelle seulement chez les singes.

S'il est une race de singe qui ne ressemble que bien peu à l'homme, c'est celle des papions, appartenant à un genre de quadrumanes appelés *cynocéphales*, d'un mot composé grec, qui signifie *tête de chien*, dénomination justifiée par la forme allongée de leur museau, très-gros à son extrémité antérieure, plus mince à sa racine, et qui simule assez bien la forme tronquée du museau des chiens.

Le papion est de forte taille; ses membres sont robustes, et la paire postérieure l'emporte un peu en longueur sur la paire antérieure. Les mains ont cinq doigts bien formés et bien divisés; le pouce, parfaitement opposable aux autres doigts comme chez l'homme, est moins long et moins développé à l'extrémité des membres antérieurs qu'à celle des membres postérieurs. Les ongles terminant les quatre pouces sont aplatis, tandis que ceux des autres doigts sont convexes ou taillés en gouttière. Selon les espèces, la queue des cynocéphales est très-longue ou très-courte; celle des papions est de dimensions restreintes.

Le pelage des cynocéphales est en général long et touffu; chez les papions, l'espèce la mieux connue du genre, les poils sont longs et touffus sur toutes les parties du corps, mais à des degrés différents selon que l'on examine les parties supérieures ou inférieures de l'animal. Sur les secondes, il est plus court que sur les premières comme aussi il est plus ras à la face interne des membres. La couleur de ce pelage est d'un brun-roux tirant sur le brun foncé; la teinte est moins sombre en dessous qu'en dessus du corps et, sur la ligne médiane du dos, elle a des reflets rougeâtres. Quant aux poils considérés isolément, ils sont annelés de noir et de roux.

Assez dociles, susceptibles d'affection pour leurs gardiens, turbulents, malins, sans aucune méchanceté quand ils sont jeunes, les papions deviennent intraitables à mesure qu'ils avancent en âge. A l'état d'esclavage, un rien suffit pour les mettre en fureur, et non-seulement la crainte des châtiments, mais les châtiments mêmes ne peuvent les réprimer; ils ne servent au contraire qu'à les exaspérer.

En liberté, les cynocéphales préfèrent comme séjour, les montagnes ou les coteaux accidentés des rochers, de cavernes ou de buissons à l'intérieur desquels ils peuvent se cacher; c'est très-rarement que, comme les autres singes, ils se retirent dans les bois; leurs formes trapues, leur agilité, la force de leurs membres leur permettrait cependant aussi bien qu'aux diverses espèces du même ordre, la vie sur les arbres.

Ces animaux errent en troupes qui adoptent un canton spécial où elles ne souffrent aucune rivalité, qu'au besoin, elles savent défendre contre les hommes. En effet, si près de la retraite choisie par les papions, il vient à en paraître quelques-uns, l'alarme est jetée, tous les animaux se rendent à l'appel, essayent par leurs démonstrations de faire fuir les importuns visiteurs et, si les cris ou les grimaces ne suffisent pas, les accablent de pierres, de branches d'arbres, de projectiles de n'importe quelle nature qui leur tombe sous la main. Les détonations des armes à feu ne parviennent guère à les effrayer que s'ils sont peu nombreux, car dans le cas contraire, ils soutiennent vaillamment la lutte et n'opèrent leur retraite qu'après avoir laissé plusieurs des leurs sur le terrain. Quant au voyageur qui s'égare seul dans une contrée où vit une troupe de papions, malheur à lui si ces animaux le surprennent: sa témérité ne peut que lui coûter la vie, attendu le nombre et la férocité des ennemis qui s'acharnent après lui pour le terrasser et le cribler de cruelles morsures. Le naturaliste Delalande cite le fait d'un anglais qui, surpris par une troupe de papions, dans une contrée du pays des Hottentots, préféra se tuer en se précipitant du rocher sur lequel il se trouvait.

L'alimentation des papions est presque entièrement végétale; les dents canines de leurs mâchoires ne sont guère pour eux que des instruments de défense. Ils sont le fléau des vergers et des jardins des pays où ils vivent. Le plus souvent, c'est pendant la nuit qu'ils organisent leurs entreprises de maraude, et, pour les mener à bonne fin, sans crainte de surprise, ils s'entourent de précautions qui feraient honneur à un général d'avant-garde. Toute la troupe se partage en trois corps; l'un a pour mission de fournir les sentinelles qui devront veiller et donner l'alarme en cas de danger; un autre doit faire la récolte ou mieux ravager le jardin choisi par la bande; le troisième et le plus nombreux s'échelonne de ce jardin au magasin général de la tribu, pour passer de main en main le butin recueilli. Au premier cri qui signale un péril, toute la bande pillarde s'évanouit avec promptitude. Les fonctions de sentinelles ne sont pas, paraît-il, exemptes de dangers, car souvent celles qui ont laissé surprendre la troupe payent de leur vie leur négligence. Le voyageur Kolbe, qui a exploré les régions du cap de Bonne-Espérance, raconte que « s'il arrive que quelqu'un de la troupe soit pris ou tué, avant que la garde ait donné le signal, on entend un tintamarre furieux dès que les papions se sont retirés sur la montagne où est leur rendez-vous, et assez souvent on en trouve plusieurs qui ont été mis en pièces par leurs compagnons... »

Selon quelques voyageurs naturalistes, les papions vivent par troupes de trente à quarante individus, dans les contrées africaines qui avoisinent le cap de Bonne-Espérance et s'étendent à trois cents lieues vers le nord. Selon d'autres, qui ont exploré les pays qu'arrose le fleuve Niger, c'est aux environs de la colonie anglaise de Sierra Leone qu'il faut placer le véritable séjour des singes-cynocéphales-papions. Enfin, d'autres auteurs prétendent avoir rencontré quelques individus de cette espèce dans les plaines de Sennaar.

PAUL LAURENCIN.

LES SAPAJOUS

LES SAPAJOUS

Les singes sont, parmi les animaux mammifères, ceux qui, par leurs apparences extérieures, se rapprochent le plus de l'homme. Quelques philosophes, amis du paradoxe, ont prétendu, quelques-uns même ont cherché à soutenir que notre espèce ne serait qu'une famille particulière de singes, distinguée des autres par un don tout particulier de perfectibilité. Cette thèse, à la mode au XVIIIe siècle, n'est plus guère admise de nos jours; la science moderne s'est elle-même chargée de réfuter quelques-uns de ses propres sophismes et l'anatomie, par l'observation du cerveau, des membres, la comparaison du squelette humain avec celui des singes, a victorieusement démontré que cet être si intelligent, si éminemment perfectible, celui que Dieu créa à son image et à sa ressemblance, est absolument différent de l'animal qui en est tout au plus la caricature.

Cependant on ne peut refuser aux singes un instinct extrêmement développé, une faculté étonnante d'imiter d'une façon bizarre nos moindres gestes, faculté qui a permis d'en dresser quelques-uns à remplir le rôle de domestiques servant à table. Mais les résultats obtenus par l'instinct sont bien inférieurs à ceux qui découlent des opérations de l'intelligence humaine. Tandis que tous les actes de cette dernière sont une suite de l'expérience et de la réflexion, variant suivant les habitudes, le caractère, l'éducation de l'être pensant, ceux de l'instinct sont le produit d'un penchant inné, aveugle, antérieure à toute éducation, qui porte à l'exécution machinale de certains actes, toujours les mêmes, ne se perfectionnant, ne variant jamais quels que soient les individus, et cela sans que l'animal ait la moindre notion de leur but.

Parmi les singes, il en est peu d'aussi adroits et d'aussi intelligents que ceux de la famille des *sapajous* ou *sajous*, rangés par Buffon dans la première classe de singes d'Amérique et, plus récemment, par Geoffroy Saint-Hilaire, au nombre des singes *platyrrhiniens* ou singes à narines larges. A cette famille correspondent un grand nombre d'espèces qui ont pour caractères génériques une taille au-dessus de la moyenne et un corps assez mince, de là le nom vulgaire de *singes-araignées* qui leur est commun avec d'autres espèces, entre autres les atèles et les makis.

Les sapajous ont la tête arrondie, un museau large et plat, un crâne saillant rejeté en arrière. Les membres longs et forts sont terminés par des mains dont le pouce est peu libre, et les autres doigts recouverts à leur extrémité d'ongles en gouttière. La queue, recouverte de poils sur toute son étendue, n'est prenante que par son extrémité.

Les sapajous sont des animaux vifs, pétulants, d'une agilité surprenante. Réduits en captivité, ils conservent leurs qualités de l'état sauvage, mais leur caractère se transforme, ils deviennent doux et dociles. Ces animaux vivent en troupes dans les grandes forêts du Brésil et de la Guyane, se nourrissent de fruits et de graines, d'insectes et de mollusques terrestres et, parfois aussi de petits oiseaux qu'ils surprennent au nid. Ils séjournent de préférence sur les plus hautes branches des arbres, hors de la portée des serpents dont, malgré leurs précautions, ils deviennent souvent la proie.

Les sapajous comprennent un grand nombre de variétés, parmi lesquelles nous citerons :

Le *sapajou commun* ou *sajouassou*, connu à Surinam et à Cayenne sous le nom de *mickou*, a le pelage brun clair en dessus du corps, fauve en dessous ; la queue et la partie inférieure des membres sont noires, la face est noire tirant sur le violet.

Le *capucin* ou *saï* a les poils d'une nuance brun jaunâtre, plus foncée sur les parties externes du corps que sur les autres. Cet animal se rencontre surtout dans les forêts de la Guyane et du Pérou, où il se nourrit de fruits, de graines et de sauterelles. D'un naturel très-farouche, le sapajou-capucin se défend avec courage et ténacité, et mord si opiniâtrement le chasseur qui veut le saisir, que force est de l'assommer pour lui faire lâcher prise. Cependant, malgré ce caractère, le capucin peut être réduit en captivité et devient alors doux, docile, craintif ; amené sous nos climats, il préfère pour sa nourriture les hannetons et les limaçons. On a quelquefois appelé cette variété de sapajou *singe pleureur*, à cause du cri plaintif et lamentable qu'il fait entendre quand il est contrarié, et *singe musqué* de l'odeur forte qu'exhale son corps.

Le *carico* ou *sapajou à gorge blanche* a le corps couvert de poils noirs ; son front, son cou, ses oreilles et sa gorge sont d'un blanc sale. Cette variété vit en bandes nombreuses dans les massifs de palmiers, de bananiers de la zone torride américaine.

Le *sajou à grosse tête* se distingue des autres par son front large et fortement rejeté en arrière ; il est commun au Brésil. En esclavage, c'est le plus intelligent des singes sapajous ; il recherche les caresses, les rend, témoigne de l'affection pour son maître et, comme les chiens, sait lire dans les yeux les sentiments qu'on éprouve pour lui.

Le *sapajou aux pieds dorés* est ainsi nommé de la couleur fauve vif de ses quatre membres.

L'*onarapari* ou *sajpaou à front blanc*, qui vit en bandes nombreuses dans les forêts au sein desquelles coule le fleuve Orénoque, a la face d'un gris bleuâtre, le front et les orbites d'un blanc pur, le reste du corps est gris tirant sur le brun.

Le *mico* ou *macao*, originaire du Brésil, a le pelage brun foncé, et, au sommet de la tête, une touffe de poils noirs s'avançant sur le front.

Le *sapajou à toupet* a les poils très-souples, très-longs et d'un brun châtain entremêlé de quelques filaments blancs. C'est dans les forêts brésiliennes ou guyannaises qu'on rencontre le sapajou à toupet, ainsi que le *sapajou cornu*, désigné par ce nom à cause de deux pinceaux de poils simulant des cornes qu'il porte sur chacun des côtés de la tête.

PAUL LAURENCIN.

LE LION DU DÉSERT

LA LIONNE DU JARDIN DES PLANTES

LE LION

Le lion a la figure imposante, le regard assuré, la démarche fière, la voix terrible ; sa taille n'est pas excessive comme celle de l'éléphant ou du rhinocéros ; elle n'est ni lourde comme celle de l'hippopotame ou du bœuf, ni trop ramassée comme celle de l'hyène ou de l'ours, ni trop allongée et déformée par des inégalités comme celle du chameau, mais, au contraire, si bien prise et si bien proportionnée, que le corps du lion paraît être le modèle de la force jointe à l'agilité ; aussi solide que nerveux, n'étant chargé ni de chair ni de graisse, il est tout nerfs et muscles. Cette grande force musculaire se marque au dehors par les sauts et les bonds prodigieux que le lion fait aisément, par le mouvement brusque de sa queue qui est assez forte pour terrasser un homme, par la facilité avec laquelle il fait mouvoir la peau de sa face et surtout celle de son front, ce qui ajoute beaucoup à sa physionomie, ou plutôt à l'expression de sa fureur, et enfin par la faculté qu'il a de remuer sa crinière, laquelle non-seulement se hérisse, mais se meut et s'agite quand il est en colère.

De tout temps, le lion a été l'emblème de la noblesse et du courage, et on s'est plu à en faire un modèle de générosité, de magnanimité et de grandeur d'âme. Il est fâcheux et presque pénible de venir détruire de si belles erreurs et de montrer le lion tel qu'il est, c'est-à-dire cruel, féroce, implacable et traître : il est aussi féroce que le tigre lorsque la faim le tourmente ; il sort de sa tanière, précipite sa course et parcourt les forêts et les plaines ; lorsqu'il aperçoit une proie dont il n'est pas vu, il se tapit comme le tigre, et, lorsque sa victime est à sa portée, il se jette sur elle d'un seul bond et la déchire avec fureur. Comme tous les animaux de proie, il perd de sa férocité quand son appétit est satisfait, pour la reprendre dans toute sa force quand l'appétit se fait sentir de nouveau, d'où l'on peut conclure qu'il est cruel quand il a faim et magnanime quand il a mangé.

Il habite les forêts et se retire pendant le jour dans le fond d'un antre ou dans le creux d'un rocher ; la nuit il sort de cette tanière et rôde dans les bois. Il n'est pas doué, comme d'autres animaux chasseurs, d'un odorat qui lui permette de sentir sa proie de loin ; il la chasse, pour ainsi dire, à vue : aussi son coup d'œil prompt et rapide distingue-t-il à de grandes distances ; il ne grimpe pas sur les arbres comme le tigre, il faut qu'il saisisse sa proie du premier bond. Il mange beaucoup à la fois et peut rester plusieurs jours sans prendre de nourriture, mais il ne saurait rester aussi longtemps sans boire ; il ne touche pas à la chair fétide, il lui faut des victimes palpitantes, e il est rare qu'il revienne à un corps qu'il n'a d'abor mangé qu'en partie.

Le lion fuit et le tigre ne fuit jamais ; la vue d'un homme fait trembler le lion, elle irrite le tigre. Deu Hollandais vont un jour à la chasse ; l'un d'eux s'approche d'une mare, et un lion en embuscade dans se hautes herbes s'élance et le saisit par le bras avan d'avoir pu le distinguer ; il reconnaît un homme et su pris de sa propre audace, effrayé de ce qu'il vient d faire, il reste immobile, sans néanmoins lâcher sa victime ; il a vu sa figure imposante, et il tremble ; ferme les yeux pour se dérober à l'influence d'un re gard qui l'épouvante. Le malheureux Hollandais, voyan que son ami ne peut tirer sur le monstre sans risque de le percer lui-même d'une balle, prend une coura geuse résolution ; il profite de la stupeur du lion pou glisser dans sa poche la main qu'il avait libre ; il en tire doucement son couteau, l'ouvre, mesure son cou et le plonge dans le cœur de l'animal ; mais celui-ci mourant déchire sa victime, et tous deux roulent mor sur le gazon ensanglanté.

Ce terrible animal a en général deux mètres de lor sur un mètre au moins de haut ; sa queue est termi née par un pinceau de poils, et toute la partie anté rieure du mâle est garnie d'une crinière épaisse de même couleur que le reste du corps ; il porte tou jours la tête élevée, ce qui lui donne l'air fier et ma jestueux.

Dès qu'un lion est à distance, on voit les chevau trembler, se serrer les uns contre les autres et henni de terreur ; les chiens donnent aussi de grandes mar ques d'effroi, mais ils gardent un profond silence.

Les lions étaient autrefois beaucoup plus répand qu'aujourd'hui sur la surface du globe ; on en trouv dans la Turquie d'Europe et dans toute l'Asie Mineur on n'en trouve plus guère qu'en Afrique ; ils sont enco communs depuis le mont Atlas jusqu'au cap de Bonn Espérance, et depuis le Sénégal et la Guinée jusqu'au côtes de l'Abyssinie et de la Mozambique. Malgré force prodigieuse et bien qu'aucun animal n'ose att quer le lion, il est cependant vivement poursuivi p un ennemi qui a déjà détruit une grande partie de race, et qui l'a chassé de plus de la moitié de la terr cet ennemi, c'est l'homme ; il ose aller chasser le li jusque dans les forêts et le braver jusque dans son re paire. Aujourd'hui c'est dans but de le détruire ; temps des anciens, c'était pour s'en emparer et l'e voyer combattre dans le cirque de Rome, pour serv aux barbares plaisirs du peuple romain.

LE JAGUAR ET LE BOA

LE JAGUAR ET LE BOA

Le jaguar et le boa sont, dans leurs ordres différents, deux animaux aussi féroces l'un que l'autre.

Le premier, du genre chat, est souvent appelé tigre d'Amérique du continent, qu'il habite exclusivement; on le nomme encore grande panthère des foureurs, parce que sa peau est très-recherchée de ces industriels. Le jaguar est, après le lion et le tigre, le plus grand et le plus fort des animaux carnassiers; la longueur de son corps atteint près de deux mètres, non compris la queue, qui a près de soixante centimètres.

Aussi beau que celui du tigre ou de la panthère, le pelage du jaguar est d'une couleur fauve en dessus, semé de taches plus ou moins noires, formant des anneaux, fermés ou non, avec un point noir au milieu. Ces taches, au nombre de quatre ou cinq, sur chacune des lignes transversales des flancs, ne sont pas très-régulières, excepté pourtant sur la tête, le dos et les jambes, où elles s'allongent tantôt sur un rang, tantôt sur deux. Quant à la queue de cet animal, elle est fauve jusqu'aux deux tiers de sa longueur; seule, l'extrémité est noire en dessus, cannelée de blanc et de noir en dessous.

Le jaguar est commun dans les contrées chaudes de l'Amérique, au Mexique, dans la Colombie, jusqu'aux pampas ou plaines de Buénos-Ayres, où il est très-dangereux et attaque souvent l'homme. D'autres variétés, qui vivent dans la Guyane, le Brésil, les rives du fleuve des Amazones, sont aussi féroces, mais moins hardies; car, loin de braver l'homme, elles l'évitent, si ce n'est toutefois quand celui-ci les a mis dans l'impossibilité de fuir.

Les localités marécageuses et boisées des grands fleuves de l'Amérique du Sud sont les endroits où les jaguars se rencontrent le plus habituellement. Au temps où les Pères jésuites gouvernaient le Paraguay, les jaguars étaient si nombreux dans la contrée, que, chaque année, on en abattait jusqu'à deux mille. Aujourd'hui, la guerre active, qu'on ne cesse de leur faire, en a beaucoup diminué le nombre.

Ce féroce animal se nourrit aux dépens des immenses troupeaux de buffles, de bisons, de chevaux sauvages, qui errent dans les plaines et les prairies. Chaque soir, aussitôt le soleil couché, il part pour la chasse en faisant entendre un son flûté, terminé par une forte aspiration pectorale, ou, quand il est irrité, un râlement profond, que termine un éclat de voix terrible. Le jaguar s'éloigne peu des cours d'eau, près desquels il trouve une nourriture abondante; il nage avec facilité, pêche adroitement avec sa patte les loutres, les pacas, quelquefois aussi les poissons qui passent à sa portée. Le jour, il dort dans un îlot, parmi les joncs et les roseaux, et la nuit s'embusque dans les buissons. Là, il attend sa proie, s'élance aussitôt qu'elle passe auprès de lui, et brise le crâne de sa victime en lui posant une patte sur la tête, et, de l'autre, en lui relevant le menton. Telle est la force du jaguar qu'il emporte ou plutôt traîne aisément, au fond de son repaire, le corps d'un bœuf ou d'un cheval qu'il vient d'immoler.

Ce carnassier grimpe également sur les arbres avec l'agilité des chats, y poursuit les singes, auxquels il fait une guerre acharnée. Quand il ose s'attaquer au caïman ou au boa, ou que lui-même est saisi par eux; il a l'intelligence de se défendre en crevant, avec ses ongles, les yeux de l'assaillant. Le jaguar vient facilement à bout du premier de ces reptiles, mais le boa, par la longueur de son corps, la sûreté de ses écailles, l'effrayante vigueur de ses muscles, est un ennemi beaucoup plus dangereux, dont le jaguar ne parvient pas toujours à se débarrasser.

Les boas, les plus grands serpents connus, sont caractérisés par la forme cylindrique, comprimée et allongée de leur corps, une queue longue et prenante et une bouche très-extensible. Ils sont recouverts d'écailles petites et lisses; celles du ventre sont assez étroites et se rétrécissent à mesure qu'elles s'approchent de la queue. C'est par les écailles du museau, plus longues que celles du corps que l'on distingue les différentes variétés du serpent boa.

Ces animaux habitent dans les troncs creux des vieux arbres où ils se creusent des terriers. Les uns préfèrent des localités tempérées, les autres recherchent les contrées chaudes. Ils ne sont pas venimeux, mais leur force prodigieuse les rend redoutables aux autres animaux.

Les boas sont carnivores; quand la faim les presse, ils s'enroulent autour d'un arbre, s'enfoncent dans l'eau ou la vase pour guetter une proie. Quand le boa l'aperçoit, il se déroule subitement, se jette sur sa victime, l'enlace de ses longs replis, lui brise les os, réduit le corps en une masse informe, qu'il enduit de sa bave et qu'il engloutit sans la diviser. Comme tous les animaux de son ordre, le boa est dépourvu d'appareil masticateur; aussi sa digestion est-elle lente et laborieuse, et, pendant qu'elle s'opère, il tombe dans un état complet d'insensibilité. Il répand alors une odeur insupportable, qui indique à ses ennemis que le terrible reptile peut être approché sans danger. C'est ce moment que l'on choisit pour l'attaquer et le détruire.

Quelle que soit la force des serpents boas, ils ne poursuivent, pour se nourrir, que les petits quadrupèdes, tels que les agoutis, les lièvres, les lapins, les pacas, et ne luttent contre les grands mammifères que si ceux-ci les ont attaqués. Quant à l'homme, ils fuient sa présence; aussi sont-ils peu dangereux, et la chasse qu'on leur fait est plutôt une excursion de plaisir qu'une nécessité de défense.

Les naturels des contrées américaines, se nourrissent de la chair du boa; de sa graisse ils font d'excellents onguents, et, de sa peau tannée, de solides chaussures.

P. LAURENCIN.

L'OURS

L'OURS

L'ours est si diversement jugé, qu'il faut bien en effet que des différences essentielles se fassent remarquer entre les diverses espèces de ce plantigrade, au point de vue du caractère. Pour l'enfant qui fréquente nos ménageries publiques, l'ours est un animal disgracieux, ridicule et amusant, qui demande des friandises avec des allures grotesques, et qui monte à l'arbre quand on lui promet du gâteau. C'est aussi le bateleur des foires, qui danse au son du flageolet, et redoute le bâton de son maître qui le tient en laisse comme un chien. Pour le chasseur, l'ours est un dangereux compagnon, qu'il est bon de ne pas rencontrer sur sa route : brutal et solitaire, l'ours passera sans honorer le chasseur d'un regard, si le chasseur ne lui barre pas le chemin; mais malheur à qui l'insulte : à moins d'avoir le coup d'œil juste et la main sûre, c'est un homme mort. Enfin, si nous en croyons les récits de quelques voyageurs, l'ours est le plus redoutable de tous les animaux : il attaque l'homme et se rend terrible à tous les animaux.

Tout cela est vrai, et ces différentes appréciations du caractère de l'ours signifient que les mœurs de cette bête sauvage se modifient profondément avec l'espèce, avec la couleur de sa robe.

Le caractère général de l'ours est l'amour de la solitude. L'ours blanc seul vit en troupes; l'ours noir est farouche, insociable. On ne le trouve pas dans les pays de culture; il fuit le voisinage de l'homme. Sa retraite est ordinairement établie dans les forêts les plus épaisses ou dans l'endroit le plus désert des montagnes escarpées. Il aime à s'établir dans une grotte ou dans un vieux tronc d'arbre, et, lorsqu'il ne trouve pas de gîte naturel, il ramasse du bois et se fait une loge qu'il recouvre d'herbe et de feuilles. L'ours est cependant facile à apprivoiser, mais seulement s'il a été pris jeune et s'il appartient aux espèces les plus sociables. Ces dernières sont celles qui consomment peu de chair, et dont les fruits, les racines et le miel forment surtout la nourriture. L'ours gris est de tous le plus féroce. C'est celui-là qui, dans les forêts et les pampas de l'Amérique, sème la terreur et remplace le lion. Après l'ours gris, le plus terrible, est l'ours rouge, ou roux, ou brun. Celui-là se rencontre dans les Alpes de la Savoie et dans les Pyrénées. L'ours noir est de tous le moins dangereux, le plus éducable. Aussi ne se nourrit-il pas de chair; il habite les forêts situées au nord de l'Europe et de l'Amérique.

La chasse à l'ours se fait de diverses manières. Celle que l'on emploie dans le nord de l'Europe est la moins dangereuse. On l'enivre en jetant de l'eau-de-vie sur le miel, qu'il recherche avec avidité. Dans cet état, on le tue facilement.

La chasse au grand ours des Pyrénées est plus sérieuse. Le montagnard espagnol, l'Asturien surtout, qui se livre à ce dangereux métier pour fournir de peaux et de jambons d'ours les marchés de Galice, se garnit le corps des pieds à la tête de peaux de moutons, dont la laine est en dehors. Deux hommes ordinairement se partagent les rôles : l'un, c'est le moins cuirassé des deux, porte un long coutelas; l'autre est matelassé et n'a pas d'autre arme qu'un bâton; ce dernier est le *chercheur de bruit*, le *querelleur*. Dès qu'un ours est en vue, le couteleur et le querelleur s'avancent vers lui d'un air indifférent. Au lieu de s'écarter de son chemin, comme le voudrait la prudence, nos deux hommes s'arrêtent et le querelleur lève le bâton, mais sans frapper. A cette menace, l'ours se redresse étonné, irrité : dès qu'il est debout sur ses pattes de derrière, le querelleur jette son bâton et se prend avec l'ours à bras-le-corps, de façon que, par un mouvement rapide, sa tête soit mise à l'abri de la gueule de l'animal, en l'appuyant fortement sur le cou. Ce mouvement doit être exécuté avec la précision la plus complète, sans cela l'homme est perdu. Une fois enlacés, l'ours cherche à griffer son adversaire, mais tout ce qu'il peut faire c'est d'arracher quelques mèches de laine à l'épaisse cuirasse du querelleur. Cependant le couteleur n'a pas perdu de temps, il s'est approché par derrière et a plongé son arme, un coutelas de cinquante centimètres, entre la clavicule et l'omoplate de l'ours, en inclinant le coup de droite à gauche, de façon à atteindre l'animal au cœur et à le foudroyer. Il est rare que le couteleur ait besoin de frapper plus d'un coup pour délivrer le querelleur; mais si le coup a été mal asséné, la position du querelleur devient fort critique ; l'ours qui luttait mollement, plus surpris qu'irrité, devient une fois frappé, et même lorsqu'il tombe sur le coup, une convulsion, un mouvement de ses deux pattes de derrière peuvent mettre le chasseur en pièces. Ce cas a été prévu. Le querelleur ne lâche prise que lorsqu'il entend le coup de sifflet qui lui annonce que l'ours est mort; jusque-là, il doit se coller à la bête, tomber avec elle et ne plus s'en séparer qu'au signal. Lutte horrible, et que cependant certains Asturiens répètent pendant plusieurs années, cinq ou six fois par semaine, sans recevoir une égratignure.

L'ours noir est de composition plus facile; il se loge souvent dans de vieux troncs d'arbres; on le prend en mettant le feu à son asile. Quelquefois il s'établit sur le haut même de l'arbre, à la bifurcation des dernières branches; car l'ours, lourd à la marche, grimpe avec la plus grande agilité. En ce cas, si une mère avec ses petits est logée à huit ou dix mètres de hauteur et qu'on l'enfume, elle descend la première; on la tue avant qu'elle soit à terre; les petits descendent ensuite et on les prend en leur passant une corde au cou.

Malgré sa férocité, l'ours est quelquefois susceptible d'attachement. On raconte qu'à Nancy, un petit ramoneur, ne sachant où se reposer pendant une nuit d'hiver, se glissa, en passant entre deux barreaux, dans la loge d'un ours. Celui-ci s'aperçut bientôt de la présence de l'enfant, mais ne lui fit aucun mal. Chaque nuit l'ours fut l'hôte du pauvre petit. L'enfant étant venu à mourir, l'ours refusa toute nourriture et mourut aussi.

Mais ces exemples de sociabilité sont rares. Tout le monde se rappelle l'histoire de ce vétéran, de garde au Muséum d'histoire naturelle, qui, la nuit, ayant eu voir une pièce d'argent dans une des fosses aux ours, y descendit et fut déchiré par l'ours qui l'habitait. Cet ours, vieilli dans la fosse, habitué à l'homme, était bien connu des enfants; il s'appelait Martin et amusait ses jeunes visiteurs en montant à l'arbre pour un gâteau. Sa férocité native n'avait jamais disparu dans ce long commerce avec les hommes

L'ENHYDRE DU KAMTSCHATKA

L'ENHYDRE DU KAMTSCHATKA

Il n'est pas sur le globe de pays complétement inhabité. Quelle que soit la rigueur du froid ou l'intensité de la chaleur, chaque contrée a ses habitants que le Créateur a doués d'une organisation en rapport avec le climat, les productions du sol et aussi la nature du terrain. Si, dans les pays de la zone torride, les animaux ont un pelage court, ras, quelquefois peu serré, dans les contrées boréales et australes où règne un froid des plus vifs, leur corps est d'abord protégé par une couche épaisse de graisse, puis par une fourrure fine, composée de deux sortes de poils, les uns lanugineux ou de nature laineuse, les autres plus longs, plus brillants, serrés, recouvrant les premiers.

Ce chaud vêtement des animaux hyperboréens ne pouvait manquer de séduire l'homme appelé à vivre sous tous les climats, mais nullement défendu contre la rigoureuse température des pays désolés des pôles, nullement abrité des rayons brûlants du soleil de la zone torride, de tous les êtres animés le plus faible, le moins prémuni contre toutes les influences climatériques extérieures et condamné à une existence précaire bien vite terminée par la mort, s'il n'avait reçu de Dieu cette parcelle du génie divin que l'on appelle l'intelligence.

Sous un climat embrasé, l'homme a su se préserver de la brûlante et énervante chaleur du soleil, il a su créer autour de lui la fraîcheur, et faire de ses domaines un paradis terrestre. Voisin des pôles, il s'entoure de l'atmosphère tempérée nécessaire à son existence, et, non content de demander aux plantes les fibres textiles dont il tisse ses vêtements, il fait la guerre aux êtres animés, les poursuit jusque sous les latitudes les plus glaciales, afin de leur enlever leur fourrure, si bien appropriée pour conserver la chaleur interne du corps.

Parmi ces animaux, dont les dépouilles viennent chaque année se présenter sur les marchés européens et surtout aux fameuses foires de Leipzig, nous citerons :

La zibeline, le renard bleu ou isatis, que l'on rencontre dans les vastes solitudes de la Sibérie, l'une des contrées les plus déshéritées du ciel sous le rapport du climat ; les castors, si industrieux, les loutres, les hermines, les visons, les martres vivant dans les colonies anglaises de la Nouvelle-Bretagne et du Canada, les plus étendus des territoires américains encore soumis à une domination européenne ; les renards de toutenuance, très-communs dans l'archipel des Aléoutiennes, pour cette raison nommées Iles aux Renards par quelques navigateurs ; les ours blancs, qui fréquentent les rivages et les banquises de glace du Groënland, la plus grande île peut-être du monde entier, mais pays affreux, presque entièrement privé de végétation, où règne un hiver à peu près éternel. L'Islande, terre presque américaine, ne renferme pas de mammifères à beau pelage, a du moins le fameux canard eider, dont le duvet de l'estomac nous donne ce produit si léger, si élastique, si moelleux, que, de son nom, nous avons appelé édredon.

Enfin la presqu'île de Kamtschatka, occupant l'extrémité orientale de la Sibérie, fournit au commerce des pelleteries des peaux d'une grande valeur, celle entre autres d'une espèce de loutre particulière à cette contrée et qui a reçu le nom d'*enhydre du Kamtschatka*, c'est-à-dire, selon l'étymologie grecque, animal qui va dans l'eau.

Cet animal appartient à la tribu des loutres; il forme l'unique espèce marine que l'on connaisse, est caractérisé par la disposition tout à fait particulière de ses membres inférieurs qui sont aplatis en rames comme ceux des phoques. Cette disposition de ses pattes de derrière, ainsi que sa dentition, composée à la mâchoire inférieure de quatre incisives au lieu de six, semblent rapprocher l'enhydre des mammifères aquatiques du genre phoque.

Ce quadrupède est long d'un peu plus de un mètre; sa queue courte, cylindrique et conique a trente-cinq centimètres de son origine à son extrémité ; son corps, comme celui des loutres communes, est épais écrasé, allongé, et présente une apparence vermiforme sa tête est large et plate, ses jambes de devant son courtes mais robustes ; son pelage, formé de deux sortes de poils, les uns longs et clairsemés, les autres plus courts, plus abondants, plus fins, formant une espèce de duvet laineux à brins droits, est d'un brun marron lustré dont la nuance varie suivant la disposition des poils : la tête, la gorge, l'abdomen, le bas des membres inférieurs sont revêtus de poils gris brunâtre argentés.

Les mœurs et les habitudes de l'enhydre du Kamtschatka sont peu connues ; cependant les voyageurs qui ont pu observer ces animaux, racontent qu'ils vivent par couples, que la femelle, après une porté de neuf mois, met au monde un seul petit, couvert d'une fourrure de poils laineux très-remarquable par sa douceur, sa mollesse et son éclat.

Contrairement à ce que l'on observe chez les diverses variétés de loutre vivant toutes sur le bord des étangs, des marais, des rivières d'eau douce, les enhydres recherchent l'eau salée et habitent le bord des mers glacées avoisinant les pôles : on en rencontre aussi sur les côtes de la baie d'Avatcha, située vers le sud-est du Kamtschatka, dont les eaux, abritées des vents du nord, ne gèlent jamais. Ils se nourrissent de poissons, d'insectes, d'algues marines, nagent et plongent avec facilité, passent une partie de leur vie su des glaçons flottants, viennent rarement à terre, où leur démarche lourde, embarrassée, ne leur permet pas de fuir assez vite devant les attaques des chasseurs. Ce n'est guère qu'à l'époque de la naissance de leurs petits qu'on les rencontre sur le sol fermé et qu'on les poursuit pour s'emparer de leur fourrure, très-recherchée et d'un prix excessif. Cet article fait l'objet d'un commerce considérable en Chine et au Japon, d'où tirent les Anglais et les Russes, qui le livrent au commerce européen.

Comme nous l'avons dit plus haut, et d'ailleurs comme son nom l'indique suffisamment, c'est au Kamtschatka que l'on rencontre le plus grand nombre d'enhydres, on en trouve aussi sur presque toutes les rivages de la mer de Baffin, du détroit de Bérhin du pays des Esquimaux et des contrées de l'extrême nord de l'Amérique.

P. LAURENCIN.

LA HYÈNE BARRÉE

LA HYÈNE BARRÉE

Dans toute ménagerie un peu complète, dans toute collection d'animaux féroces, il en est un qui, plus que tous les autres, a le privilége d'exciter chez les spectateurs un sentiment d'effroi, mêlé de répugnance, c'est la hyène. Son allure basse, sa démarche oblique, ses yeux ardents qui semblent fuir la lumière, sa crinière hérissée, sordide, tout en elle semble annoncer la férocité; mais la férocité lâche, celle qui nous inspire le plus de répulsion. La noble fierté du lion, la cruauté habituelle du tigre nous donnent l'idée de la force audacieuse, irrésistible de ces nobles félins, nous effrayent, mais sans nous révolter. La hyène nous paraît à la fois redoutable et ignoble.

C'est ainsi que la juge le vulgaire, c'est ainsi que l'ont jugée la plupart des naturalistes. Et cependant la hyène n'est pas plus féroce que les autres mammifères de proie; elle l'est moins que beaucoup d'entre eux et elle s'apprivoise plus facilement que le loup et le renard. L'erreur des ignorants et des savants prend sa source dans ce procédé critique, dont le plus grand des naturalistes, Buffon, a donné de si éloquents et de si pernicieux modèles, et qui consistent à appliquer aux animaux la critique physiognomonique si utilement applicable à l'homme. C'est en cherchant dans les traits extérieurs de l'animal l'indice de ses passions intérieures et, pour ainsi dire, de son caractère moral, que Buffon et ses imitateurs ont fait du lion une bête magnanime, du renard un artisan de ruses, de la hyène un composé de bassesse et de cruauté. Il faut laisser ces puériles appréciations aux enfants et aux fabulistes, et ne plus oublier que l'animal, être irresponsable et instinctif, obéit aux lois de ses fonctions particulières et n'est ni bon ni mauvais, par cette simple raison qu'il est ce que Dieu l'a fait et ne saurait être autrement qu'il est.

Voyons la hyène, par exemple. Sa fonction providentielle, analogue à celle des vautours, est de purger la terre des cadavres qui, dans les pays chauds, engendrent par leur décomposition des miasmes pestilentiels. Il fallait donc qu'il fût douée d'une grande force musculaire, d'une puissante denture, qu'elle pût déterrer les cadavres dont elle fait sa nourriture, en broyer facilement la chair et les os. Aussi ses quatre doigts sont-ils armés d'ongles courts, épais, tronqués, propres à creuser: des doigts de fossoyeur. Hôte des cimetières, chasseresse de nuit, il n'était pas nécessaire qu'elle eût l'audace qui attaque, ni le sang chaud qui distingue le tigre. Aussi, contrairement au préjugé vulgaire, la hyène est-elle un animal timide, nocturne, troglodyte, c'est-à-dire habitant des cavernes. Le feu sombre de ses yeux, et l'obliquité de son regard ne signifient pas autre chose que la haine et la crainte de la trop vive lumière. Son appétit est puissant, insatiable, comme celui du vautour, comme celui de la taupe et de tous les animaux destinés à remplir l'office d'agents voyers dans la nature.

A de telles habitudes correspondent inévitablement des allures extérieures repoussantes. La hyène répand une odeur désagréable; son train de derrière paraît plus bas que celui de devant, non pas qu'il le soit en effet, car les membres postérieurs sont chez elle aussi longs que les antérieurs; mais les articulations en sont fortement pliées, ce qui donne au fossoyeur une plus forte assiette. Lorsqu'elle marche, surtout au début d'une course rapide, elle semble boiter.

La hyène est éducable, s'apprivoise assez facilement et est susceptible d'attachement, d'obéissance. Tous nos officiers, tous nos colons d'Algérie savent cela, et, grâce à eux, le préjugé qui mettait ces carnivores au ban de la nature entière, commence à s'effacer. Qui n'a vu, dans notre colonie de l'Afrique septentrionale, des hyènes suivre leur maître comme des chiens? Nous-même nous avons été témoin d'une scène qui donne un démenti complet à la prétendue férocité de ce carnivore.

Un officier de l'armée d'Afrique étant venu en congé à Paris, y avait amené une hyène qui le suivait en laisse par les rues, objet de curiosité et d'épouvante pour les badauds. Il avait l'habitude de la conduire le soir dans un café où se réunissaient des officiers, et, quand il avait fixé sa chaîne à l'un des pieds de la table, il ne s'occupait pas plus d'elle qu'on ne fait d'un chien de chasse. Un soir, la chaîne avait été mal attachée, la bête se dégagea et s'en alla par le café, flairant sans bruit, cherchant pâture; elle arriva ainsi à la porte de la cave, et instinctivement attirée par cette obscurité, elle descendit. Un garçon du café était, de son côté, descendu chercher un pot de bière. Au moment de remonter, il se trouva face à face avec la bête; ces yeux ardents, ce bruit de chaîne, cette forme velue, hérissée, entrevue à la lumière douteuse d'une chandelle, lui épouvantèrent qu'il se mit à pousser des cris de détresse. La hyène y répondit par des grognements de terreur, et les habitués du café, attirés par ce vacarme, trouvèrent la bête et l'homme également saisis d'effroi, pelotonnés chacun dans un coin et plus morts que vifs. On interdit à l'officier de mener désormais en laisse ce bizarre compagnon, quelque doux et timide qu'il fût en réalité.

Les hyènes forment un genre qui prend place entre le genre chat et le genre chien, et qui s'en distingue surtout par le nombre des doigts, qui est de quatre aux pieds de devant comme à ceux de derrière. Elles habitent principalement l'Afrique et paraissent être originaires de la Turquie d'Asie, de la Syrie et de l'Afrique orientale. On en connaît plusieurs espèces, parmi lesquelles il faut citer comme les plus remarquables la hyène rayée et la hyène peinte. La première seule était connue des anciens, qui lui ont attribué faussement le pouvoir de contrefaire la voix de l'homme; elle est grise et rayée irrégulièrement de brun. La seconde espèce est rousse et tachetée de noir.

LA HYÈNE PEINTE

10

LA HYÈNE PEINTE

Par sa forme générale, la hyène ressemble aux animaux du genre chien, mais elle s'en distingue au premier coup d'œil par l'obliquité de son corps et par ses allures bizarres. Bien que le train de derrière de cet animal paraisse moins élevé que celui de devant, il est en réalité de même hauteur, et s'il semble plus bas, c'est par suite de l'état de flexion permanente des membres postérieurs. C'est pour cette raison que, quand elle marche, l'hyène a l'air de boiter.

Dans toute ménagerie un peu complète, dans toute collection d'animaux féroces, il en est un qui, plus que tous les autres, a le privilège d'exciter chez les spectateurs un sentiment d'effroi mêlé de répugnance, c'est la *hyène*. Son allure basse, sa démarche oblique, ses yeux ardents qui semblent fuir la lumière, sa crinière hérissée, sordide, tout en elle semble annoncer la férocité, mais la férocité lâche, celle qui nous inspire le plus de répulsion. La noble fierté du lion, la cruauté habituelle du tigre nous donnent l'idée de la force audacieuse, irrésistible de ces nobles félins, nous effrayent, mais sans nous révolter. La hyène nous paraît à la fois redoutable et ignoble.

C'est ainsi que la juge le vulgaire, c'est ainsi que l'on jugée la plupart des naturalistes. Et cependant la hyène n'est pas plus féroce que les autres mammifères de proie, elle l'est moins que beaucoup d'entre eux, et elle s'apprivoise plus facilement que le loup et le renard.

Sa fonction providentielle, analogue à celle des vautours, est de purger la terre des cadavres qui, dans les pays chauds, engendrent par leur décomposition des miasmes pestilentiels. Il fallait donc qu'elle fût douée d'une grande force musculaire, d'une puissante denture ; qu'elle pût déterrer les cadavres dont elle fait sa nourriture, en broyer facilement la chair et les os. Aussi ses quatre doigts sont-ils armés d'ongles courts, épais, tronqués, propres à creuser, des doigts de fossoyeur. Hôte des cimetières, chasseresse de nuit, il n'était pas nécessaire qu'elle eût l'audace qui attaque, la soif du sang chaud qui distingue le tigre. Aussi, contrairement au préjugé vulgaire, la hyène est-elle un animal timide, nocturne, *troglodyte*, c'est-à-dire habitant des cavernes. Le feu sombre de ses yeux, l'obliquité du regard, ne signifient pas autre chose que la haine et la crainte de la trop vive lumière. Son appétit est puissant, insatiable, comme celui du vautour, comme celui de la taupe et de tous les animaux destinés à remplir l'office d'agents voyers dans la nature. A de telles habitudes correspondent inévitablement des allures extérieures repoussantes. La hyène répand une odeur désagréable ; son train de derrière paraît plus bas que celui de devant, parce que les articulations des membres postérieurs sont fortement pliées, ce qui donne au fossoyeur une plus forte assiette ; lorsqu'elle marche, surtout au début d'une course rapide, elle semble boiter.

La hyène est éducable, s'apprivoise assez facilement ;

elle est susceptible d'attachement, d'obéissance. Tous nos officiers, tous nos colons d'Algérie savent cela, et, grâce à eux, le préjugé qui mettait ces carnivores au ban de la nature entière commence à s'effacer.

Le genre hyène comprend quatre espèces principales :

La *hyène rayée*, connue des anciens, a un pelage gris jaunâtre rayé transversalement de noir, et sur le dos une longue crinière noire, continuée sur le cou et la queue par des poils plus allongés et plus roides. La longueur de cet animal, du museau à la naissance de la queue, varie entre un mètre et un mètre dix centimètres ; mais en Afrique on a trouvé quelques individus plus grands. Cette espèce est très-difficile à apprivoiser ; ses mœurs ne se sont presque jamais adoucies, quelques efforts que l'on ait tentés pour y parvenir. La hyène rayée est commune en Perse, en Syrie, en Arabie, en Abyssinie et dans le nord de l'Afrique.

La *hyène brune*, dont on ignore le lieu d'origine, a des poils longs et pendants dont la couleur est brun-roux ; sa tête est recouverte de poils courts d'un brun grisâtre ; sa queue est longue et touffue ; ses oreilles allongées, pointues et presque nues.

La *hyène tachetée* a le pelage jaune-roux marqué de nombreuses taches d'un brun foncé, taches qui sont disposées sur le dos en six bandes longitudinales, et d'une façon plus irrégulière sur les épaules et les cuisses. Les poils de cette espèce sont plus courts que ceux de la hyène rayée, sa crinière est moins fournie, et l'ensemble de tout son corps est plus petit. Elle habite le nord de l'Afrique. Une sous-variété de la hyène tachetée, dont le poil est plus long et plus doux, le pelage roux foncé, les jambes noires, et désignée sous le nom de *hyène brune*, habite aux environs du cap de Bonne-Espérance.

La *hyène peinte*, que représente notre gravure, a la taille d'un grand chien mâtin ; son pelage est varié, et sur un fond grisâtre se dessinent, plus ou moins accentuées, des taches irrégulières de blanc, de noir, d'ocre jaune. La tête est grosse, le museau large et noir ; la queue, touffue et blanchâtre, descend jusqu'aux talons. La hyène peinte habite le nord de l'Afrique, et, bien qu'elle se nourrisse de chair corrompue et de débris de voirie comme les autres variétés de l'espèce, elle pénètre la nuit dans les villages ou les fermes, attaque les bestiaux isolés, les chevaux laissés aux pâturages, entre dans les poulaillers, où, comme le renard, elle fait un ravage effroyable. Les hyènes peintes chassent la gazelle et l'antilope, et alors se réunissent en meute pour poursuivre le gibier, avec autant d'ordre et de persévérance que le feraient les meilleurs chiens. Quand la proie est forcée, elles la dévorent toutes ensemble sans querelle aucune ; mais si un animal étranger semble réclamer sa part du festin, elles se réunissent toutes contre l'intrus, et fût-il lion ou léopard, elles l'obligent à la retraite.

P. LAURENCIN.

LES CHIENS DU MONT SAINT-BERNARD

LES CHIENS DU MONT SAINT-BERNARD

Entre le Valais et le val d'Aoste, entre la Suisse et l'Italie, s'élève un sommet terrible, à 7,550 pieds au-dessus du niveau de la Méditerranée. Éternelle patrie des glaces et des neiges, si quelquefois la cime sauvage se dépouille de sa blanche enveloppe, ce n'est point pour se couvrir de verdure, c'est pour laisser voir des masses de rochers arides et nus. La végétation, si vigoureuse au pied du mont, sur le versant italien, s'épuise et meurt bien longtemps avant d'atteindre la crête. Au milieu même de l'été, d'épouvantables ouragans, balayant les neiges qui couvrent le sol et les mêlant à celles que versent les nuages, bouleversent et obscurcissent sans cesse les airs de leurs tourbillons. Un petit lac dont le bassin s'ouvre vers le haut de la montagne, au lieu de répandre la vie et le mouvement dans ces lieux désolés, ajoute encore à leur tristesse; ses eaux, presque perpétuellement gelées, n'offrent que la blancheur terne de la glace; ou si parfois le dégel les vient ranimer, elles prennent alors des teintes noires, profondes, qui lui donnent encore un caractère plus lugubre. C'est cependant à travers cette effrayante contrée, où tout secours manque à l'homme et où de redoutables dangers le viennent assaillir, que se dirige une des deux seules routes qui unissent l'Italie à la Suisse.

Vers le milieu du xe siècle, un homme pieux, un héros de l'humanité, que ses succès apostoliques dans les montagnes de l'Helvétie avaient rendu populaire, saint Bernard de Menthon, fonda une confrérie de religieux dont le mont redoutable serait la seule patrie, et dont la vie devait être exclusivement consacrée à secourir les voyageurs, à les disputer au froid, aux tempêtes, aux avalanches. La généreuse milice fut bientôt formée, et depuis neuf siècles elle se recrute et transmet sa mission d'âge en âge sans que jamais une place demeure vide dans ses rangs. On ne saurait rendre trop d'hommage à la piété profonde, à l'ardente charité de ces disciples de saint Bernard; car toutes les douleurs, toutes les fatigues du corps et les impressions morales les plus tristes et les plus pénibles les attendent dans l'accomplissement de leur tâche. Pendant que les uns donnent à l'hospice tous les soins d'une domesticité volontaire, les autres s'élancent en enfants perdus au milieu des tempêtes et des frimas, interrogeant les neiges, écoutant les moindres sons, et se précipitant à travers tous les périls au premier indice, au premier signal de détresse.

Les religieux du mont Saint-Bernard ont pour compagnons de leurs héroïques travaux de puissants auxiliaires qui s'associent à eux avec une intelligence merveilleuse, et qui partagent aussi leur honorable célébrité. Les chiens de cette noble confrérie sont d'une grandeur extraordinaire; leurs membres, taillés avec une vigueur peu commune, se couvrent d'un long poil rude; leurs larges pattes paraissent avoir été disposées de manière à n'entrer que difficilement dans les neiges; leur physionomie est fière et sauvage, leur démarche imposante; tout leur ensemble est plein de force et de dignité.

Dès les premières heures du jour, et après avoir été munis d'un panier où l'on renferme du pain et du vin, et qu'on suspend à leur cou, ils quittent l'hospice et vont explorer les abords de la montagne pour voir si de malheureux voyageurs ne sont pas égarés pendant la nuit. Ils tiennent tous leurs sens, la vue, l'ouïe, l'odorat, éveillés, attentifs; ils promènent leurs regards sur la blanche surface du mont. Si un murmure plaintif s'élève dans l'espace, leur voix répond aussitôt pour annoncer une prochaine délivrance, et, le nez élevé au vent, ils s'élancent dans la direction du son. Ces moyens d'investigation les mènent-ils à quelque découverte, c'est avec une investigation passionnée et une sollicitude touchante qu'ils travaillent à secourir la victime du froid et des avalanches. Ils se sont bientôt creusé à travers les neiges une route jusqu'à elle; ils lèchent sa face et ses mains engourdies, la réchauffent au contact de leurs membres, ils s'abaissent vers elle pour mettre à sa portée les provisions suspendues à leur cou; ils l'aident, en la soulevant avec leur gueule, à se mettre debout; ils s'efforcent de l'entraîner vers l'hospice. Si leurs tentatives sont insuffisantes, ils poussent de longs hurlements pour appeler à eux leurs compagnons ou les moines, et si les secours n'arrivent pas, ayant pourvu autant qu'il est en eux à la sécurité de leur protégé, ils partent de toute leur vitesse pour le sommet de la montagne et reviennent bientôt en ramenant quelques religieux à leur suite. Malgré leur vigueur, leur intelligence et leur courage, ces admirables animaux succombent quelquefois à la tâche, emportés dans les précipices par les tourbillons ou ensevelis sous des monceaux de neige, et il n'est guère d'hiver où quelqu'une des cabanes de l'hospice ne demeure vide.

Le 17 mai 1800, une armée de trente-cinq mille hommes parut au pied de la montagne, et se disposa à la franchir. Cette armée, qui allait à Marengo, était guidée par le général Bonaparte, et croyait à sa fortune. Lannes, qui allait aussi fonder sa gloire à Montebello, commandait l'avant-garde.

A plusieurs siècles d'intervalle, deux grands capitaines ont osé franchir le mont Saint-Bernard: Annibal y perdit la moitié de son armée, et Bonaparte n'eut à regretter que la perte de dix hommes.

LE RENARD

LE RENARD

Le renard appartient à la famille des carnassiers carnivores. Cette famille renferme les carnassiers les plus grands, les plus courageux et les plus terribles. Les uns ont reçu le nom de *plantigrades*, parce qu'ils marchent sur la plante entière des pieds, ce qui leur donne la facilité de se tenir debout et de marcher dans cette attitude ; les autres se nomment *digitigrades*, parce qu'ils ne posent à terre que le bout des doigts en marchant.

Le renard a la légèreté du loup ; il est presque aussi infatigable, mais beaucoup plus ingénieux dans l'art qu'il met à pourvoir à sa nourriture et à se dérober au danger. Il se creuse un terrier au bord d'un bois ou dans un taillis, sous des pierres, un tronc d'arbre, dans un lieu en pente, pour éviter l'humidité et l'eau des inondations. Quelquefois il s'empare de celui d'un blaireau ou même d'un lapin, et, dans ce dernier cas, il l'élargit. Il n'habite guère son terrier que pour y élever sa jeune famille ou se dérober à un danger pressant. Dans toute autre circonstance, il passe sa journée à dormir dans un fourré à proximité de sa retraite, et il chasse pendant la nuit en donnant de la voix comme un chien courant. Il ne se nourrit guère que de proie vivante, à moins qu'il ne soit extrêmement pressé par la faim ; dans ce cas, il mange des fruits, particulièrement des baies, et il se tient à proximité des vignes pour se nourrir de raisins ; il faut qu'il éprouve une grande disette pour se résigner à manger les charognes et autres voiries.

Vers la tombée de la nuit, le renard quitte sa retraite et se met en quête. Il parcourt les lieux un peu couverts, les buissons, les haies, pour tâcher de surprendre des oiseaux endormis ou la perdrix sur ses œufs. Il se place à l'affût dans un buisson épais pour s'élancer et saisir au passage le lièvre ou le lapin. Quelquefois il parcourt les marécages, et se hasarde même dans les joncs pour saisir les jeunes poules d'eau, les canards qui ne peuvent pas encore voler, et d'autres oiseaux aquatiques. A leur défaut, il mange des rats et des grenouilles.

Mais si, pendant ses recherches, le chant du coq vient frapper son oreille, il s'achemine avec précaution vers le hameau, en fait cent fois le tour, et malheur à la volaille qui ne serait pas rentrée le soir dans la basse-cour ; elle serait saisie et étranglée avant même d'avoir eu le temps de crier.

Lorsque le jour paraît, il rentre dans le bois, et dans le même hallier qui lui sert habituellement de retraite.

Dans un pays giboyeux, les renards s'adonnent plus particulièrement à la chasse. Deux sortent ensemble de leur retraite et s'associent pour la chasse du lièvre : l'un s'embusque au bord d'un chemin, dans le bois, et reste immobile ; l'autre quête, lance le gibier, et le poursuit vivement en donnant sept à huit coups de voix par minute pour avertir son camarade. C'est ordinairement pendant la belle saison, entre dix heures et minuit, que l'on entend chasser ces animaux dans les pays boisés. Le lièvre fuit et ruse devant un ennemi comme devant les chiens de chasse ; mais tout est inutile, et le renard, collé sur sa passée, ne déloge sans cesse et le poursuit toujours. Poussé par le chasseur, il prend enfin le chemin auprès duquel l'autre renard s'est embusqué pour l'attendre ; celui-ci s'élance et le saisit, son camarade arrive, et ils dévorent ensemble une proie qu'ils ont chassée ensemble.

Les lièvres, les lapins, les perdrix, les cailles, et en général tout le menu gibier, n'ont pas d'ennemi plus redoutable que le renard, et malgré leur course rapide, malgré leur vol léger, les uns et les autres arrivent tôt ou tard sous la dent du glouton, soit qu'il attaque à force ouverte, soit qu'il procède par embuscade. Il est de toute justice qu'un si grand chasseur reçoive la chasse à son tour, et que l'homme se charge de lui faire expier ses brigandages ; mais ce n'est pas seulement par esprit de vengeance et par amour du gibier qu'on se tient en hostilités permanentes contre le renard, c'est surtout son habileté à se défendre qui engage à l'attaquer, car réduire un renard n'est pas tâche facile, et pour un seul de ces animaux tombé sous la dent et la vanité au cœur d'un chasseur. Le prix matériel du combat est peu de chose ; la peau du vaincu, qu'on suspend en trophée à la muraille, ou qu'on façonne en tapis, forme tout le butin du vainqueur ; mais cette peau est-ce à qui s'efforcera de l'enlever. Tous les chasseurs de renard ne laissent pas à leur adversaire un champ libre pour y déployer ses ruses ; souvent l'intelligence humaine abuse de sa supériorité, et ne permet pas à l'instinct animal de développer ses ressources. Parmi les moyens de guerre peu généreux, il faut compter la fumée qu'on va étouffer le renard au fond de sa tanière, les bassets qui le harcèlent et l'obligent à se présenter à ses portes, où l'attendent des filets et des bâtons ; la bêche et la pioche, qui mettent à découvert les retraites les plus mystérieuses du terrier ; les piéges, enfin, qui le surprennent sans que la résistance soit possible. Contre ces attaques déloyales le renard ne peut se défendre que par une longue prévoyance et par une vigilance continuelle. C'est ainsi qu'il creuse ses souterrains sous les rochers, sous les racines d'arbres, pour que la bêche ne puisse entamer la voûte, et qu'il en multiplie les ramifications pour qu'on ne sache où le trouver, et pour que les fouilles tombent à faux ; c'est ainsi que, lorsque quelque chose de suspect a éveillé ses soupçons, il ne marche qu'avec la plus grande circonspection, afin de se garder des piéges, et qu'il ne sort pas de sa retraite quand il a motif suffisant de croire qu'on l'y assiége et que des embûches sont dressées. Est-il pris par la patte à quelque piége, il n'hésite pas à sacrifier la partie pour sauver le tout, et il se fait à belles dents l'amputation du membre par lequel il est retenu prisonnier ; est-il assiégé dans son fort par des bassets, il se retourne contre eux et les oblige quelquefois, par des attaques cruelles, à battre en retraite ; est-il poursuivi par la fumée, il se tapit dans la chambre la plus basse ; se voit-il entre les mains de ses ennemis, il mord encore tout ce qu'il peut atteindre, et reçoit le coup fatal avec une résignation stoïque, sans pousser une seule plainte.

Le renard est aussi farouche que rusé, et s'il s'accoutume à l'esclavage, il ne s'apprivoise jamais et ne s'attache en rien à la main qui le nourrit.

Le renard a la queue longue et touffue, le museau pointu ; son pelage est déjà ou moins roux ; il a le bout de la queue blanc. Une autre espèce ou variété a le bout de la queue noir ; elle est connue par les naturalistes sous le nom de *renard charbonnier*. Le nord de l'Europe et de l'Amérique nourrit plusieurs espèces de renards, dont on estime la fourrure.

LE PHOQUE

LE PHOQUE

L'ingénieuse antiquité, dont les fables renferment toujours quelque côté de vérité, plutôt instinctivement aperçue que scientifiquement étudiée, avait peuplé de monstres de toute espèce les profondeurs de la mer. La mythologie nous représente le vieux Protée, le dieu aux mille formes, conduisant sur les plages ou dans les prairies sous-marines les troupeaux de Neptune. Ces troupeaux, les voyageurs modernes les ont rencontrés, non plus dans les eaux de la Méditerranée, d'où la civilisation les avait chassés, mais sous les glaces éternelles des deux pôles, leur dernier asile. Cook, Magellan et les autres écrivains célèbres les ont nommés *veaux marins, lions, ours, loups de mer*. La science les appelle *phoques, morses, wabrus*.

Le caractère distinctif de ces animaux vertébrés mammifères, c'est l'*amphibisme*; ils ont en effet de grandes analogies avec les carnassiers, mais leurs pieds sont si courts qu'ils ne peuvent s'en servir que pour nager, et lorsqu'ils sont à terre, ils ne peuvent que ramper sur le ventre. Leur véritable domaine, c'est la mer; ils ne viennent sur le rivage que pour se reposer au soleil et allaiter leurs petits. Ils mangent dans l'eau, vivent en troupes nombreuses, et se nourrissent principalement de poissons qu'ils attrapent en plongeant.

Le plus connu de ces animaux singuliers, le *phoque*, constitue l'une des deux familles de mammifères amphibies, la plus nombreuse, la plus intéressante. Son corps se termine en pointe comme celui des poissons. Il a, comme beaucoup de mammifères terrestres, les trois sortes de dents. Ses pieds de derrière, étendus dans la direction de l'abdomen, représentent une sorte de nageoire horizontale fendue, au milieu de laquelle est la queue. Ses doigts sont terminés par des ongles pointus et plats. Sa tête ressemble à celle d'un chien, mais il n'a point d'oreilles, et le museau, garni de moustaches comme celles des chats, rappelle le caractère de la race féline.

Ces amphibies, autrefois l'objet de mille récits bizarres, sont aujourd'hui, grâce aux progrès de la navigation et aux facilités de communication, assez répandus dans les ménageries pour que beaucoup d'entre nous aient pu en voir quelque individu présenté à la curiosité publique, dans un baquet d'eau saumâtre, sous la direction d'un cornac qui prétend lui faire jouer de la guitare et lui faire prononcer distinctement les mots *papa, maman*. Le vrai est que ces pauvres prisonniers sont fort doux, intelligents, qu'ils s'attachent facilement à l'homme, et il a fallu la cruauté cupide des chasseurs de mer pour forcer les troupeaux de phoques à fuir notre rencontre. C'est que malheureusement leur peau, couverte d'un poil doux et lustré, et leur graisse huileuse se vendent assez cher pour que la spéculation ordonne la destruction de ces animaux inoffensifs.

Le *phoque* commun se trouve encore assez fréquemment sur les côtes de l'océan Glacial; il ne mesure guère qu'un mètre et demi. Le *phoque à trompe* atteint jusqu'à 8 mètres de longueur; il est commun dans les

parages méridionaux de la mer Pacifique. Le phoque se nourrit surtout de harengs, dont il poursuit les immenses bandes. Il est si bon nageur que les plus petits poissons ne peuvent lui échapper qu'en se réfugiant dans les eaux basses. On en a vu poursuivre le mulet de mer avec une telle rapidité, qu'un chien lancé sur un lièvre ne donnerait pas l'idée d'une course plus rapide.

Une espèce peu connue, celle qui a mérité le nom de *lion de mer*, mesure jusqu'à 6 mètres et a une crinière assez épaisse. Un navigateur, porté par un naufrage sur l'île de Behring, s'y vit entouré de ces puissants animaux, qui, après l'avoir examiné de l'air le plus grave, s'habituèrent bientôt à sa vue et le laissèrent jouer avec leurs petits.

Le *morse* et le *wabrus arctique* n'ont pas cette douceur de mœurs. Ces amphibies, beaucoup plus rares que le phoque, ont le même port antérieur, avec cette différence, que leur mâchoire supérieure est renflée et armée de deux énormes défenses qui se dirigent en bas. Leur mâchoire inférieure manque d'incisives et de canines. Leurs pieds de derrière, moins distincts que ceux des phoques, se confondent avec la queue et une large nageoire qui termine leur corps comme celui des baleines. Ils habitent les mers glaciales du Nord et s'y nourrissent de plantes marines et de coquillages. Ils atteignent 7 mètres de longueur.

Leur force est prodigieuse. Ils attaquent rarement l'homme, mais se défendent d'une façon redoutable. On en a vu percer et renverser de solides chaloupes. En 1706, une embarcation se trouva entourée de ces amphibies. La curiosité seule les attirait d'abord, mais les coups d'aviron qu'on leur lança pour les écarter les mirent en fureur; un wabrus énorme monta sur l'arrière, soufflant et rugissant, considéra l'équipage d'un air menaçant, puis, plongeant dans la mer, alla chercher ses compagnons pour attaquer la chaloupe, dont les matelots n'eurent que le temps de s'échouer.

« Souvent, dit l'illustre Cook, j'ai vu plusieurs centaines de ces animaux reposant sur la glace, couchés les uns sur les autres. Leur beuglement s'entend de si loin, que, pendant la nuit ou par un temps brumeux, ils nous avertissaient des voisinages des glaces avant que nous pussions les voir. Jamais nous ne les trouvâmes tous endormis, quelques-uns restant en sentinelles. Ces derniers réveillaient les plus proches à l'approche d'un bateau, et bientôt l'alarme était générale; mais plus souvent ils ne se décidaient à s'éloigner que lorsqu'on avait tiré sur eux. Alors ils se ruaient en tumulte dans la mer, et si à la première décharge nous n'avions fait qu'en blesser plusieurs, ils nous échappaient ordinairement, quoique atteints mortellement. La femelle défend son petit jusqu'à la dernière extrémité et aux dépens de sa vie. Si la mère voit que le petit ne veut pas s'en éloigner, de sorte que quand l'un des deux est tué, on peut compter sur l'autre comme sur une proie certaine. »

PAUL LAURENCIN.

LE SARIGUE

LE SARIGUE

Le sarigue est un mammifère qui se distingue de tous les autres par deux caractères singulièrement remarquables : l'un est que la femelle a sous le ventre une ample poche dans laquelle elle reçoit et allaite ses petits ; l'autre est que le mâle et la femelle ont tous deux le premier doigt des pieds de derrière sans ongle et bien séparé des autres doigts, tandis que ceux-ci se joignent et sont armés d'ongles crochus.

Les sarigues ont la tête très-allongée, comique et terminée par un petit mufle comme tronqué, sur lequel sont percées les narines ; les yeux placés très-haut, plutôt petits que moyens, et obliques ; les oreilles grandes, ovales et presque nues ; la gueule très-fendue, les moustaches longues et nombreuses, la langue garnie de cils sur les bords, et les machoires munies d'une quantité de dents qui dépasse celle qu'on observe dans les autres mammifères terrestres, ces dents étant au nombre de cinquante, vingt-six à la machoire supérieure, et vingt-quatre à l'inférieur. Le corps, dont le volume total ne dépasse jamais celui du chat domestique, est souvent borné à de plus petites dimensions, et généralement il a les formes propres aux animaux carnassiers : il est plus grêle et plus allongé dans les petites espèces que dans les grosses. Il a cinq doigts aux pieds de devant comme aux pieds de derrière, avec cette différence que les premiers ont tous deux les ongles ; les uns et les autres sont sans poils, recouverts d'une peau rougeâtre, et longs d'un pouce environ ; la paume des mains et des pieds est large, et tous les doigts offrent par-dessous des callosités charnues. La queue n'est pourvue de poils qu'à son origine ; elle est ensuite revêtue d'une peau écailleuse et lisse, dont les écailles sont blanchâtres, à peu près hexagones et placées régulièrement, en sorte qu'elles n'anticipent pas les unes sur les autres. Les oreilles, dépourvues de poils de même que les pieds et la queue, sont simplement membraneuses, comme les ailes des chauves-souris, et très-ouvertes. Quant à la poche où la femelle retire ses petits, voici de quelle manière Buffon la décrit :

« Sous le ventre de la femelle, dit-il, est une fente formée par deux peaux qui composent une poche velue à l'extérieur, et moins garnie de poils à l'intérieur. Cette poche renferme les mamelles : les petits nouveau-nés y entrent pour les sucer, et prennent si bien l'habitude de s'y cacher, qu'ils s'y réfugient, quoique déjà grands, lorsqu'ils sont épouvantés. Cette poche a du mouvement et du jeu ; elle s'ouvre et se renferme à la volonté de l'animal. La mécanique de ce mouvement s'exécute par le moyen de plusieurs muscles et de deux os qui n'appartiennent qu'à cette espèce d'animal ; ces deux os sont placés au-devant des os du pubis, auxquels ils sont attachés par la base. L'intérieur de cette poche est parsemé de glandes qui fournissent une substance jaunâtre d'une si mauvaise odeur, qu'elle se communique à tout le corps de l'animal ; cependant, lorsqu'on laisse sécher cette matière, non-seulement elle perd son odeur désagréable, mais elle acquiert un parfum qu'on peut comparer à celui du musc. »

C'est dans cette poche que les petits acquièrent successivement toutes les parties qui leur manquaient d'abord et qu'ils se couvrent de poils. On peut aisément l'ouvrir pour les regarder, les compter, et même les toucher.

« A la seule inspection de la forme des pieds de cet animal, il est aisé de juger, dit Buffon, qu'il marche mal, et qu'il court lentement ; aussi assure-t-on qu'un homme peut l'attraper sans même précipiter son pas. En revanche, il grimpe sur les arbres avec une extrême facilité ; il se cache dans le feuillage pour attraper les oiseaux, ou bien il se suspend par la queue, dont l'extrémité est musculeuse et flexible comme une main ; en sorte qu'il peut serrer et même environner de plus d'un tour les corps qu'il saisit : il reste quelquefois longtemps dans cette situation, sans mouvement, le corps suspendu, la tête en bas ; il épie et attend le petit gibier au passage : d'autres fois il se balance pour sauter d'un arbre à un autre, à peu près comme les singes à queue prenante auxquels il ressemble aussi par la conformation des pieds. Quoique carnassier, et même avide de sang qu'il se plaît à sucer, il mange assez de tout, des reptiles, des insectes, des cannes de sucre, des patates, des racines, et même des feuilles et des écorces. On peut les nourrir comme un animal domestique : il n'est ni féroce ni farouche, et on l'apprivoise aisément ; mais il dégoûte par sa mauvaise odeur, qui est plus forte que celle du renard, et il déplaît aussi par sa vilaine figure ; car, indépendamment de ses oreilles de chouette, de sa queue de serpent, et de sa gueule fendue jusqu'auprès des yeux, son corps paraît toujours sale, parce que le poil, qui n'est ni lisse ni frisé, est terne et semble être couvert de boue. Sa mauvaise odeur réside dans la peau, car sa chair n'est pas mauvaise à manger : c'est même un des animaux que les sauvages chassent de préférence, et dont ils se nourrissent le plus volontiers. »

Tous les sarigues sont du continent américain, et la limite géographique de leur genre est comprise, du nord au sud, entre le pays des Illinois et le Paraguay ; toutefois, c'est seulement dans la partie orientale de l'Amérique qu'on les rencontre ; ils n'existent ni sur la chaîne des Andes et des montagnes Rocheuses, ni sur son revers occidental.

Ces animaux, par leurs habitudes naturelles, ont de l'analogie avec les fouines et les putois. Les grosses espèces s'introduisent dans les habitations et étranglent les volailles, ainsi que le font les carnassiers que nous venons de nommer. Ils sont néanmoins beaucoup plus lents dans leurs mouvements, et ne montrent qu'une ardeur médiocre à poursuivre leur proie. Ceux qu'on a cherché à élever en domesticité, dit un auteur de nos jours, se sont montrés stupides, indifférents aux bons traitements, indolents et très-dormeurs.

Le nom de sarigue, assigné par les naturalistes français au genre dont il est ici question, vient des mots carigueia, sariguoi ou cerigou, qui, au rapport de quelques contemporains de la découverte de l'Amérique, étaient en usage chez les Brésiliens pour désigner ces animaux. Au Paraguay, on les appelait micouré, au Mexique, thlaquatzin, et manicou ou manitou chez les peuplades de l'Amérique du Nord. Les Anglais donnent le nom d'opossum à tous les animaux à bourse, et conséquemment aux sarigues ; quand à celui de philander, qui a été appliqué à quelques-unes de leurs espèces, c'est une altération de pélandoc ou pélanior, dénomination que reçoit un kanguroo dans l'une des îles de l'archipel de l'Inde.

LE LIÈVRE ET LES LAPINS

LE LIÈVRE ET LES LAPINS

Les lièvres et les lapins, qui occupent une si grande place dans l'agriculture et le commerce, sont deux petits animaux de l'ordre des rongeurs. Le lièvre a les oreilles longues, la queue courte, les pattes inférieures plus longues que celles de devant, en sorte qu'il saute plutôt qu'il ne marche; ses oreilles hautes et mobiles perçoivent le bruit le plus léger. Le jour, quand il n'est pas harcelé et relancé par les chasseurs, il dort dans le creux des sillons. La nuit, les lièvres se rassemblent en troupes, sautent et jouent entre eux, mais le moindre son, la chute d'une feuille suffit pour interrompre leurs ébats. Depuis la plus lointaine antiquité, le lièvre a été considéré comme l'emblème de la crainte.

Le lapin diffère du lièvre par plusieurs signes caractéristiques, qui sont : le moins de longueur des oreilles, l'absence de poils noirs à l'extrémité de la queue, la couleur et la douceur du pelage. La vie moyenne des lièvres et des lapins, quand ils n'éprouvent aucun accident, varie entre neuf et douze ans. La femelle des premiers, appelée *hase*, ne met bas que deux ou trois petits, tandis que celle du lapin est des mammifères les plus féconds; sa portée s'élève souvent à dix ou onze petits. A l'état sauvage, les lapins habitent dans les bois, où ils commettent d'incalculables ravages, se creusent des terriers profonds d'où il est presque impossible aux chasseurs de les débusquer. La réunion dans un même lieu d'un certain nombre de terriers est appelée *garenne*. Ces animaux, à l'état sauvage, se nourrissent surtout de thym, de serpolet et d'autres plantes aromatiques qui donnent à leur chair un goût délicat et un fumet de gibier qui manquent aux chairs blanches, mais molles et flasques, du lapin domestique.

C'est cependant de ce dernier, et non de la chasse du lapin sauvage, que l'homme tire un parti plus utile, plus avantageux et d'un produit plus sûr.

L'élevage en grand des lapins domestiques constitue une industrie très-active dans notre pays, et les produits, quand l'opération est bien menée, sont assez considérables. Quelle que soit la nature et l'espèce des animaux dont on veut entreprendre l'élève, jamais il ne peut être indifférent de bien choisir les races, parce que c'est avant tout du bon choix des sujets mâles ou femelles, que dépend le succès ou la non-réussite de l'opération. En France on connaît trois races principales de lapins domestiques : le *lapin commun*, le *lapin riche*, et le *lapin angora*. Le premier est le plus rustique, le plus facile à engraisser, le plus productif et le moins sujet aux maladies; son pelage, gris foncé sur le dos, est clair sous le ventre. La variété des lapins communs se divise en deux sous-variétés : le *lapin gris* des Ardennes, et le *lapin blanc* de la Rochelle. La sûreté de production de ces races doit toujours les faire préférer à ces sujets de variétés abâtardies ou mélangées, dont la fécondité est plus apparente que réelle et que la mode adopte souvent sans se rendre compte des motifs de son engouement. La chair du *lapin riche*, différant du précédent par sa taille plus grande et sa fourrure bigarrée de blanc et de noir, est d'une qualité plus recherchée, mais aussi l'élevage de cet animal exige-t-il des soins plus minutieux, et assez souvent il succombe à l'opération préliminaire de l'engraissement.

Il en est de même du lapin angora, assez répandu dans les pays de la vallée de la Loire et plus difficile encore à mener à bien. Il se distingue du lapin commun et du lapin riche par la finesse et la longueur de son pelage. Ses poils, tondus tous les ans pendant l'été, sont vendus aux chapeliers et aux fourreurs qui les emploient dans leur industrie.

Le premier soin après le choix des sujets, quand on veut élever des lapins domestiques, est de bien disposer le clapier, c'est-à-dire le gîte où ces animaux doivent être renfermés. La séquestration n'a pas seulement pour but d'empêcher les lapins de s'enfuir, mais elle favorise chez ces individus, comme chez tous les autres animaux, les dispositions à l'engraissement.

Ce clapier, à l'abri des grands froids comme des fortes chaleurs, doit présenter une certaine inclinaison pour permettre aux urines de s'écouler, car les aliments, s'ils étaient souillés de cette urine, seraient pour les lapins un véritable poison.

L'usage est souvent de placer la nourriture des lapins dans une espèce de râtelier semblable, sauf les dimensions, à ceux des écuries de chevaux.

On doit sacrifier impitoyablement les mâles d'un caractère méchant et querelleur qui maltraitent les femelles, comme il faut aussi se débarrasser des femelles qui dévorent leur progéniture. Chaque mère doit être isolée et ne pas nourrir plus de six ou huit petits, bien qu'elle en ait mis bas onze ou douze quelquefois.

La meilleure nourriture pour le lapin domestique consiste en un bon fourrage sec; la luzerne, le sainfoin, le trèfle sont préférables aux productions des prairies naturelles; on leur donne aussi des carottes, des betteraves et autres racines fourragères, du son et de l'avoine; ces derniers aliments sont réservés aux femelles qui allaitent leurs petits.

L'engraissement des lapins commence vers l'âge de cinq à six mois, et dure, quand on opère en grand, de douze à seize jours; dix ou douze jours sont suffisants quand on ne possède qu'un petit nombre de sujets.

Pendant tout ce temps et quatre fois par jour, on donne à ces animaux des pommes de terre écrasées, mêlées ou non de son, de farine d'orge ou de blé noir. Quelques ménagères jettent aux lapins, pour occuper leurs dents, des croûtes de pain. L'opération d'engraisser les lapins est avantageuse, car la valeur des animaux engraissés est le double de celle des autres, et ce qu'ils ont consommé est loin d'atteindre à la moitié de leur valeur sur le marché.

Plusieurs maladies, telles que les diarrhées, les maux d'yeux et surtout la maladie du *gros ventre*, atteignent les lapins domestiques. Ces accidents proviennent généralement de la mauvaise qualité de la nourriture, des exhalaisons de la litière, d'une habitation malsaine. Les remèdes sont, avant tout, de faire disparaître les causes extérieures de maladies et de soumettre les sujets atteints à un régime sec, de leur donner de l'eau salée et des herbes aromatiques.

Une précaution que l'on ne saurait trop recommander dans l'élevage de tous les animaux grands ou petits, c'est la propreté, car c'est presque toujours de son absence que résultent ces maladies qui étiolent les races ou font manquer les opérations les plus certaines en apparence.

PAUL LAURENCIN.

LE CHEVAL

LE CHEVAL

Parmi les animaux sauvages que l'homme a réduits à l'état de domesticité, le cheval est le plus précieux. Fier, courageux, docile, patient et sobre, cet animal partage avec l'homme, a dit un très-célèbre naturaliste, ses dangers, ses fatigues et sa gloire, ne se refuse à rien, sert de toutes ses forces, s'excède et meurt pour mieux obéir. Après avoir dompté le cheval, l'homme a donc dû s'attacher à sa noble conquête. En effet, l'Arabe et le Tartare considèrent le cheval comme un membre de leur famille ; l'Anglais l'aime avec passion, l'Allemand le vénère ; mais le Français, il faut en convenir, ne l'affectionne que pour les services qu'il lui rend ; trop souvent il abuse de sa force, de son courage, l'épuise, néglige d'en prendre soin et le maltraite.

L'Angleterre et l'Allemagne ont compris depuis longtemps l'importance d'améliorer leurs races chevalines, mais la France ne paraît pas encore avoir assez senti cette utilité. Elle achète annuellement vingt mille chevaux à l'étranger, et ne semble pas comprendre que la prospérité du sol et l'indépendance nationale se rattachent en partie à la population chevaline.

La France possède d'excellentes races que nous diviserons en chevaux de *trait* et en chevaux de *selle*.

Les chevaux de trait sont : 1° Le *cheval boulonnais*. Il est doué d'une belle et bonne conformation ; il a un excellent tempérament, de la vivacité et une grande énergie musculaire. Sa taille est d'un mètre six cent vingt à six cent trente millimètres. Ces chevaux quittent le Boulonnois à l'âge d'un an et sont vendus aux cultivateurs du pays de Caux, du Vimeux et de la Picardie. 2° Le *cheval franc-comtois*. Élevé avec rusticité dans les montagnes, il est robuste, sobre et peu sujet aux maladies. Il est généralement trapu, ramassé et de la taille d'un mètre cinquante-cinq centimètres. 3° Le *cheval poitevin*. Élevé dans les marais de la Vendée et de la Charente-Inférieure, son corps est mou et volumineux ; conservé dans le pays, il ne fait qu'un très-mauvais cheval, mais transporté dans les pays de bonne culture, tels que la Beauce, le Haut-Berry et la Touraine, soumis au travail et à une nourriture composée de grains, il perd ses formes empâtées et acquiert un bon tempérament.

Parmi les chevaux de trait léger nous citerons, en première ligne, le *cheval percheron*. C'est depuis longtemps le plus beau type que la France possède comme cheval de poste et de diligence. Sa taille est d'un mètre cinquante-cinq à soixante centimètres, et sa robe généralement d'un gris pommelé. Ce cheval est vif, léger, plein de sensibilité et de courage. Le cheval du Perche, qui est né dans ce pauvre mais beau pays, ne peut pas y être élevé avantageusement, et s'il y restait jusqu'à l'âge de cinq ans il ne constituerait qu'un très-médiocre animal. C'est le cultivateur beauceron qui se charge de l'élever et d'en faire un de nos meilleurs chevaux.

Le *cheval breton* a d'excellentes qualités ; il les tient d'une antique origine qui remonte jusqu'au cheval arabe, amené en Bretagne, à l'époque de la guerre des Croisades, par beaucoup de seigneurs bretons qui avaient pris part à cette expédition. Il est plus solide,

plus dur à la fatigue et se ruine moins vite que le percheron ; sa taille est d'un mètre quarante à soixante centimètres au plus.

Le *cheval normand*. La Normandie fournit d'excellents chevaux de poste, de diligence, de selle et d'attelage de luxe. Ils peuvent, aujourd'hui que les éleveurs normands ont beaucoup amélioré la race, rivaliser avec nos meilleurs chevaux percherons et bretons, tant pour la beauté des formes que pour l'excellent service qu'on peut en obtenir.

Nous devons aussi mentionner les chevaux ardennais, qui, descendant d'une des bonnes races du Nord, et, dit-on, aussi des Arabes, sont des chevaux durs à la fatigue. Les qualités et les beautés de cette race sont malheureusement trop peu connues des personnes qui, en France, s'occupent de l'amélioration de nos races chevalines.

D'autres contrées de la France, le Morvan, le Limousin, etc., fournissent aussi des chevaux souvent très-bons, mais qui ne sont pas aussi connus que ceux dont nous venons de parler.

Aujourd'hui que les routes départementales, les chemins de grande communication, sont généralement bons, et qu'au moyen de chemins de fer les voyages se font avec une rapidité jusqu'alors inconnue, les beaux, souples et élégants chevaux de selle sont devenus fort rares. A part quelques provinces où les chemins de traverse sont mal entretenus, à part quelques chevaux de maîtres montés par les cultivateurs aisés, les officiers de cavalerie, les amateurs de la chasse à courre et les promeneurs des grandes villes, les chevaux de selle ne sont plus recherchés aujourd'hui comme aux temps peu éloigné de nous encore, où l'on tirait vanité de savoir bien dresser et monter un cheval.

Les éleveurs ne sont point assez généralement convaincus que la hauteur, l'ampleur et la constitution du cheval, comme aussi la richesse de son sang, ne s'obtiennent que pendant les soins qui suivent sa naissance. L'éleveur qui perd ce temps précieux perd aussi son poulain. Aussitôt que les jeunes chevaux peuvent manger, il faut leur donner des aliments substantiels, tels que le pain. L'avoine concassée, les fèves, les pois cuits ou macérés. Le grand secret de faire de bons et beaux poulains consiste à leur donner de l'avoine dans leur jeune âge. Avec l'avoine et de bons fourrages disparaissent la fluxion périodique, la diarrhée, les maladies vermineuses, les engorgements des membres, les affections de poitrine, etc., maladies qui retardent l'accroissement des poulains, les tarent et les font trop souvent périr.

Le poulain doit être sevré à cinq ou six mois ; alors une alimentation variée et saine lui sera donnée, afin d'éviter les effets du changement de régime ; il sera peu à peu de jour en jour éloigné de sa mère. Des pansements journaliers, le pâturage dans les herbages de première qualité, une nourriture saine pendant l'hivernage, un léger travail pour les poulains de trait, des promenades fréquentes pour les animaux de selle, tels sont les bons soins qu'en général il faut prodiguer aux poulains de un à trois ans.

L'ANE

L'ANE

« L'âne, a dit un éloquent auteur d'histoire naturelle, n'est ni un étranger, ni un intrus, ni un bâtard; il a, comme tous les autres animaux, sa famille, son espèce et son rang ; son sang est pur, et quoique sa noblesse soit moins illustre, elle est tout aussi bonne, tout aussi ancienne que celle du cheval. Pourquoi donc tant de mépris pour cet animal si bon, si patient, si sobre, si utile ? Les hommes mépriseraient-ils jusque dans les animaux ceux qui les servent trop bien et à trop peu de frais? On ne fait pas attention que l'âne serait, par lui-même et pour nous, le premier, le plus beau, le mieux fait des animaux, si dans le monde il n'y avait pas le cheval. C'est la comparaison qui le dégrade; on le regarde, on le juge, non pas en lui-même, mais relativement au cheval; on oublie qu'il est âne, qu'il a toutes les qualités de sa nature, tous les dons attachés à son espèce, et on ne pense qu'à la figure et aux qualités du cheval, qui lui manquent et qu'il ne doit pas avoir. »

La taille des ânes varie beaucoup, selon les lieux qu'ils habitent; on en rencontre depuis la hauteur d'une forte chèvre jusqu'à celle d'un cheval de moyenne grandeur. La durée de sa vie est de quinze à dix-huit ans; elle peut, dans quelques sujets, se prolonger jusqu'à trente; généralement la femelle vit plus que le mâle.

Suivant Buffon et beaucoup de naturalistes, l'âne, originaire d'Arabie, après avoir passé en Égypte, est arrivé en Perse, en Grèce, en Espagne, en Italie, en France et ensuite en Allemagne, en Angleterre et en Suède. Les Espagnols l'ont transporté en Amérique, où il était inconnu ainsi que le cheval. C'est de l'Espagne que nous est venue la belle race d'ânes du Poitou, importée elle-même de l'Afrique par les Maures, qui ont possédé si longtemps la partie méridionale de la péninsule hispanique.

Aucun animal ne produit plus et ne consomme moins que l'âne; nul, du moins, ne donne plus comparativement à ce qu'il a coûté. Il mange une foule d'herbes inutiles et même nuisibles : les chardons, la bardane et autres plantes de cette nature sont dévorés par lui avec avidité. Sa patience, sa force, sa frugalité, son excellente constitution, le rendent peu sujet aux maladies, alors qu'il a acquis l'âge adulte; jamais il n'est atteint d'indigestion ni de coliques, ni de diarrhée, ni de dyssenterie. Il est souvent exposé au tétanos, maladie grave qui le frappe à la suite des longues fatigues auxquelles il est soumis. Toutefois ses maladies sont généralement graves, à cause de son tempérament nerveux; aussi réclament-elles, pour être guéries promptement, des soins bien entendus qui ne lui sont pas toujours accordés. On reproche avec raison à l'âne d'être entêté, indocile et parfois plein de malice. Mais ces défauts de caractère ne sont-ils pas une suite naturelle de l'abandon auquel il est trop

souvent condamné et des mauvais traitements qu'on lui fait subir? L'expérience prouve qu'avec des procédés plus doux, de la patience, des ménagements, une meilleure nourriture et des soins aussi bien entendus que ceux qui sont accordés aux chevaux, les ânes perdraient cette raideur de caractère et cet entêtement opiniâtre qui accompagnent toute éducation négligée.

Cet animal est le compagnon de la misère du pauvre, dont il fait quelquefois la fortune, et dont, serviteur fidèle et sobre, il partage tous les travaux et toutes les souffrances. Il porte au moulin et rapporte le produit de la subsistance de son maître; il va chercher dans les bois la mince provision de son chauffage; la misère, en un mot, n'a pas d'agent plus actif et plus dévoué que lui, et cependant l'homme consulte plutôt ses besoins que les forces du pauvre animal. Il n'attend pas qu'il ait pris son entier accroissement pour le surcharger par un excès de poids. Un proverbe vulgaire semble autoriser cette cruauté: *plus l'âne est chargé, mieux il va*, dit-on. C'est qu'en se hâtant d'arriver au but pour être délivré d'un poids sous lequel ses jambes et son dos fléchissent, cet humble et bon animal montre plus d'intelligence que le rustre qui l'accable par un excès de poids.

Les jeunes ânons, que l'on doit sevrer après le septième ou le huitième mois, doivent être nourris avec de bons aliments, tels que le son, l'avoine crue et surtout cuite et le pain. Il faut éviter de les laisser coucher la nuit dans les herbages, où ils contractent des diarrhées épuisantes, le pissement de sang et des pleurésies suraiguës qui les enlèvent en dix à douze heures. Les petits ânons, en général, sont très-délicats, très-sensibles au froid, et réclament, par cela même, une nourriture choisie et des soins hygiéniques bien entendus.

L'âne donne un fumier chaud, très-fertilisant et très-recherché pour les terres froides et humides.

De sa dépouille, après sa mort, il n'y a guère que sa peau qui soit utilisée pour confectionner des cribles, des peaux de tambour, des gros parchemins et des tablettes pour écrire au crayon. En Orient, on en prépare le *sagri*, qui est connu sous le nom de *peau de chagrin*, et dont les gainiers font un grand usage.

Le ZÈBRE est une variété du genre cheval, voisin de l'âne, dont il se rapproche par la taille et les formes, mais dont il diffère par son pelage blanc-jaunâtre, régulièrement rayé de bandes transversales de couleur brune. Le zèbre est originaire de l'Afrique australe, où il habite en liberté les parties montagneuses; c'est un animal élégant de formes, mais farouche, qui ne s'apprivoise que difficilement et qu'on n'a pu dompter. Les anciens connaissaient cet animal et lui avaient donné le nom de cheval-tigre.

LE ZÉBRE

11

LE ZÈBRE

Nous n'usons pas, à beaucoup près, de toutes les richesses que nous offre la nature, a dit Buffon. Cette réflexion est juste, surtout en ce qui concerne les animaux pouvant servir de bêtes de trait ou de somme; car, hormis les mammifères de l'ordre des pachydermes et du genre cheval, il n'y en a que deux domptés complétement par l'homme et soumis par lui à son empire, le cheval et l'âne. Cet ordre de mammifères offre pourtant plusieurs autres sujets qui nous seraient d'une grande utilité si l'on parvenait à s'en rendre maître, et surtout à les acclimater. Quelques essais tentés n'ont pas encore complétement réussi, mais ils font espérer la solution prochaine du problème pour deux de ces quadrupèdes, l'hémione et l'hémippe; quant aux autres variétés du même genre, le zèbre, le couagga, le daw, la difficulté de les amener en Europe s'est opposée jusqu'ici à des expériences d'acclimatation.

Nous allons faire connaître en peu de mots les caractères distinctifs de chacun de ces animaux, confondus souvent entre eux, mais que les derniers travaux des naturalistes nous ont mieux fait connaître.

Le *zèbre* est un bel animal dont l'apparence extérieure et surtout la tête rappellent celles de l'âne; son pelage blanc jaunâtre est régulièrement rayé de bandes transversales d'un brun noir. Cet animal est très-élégant de forme, mais son caractère méfiant et farouche ne s'est jamais apprivoisé complétement, et, dans les vastes plaines de l'Afrique centrale, où il vit en troupes nombreuses, c'est bien rarement que l'on a pu l'approcher. Le zèbre était connu dans l'antiquité, car, sans parler de plusieurs récits historiques où il en est fait mention, les anciens lui avaient donné le nom de cheval tigré (*hippo-tigris*).

Le *daw* tient le milieu entre le cheval et le zèbre; son pelage ras est d'un blanc jaune rayé de bandes alternativement fauves et noires; sa crinière se tient toute droite comme les crins de ces chevaux de bois que l'on donne aux enfants. Le daw vit en troupes nombreuses dans les montagnes et les plaines qui avoisinent le cap de Bonne-Espérance. Bien que son caractère sauvage se rapproche beaucoup de celui du zèbre, le daw a servi quelquefois de bête de somme ou de trait aux colons hollandais ou anglais du Cap.

Il en est à peu de chose près du *couagga*, qui habite les mêmes contrées que les précédents, et, comme eux, vit en troupes nombreuses dans les plaines de l'intérieur de l'Afrique ou de l'Asie. Le couagga est moins grand que le zèbre; son pelage est brun foncé sur le cou et les épaules, brun clair sur le dos; les flancs et la croupe sont d'une couleur rougeâtre, tandis que les jarrets et la queue sont d'un beau blanc. La queue de ce quadrupède est terminée par une touffe de poils très-épaisse.

C'est grâce aux soins d'un savant naturaliste, M. Isidore-Geoffroy Saint-Hilaire, que la ménagerie de Paris possède plusieurs hémiones et que la Société d'acclimatation a pu s'occuper de cet animal et étudier son organisation au point de vue de la domestication et de la reproduction de l'espèce. L'hémione, dont le nom signifie demi-âne, est en quelque sorte l'intermédiaire entre l'âne et le cheval. Il était déjà connu au temps d'Aristote; mais, oublié pendant une longue suite de siècles, il n'a été décrit de nouveau que par le naturaliste Pallas, à la fin du dix-huitième siècle.

Cet animal présente un pelage ras et lustré, d'une teinte isabelle ou café au lait clair sur les parties supérieures et latérales du corps, et d'une couleur blanche sur les parties inférieures et internes. A la face externe des membres se dessinent des raies transversales d'une teinte isabelle pâle. La crinière, qui est noirâtre, commence un peu en avant des oreilles et s'étend jusqu'au garrot, en diminuant insensiblement de longueur; elle se continue en une bande de même couleur, qui règne tout le long de la ligne dorsale et finit en pointe sur le haut de la queue. Celle-ci, couverte de poils ras, se termine par un bouquet de crins noirâtres.

L'hémione est un peu plus petit que le cheval, un peu plus grand que l'âne; les oreilles sont moins longues que chez ce dernier, et ressemblent par leur coupe et leur mode d'implantation à celle du cheval. Les ouvertures des narines figurent deux croissants dont la convexité est tournée en dehors. Cet animal, dont l'aspect est des plus agréables, vit en grands troupeaux dans les Indes orientales; mais, malgré son abondance, il n'est pas toujours facile de se le procurer. Sa rapidité à la course étant plus grande que celle des chevaux, ce n'est qu'à l'aide de piéges que l'on peut parvenir à s'en rendre maître.

On a souvent confondu l'hémione avec l'hémippe, autre quadrupède du même genre, introduit en France depuis peu d'années. Les caractères généraux sont identiques; de loin les deux espèces pourraient se confondre; mais de près on voit que la tête est beaucoup plus petite, les oreilles plus courtes, et, par suite, la physionomie se rapproche du cheval. Comme on avait donné à l'*hémione* un nom signifiant demi-âne, on a cru pouvoir appliquer à l'autre quadrupède le nom de *hémippe*, c'est-à-dire demi-cheval.

L'hémippe est d'une couleur jaune-noisette plus foncée que celle de l'hémione; cette couleur couvre une plus grande partie du corps, et les membres, blancs pour la plus grande partie chez l'hémione, sont isabelle à la région antérieure chez l'hémippe. Enfin la diversité de ces deux animaux est encore confirmée par la différence notable de leur voix.

Les deux espèces dont nous venons de parler se sont reproduites plusieurs fois entre elles à Paris ou chez des particuliers; on a même obtenu, en les faisant croiser avec des ânesses ou des juments, des sujets qui participent des qualités des deux races. Tout permet donc d'espérer que l'opération de l'acclimatation de l'hémione et de l'hémippe est un fait acquis à la science et à l'agriculture.

PAUL LAURENCIN.

LE RHINOCÉROS

LE RHINOCÉROS

Le rhinocéros fait partie, comme l'éléphant, de la famille des pachydermes. — Cette famille se compose de tous les animaux dont les doigts sont enfermés dans un ou plusieurs sabots remplaçant les ongles. Leurs pieds ne leur servent donc que de soutien; ils n'ont pas besoin d'avoir d'autres mouvements que ceux de la marche, aussi ces animaux manquent-ils de clavicule.

Jusqu'au commencement du siècle dernier, le rhinocéros, qui est, après l'éléphant, le plus puissant des animaux, a été presque inconnu en Europe. Le premier qui ait paru est celui dont Pline fait mention comme ayant été présenté au peuple romain par Pompée. Auguste, au rapport de Dion Cassius, en fit tuer un autre dans le cirque, lorsqu'il célébra son triomphe sur Cléopâtre. Sous Domitien, il vint à Rome deux rhinocéros que l'on retrouve gravés sur les médailles de cet empereur.

En 4513, un rhinocéros fut envoyé des Indes au roi de Portugal, Emmanuel. Celui-ci l'envoya au pape, mais il périt en route avec le bâtiment qui le portait. En 4685, on en conduisit un second en Angleterre. En 4739 et en 4744, on en vit deux autres qui furent promenés dans toute l'Europe. En 4774, il en arriva un fort jeune dans la ménagerie de Versailles; il mourut en 4793. En 4800, un deuxième individu, venant des Indes et destiné à la ménagerie de Vienne, mourut en arrivant à Londres. En 4848, une ménagerie ambulante en amena un autre à Paris, qui fut observé par M. Cuvier. Depuis lors, il ne s'en était plus vu sur le continent, et par conséquent celui dont le Muséum d'histoire naturelle vient de faire l'acquisition, et dont la mort a été si prompte, peut être compté comme le huitième individu de cette espèce qui ait touché le continent européen depuis celui du roi Emmanuel.

Le rhinocéros parvenu à toute sa croissance a 4 mètres de long, 2 mètres environ de haut, et la circonférence de son corps est presque égale à sa hauteur; il est très-bas sur pattes. Sa tête tient à la fois du cochon, du cheval et de la vache, car elle offre l'œil du premier, le naseau du second et la lèvre inférieure de la troisième; mais cet animal se distingue par un organe qui lui est particulier. Sa lèvre supérieure, qui s'allonge en pointe et remue à volonté, lui sert à tordre les poignées d'herbages et à arracher des racines. Cette lèvre est au rhinocéros ce que la trompe est à l'éléphant; sans elle il paraît privé du sens du toucher.

Sa peau, dépourvue de poil, est si dure et si épaisse qu'il ne peut la froncer, et qu'il aurait peine à se mouvoir si la nature n'avait ménagé de gros plis à divers endroits, comme jadis on laissait des intervalles dans les armures de fer de nos anciens chevaliers.

Le nez du rhinocéros est armé d'une corne redoutable, légèrement recourbée en arrière; cette corne lui sert à se défendre, à labourer la terre pour mettre à jour les racines ou à déraciner les arbres.

Avec tant de force et d'avantages, cet animal serait un des plus redoutables, s'il n'était en même temps un des plus pacifiques. Comme tous les herbivores, il ne devient furieux que lorsqu'on l'attaque ou lorsque la faim le presse. Alors on le voit bondir avec fureur, s'élancer en bonds impétueux, et se précipiter droit devant lui avec une si grande vitesse qu'il renverse tout ce qui s'oppose à son passage; s'il atteint son ennemi, il le foule aux pieds avec rage; s'il le manque du premier coup, il ne peut revenir sur ses pas, emporté qu'il est par l'impétuosité de sa course.

Il est d'une intelligence bornée, d'un caractère brusque et intraitable. Tantôt il a la douceur, l'indifférence de l'idiotisme, tantôt il se livre à des accès de fureur que rien n'aurait pu faire prévoir et que rien ne saurait calmer. Cette masse immense devient alors d'une effrayante légèreté; il franchit un espace à peine croyable d'un seul bond, il se livre à droite et à gauche à des mouvements désordonnés et s'élève à une hauteur considérable. En résumé, il est farouche, indomptable; il est féroce par stupidité, capricieux sans motif et s'irrite sans sujet.

Le rhinocéros vit solitaire et sauvage; on le voit rarement en compagnie. Il suit de préférence le bord des fleuves et se roule avec délices dans la vase des marais, comme pour amollir le cuir qui le couvre. Il se nourrit de plantes grossières, de genêts, d'arbustes épineux, de racines et de feuillages. Il consomme jusqu'à 80 kilogrammes de nourriture par jour et boit à la fois une quantité d'eau considérable.

Les Indiens lui donnent la chasse non-seulement pour avoir sa peau, dont ils font des boucliers impénétrables, mais encore pour sa corne, qu'ils estiment beaucoup; ils croient qu'une coupe faite avec cette matière a la propriété de détruire les effets d'un poison qu'on y aurait versé, et qu'une liqueur qu'on y dépose acquiert des vertus miraculeuses pour guérir un grand nombre de maladies. Comme cet animal aime beaucoup la canne à sucre, le maïs et d'autres plantes cultivées, il se jette la nuit dans les champs et y fait d'énormes dégâts. Les chasseurs ayant remarqué qu'il suit à peu près la même route pour sortir ou rentrer chaque nuit dans son fort, creusent des fosses sur son passage, et comme il est plus stupide que rusé, il y tombe aisément; on le tue alors à coups de fusil, de flèches ou de lance.

Les ossements fossiles antédiluviens nous ont révélé l'existence antique de plusieurs espèces perdues de rhinocéros; Cuvier, ce grand savant qui est une des gloires de la France, a découvert et prouvé que ceux trouvés à plus ou moins de profondeur sous terre, en Sibérie, en Allemagne, en Angleterre, en Italie et en France, étaient des ossements de rhinocéros. En 4771, on trouva enseveli dans les sables, sur les bords de Wilusi (Russie) le cadavre d'un de ces animaux parfaitement conservé. La chair et *les poils* étaient intacts. Ces faits extraordinaires, et qu'on ne saurait contester, donnent à penser que avant le déluge les rhinocéros de haute taille étaient très-répandus sur la surface de l'Europe, et la fourrure dont on a trouvé des traces indique qu'alors ils pouvaient vivre dans un climat froid. Aujourd'hui, on ne les trouve plus, et en petit nombre, que dans les climats brûlants de l'Inde ou du sud de l'Afrique.

L'HIPPOPOTAME

L'HIPPOPOTAME

Le sixième ordre de la grande classe des animaux mammifères est celui des *pachydermes*, c'est-à-dire, en grec, animaux pourvus d'une peau épaisse. Tous les animaux de cet ordre sont ongulés, c'est-à-dire ont le pied terminé, pourvu d'un sabot corné, composé d'un ou plusieurs doigts : un chez le cheval, deux chez le cochon, trois chez le rhinocéros, cinq chez l'éléphant, quatre chez l'*hippopotame*. Ce dernier est un des plus curieux animaux de l'ordre ; et il est *amphibie*, c'est-à-dire qu'il peut vivre à la fois sur la terre ou dans l'eau. Trois groupes composent l'ordre : les *proboscidiens*, ou pachydermes à trompe, c'est-à-dire les éléphants ; les *solipèdes*, ou pachydermes à un seul doigt corné, le cheval, l'âne, etc.; enfin, les pachydermes *ordinaires*, le cochon, le tapir, le rhinocéros et l'hippopotame.

L'hippopotame, dont le nom tiré du grec signifie *cheval de rivière*, n'a du cheval qu'une sorte de hennissement. Son corps disgracieux ne rappelle en rien les formes légères du noble animal dont l'homme a fait le compagnon de ses plaisirs et de ses dangers. L'hippopotame est lourd, sauvage, pour ainsi dire informe : la masse de son corps est portée par quatre piliers courts et épais ; une sorte de carapace de cuir l'enveloppe, et ne laisse apercevoir aucune articulation, aucun muscle. C'est seulement à des plis de cette armure grossière qu'on distingue le cou, auquel s'attache une tête longue et épaisse, terminée par des lèvres charnues, plates et larges, dont l'expression achève de donner à l'ensemble le caractère de la brutalité. Les allures de ce singulier animal répondent à son apparence. Il se remue lourdement, vit dans la fange, sur le bord des rivières ou dans les lacs et les marais. Il ne sort guère que la nuit, et au moindre bruit qui lui signale un danger, il plonge, ne laissant à la surface que ses énormes naseaux par lesquels il respire de temps en temps. Aussi l'hippopotame est-il difficile à atteindre : prudent et cuirassé comme il est, il faut le surprendre pour le tirer, et les balles ordinaires s'aplatissent sur son cuir. C'est à la tête seulement qu'il est vulnérable.

Les dents de ce pachyderme sont en partie recourbées, en partie cylindriques, pointues et couchées en avant, pour fouiller la terre humide et en arracher bulbes et racines. Quelques-unes de ces dents ont jusqu'à 35 centimètres de longueur, et leur substance, plus compacte et plus blanche que l'ivoire, est particulièrement choisie pour la fabrication des dents artificielles.

« Avec d'aussi puissantes armes, dit notre grand naturaliste Buffon, et une force prodigieuse de corps, l'hippopotame pourrait se rendre redoutable à tous les animaux. Mais il est naturellement doux ; il est d'ailleurs si pesant et si lent à la course, qu'il ne pourrait attraper aucun des quadrupèdes. Il nage plus vite qu'il ne court ; il chasse le poisson et en fait sa proie ; il se plaît dans l'eau et y séjourne aussi volontiers que sur la terre. Cependant il n'a pas, comme le castor et la loutre, des membranes entre les doigts des pieds, et il paraît qu'il ne nage aisément que par la grande capacité de son ventre, qui fait que, volume pour volume, il est d'un poids à peu près égal à l'eau. D'ailleurs, il se tient longtemps au fond de l'eau, et y marche comme en plein air ; et lorsqu'il en sort pour paître, il mange des cannes à sucre, des joncs, du millet, du riz, des racines, etc. Il en consomme et détruit une grande quantité, et fait beaucoup de dommage dans les terres cultivées ; mais comme il est plus timide sur la terre que dans l'eau, on vient aisément à bout de l'écarter : il a les jambes si courtes, qu'il ne pourrait échapper par la fuite, s'il s'éloignait du bord des eaux. Sa ressource, lorsqu'il est en danger, est de faire un grand trajet avant de reparaître. Il fuit ordinairement lorsqu'on le chasse ; mais, si l'on vient à le blesser, il s'irrite, et, se retournant avec fureur, se lance contre les barques, les saisit avec les dents, en enlève souvent des pièces, quelquefois les submerge. »

L'appareil qui donne à l'hippopotame cette facilité de vivre un certain temps sous l'eau, se compose d'un système de cartilages et de muscles, au moyen desquels il peut fermer ou ouvrir ses narines.

L'hippopotame, dont les débris fossiles se rencontrent souvent en France et en Italie, ne se trouve plus aujourd'hui qu'en Afrique. Encore les contrées de ce continent où il habite, diminuent-elles à mesure que la civilisation étend ses conquêtes. Déjà l'hippopotame a été chassé de l'Egypte, et il ne se rencontre plus qu'en Abyssinie et dans les régions au sud du grand désert, jusqu'au cap de Bonne-Espérance. Il faut croire qu'il n'était pas rare au temps des Romains dans le nord de l'Afrique, car il en fut amené souvent dans les cirques, où, pour le plaisir du peuple, on leur donnait la chasse dans d'immenses bassins.

L'hippopotame, que les anciens naturalistes ont appelé aussi *cheval marin, bœuf marin*, et que, vu sa rareté, on a toujours assez mal observé, est un des animaux qui paraissent destinés à disparaître devant la civilisation. Cependant il se reproduit en captivité, comme on a pu le voir au Jardin des Plantes à Paris. Mais il est à croire que jamais l'homme n'aura d'intérêt à conserver, par des soins dispendieux, un animal dont la reproduction ne pourrait satisfaire que la curiosité scientifique. A part ses dents, dont il se fait une grande consommation, et sa peau très-épaisse, qu'on utilise dans certains ouvrages, l'hippopotame est plutôt une animal nuisible qu'utile.

On trouve une mention de cet animal dans les livres sacrés, et sa figure est quelquefois gravée sur les obélisques égyptiens et sur les médailles romaines. Mais les plus grands naturalistes de l'antiquité ne nous ont rapporté sur la conformation et sur les habitudes de ce pachyderme que des erreurs grossières, telles ainsi qu'ils supposaient. que l'hippopotame habite aussi bien la mer que les fleuves. Ils disaient encore qu'il se nourrissait de crocodiles ; Aristote prétend qu'il vomit du feu par la gueule, et qu'on le trouve dans les fleuves de l'Inde, où on n'en a jamais rencontré. Buffon et Daubenton eux-mêmes n'ont tracé leurs descriptions de l'hippopotame que d'après des petits individus morts-nés, des têtes décharnées et des peaux rembourrées de foin.   ARMAND FOUQUIER.

LE SANGLIER

LE SANGLIER

Le cochon ne fait qu'une seule et même espèce avec le sanglier. On peut dire que celui-ci est le cochon libre, sauvage; que l'autre est le sanglier réduit à la domesticité. Suivant la méthode de notre grand naturaliste Cuvier, ils prennent naturellement place entre l'hippopotame et le rhinocéros, non loin de l'éléphant. Si on les compare sous le rapport des mœurs, des habitudes et même de l'extérieur, ils offrent des différences qui sont toutes à l'avantage du sanglier, que la servitude n'a point dégradé ni abâtardi.

Les sens du cochon, excepté ceux de l'odorat et de l'ouïe, sont assez obtus. Le toucher est peu sensible, et l'épaisse couche de graisse qui s'étend sur tout son corps ajoute encore à l'imperfection du tact. Toutefois ce sens paraît bien développé dans la partie inférieure du boutoir. Ses formes et ses allures sont également lourdes. La pesanteur et la longueur de sa tête, la brièveté de son cou, ses jambes assez basses et minces en proportion de l'épaisseur du corps, sont les traits principaux de sa physionomie. Il va ordinairement au trot, marche la tête baissée et se dirige toujours droit devant lui. Il se plaît dans les lieux humides et marécageux; il s'y vautre et y fouille la terre avec son groin, pour y chercher des racines et des vers qui conviennent à sa voracité. Au reste, pourvu qu'il trouve une nourriture abondante pour remplir la vaste capacité de son estomac, il se contente de tout. Suivant Buffon, le cochon est l'animal le plus brut; toutes ses habitudes sont grossières, tous ses goûts sont immondes, toutes ses sensations réduites à une luxure furieuse, à une gourmandise brutale. Tel est, en effet, le cochon dans l'état de domesticité, dominé par l'unique besoin d'avaler; et, modèle de gloutonnerie, la chair corrompue, la chair fraîche, bien plus, la chair vivante, sont devenues pour lui comme des aliments de prédilection. On sait que plusieurs fois des enfants abandonnés dans les villages, ou enfermés imprudemment dans la loge des cochons, ont été dévorés par eux.

C'est ainsi que, devenu l'un des commensaux de nos fermes, à la prospérité desquelles il ne contribue pas moins, se modifie le sanglier, qui peut être considéré comme le type de toutes les races de cochons domestiques nourries dans l'ancien continent. Mais, dans sa primitive indépendance, dans toute sa force, dans toute l'énergie de sa liberté native, le sanglier se présente sous des traits intéressants.

Trapu de corps, ayant les oreilles droites, le poil noir et assez clair-semé, roide et dur, armé de défenses redoutables, il se complaît dans les forêts profondes et humides, où il se choisit une retraite appelée *bouge* en termes de chasse, d'où il ne sort que lorsqu'il est attaqué, ou pour dévaster le domaine de l'homme. C'est le soir que les sanglier vont chercher leur nourriture; ils font de grands dégâts dans les champs cultivés, et, s'ils sont poussés par la faim, ils se jettent même sur les animaux vivants.

Le sanglier vit de vingt-cinq à trente ans. Sa femelle, qu'on appelle *laie*, ne produit qu'une fois l'an, après avoir porté quatre mois, tandis que la *truie*, qui est la femelle du cochon, peut produire deux fois. Quand la laie est près de mettre bas, de deux à dix marcassins, selon son âge, elle cherche un refuge où ni le père, ni les loups, ni les hommes ne puissent surprendre sa progéniture. Si, malgré ces précautions de sa tendresse maternelle, un ennemi vient l'attaquer, elle obéit alors à l'impulsion de la nature chez toutes les mères : elle se défend vaillamment, et ses petits, reconnaissants de tant de soins, ne se séparent que fort tard de celle qui les a nourris et protégés avec un zèle qui ne se dément pas. Aussi est-il vrai de dire que nulle créature, après l'homme, ne vit plus réellement en famille que la laie et ses marcassins. Plusieurs laies qui se réunissent avec leurs portées de deux à trois ans, forment de véritables sociétés, où tout ce que l'instinct et le courage peuvent inspirer pour la défense mutuelle est mis en pratique de manière à braver de puissants ennemis. En cas d'attaque, les plus forts placent les jeunes et les faibles au milieu d'eux, et font face au danger en se pressant les uns contre les autres, en présentant leur boutoir et leurs crochets terribles. Il est rare alors que l'assaillant n'ait pas à se repentir de son imprudente agression.

A six ou sept ans, les sangliers ont pris tout leur développement; et les mâles, à mesure qu'ils avancent en âge, perdent de plus en plus ce caractère de sociabilité que nous venons de remarquer. Les vieux mâles vivent ordinairement dans la solitude, et comme ils ont toute leur puissance de destruction, ils sont alors des hôtes dévastateurs des bois et des campagnes, ou des ennemis redoutables pour les chasseurs, auxquels ils résistent avec fureur, souvent même avec succès. Ils succombent rarement sans avoir fait payer cher leur défaite à quelques-uns de leurs vainqueurs, soit qu'ils aient éventré plusieurs chiens, soit que des hommes eux-mêmes aient senti la vigueur de leur boutoir. Lorsqu'on est parvenu à débusquer le sanglier de sa bauge, lorsqu'il a reconnu l'impossibilité de faire utilement front à l'attaque, il fuit d'abord, mais lentement; et malheur aux chiens qui le harcèlent de trop près. Une balle atteint-elle l'intrépide animal? il s'arrête; il distingue sur-le-champ d'où lui vient sa blessure, et tout entier à sa vengeance, à sa rage, les yeux étincelants; pleins de sang et de feu, faisant entendre au loin un souffle semblable au bruit sourd d'un vent précurseur de l'orage, il se retourne, renverse, déchire tout ce qu'il rencontre, pour se précipiter sur celui qui l'a frappé, et qui, pour échapper à une mort cruelle, n'a de ressource que de grimper rapidement sur l'arbre le plus voisin.

Telle est la chasse du sanglier, que certains hommes appellent un plaisir, et qui est en réalité une guerre dangereuse. Nos jeunes lecteurs se rappelleront sans doute ici avec quelle adresse, avec quel courage Télémaque sauva la fille d'Idoménée, la belle Antiope, de la fureur d'un énorme et sauvage sanglier auquel elle avait lancé un trait d'une main peu sûre.

L'ÉLÉPHANT

L'ÉLÉPHANT

L'éléphant, qui est le colosse des quadrupèdes, a dans tout son ensemble un caractère particulier qui en fait une classe à part. Il n'y a entre lui et les autres animaux ni analogie, ni ressemblance, ni rapport quelconque; il en diffère par sa taille, par sa conformation et par ses habitudes; on dirait même qu'il dédaigne d'avoir avec eux la moindre communication. Mais s'il diffère en tous points des autres animaux, il est en revanche celui qui se rapproche le plus de l'homme, par une intelligence tout à la fois si fine et si étendue, qu'elle ressemble presque à de la raison. Calme et réfléchi, il est susceptible d'affection, car il vit en troupes, non pas pour se protéger contre les bêtes féroces qui n'oseraient l'attaquer, mais pour le bonheur de vivre en famille. Il garde un profond souvenir des injures, et sa vengeance, lentement raisonnée, se manifeste sans fureur; il sait attendre et guetter l'occasion de la satisfaire.

Dans le fond des bois, l'éléphant vit en société; dans cette société, on voit se développer le dédain, l'amour, la bonté, la mémoire, la rancune, la prudence et le dévouement de l'amitié. — Son œil est très-petit, mais cet œil est plein de sentiment et d'expression; il annonce le travail de la pensée. Il y a là quelque chose du regard de l'homme, on y découvre l'attention qui écoute, la réflexion qui médite, la prudence qui conseille, et la résolution qui exécute; cet œil si tranquille brille d'intelligence et de raison. Son ouïe est très-fine, il entend à une très-grande distance, et juge le moindre son avec une perspicacité toute particulière; son oreille large et plate se meut à volonté, de sorte qu'il s'en sert pour frotter ses yeux et les essuyer quand la poussière l'incommode; ses jambes courtes et massives semblent taillées comme des colonnes destinées à soutenir un poids immense, et se terminent par des pieds divisés en cinq doigts engagés dans la peau et dont les ongles seulement sont apparents; mais ce qu'il y a de plus particulier dans l'éléphant, ce qui le distingue surtout des autres quadrupèdes, c'est sa trompe, qui est tout à la fois, pour lui, l'organe des sens de l'odorat et du toucher, et ces sens sont portés au plus haut degré de perfection. Cette trompe, composée de muscles, de nerfs et de membranes, est tout à la fois un organe et un membre. Il peut, à volonté, la remuer, la raccourcir, l'allonger, la courber et la tourner en tous sens. Elle se termine par un rebord qui se meut et saisit avec force; à l'aide de ce doigt, l'éléphant cueille des fleurs, et les choisit une à une, il casse des branches, enlève tous les objets, les porte à sa bouche, les pose sur son dos, ou les lance avec raideur. Sous cette trompe sont les orifices des conduits de l'odorat et de la respiration; ce qui a fait dire à M. de Buffon que l'éléphant avait le nez dans la main. Cette main lui sert absolument comme les nôtres, c'est avec elle qu'il caresse ou qu'il frappe, qu'il attaque ou se défend; avec cette trompe il saisit ses aliments et aspire l'eau, qu'il jette ensuite dans sa gorge, s'il veut boire, ou qu'il répand avec plaisir autour de lui.

Il n'est pas couvert de poils comme les autres animaux, sa peau est rase; seulement il en sort quelques soies dans les gerçures, et ces soies, très-clair-semées, sont cependant assez nombreuses aux cils des paupières, au derrière de la tête, dans les trous des oreilles et au-devant des cuisses et des jambes.

Armé de deux redoutables défenses, maître d'une force prodigieuse et d'une marche si pesante que lorsqu'il se promène, il courbe les taillis devant lui comme si c'étaient des épis de blé, ce noble animal n'est cependant ni sanguinaire ni féroce. Naturellement doux et sociable, on ne le voit avoir recours à ses armes que pour se défendre lui-même ou pour protéger ses semblables. Il marche sans cesse en compagnie, et comme il vit près de deux cents ans, il est permis de penser que toute la troupe ne forme qu'une seule et même famille. Le plus âgé paraît en tête, le second d'âge marche le dernier pour veiller à ce que personne ne s'écarte. Les plus robustes se tiennent sur les ailes; les femelles et les petits sont au milieu de cette garde de colosses indomptables qui ressemblent à des forteresses mouvantes. Ce n'est toutefois que lorsqu'ils craignent quelque danger, qu'ils déploient cet ordre et cette tactique, ou lorsqu'ils devinent la présence de l'homme dont ils ont appris à se méfier; mais quand ils se promènent dans la vaste solitude des épaisses forêts de l'Asie, ils marchent pêle-mêle et sans précaution. Si un animal ou même un homme vient à paraître, ils le regardent tranquillement et le laissent passer; mais si un téméraire ose leur faire la moindre injure, ils courent droit à lui, le percent de leurs défenses, l'enlèvent avec leur trompe, le lancent à plusieurs mètres, et s'il n'est pas mort dans sa chute, ils l'écrasent sous leurs pieds. Les voyageurs évitent de si redoutables rencontres, et lorsqu'ils s'arrêtent pour prendre quelque repos, ils ont soin de faire grand bruit, de battre la caisse et surtout d'entretenir de grands feux.

Il n'est pas douteux que l'art de dompter les éléphants ait été pratiqué dans l'Asie dès la plus haute antiquité. Tout le monde sait que Porus en avait dans l'armée qu'il conduisit contre Alexandre, et ce n'est pas une des moins étonnantes preuves de la force de ces animaux, qu'ils puissent porter une tour armée en guerre et chargée de plusieurs hommes. Chez les nations de l'Inde, les éléphants, ainsi disciplinés, formaient la meilleure troupe de l'armée : mais depuis que le feu est devenu l'élément de la guerre, ces animaux, qui en craignent le bruit et la flamme, ont dû disparaître de la scène des combats.

Façonné au joug de l'homme, l'éléphant porte au plus haut degré de la docilité, la sagacité, le dévouement. On ne se lasse pas de voir avec admiration ce puissant et monstrueux quadrupède s'agenouiller à l'ordre qu'on lui donne, et lorsqu'il s'est relevé, avancer sa trompe pour en faire un marchepied à son conducteur, ou plier, dans le même but, les jointures de ses jambes de derrière, à l'aide desquelles on monte sur lui. Le conducteur est toujours placé à califourchon sur le cou de l'animal qu'il fait marcher en lui adressant des mots d'amitié, ou en le piquant d'un aiguillon de fer quand il est récalcitrant; il fait aisément et sans fatigue soixante à quatre-vingts kilomètres par jour, et plus quand on veut le presser.

BOEUF DE SALERS

VACHE DE DURHAM

LE BŒUF ET LA VACHE Nº 1

Le bœuf forme, parmi les ruminants, un genre qui se caractérise par les cornes dirigées de côté et revenant en avant ou vers le haut en forme de croissant. Les ruminants sont doués de quatre estomacs : le premier reçoit les aliments à mesure que l'animal mange; il les transmet au second qui, lorsque l'animal est en repos, les renvoie dans la bouche pour être mâchés de nouveau, repassés ensuite dans les troisième et quatrième estomacs, mécanisme que l'on entend par le mot *ruminer*.

Le bœuf figure au premier rang parmi les plus belles créations de la nature. Tout en lui est remarquable : plein de courage et de pétulance ; armé de deux cornes terribles, auxquelles le bois le plus dur ne saurait résister; doué d'une force telle que, d'un coup de tête, il enlève et jette au loin des bêtes d'un poids considérable; léger et impétueux à la course, il réunit toutes les conditions des animaux de proie ; et, cependant, tous ces appareils de force et d'attaque, il ne les a reçus que pour sa défense, car il ne vit que de feuilles, de fruits et de pâturages.

L'homme a su s'en emparer : pour lui c'est une conquête moins brillante, mais aussi utile que celle du cheval ; car il se prête aux plus rudes travaux, il consent à faire les plus prodigieux efforts ; lui seul, il constitue le fond de la nourriture de l'homme; il est devenu presque une condition essentielle de son existence, comme le blé et la vigne.

Il s'est reproduit et tellement résigné à l'état de domesticité, que peu à peu ses mœurs farouches se sont, sinon tout à fait adoucies, du moins complètement modifiées, et qu'aujourd'hui, entre le bœuf sauvage et le bœuf domestique, il y a de si grandes différences dans les habitudes, qu'on dirait presque deux races distinctes.

Il faut beaucoup de patience pour accoutumer les jeunes bœufs au travail; on les habitue de longue main à se laisser manier les cornes et à se les laisser lier ; on leur passe souvent la main sur le dos et on leur lève les pieds. Toutes ces précautions sont nécessaires, afin que plus tard, quand on veut les atteler, ils ne soient pas effrayés des préparatifs. Les premiers jours on se contente de les attacher sans les faire rien traîner; peu à peu on les habitue au bruit que doit faire la charrue, et ensuite on les fait travailler. Il arrive quelquefois que dans leur impétuosité, ils font de grands efforts pour tout briser, alors on les fait jeûner jusqu'à ce qu'ils deviennent plus dociles. Cette manière de les réduire, qui est toujours efficace, vaut mieux que les mauvais traitements, dont les effets les plus certains sont de les irriter au lieu de les calmer.

Le bœuf ne doit être employé au travail que vers la fin de sa troisième année; mais ce n'est qu'au bout de la quatrième qu'on peut l'utiliser complètement. Il continue à faire un bon service jusque vers sa dixième année, mais alors il devient paresseux. En commençant seulement à cinq ou six ans, ces animaux prennent plus de taille et durent un peu plus, mais ils coûtent bien davantage.

Dans beaucoup de pays, le bœuf de travail est nourri au pâturage. On est obligé de tenir des bœufs de rechange, c'est-à-dire que ceux qui ont travaillé dans la matinée sont remplacés par d'autres qui avaient pâturé jusque-là. On ne fait guère plus de besogne avec quatre bœufs de rechange nourris au pâturage, qu'avec deux bœufs bien nourris à l'étable. La nourriture à l'étable se proportionne au travail exigé ; mais elle ne doit jamais tomber au-dessous de la ration d'entretien. C'est aussi un mauvais système que d'épargner la qualité des aliments. Quand revient la saison des travaux, là où on nourrit avec des soupes chaudes et des résidus chauds, il faut diminuer cette nourriture, qui donne peu de force aux bœufs de travail et les fait suer; on augmente les aliments secs, surtout le foin. Lorsque le travail presse, il est bon d'ajouter deux à trois litres de grain moulu à la ration journalière de chaque bœuf. Avec ce surcroît de nourriture, on peut, sans inconvénient, obtenir deux attelées par jour, chacune de cinq heures.

On reconnaît les bonnes espèces à quelques traits généraux : elles doivent avoir le corsage grand, le front large, l'œil noir et vif, le regard fixe, la tête courte, le cou gros et charnu, les épaules et la poitrine larges, les reins fermes, le dos droit, les oreilles velues, la corne du pied petite, le poil luisant, doux et épais.

Un veau provenant ainsi de belles espèces, peut peser en naissant jusqu'à 35 kilogrammes. Si on le destine à être envoyé à la boucherie, on le laisse teter au mois ou six semaines. On choisit les veaux qu'on veut élever parmi ceux qui sont nés en avril, mai et juin, parce qu'ils ont le temps d'acquérir assez de force pour supporter les rigueurs de l'hiver. On les sépare de leurs mères et on les sèvre en mêlant peu à peu leur lait avec de l'eau; mais on rend à mesure la boisson plus nourrissante en y joignant de la farine de froment; puis on leur donne du son, et enfin on les met au fourrage. A trois ou quatre mois, ils peuvent suivre leurs mères dans les champs et brouter l'herbe comme elles.

Tout le monde sait que, dès qu'on a séparé le veau de sa mère, on a grand soin de traire la vache matin et soir. Le lait qu'on en retire est un grand produit. Il y a des pays dont toute la richesse consiste dans cette industrie, et plusieurs contrées sont renommées par le commerce considérable qu'elles font avec le beurre et les fromages qu'elles fabriquent.

Le bœuf, cet animal si robuste, est d'une délicatesse extrême et demande des soins constants. Il craint les grandes chaleurs, mais il supporte mieux les grands froids, il faut le garantir des courants d'air, surtout quand il est en sueur, car il est fort sujet aux inflammations de poitrine et aux maladies putrides.

La bête bovine ne coupe pas l'herbe, comme le cheval et le mouton; elle la saisit avec la langue, la serre et la rompt. Il lui faut donc une herbe assez longue, et comme elle n'en prend que la partie supérieure, elle laisse largement à vivre après elle au mouton, qu'on met après le cheval, parce qu'il coupe l'herbe encore plus bas. C'est la manière d'utiliser complètement le pâturage et de voir naître moins de ces touffes d'herbes qui croissent dans les places où le bétail a fienté. Cette herbe n'est pas mangée par les bestiaux dont la fiente l'a produite, tandis que, souvent, elle est consommée par l'autre bétail. Les *touffes d'engrais*, comme on les appelle ont l'inconvénient de former à la longue de petites buttes où viennent se loger des insectes nuisibles.

VACHES LAITIÈRES.

LE BŒUF ET LA VACHE N° 2

Il est donc important de faire étendre par les gardiens les fientes des bêtes à cornes ou des chevaux, tandis qu'elles sont encore fraîches.

Ces animaux, tout lourds qu'ils paraissent, ont assez d'intelligence pour combiner entre eux des moyens de défense contre les animaux carnassiers, et particulièrement contre les loups, comme j'en ai été témoin, dit M. Boitard, dans les gras pâturages du Charolais, où on les laisse jour et nuit pendant toute la belle saison. S'ils sont à proximité d'une forêt habitée par des loups, le soir, ils se réunissent ordinairement sous le feuillage d'un chêne isolé, et là ils se couchent en ordre de bataille. Les jeunes veaux et leurs mères se placent au pied de l'arbre; les bœufs forment un cercle autour d'eux, de telle manière que le loup ne puisse attaquer d'aucun côté, sans rencontrer partout des cornes menaçantes. A son approche, les bœufs mugissent et se lèvent, mais sans rompre leurs rangs. L'animal carnassier a beau tourner vingt fois autour de cette phalange serrée, il ne trouve pas moyen de s'y faire une trouée, et bientôt il est obligé de faire une honteuse retraite. C'est alors qu'un ou deux bœufs se détachent du troupeau pour lui donner une chaude poursuite et accélérer sa fuite. S'il se retourne contre eux, deux autres bœufs viennent au secours des premiers et les aident à mettre l'ennemi hors de l'enclos ou du pâturage.

L'industrie a mis le bœuf à contribution de toutes les manières : ses cornes servent à faire mille choses utiles, sa peau fait l'objet d'un grand commerce; son sang est employé dans la fabrication du bleu de Prusse; ses os, s'ils sont frais, servent à faire de la gélatine, et s'ils sont secs, à fabriquer du noir animal, dont on fait un grand usage dans les raffineries de sucre; sa graisse est un suif recherché; et enfin sa chair qui se sale et se fume, peut se garder plusieurs années et fait avec la farine, la grande ressource des expéditions lointaines.

Par le lait, cet aliment si riche en principes nutritifs qu'elles nous donnent en abondance, les vaches sont des animaux extrêmement précieux qui méritent que l'éleveur apporte la plus grande attention à leur choix, à leur logement, à leur nourriture, aux soins à leur donner quand elles sont malades.

La première de ces opérations, le choix de l'animal, est à vrai dire la plus délicate et aussi la plus importante, puisque c'est de ce choix que dépendent la quantité et la qualité des produits obtenus.

Comme caractères principaux, une bonne vache laitière doit présenter une tête courte, légère, un museau relevé en avant, une poitrine large, carrée, profonde, des côtes bien arrondies, le cuir fin, souple et moëlleux, les reins larges et plats, l'encolure étroite, en lame de couteau renversée, les veines dites laitières grosses, saillantes, serpentantes, bifurquées, un pis bien développé, roux, pendant et en forme de sac, les trayons égaux, courts, souples, éloignés les uns des autres. En un mot, ce qu'il faut rechercher avant tout dans une vache laitière, c'est la puissance de conformation, puissance qui ne peut exister si la poitrine au sein de laquelle le sang se purifie, si l'estomac qui restitue au sang et aux muscles les particules de matière incessamment perdue, ne sont

pas énergiquement développés. La poitrine et l'estomac sont d'ailleurs pour tous les animaux les rouages nécessaires du corps; les autres organes, malgré leur importance sont subordonnés d'une façon absolue à ceux-là.

Quelles que soient la vigueur et la rusticité de la race choisie, elle dépérit rapidement si les soins d'une bonne hygiène, une nourriture abondante et convenablement choisie viennent à lui manquer.

Ainsi les étables où sont logées les vaches laitières doivent être assez spacieuses pour que les animaux ne puissent y être gênés les uns les autres, assez élevées pour qu'ils n'aient pas à souffrir de l'excès de chaleur, suffisamment closes pour qu'il ne puissent y être incommodés par la vivacité du froid ; le mieux, pour maintenir pur et sain l'air des étables est de les ventiler au moyen d'un tube d'aérage en maçonnerie ou en planches qui débouche à l'intérieur de l'étable et dépasse le toit de plusieurs mètres.

Un système excellent, tant au point de vue de la santé des animaux que sous le rapport de la conservation des fumiers, est celui des boxes ou stalles qui permet d'assigner à chaque vache une place indépendante, toujours la même, et d'une largeur suffisante pour que l'animal puisse choisir la position qui lui convient le mieux.

Indépendamment de ces dispositions fondamentales, il faut veiller à la constante propreté de l'étable, au renouvellement fréquent de la litière, à l'écoulement prompt et facile des eaux de toute nature.

Du choix de la nourriture, et surtout de la régularité du régime alimentaire, dépend beaucoup le bon état de santé des vaches. L'aliment par excellence de ces animaux à l'état adulte est le foin sec en hiver, frais en été. Le foin, c'est le pain, c'est la substance dont tous les animaux de la race bovine ne se dégoûtent jamais, celui qui satisfait le mieux aux besoins de leur organisme, parce qu'il est composé de nombreuses plantes douées de propriétés diverses dont l'ensemble réunit tous les avantages d'une alimentation variée. En été, quand les vaches, au lieu d'être envoyées à la prairie, où le mieux est, non de les laisser pâturer librement, mais de les tenir attachées à un piquet qui ne leur laisse qu'une quantité limitée d'herbes à brouter, sont entretenues à l'étable, le foin doit être mélangé d'une forte proportion de racines aqueuses, betteraves ou carottes.

Durant la belle saison, ces racines les empêchent d'être trop altérées, de boire avec excès ; l'hiver, elles leur tiennent lieu de boisson. Un régime trop sec en été prédispose l'animal aux maladies de poitrine et au charbon, tout comme l'excès d'aliments aqueux pendant l'hiver. Enfin si le cultivateur peut ajouter un peu de sel à la ration de ses vaches, les avantages évidents qu'il en retire compensent largement la dépense faite.

En résumé, il faut, tout en sachant garder une juste mesure entre la parcimonie et la prodigalité, donner aux vaches laitières une nourriture assez abondante pour que ces mères nourricières ne pâtissent jamais, et pour cela préférer un nombre restreint de sujets bien nourris à un troupeau dont les vrais besoins ne sont qu'à demi satisfaits.

LE BISON

LE GENRE BŒUF

De tous les êtres organisés que Dieu a placés sur la terre pour les besoins ou pour les plaisirs de l'homme, ceux qui appartiennent à la grande classe des mammifères l'emportent sur tous les autres en force, en intelligence, en perfection de formes et d'instincts, et c'est parmi eux que l'homme trouve ses plus indispensables auxiliaires. Le chien, le cheval, le mouton, la chèvre, le bœuf sont pour lui des serviteurs dévoués ou des sources intarissables de richesses. Mais c'est surtout l'ordre des ruminants qui renferme les animaux les plus utiles, et le genre le plus précieux de cet ordre est le *bœuf*.

Par bœuf, la science entend, non pas cet animal doux et paisible qui s'engraisse sur la prairie pour fournir à notre faim un aliment sain et savoureux, mais la réunion des espèces qui constituent le genre bœuf. Ces espèces comprennent l'aurochs, le bison, le buffle, le yack, le bœuf musqué et le taureau.

De tout temps, l'homme a senti le besoin d'apporter de l'ordre dans l'inventaire des richesses de la nature, et il a cherché à ramener les espèces si nombreuses des animaux à des types primitifs, à des sources uniques. C'est ainsi que notre grand naturaliste Buffon a vu, dans le chien de berger, le père de toutes les variétés de la famille canine; dans le taureau d'Asie, l'origine de toutes les variétés de la famille bovine. Ce sont là des erreurs qu'un examen plus approfondi a fait disparaître : les différentes espèces que nous venons d'énumérer renferment des cousins et non des frères; et les individus désignés par les noms d'aurochs, de bison, de buffle, de taureau ne sont un même bœuf modifié par des climats et des habitudes différentes.

Passons donc en revue les membres de cette intéressante famille.

Voici d'abord le plus terrible de tous, l'*aurochs*, dont le mot allemand signifie bœuf des prairies, et se retrouve dans le nom d'*urus* que donnaient les Latins à une sorte de taureau indomptable qui habitait autrefois les vastes forêts de l'Allemagne. Cherchez bien aujourd'hui, vous n'en trouverez plus que quelques individus, conservés dans un des certains endroits de la Prusse ducale et de la Lithuanie. Ces échantillons gigantesques d'une espèce presque disparue, ne le cèdent en grandeur, parmi les quadrupèdes, qu'à l'éléphant et au rhinocéros. Le mâle compte jusqu'à 3 mètres 50 cent. de long sur 2 de hauteur au garrot. Leur aspect est sauvage et brutal : leur tête, large et courte, est placée bas et munie de cornes courtes et dures. Ils se ruent sur tous les obstacles avec une aveugle fureur, et brisent d'un coup de tête des sapins gros comme un homme. A l'époque de la campagne d'Austerlitz, la ménagerie de Vienne en contenait un si intraitable, qu'il avait fallu l'enfermer dans une cage de fer munie de barreaux énormes, et destinée à transporter les éléphants. Le feu ayant pris à la ménagerie, l'aurochs effrayé brisa sa cage et s'enfuit; on le retrouva caché dans les marais du Danube. L'aurochs présente avec notre taureau des différences sensibles; son front est bombé, plus large que haut, et il a quatorze paires de côtes, tandis que le bœuf domestique n'en porte que treize. L'au-

rochs grogne et le taureau mugit. De longs poils garnissent toute la partie antérieure de son corps et lui font comme une crinière, et une longue barbe lui descend de la gorge au fanon.

Après ce sauvage habitant des vieilles forêts de l'Europe, voici venir le *bison*, hôte presque aussi farouche des plaines immenses de l'Amérique septentrionale. Un peu plus petit que l'aurochs, puisqu'il ne mesure qu'environ 2 m. 75 cent. en longueur et moins de 2 m. en hauteur sur le devant, le bison se distingue de l'aurochs, aussi bien par sa conformation que par ses mœurs. Il vit en compagnie, tandis que l'aurochs est toujours solitaire, et il n'est pas rare de rencontrer, des forêts de la Louisiane aux plaines du Canada, des troupeaux de vingt à trente mille bisons, marchant en masses serrées. L'aurochs attaque tout ce qui a vie; le bison n'entre en fureur que s'il est attaqué, mais alors sa colère est redoutable. A tous ces signes, on peut reconnaître une espèce un peu plus disposée à la domesticité, et, en effet, on en trouve en Amérique quelques-uns d'apprivoisés. Le bison a quinze paires de côtes et chez lui les muscles attachés aux dernières vertèbres de la tête et aux premières vertèbres du dos, s'élèvent en bosse. La partie antérieure de son corps est couverte d'une épaisse toison, qui lui compose une crinière d'un aspect sauvage. La chasse de cette bête puissante est des plus périlleuses, mais sa chair est si estimée que les Américains lui font une guerre sans trève.

A mesure que nous descendons d'espèce en espèce, le bœuf devient moins puissant, plus traitable. L'espèce *buffle*, originaire de l'Asie méridionale, où on la rencontre encore à l'état sauvage, est complètement domestique en Italie, dans les grasses plaines de la Lombardie aux plaines des marais Pontins. Le buffle est utilement employé aux travaux de l'agriculture. Sobre, ami des marécages, il vit là où le bœuf aurait peine à subsister. Sa force est grande encore, bien que peu comparable à celle de l'aurochs ou même du bison. Plus petit qu'eux, il a les cornes plus longues, mais placées en arrière. Son front est large et bombé, son poil rude et noir, sa chair musquée.

Le *yack* ou bœuf de Tartarie, appelée aussi vache grognante, est natif des montagnes du Thibet, dans l'Asie. C'est le plus petit de la famille. Il a quatorze paires de côtes : à cette différence près, sa structure se rapproche de celle de notre taureau; mais son apparence extérieure est tout autre. Une longue toison soyeuse enveloppe ses formes, une épaisse toison dessine une bosse sur son dos, et sa queue est une vraie queue de cheval, aux crins longs et doux comme la soie. Cette queue, souvent blanche, est teinte en rouge par les Asiatiques et portée en signe d'honneur devant les pachas de Turquie.

Ajoutons à ces espèces le bœuf musqué, qui vit en compagnie dans l'Amérique du Nord près du cercle polaire, et nous aurons avec notre *taureau*, qui les surpasse tous en utilité et en esprit domestique, toutes les grandes divisions de la famille bovine.

ARMAND FOUQUIER.

LE BERGER

12

LE BERGER

La profession de berger semble avoir existé avant celles du laboureur et de tous les autres artisans; elle a précédé la formation des sociétés et des législations; elle a été l'occupation favorite des premiers patriarches. Abel était berger, Abraham, Isaac, Jacob, Esaü possédaient d'immenses troupeaux qu'ils conduisaient eux-mêmes aux pâturages. Moïse, avant de guider le peuple choisi de Dieu vers la Terre promise, avait gardé les brebis de son beau-père Jéthro; enfin les nations égyptienne et syrienne avaient pour ancêtres les *Hyksos*, peuplades exclusivement pastorales.

Le berger, l'agent le plus direct de la domination de l'homme sur les animaux, est l'un des serviteurs les plus importants d'une exploitation agricole, cette importance lui vient de sa responsabilité, car les troupeaux de moutons confiés à sa garde, représentent une fortune souvent considérable qu'il est chargé d'administrer. « Un bon berger, dit Daubenton, doit savoir plus de choses que n'en savent tous les autres agents de la culture. » Industrie, douceur et vigilance, telles doivent être les principales qualités du bon pasteur. « Un bon berger, ajoute enfin un auteur moderne, doit vivre nuit et jour avec son troupeau; il reconnaît chacune de ses bêtes à sa figure, à sa démarche, à sa tournure; il sait quels sont ses qualités et ses défauts; il étudie sa constitution et prévoit quelles sont les maladies qui peuvent l'attaquer. Celui qui fait son métier en conscience ne reste jamais inoccupé même pendant ces longues heures qu'il passe aux champs, immobile, sans travailler, sans lire et faisant à peine de temps en temps quelques pas pour suivre son troupeau : ne l'accusez pas de paresse, c'est un bon serviteur qui sert mieux son maître que vous le croyez; ses mains ne font rien, mais son esprit travaille; il regarde ses moutons; il observe tous leurs mouvements qui souvent sont pour lui des indications précieuses; là se révèlent à lui les premiers symptômes du mal que l'on peut arrêter en le combattant dès son principe et que plus tard on ne pourrait guérir.

Le berger doit savoir loger, nourrir, abreuver, tondre et au besoin guérir les animaux confiés à ses soins. Pour les garder aux champs, il s'adjoint un ou plusieurs chiens de cette race particulière qui a reçu le nom de *chien de berger* et dont l'instinct est admirable. Sur un signe imperceptible de leur maître, ces chiens rassemblent le troupeau, le tiennent massé, le font avancer, obligent les animaux retardataires ou vagabonds à regagner le gros de la troupe, combattent et éloignent les carnassiers, et après chaque manœuvre accomplie reviennent prendre place aux côtés du berger. Celui-ci est armé d'une houlette et porte une panetière. La houlette est une longue canne dont une extrémité se termine par une petite bêche servant à lancer de la terre aux moutons qui s'écartent du troupeau et l'autre forme un crochet destiné à saisir l'animal que le berger veut examiner de près.

La panetière est une grande besace en toile où sont placés divers objets nécessaires au berger pour le traitement immédiat des individus de son troupeau.

Ce sont : un trocard et de l'ammoniaque pour arrêter la *météorisation*, gonflement qui survient quand les animaux ont mangé une trop grande quantité d'herbe fraîche; un grattoir et de l'onguent pour le pansement de ceux qui sont atteints de maladies de la peau, enfin une lancette et des bandages afin de pouvoir, le cas échéant saigner les moutons ou les brebis atteints de congestion. La panetière sert aussi à recueillir et à transporter à la ferme, en les garantissant du froid, les agneaux nés aux champs.

La conservation d'un troupeau n'a lieu qu'au prix de grands soins et de grandes précautions hygiéniques. Aussi rien n'est il plus nécessaire que la bonne disposition des bâtiments ou bergeries destinés à les abriter. Le sol d'une bergerie pour être suffisamment sec doit être incliné, recouvert d'une couche de sable ou de grovier, et à l'entour de la construction sont creusés des fossés empêchant l'eau du dehors de pénétrer à l'intérieur. Les murs sont percés sur leurs faces opposées d'ouvertures étroites en forme de créneaux que bouchent des bottes de paille si le froid vient à sévir. L'espace réservé à chaque animal ne doit pas être moindre qu'une fois sa largeur et deux fois sa longueur; les râteliers, simples du côté des murs, doubles dans le milieu de la bergerie, sont disposés de telle sorte que chaque individu du troupeau puisse y atteindre facilement sa nourriture, sans être obligé de la disputer à ses compagnons. Enfin, le berger augmente l'appétit de ses moutons, communique plus de finesse à leur chair et diminue les chances de mortalité, en suspendant sur divers points de la bergerie des sacs remplis de sel que lèchent les animaux dans l'intervalle de leurs repas.

Une hygiène raisonnée est d'autant plus nécessaire qu'une foule de maladies peut atteindre les troupeaux et en diminuer, si ce n'est même en anéantir complètement la valeur.

Le meilleur moyen de les éviter, c'est de donner à la nourriture et à l'habitation de ses soins intelligents. Une bergerie doit être vaste, bien ventilée, car le mouton, en bonne santé, craint plus la chaleur que le froid. C'est un meurtre d'entasser, comme on ne le fait que trop souvent, ces pauvres bêtes dans des bergeries étroites, hermétiquement fermées, qu'on ne cure qu'une fois l'an, afin dit-on, d'augmenter la chaleur. C'est dans ces bouges, remplis de gaz délétères que le mouton, l'animal le plus délicat parmi nos animaux domestiques, contracte le principe de tant de maladies contagieuses : le piétain, le farcin, la pourriture.

Le premier devoir du berger, lorsqu'une affection épidémique vient à sévir sur son troupeau, doit être d'isoler les bêtes malades, de ventiler les bergeries, de distribuer aux animaux une nourriture plus choisie, de redoubler surtout les soins de propreté, enfin de savoir, quand il le faut, assurer la conservation des individus sains par le sacrifice de ceux qui sont reconnus incurables.

P. LAURENCIN.

LES MOUTONS

LES MOUTONS

Parmi les races complétement asservies à l'homme, qui portent l'empreinte ineffaçable de notre domination sur leur caractère moral comme dans leur conformation physique, la *race ovine* est une des plus précieuses. Sa chair fournit un aliment des mieux réparateurs; sa peau est souple, facile à préparer, et on en tire des cuirs d'une grande finesse; sa laine sert à confectionner nos vêtements les plus grossiers comme les plus élégants; son suif est employé pour une foule d'usages domestiques ou industriels; enfin, dans quelques contrées méridionales, le lait très-épais et très-substantiel des brebis compose des fromages sains et appétissants.

Le mouton, c'est le nom général des individus de l'espèce ovine, présente, comme le bœuf, des variétés infinies, des races qui ne sont autre chose que le résultat des différences de milieu, de nourriture et d'éducation. L'industrie humaine peut pétrir et créer ces races diverses en les croisant ou en les dirigeant vers un but spécial les aptitudes des individus.

Si nous ne considérons, par exemple, le mouton qu'au point de vue de sa laine, nous verrons que cette laine se présente, ou fine, courte, frisée, et alors on l'appelle laine de carde : c'est celle dont on fabrique le drap, et qui a pour type la laine du mouton *mérinos* d'Espagne; ou longue et lisse, propre à fabriquer les étoffes rases, et alors on l'appelle laine de peigne : c'est celle dont le type est dans la toison de la race anglaise *dishley* : ou enfin commune, courte, grossière, propre à fabriquer des draps inférieurs, et bonne aux usages multiples de la bonneterie, de la passementerie, des fabricants de matelas et de couvertures. Mais l'homme a bientôt remarqué que certaines races des montagnes ont naturellement une toison plus fine, la race *Roussillon*, par exemple. Les terres légères, calcaires, l'air libre, une nourriture aromatique et peu abondante développent naturellement cette richesse de la laine. Pour améliorer les races à ce point de vue, il n'y aura donc qu'à les rapprocher par le croisement du type le plus pur, le mérinos.

Le mouton *mérinos* est trapu : sa charpente osseuse est forte; il est lent à se développer. Chez le bélier, la tête est armée de cornes épaisses, rugueuses, contournées en spirales, redoublées d'avant en arrière; les cornes manquent chez les brebis et chez les moutons. Le caractère le plus remarquable et le plus précieux qui distingue cette race, c'est la laine dont le corps est couvert depuis le bas des jambes jusqu'aux yeux. La toison, le plus souvent noirâtre à l'extérieur, ne présente pas de mèches, mais semble formée d'une seule pièce imitant une cuirasse. A l'intérieur, cette toison est blanche. Cette race redoute l'humidité; les terres perméables et calcaires lui sont particulièrement favorables. C'est à la fin du XVIIIe siècle qu'elle fut introduite en France, et c'est à Rambouillet (Seine-et-Oise) qu'en fut formé le premier troupeau. Son poids, qui varie entre 75 et 80 kilog. pour les moutons engraissés, la fait rechercher pour la boucherie; mais son avantage principal est dans sa laine longue et fine, qui, dans quelques sous-races, rappelle le duvet de la chèvre cachemire, et qui, facilement soumise au travail du peigne, peut servir à faire des châles magnifiques.

C'est en Angleterre que les éleveurs ont appris à spécialiser ainsi les races, et Backewell a *inventé* le type de l'espèce ovine, comme il avait créé le type des races bovines. Si, en effet, la race de *Lincoln* l'emporte pour le poids; si la race de *New-Kent* donne une laine de peigne plus parfaite; si enfin plusieurs autres races la surpassent en finesse de chair, la race *dishley* n'en est pas moins la première pour la perfection des formes, pour la proportion de viande qu'elle produit, et pour la rapidité avec laquelle elle s'engraisse. A ces égards, elle est comme un type de perfection générale, dont les autres races doivent se rapprocher. Le *dishley* a la poitrine et la croupe larges, le flanc court, le corps volumineux et pareil à un tonneau, les jambes courtes et grêles, la tête nue, les os peu volumineux. C'est sous l'influence d'un repos presque absolu qu'il acquiert son poids et ses qualités. Le second grand type de race ovine en Angleterre, le *south-down*, ce qui veut dire *mouton des dunes du Sud*, est, comme son nom l'indique, originaire d'une contrée aride, à terre calcaire. C'est donc une race robuste, rustique, facile à élever; à ces qualités, elle joint de plus précieuses: la précocité, la facilité d'engrais, la bonne conformation. C'est surtout une race de boucherie, car sa laine est grossière. Le *south-down* est de taille moyenne, n'a pas de cornes, et se reconnaît aisément à la couleur brune de la tête et des pattes. Voilà les types perfectionnés que, depuis quelques années, les éleveurs de France ont pris pour modèles. Mais chacune de nos races indigènes a, pour ainsi dire, sa raison d'être dans les habitudes et dans les conditions du sol qu'elle habite. Les races de Languedoc et de Provence ont une laine médiocre, une viande moyenne, une viande estimée; celle du Berry et de la Sologne, avec leur toison rustique, leur petite taille, leur poids qui souvent ne dépasse pas quinze kilogrammes, trouvent à vivre sur un sol stérile qui ne nourrirait pas des races plus exigeantes. Chercher prématurément à les rapprocher tous d'un type sorti de contrées plus favorisées, c'est peut-être courir après une chimère.

Le meilleur moyen d'améliorer l'espèce ovine, c'est de donner à la nourriture et à l'habitation des individus des soins intelligents. Une bergerie doit révéler au premier coup d'œil les préoccupations de son propriétaire. Elle doit être vaste, bien ventilée, car le mouton en bonne santé craint plus la chaleur que le froid. C'est un meurtre d'entasser, comme on le fait que trop souvent, ces pauvres bêtes dans des bergeries étroites, hermétiquement fermées, qu'on ne cure qu'une fois l'an, afin, dit-on, d'augmenter la chaleur. C'est dans ces bouges, remplis de gaz délétères, que le mouton, l'animal le plus délicat parmi ceux que nous avons domestiqués, contracte le principe de tant de maladies contagieuses : le piétin, le farcin, la pourriture.

LE CERF ET LA BICHE

LE CERF ET LA BICHE

Le Cerf de l'ordre des mammifères ruminants (animaux qui ont la faculté de mâcher plusieurs fois leurs aliments), est un quadrupède des plus remarquables par la légèreté de ses formes, l'élégance de ses proportions, l'aisance de ses mouvements et la rapidité de sa course. Ses jambes sont minces et élevées sans cependant être grêles; son corps est svelte et gracieusement arrondi, son cou délié et sa tête surmontée par des cornes ramifiées appelées bois, dont les formes variées ajoutent encore à sa beauté. Sa vitesse à la course est sa meilleure sauvegarde, cependant quand le cerf est poussé à bout, il trouve aussi dans ses bois de bons moyens de défense.

Ces bois tombent chaque année à la fin de février ou au commencement de mars, et c'est à leur longueur comme à leur forme que l'on reconnaît l'âge du cerf et à chaque transformation que subit cet ornement, l'animal reçoit des chasseurs un nom différent.

Pendant la première année, on n'aperçoit sur la tête des jeunes cerfs qu'une protubérance recouverte d'une peau mince et velue; on lui donne alors le nom de *Faon*. La seconde année, ses cornes sont droites et isolées, il prend alors le nom de *daguet* qu'il quitte six mois après pour prendre celui de *hère*. L'année suivante, ses bois produisent deux branches ou *andouillers* qui le font appeler *deuxième tête*. Il lui vient ensuite chaque année un nouvel andouiller qui lui fait successivement donner le nom de *troisième*, puis *quatrième tête*. Enfin, après cinq années révolues, sa *ramure* se trouve chargée de cinq andouillers de chaque côté, on l'appelle alors *Cerf dix cors jeunement;* à cinq ans et demi, c'est un dix-cors parvenu à son entier développement, puis jusqu'à l'âge de trente ans, qui est la durée ordinaire de leur existence on leur donne le nom de vieux cerfs.

Les cerfs vivent les uns par grandes troupes, les autres par petites familles composées seulement de quelques individus. Ils recherchent les grandes forêts, les contrées élevées, les plateaux des montagnes; quelques espèces préfèrent les plaines et les savanes noyées ou marécageuses. Cet animal montre beaucoup d'intelligence; lorsqu'on le chasse, il n'est sorte de ruses qu'il imagine pour échapper à ses ennemis. Il va, vient, passe et repasse plusieurs fois sur sa voie, cherche à se faire accompagner par quelque jeune cerf, pour donner le change, puis il le quitte tout à coup et prend le large ou bien se jette à l'écart, se couché à plat ventre. Si ses ruses ou ses détours sont déjoués, il se jette à l'eau pour dérober ses traces aux chiens, et si, enfin, ceux-ci le forcent dans ce dernier refuge, le cerf oublie son naturel doux et pacifique; il se retourne, s'adosse à un arbre, à un rocher, il baisse la tête, de ses cornes éventre ceux des chiens qui le serrent de trop près, et s'il meurt, ce n'est qu'après avoir fait acheter chèrement sa vie. Les chasseurs préfèrent chasser les cerfs de quatrième tête et de dix cors jeunement à tout autre, parce que l'animal, à cet âge, court mieux, plus vite, plus longtemps, que ses empreintes sont mieux formées et donnent lieu à moins d'erreurs. C'est généralement vers la mi-octobre que commencent les grandes chasses à courre, au moment où les cerfs cherchent à se réunir pour pâturer en commun.

On distingue les cerfs en deux sections : la première comprend ceux de ces animaux qui ont les bois ronds; la seconde, les cerfs à bois plats.

Le cerf commun appartient à la première de ces sections; son pelage est, en été, d'un fauve brun avec une ligne noirâtre, et de chaque côté une rangée de petites taches fauve pâle le long de l'échine; en hiver, cette couleur est d'un gris brun uniforme. Le cerf commun est répandu dans les pays tempérés de l'Europe et de l'Asie; en France, on ne le trouve plus que rarement à l'état sauvage, mais on l'élève dans des parcs pour les lâcher dans les bois à l'époque des chasses. La femelle du cerf prend le nom de *biche*, elle porte huit mois et met bas au mois de mai, un faon de couleur fauve avec des taches blanches. Elle veille avec sollicitude sur sa progéniture et, au moindre péril, l'emporte suspendu à sa gueule par la peau du dos.

Le *Cerf axis* commun, dans l'Hindoustan et particulièrement au Bengale ; le *Cerf du Canada*, le *Cerf de Virginie*, le *Cerf-cochon*, de l'Amérique du Nord, sont également des variétés de cerfs à cornes rondes; ces trois derniers vivent sous des climats tempérés comme les nôtres, et sans doute que, si des essais étaient tentés, ils s'acclimateraient facilement dans nos pays.

Le *Chevreuil*, plus petit que le cerf dont il offre les formes générales, a son pelage doré ou roussâtre ; il devient brun en hiver. La queue manque chez cet animal, elle est remplacée par un simple tubercule. Ses bois, assez petits, sont rameux, à deux andouillers, l'un dirigé en avant, l'autre en arrière. La femelle du chevreuil se nomme *chevrette;* elle a la taille et les formes du mâle, dont elle ne diffère que par le manque de bois. Au lieu de vivre en troupes comme le cerf et le daim, le chevreuil vit en famille : le père, la mère, les petits, allant toujours ensemble.

Dans la section des cerfs dits à bois plats rentrent le renne, l'élan et le daim. Le *Renne* est la providence des habitants des contrées de l'extrême nord de l'Europe ou de l'Amérique. Les Esquimaux s'en servent comme d'une bête de trait ; ils boivent son lait, mangent sa chair, de son poil, filé et tissé, se font des vêtements, et de sa peau tannée, bâtissent des huttes, à l'abri desquelles ils demeurent.

L'*élan*, distingué par sa grande taille dépassant celle d'un cheval ordinaire, l'énorme volume de ses bois, qui pèsent souvent jusqu'à trente kilogrammes, vit dans les forêts basses et humides des contrées septentrionales de l'ancien et du nouveau continent. Les animaux de cette espèce sont plus communs en Asie et en Amérique qu'en Europe, où leur race disparaît de jour en jour.

Ces différentes variétés dont nous venons de parler sont actuellement répandues sur la surface du globe, mais on a découvert les ossements fossiles de plusieurs espèces de cerfs qui n'existent plus aujourd'hui; une des plus remarquables est le *cerf à bois gigantesque*, dont on trouve fréquemment des restes en Irlande. Cette espèce était intermédiaire entre l'élan et le cerf, et ses bois mesuraient souvent plus de trois mètres d'envergure.

P. LAURENCIN

LES ANTILOPES

LES ANTILOPES

Parmi les mammifères, il n'en est peut-être pas de plus gracieux, de plus légers, de plus rapides à la course que les antilopes. Ces animaux, qui appartiennent à l'ordre des ruminants, présentent pour caractères principaux deux cornes plates, creuses, à noyau osseux, placées au sommet de la tête et marquées d'arêtes longitudinales ou d'anneaux saillants. Le museau, chez certaines espèces, est effilé; chez d'autres, il est proéminent.

La taille des antilopes est généralement élevée, leurs genoux sont recouverts de touffes de poils, la queue est courte, mais également recouverte de poils longs. Les yeux sont grands et vifs, l'ouïe est très-fine, la vue extrêmement perçante. La plupart des espèces d'antilopes ont la légèreté et la rapidité du cerf; mais d'autres ont l'allure plus tranquille des chèvres; enfin, la démarche de quelques-unes a toute la pesanteur et la lenteur de celle des gros mammifères ruminants.

Les antilopes vivent généralement en troupes confinées dans certaines limites territoriales dont elles s'écartent rarement. Ceux de ces animaux qui errent dans les plaines arides et sablonneuses, dans les montagnes et les rochers, se nourrissent de plantes aromatiques et salées. Mais les espèces, beaucoup moins nombreuses, qui habitent au bord des cours d'eau préfèrent les herbes douces des prairies.

Les espèces du genre antilope sont très-nombreuses, et les naturalistes, afin de pouvoir les reconnaître et les classer plus facilement, les ont divisées en plusieurs groupes distingués les uns des autres par la forme des cornes.

Parmi les individus principaux de ces groupes, nous citerons :

L'antilope proprement dite ou gazelle, qui vit en troupes nombreuses en Syrie et dans le nord de l'Afrique. Ce charmant animal, que ses yeux si beaux, son regard si doux, sa taille élégante et svelte, son port gracieux, avaient fait chérir des poëtes arabes, est de la taille de notre chevreuil; le poil des parties externes de son corps est fauve, tandis que sous le ventre et aux cuisses, il est d'un blanc pur. Bien que les gazelles soient très-timides, qu'elles fuient au premier indice d'un danger, elles savent, quand on les attaque de trop près, se grouper, se serrer les unes contre les autres de manière à présenter à leurs ennemis une rangée de fronts baissés et hérissés de cornes. En Syrie, on chasse les gazelles au faucon; en Afrique, on les fait poursuivre par des lévriers, seuls animaux en état de lutter de vitesse avec elles.

L'algazel ne diffère que très-peu de la gazelle ordinaire et habite les déserts de l'Abyssinie et de la Lybie. Bien que cet animal ait deux cornes comme les autres antilopes, on a cru reconnaître en lui la licorne des poëtes anciens.

Le dseren ou antilope goitreuse, connue également sous le nom de chèvre jaune des Chinois, habite la Sibérie orientale et les vastes déserts de la Mongolie, entre la Chine et le Thibet. Son nom lui vient d'une saillie ou excroissance que le mâle porte sous le larynx.

L'antilope saiga, commune dans les landes de la Pologne et de la Russie, a la vue courte, mais cet incon-vénient est plus que compensé chez elle par une finesse d'odorat extraordinaire.

Le chamois ou isard est une antilope dont les cornes, longues de douze à treize centimètres, dirigées verticalement d'abord, se recourbent ensuite en forme de crochet vers l'arrière de la tête. Le pelage de cet animal varie suivant la saison : il est fauve durant l'été, mais se fonce de plus en plus jusqu'au brun vineux pendant l'hiver. Le poil, court durant les beaux jours, s'allonge à mesure que le froid augmente, il forme alors une espèce de duvet fin et serré qui préserve l'animal des influences atmosphériques. Le chamois est la seule espèce d'antilope connue de l'Europe occidentale, il vit en troupes nombreuses dans les Pyrénées, les Alpes et les montagnes de la Grèce. Sa chasse est des plus dangereuses, car cet animal, doué d'une grande agilité, parcourt les lieux d'apparence inaccessible, bondit de rocher en rocher, et, quand il se sent pressé, s'élance sur le chasseur, que son choc peut quelquefois précipiter au fond d'un abîme. La chair du chamois est réputée un mets excellent; sa graisse fournit du suif meilleur que celui des chèvres ordinaires, et de sa peau, tout à la fois ferme et souple, les montagnards fabriquent des vêtements, des ustensiles d'usage journalier, et ces instruments de musique si connus sous le nom de cornemuses.

L'antilope des Indes, ainsi nommée des contrées où on la rencontre réunie en famille ou en grands troupes, est l'espèce la plus remarquable par son agilité. Ses sauts de quatre mètres et ses bonds de plus du double défient la course des meilleurs chiens. Les cornes de l'antilope des Indes, noires à leur base, sont à triple courbure, tordues en spirale et à nombreux anneaux. Cet animal vit dans les plaines ouvertes de l'Hindoustan et ne pénètre jamais sous bois, bien différent en cela de l'antilope des buissons, originaire des mêmes contrées, laquelle dès qu'elle se sent poursuivie, cherche un refuge sous les massifs d'arbres ou dans les forêts.

Le nylgau a la taille du cerf; ses cornes, un peu plus courtes que celles de l'antilope ordinaire, sont recourbées en avant. Le caractère du nylgau est indomptable. Loin de fuir son ennemi, il se jette à genoux aussitôt qu'il l'aperçoit, s'avance dans cette position jusqu'à une certaine distance; puis, se redressant tout d'un coup, il s'élance en avant avec la rapidité d'une flèche et de son choc terrasse son adversaire. Le nylgau est commun dans le bassin de l'Indus et au sein des épaisses forêts de la célèbre vallée de Cachemire.

Les gnous ont les cornes élargies et rapprochées à leur base; ce sont des animaux sauvages, difficiles à approcher, et qui, blessés, se précipitent sur le chasseur et luttent courageusement avec lui. Les gnous vivent dans les montagnes du cap de Bonne-Espérance, ne marchent pas en troupes, mais courent sur une seule file que dirige un vieux mâle.

Enfin, l'antilope unctuosa vit au Sénégal; l'antilope à cornes aplaties est commune aux îles Célèbes, où on l'appelle vache des bois; l'antilope laineuse, appelée ainsi de la longueur et de la finesse de son pelage, se rencontre au cap de Bonne-Espérance; l'antilope à fourche parcourt la vallée du Missouri aux États-Unis, l'antilope palmée les montagnes du Mexique.

Paul LAURENCIN.

LA GIRAFE

LA GIRAFE

La girafe, dont le nom dérive du mot arabe *zourafa* ou *djourafa*, est un animal aussi curieux par les formes extraordinaires que par les dimensions démesurées de son corps, par ses proportions aussi gigantesques qu'insolites, par la richesse de sa robe, sa singulière démarche qui est l'amble, c'est-à-dire, que les deux jambes antérieure et postérieure d'un même côté du corps s'avancent en même temps, tandis que chez les autres animaux, le membre postérieur gauche suit le mouvement du membre antérieur droit et réciproquement. Cette allure n'est pas disgracieuse quand l'animal marche tranquillement, mais il en est tout autrement lorsqu'il trotte ou qu'il prend sa course.

Les Grecs avaient appelé la girafe *caméléopard*, ou chameau-léopard, parce qu'en effet, si elle tient du premier par la taille, elle rappelle encore plus le second pour la couleur et la disposition des dessins de son pelage. Chez les Egyptiens, la girafe était sans doute consacrée au dieu mauvais génie Typhon, puisqu'on retrouve souvent la figure de cet animal gravée sur les murailles des temples consacrés à l'ennemi des deux autres grandes divinités égyptiennes, Isis et Osiris.

Quant aux Romains, ils connurent également les girafes, que le célèbre naturaliste Pline a mentionnées dans ses ouvrages; et dès l'an 45 avant Jésus-Christ, Jules César en fit paraître dans les cirques romains.

La girafe, si facile à distinguer à première vue de tous les autres animaux, appartient à l'ordre des mammifères ruminants et forme l'unique genre d'une famille placée par les naturalistes entre le groupe des antilopes et celui des cerfs.

Elle a la tête allongée, plus effilée que gracieuse; les lèvres longues et très-mobiles, sans mufle ou espace nu entre les narines; sur ces lèvres sont quelques poils longs et clairsemés semblables aux barbes des chats. Sa langue, allongée et noirâtre, se promène souvent sur les lèvres; elle est éminemment propre à saisir les feuilles et les jeunes pousses des arbres dont ce quadrupède fait sa nourriture. Au sommet de la tête sont deux petites cornes formées par les épiphyses ou bosses pointues de l'os frontal et recouvertes d'une peau velue. Les yeux sont fort gros; les oreilles, en forme de cornes, sont membraneuses, rejetées en arrière; une petite crinière de poils noirâtres règne du sommet de la tête à la naissance du garrot. Le cou est très-long et le tronc, relevé en avant, est supporté par des membres antérieurs plus élevés que ceux de l'arrière-train; chaque pied ne se compose que de deux doigts fourchus semblables à ceux qui terminent les membres inférieurs des autres ruminants. Dans tout leur ensemble, les girafes atteignent de six à sept mètres de hauteur.

Elles ont la peau épaisse, couverte de poils courts colorés présentant sur un fond blanchâtre de grandes taches triangulaires ou oblongues de couleur noire chez les mâles, fauves chez les femelles et les jeunes animaux. Ces taches ne se montrent qu'à la face externe du pelage, car les parties internes du ventre et des membres sont d'une nuance blanche plus ou moins pure.

On ne rencontre les girafes qu'en Afrique, dans les contrées situées entre la Haute-Egypte et l'Abyssinie, dans le Kordofan, au Sénégal et dans le pays des Cafres; l'Inde asiatique en a possédé autrefois, comme l'attestent les ossements fossiles des girafes que l'on y a découverts.

A l'état sauvage, ces animaux se tiennent sur la lisière des forêts qui bordent les déserts; ils vivent par petites troupes de cinq ou six individus, ne fuient pas à l'approche de l'homme, mais si, dans les mouvements de celui-ci, quelque chose les inquiète, elles s'élancent et s'enfuient avec rapidité; leur ennemi le plus redoutable est le lion, aux attaques duquel elles n'ont pour se dérober que leur vitesse ou, quand la fuite n'est pas possible, qu'elles parviennent quelquefois à repousser par les vigoureux coups de leurs pieds de devant; leur course est rapide, mais le peu de développement de leur poitrine ne leur permettant pas de ménager leur respiration, elles ne peuvent fournir qu'une courte carrière et sont bien vite forcées par les chevaux et les grands carnassiers.

Les girafes sont herbivores, se nourrissent des feuilles ou des jeunes pousses des arbres, surtout des mimosas, que la hauteur de corps et la longueur de leur cou leur permettent d'atteindre facilement.

En captivité, dans nos ménageries européennes, on leur donne, comme aux autres ruminants, des fourrages secs ou verts, du blé, de l'avoine et des racines.

Les habitants des pays où vivent les girafes, ceux du Sennaar notamment, font à ces quadrupèdes une chasse active et productive. Ils attendent à l'affût leur passage, ou bien, réunis en grand nombre, les poursuivent de toute la vitesse de leur chevaux pour les forcer se diriger vers le centre d'un cercle très-étendu d'abord, mais allant toujours en se rétrécissant, que forment les chasseurs. Les Africains mangent la chair de cet animal et de sa peau fabriquent un cuir excellent, dans lequel ils découpent des courroies résistantes taillées d'une seule pièce dans toute la longueur de la dépouille, de l'extrémité de la tête aux pieds; avec les parties plus faibles, ils tressent des cravaches très-recherchées dans les pays orientaux.

On s'empare quelquefois de girafes vivantes; mais s'il est facile de les surprendre quand elles sont jeunes et qu'elles tètent encore leur mère, il ne l'est pas autant de les conserver, car, dans les efforts qu'ils font pour se débarrasser de leurs liens, ces jeunes animaux se luxent très-fréquemment le cou ou se brisent les membres.

Les girafes que la foule admire dans les jardins zoologiques d'Europe proviennent presque toutes d'Egypte; la première qu'ait possédée le Jardin des Plantes de Paris fut envoyée au roi Charles X, en 1827, par le pacha d'Egypte. Les girafes se sont quelquefois reproduites en captivité, mais le peu de services que l'on en pourrait attendre ne paraît pas avoir donné l'idée de les acclimater dans un but plus utile que celui de l'amusement des curieux.

Depuis quelques années, on importe en Europe des cuirs de girafe, dans lesquels on taille des courroies que leur longueur, leur souplesse et leur étendue ont fait appliquer aux transmissions de mouvement dans les appareils mécaniques.   P. LAURENCIN.

LE CHAMEAU

LE CHAMEAU

C'est au désert, là ou les besoins positifs sont plus impérieux, où les moyens de les satisfaire sont plus bornés, que l'intervention tutélaire de la Providence semble plus directe plus immédiate, et qu'à l'aspect de la main divine qu'il voit presque s'ouvrir pour le nourrir, l'homme n'a plus qu'à se prosterner et à adorer. Si la création n'y a point enfanté avec profusion, là, chacune de ses productions est d'une haute utilité : si les plantes sont rares, pas une n'est stérile : l'arbre du voyageur balance sa source aérienne pour la soif, le dattier mûrit ses fruits pour la faim, et le palmier indicateur marque la place où l'oasis s'épanouit pour le repos. Les animaux manquent : une seule espèce abonde dans le désert ; mais elle remplace toutes les autres, mais elle suffit seule à ces fonctions diverses que l'homme répartit entre les nombreuses familles des animaux domestiques : c'est le chameau.

« En réunissant, dit Buffon, sous un seul point de vue toutes les qualités du chameau à tous les avantages qu'on en tire, on ne pourra s'empêcher de le reconnaître pour la plus utile et la plus précieuse de toutes les créatures subordonnées à l'homme : l'or et la soie ne sont pas les vraies richesses de l'Orient, c'est le chameau qui est le trésor de l'Asie ; il vaut mieux que l'éléphant, car il travaille autant et dépense vingt fois moins : peut-être vaut-il mieux que le cheval, l'âne et le bœuf réunis ensemble ; il porte seul autant que deux mulets ; il mange aussi peu que l'âne et se nourrit d'herbes aussi grossières ; la femelle fournit plus de lait, pendant plus de temps que la vache ; la chair des jeunes chameaux est bonne, saine comme celle du veau ; leur poil est plus beau, plus recherché que la plus belle laine.

« Le chameau est pour l'Arabe une monture rapide et infatigable qui lui fait parcourir en un jour un espace de 160 kilomètres, une bête de somme qu'un poids de 700 kilogrammes ne surcharge point ; une corne d'abondance, en quelque sorte, où il puise de la de la chair, du lait, de la laine : ainsi, pour se nourrir, pour se vêtir, pour voyager, pour commercer, l'Arabe ne saurait se passer du chameau, qu'il appelle le vaisseau terrestre. Tous les services que les hommes pouvaient retirer du chameau, leur étaient indiqués par le soin spécial et minutieux avec lequel il a été créé propre à chacun des rôles qui lui étaient assignés dans les desseins de la Providence, et par les rapports établis entre son organisation, ses mœurs, ses habitudes, et la nature des lieux où sa place était marquée. »

Sa taille est élevée, pour qu'il puisse, ainsi que son cavalier, embrasser du regard une vaste étendue de pays ; son corps allongé offre un large développement aux fardeaux que ses deux bosses servent à fixer et à retenir ; ses jambes fines et nerveuses sont supportées par des sabots plats, qui s'appliquent sur le sable sans s'y enfoncer ; il se replie sous lui-même lorsqu'il veut se reposer ou dormir, de sorte que c'est chose facile de le charger comme de le décharger. L'eau étant rare et précieuse au désert, le chameau a reçu un odorat très-fin pour la sentir à une grande distance, et une vue perçante pour reconnaître de plus loin les indices qui l'annoncent. Il a été muni, en outre, d'un estomac de plus que les autres ruminants. Ce cinquième estomac est un réservoir que l'animal emplit toutes les fois que l'occasion s'en présente, et dans lequel l'eau se conserve longtemps sans se corrompre. Le chameau peut, en conséquence, passer plusieurs jours sans paraître boire, mais il se désaltère en faisant remonter par une contraction musculaire le liquide qu'il garde en réserve et dont il n'use qu'avec une extrême parcimonie. Doué d'une excessive sobriété, il lutte longtemps contre la faim, et se contente d'herbes desséchées, d'une petite portion de fèves et d'orge, ou de quelques morceaux de pâte de farine. Une ressource lui a été encore ménagée pour les cas où ce modeste repas vient à lui manquer. La substance graisseuse dont se composent ses bosses se fond par l'effet d'une abstinence trop prolongée, et sert alors à son alimentation. Enfin, comme les routes du désert sont rudes et longues, le chameau a été créé rapide pour franchir les distances, fort pour supporter les fatigues, robuste pour braver les intempéries des nuits et des jours, et pour trouver partout le sommeil et le repos.

Les dispositions morales et intellectuelles des chameaux ne sont pas en moins parfaite harmonie avec leur destination. Ils refusent de se lever lorsqu'ils sentent que la charge qu'on leur impose est trop lourde pour qu'ils la puissent porter longtemps. Ils se couchent, se relèvent, s'arrêtent et se mettent en marche au geste, à un mot, à la parole de leur maître. Ils reconnaissent leur chamelier au milieu d'une caravane, et se réunissent autour de lui au lieu du campement ; ils s'agenouillent pour être débarrassés de leurs fardeaux, qui posent à terre de chaque côté ; puis, quand le signal de départ est donné, ils reviennent le replacer d'eux-mêmes, et s'accroupir encore entre leurs charges. Ils semblent sentir tout ce qu'il y a dans le chant et la musique de ressources contre les ennuis, les peines du voyage. Lorsque, après une longue et laborieuse journée, la marche se ralentit et que les chameaux s'avancent tristement et la tête penchée, si le chamelier entonne une chanson, aussitôt la vie et l'activité renaissent dans leur caravane : la faim, la soif, la fatigue sont oubliées, le long cou des chameaux se redresse, leur allure reprend de la vivacité, et si le chanteur presse la mesure, tous les chameaux s'y conforment, et passent successivement par tous les degrés de la course.

La famille des chameaux se divise en deux branches bien distinctes l'une de l'autre, en chameaux proprement dits, et en dromadaires. Ces derniers, qui ont d'ailleurs tous les caractères moraux, toutes les habitudes physiques, toutes les facultés des chameaux et qui servent aux mêmes usages, sont plus petits, plus grêles et plus légers ; aussi font-ils plutôt l'office de chevaux que de bêtes de somme. Indépendamment de ces différences peu marquées, le dromadaire présente un trait tout particulier, auquel il est facile de le reconnaître : il n'a qu'une seule bosse placée au milieu du dos.

Les Arabes n'ont point à prendre la peine de faire la tonte du chameau. Son poil tombe au printemps si entièrement, qu'il paraît alors tel qu'un cochon échaudé, et qu'il faut l'enduire de poix et de goudron pour le préserver de la piqûre des mouches.

LA BALEINE

LA BALEINE

Les cétacés sont des mammifères marins comprenant tous les animaux dont l'organisation intérieure est la même que celle des mammifères terrestres, mais que leurs formes, leurs habitudes, l'élément au sein duquel ils vivent, rapprochent des poissons. Les cétacés respirent au moyen de poumons, ont le sang chaud, la queue soutenue intérieurement par des os cartilagineux. Ils ont été divisés par le naturaliste Isidore Geoffroy Saint-Hilaire en trois sections, comprenant : la première, les *lomantins* et les *dugongs*; la seconde, les *cachalots;* la troisième, les diverses variétés de baleines.

Le roi de la mer, tel est, dit le docteur Thiercelin, qui a longtemps parcouru les parages où l'on pêche la baleine, le seul mot qui puisse exprimer l'admiration que font éprouver ses dimensions colossales, sa puissance musculaire immense, la placidité de sa vie et sa longévité probable.

La baleine, dont les dimensions atteignent souvent de vingt à vingt-cinq mètres de longueur, sur une circonférence de dix à treize, dont la pesanteur varie de soixante-dix à cent mille kilogrammes, a pour caractères distinctifs une tête énorme représentant à peu près le tiers de sa longueur et ne se distinguant du tronc que par une dépression à peine sensible; sa gueule, haute intérieurement de trois à quatre mètres, large de deux à trois, transversale, placée à la partie inférieure de la tête; les dents sont remplacées par des fanons ou lames cornées, noirâtres, minces, fibreuses, effilées, flexibles, au nombre de huit ou neuf cents, rangées des deux côtés de la mâchoire supérieure seulement. Le bord externe de ces fanons est uni, tandis que le bord interne s'effile en nombreux filaments figurant une espèce de chevelure. La langue est épaisse, longue, formée d'une matière graisseuse; les yeux, très-écartés, sont relativement très-petits, eu égard à la masse de l'animal. La baleine n'a pas de membres, mais à la face antérieure de la poitrine sont deux fortes nageoires courtes, dilatées, assez rapprochées l'une de l'autre. La queue, d'une longueur énorme, est vigoureuse, douée de mouvements vifs, et sert au gigantesque cétacé de gouvernail pour diriger sa course.

Les baleines se distinguent des autres mammifères de la même famille par un appareil respiratoire appelé *évent*, et qui leur a fait donner le nom de *souffleurs.* Les évents, au nombre de deux, destinés à mettre les poumons en communication avec l'atmosphère, sont placés au sommet de la tête. C'est par le moyen de ce double appareil que la baleine, quand elle arrive à la surface de l'eau, expire l'air vicié de ses poumons et le remplace instantanément par une quantité d'air pur, avant que l'eau ait eu le temps de remplir les fosses nasales. Au moment où les évents de la baleine effleurent la surface liquide, une double colonne de vapeurs blanches plus ou moins épaisses formées d'un mélange d'air chaud, de vapeurs d'eau et de particules graisseuses, s'en élève sous la forme d'un V dont une branche serait plus courte que l'autre. Cette double colonne, nommée le souffle, monte à plusieurs mètres d'élévation.

Pendant huit ou dix minutes, l'animal nage à fleur d'eau, plonge, remonte de nouveau et, chaque fois qu'il reparaît, lance son jet vaporeux. Après ces diverses manœuvres, la baleine a emmagasiné dans ses vaisseaux artériels une quantité suffisante d'oxygène pour vivre à de grandes profondeurs pendant un laps de temps qui varie entre trente et quarante minutes, quelquefois plus. Les évents des souffleurs ne lancent donc pas, comme on le croyait autrefois, l'eau engloutie par leur énorme gueule en même temps que leur proie, mais cette eau sort par les intervalles qui séparent les fanons pendant que l'espèce de chevelure qui garnit le bord interne de ces organes retient la pâture.

La nourriture des baleines se compose surtout d'animalcules crustacés, formant des bancs tellement compactes que là où ils séjournent ils communiquent à la mer une teinte rouge ou verte. Quand la baleine arrive dans un de ces bancs, que les baleiniers appellent sa *boête*, elle le parcourt la gueule ouverte et engloutit une quantité considérable d'animalcules. Nul danger que l'eau pénètre dans le gosier que ferme hermétiquement la langue. La boête s'attache aux barbes des fanons pendant que l'eau s'échappe latéralement, comme nous l'avons dit plus haut. La baleine ferme la bouche, gonfle sa langue pour lui faire occuper toute la capacité fermée et, par un rapide mouvement de rotation, la pointe de cet organe ramasse tous les crustacés et les réunit en boules pour les porter à l'entrée de l'œsophage, d'où ils passent dans l'estomac, puis la baleine, si elle n'est rassasiée, reprend sa pêche.

La baleine mâle se distingue de la femelle par son corps plus mince, moins gras, et par ses nageoires relativement moins longues. Le baleineau croît très-rapidement, et dès l'âge de deux mois est assez grand et assez fort pour chercher de lui-même sa nourriture. Les baleiniers prétendent reconnaître un jeune sujet à la teinte plus ou moins grise de sa peau et à la longueur de ses fanons, mais aucun de ces caractères ne vaut celui que présente la différence de sa taille avec celle des baleines complétement développées.

L'instinct maternel de ces dernières pour leur baleineau est très-vif et dure longtemps; la mère soigne son petit comme une partie d'elle-même, ou plutôt, dit le docteur Thiercelin, beaucoup plus qu'elle-même, puisqu'elle se sacrifie pour le sauver, ou du moins pour essayer de le sauver. Quand le pêcheur baleinier s'approche d'une mère accompagnée de son petit, il a soin de toujours rechercher le jeune, parce que celui-ci est moins agile, moins puissant, moins habitué au danger; mais la mère se place autant qu'elle peut entre son nourrisson et l'agresseur, l'encourage à fuir en le poussant de ses ailerons et de son corps, et quand elle voit enfin que malgré ses encouragements, ses colères maternelles, le baleineau ne peut nager assez vite, elle se rapproche de lui, passe un de ses ailerons sous son ventre, le soulève, et le tenant ainsi collé contre son cou et son dos, elle l'emporte et fuit avec toute la vitesse qu'elle peut déployer.

PAUL LAURENCIN.

LA PÊCHE A LA BALEINE

LA PÊCHE A LA BALEINE

La baleine fournit à l'industrie deux matières, l'huile et les fanons, précieuses pour l'usage qu'elles reçoivent.

L'huile entre dans la composition de certains savons et sert à préparer les cuirs ; les fanons, appelés aussi *baleines*, sont destinés à la monture des parapluies, à la confection des corsets et servent à faire des cannes, des baguettes de fusil, etc. La substance appelée *blanc de baleine* a reçu à tort ce nom, car on ne l'extrait que de la tête d'un autre cétacé, le cachalot. Enfin, il est quelques peuplades du Nord qui se nourrissent de la chair de la baleine et la dépècent pour faire servir les côtes aux mêmes usages que, dans nos pays, le bois de charpente.

La pêche de la baleine qui aujourd'hui s'opère dans les mers de Behring, d'Okhostsk, du nord de l'Islande, dans celles qui baignent les terres les plus septentrionales du Japon et enfin dans l'Océan antarctique, est une opération fructueuse qu'entreprennent chaque année un grand nombre de bâtiments spéciaux appelés, pour cette raison, *navires baleiniers*.

Dans cette pêche, comme l'écrit notre guide, le docteur Thiercelin, dans un intéressant ouvrage (*Journal d'un balcinier*), l'espoir d'un gain considérable et un immense péril sont en présence. Inconnue des anciens, elle fut pratiquée dès le XIᵉ siècle par les hardis marins de la Normandie, de la Bretagne, du pays basque ; plus tard, ceux-ci furent imités et même surpassés par les Anglais, les Hollandais et enfin les Américains, qui lancèrent à la poursuite de la baleine des flottes entières. L'activité de la destruction a amené le dépeuplement de nos côtes, a fait fuir les baleines vers des régions moins accessibles, dans les eaux glacées des océans polaires où l'homme ne craint pas de les poursuivre, quelles que soient, dans ces parages, la rigueur de la température et les difficultés de la navigation.

Les variétés de baleines recherchées des baleiniers sont : la *baleine franche* ou baleine proprement dite ; la *nord-carper* ou *sarda*, de même taille que la précédente, mais plus svelte, plus rapide, plus difficile à approcher ; enfin les *baleinoptères* ou *rorquals*, différant des précédents cétacés par une nageoire dorsale. La plus recherchée de ces variétés, à cause de son volume, de sa graisse, est la baleine franché, tantôt d'un noir luisant et velouté, tantôt de couleur brune ou gris de fer parsemée de taches à reflets azurés.

Dès que la vigie a signalé une baleine en vue, des embarcations spéciales, légères et rapides, appelées *baleinières*, sont mises à l'eau et s'élancent à la suite du géant marin. Quand celui-ci, qui tantôt nage à fleur d'eau, tantôt plonge et disparaît aux yeux de ses ennemis, a pu être rejoint d'assez près, le harponneur, debout à l'avant de l'embarcation, saisit son harpon à deux mains et aussitôt que l'officier, seul juge du moment opportun, a crié : Pique, l'arme vibre, traverse l'espace, pénètre dans l'épaisse couche de lard et jusque dans les parties musculaires. Aussitôt qu'elle se sent atteinte, la baleine cherche à se débarrasser du harpon, quelquefois elle y parvient et s'échappe, mais si le harponneur, adroit et hardi, a bien jugé son coup, l'animal frémit, hésite un instant, si bien qu'on peut quelquefois lui lancer un second harpon. Alors le cé-tacé sonde, c'est-à-dire s'enfonce sous les eaux à de grandes profondeurs, la corde ou ligne attachée au manche du harpon se déroule et entraîne avec une vertigineuse rapidité la pirogue baleinière, qui passe alors comme une flèche à travers les lames. Cette phase de la lutte commande une manœuvre nouvelle, plus difficile et plus dangereuse encore que toutes celles qui ont précédé.

Entraînée par la baleine, la pirogue, tout en se garant des coups de queue ou de nageoires qui pourraient la réduire en mille pièces lancées dans les airs, doit cependant s'en rapprocher assez près pour que l'officier qui commande l'embarcation puisse cribler la baleine de coups de lance dans la région des voies respiratoires, les seules où les blessures soient mortelles. Parfois aussi il lui faut, à l'aide d'un louchet ou pelle tranchante, séparer l'artère et les tendons de l'extrémité caudale afin d'en faire jaillir des flots de sang dont la perte affaiblit le cétacé et met un terme à sa course furibonde. A chaque coup qu'il reçoit, l'animal pousse des ronflements rauques et métalliques ; son souffle est pressé et des évents s'échappent deux colonnes de vapeurs blanches, épaisses, chargées de particules de sang, qui bientôt se transforment en deux jets rouges. Quelquefois la mort suit immédiatement l'apparition du sang dans les évents, mais souvent aussi la vie se prolonge plusieurs heures encore, et la baleine, rassemblant toutes ses forces, recommence une course désordonnée, sans but, sans conscience du danger, nage toujours, renverse ou soulève tout ce qui gêne son passage, se jette à l'aventure sur les pirogues, les rochers ou le rivage, puis ses convulsions font frémir et blanchir la mer ; enfin une dernière fois elle soulève la tête, cherche un dernier souffle d'air et, la vie éteinte, le cadavre renversé sur le dos, flotte au gré des vagues. Remorqué alors jusqu'au navire baleinier, il est dépécé, la graisse est fondue et mise en tonneaux. Heureux les pêcheurs ou plutôt les chasseurs de baleines quand, dans leur aventureuse expédition, ils n'ont pas d'autre accident à déplorer que le bris d'une pirogue ou la perte de la baleine poursuivie, par suite de fausses manœuvres, de frayeur ou de maladresse du harponneur.

Dans le but de diminuer les fatigues et les dangers de la poursuite de la baleine, l'atteindre de plus loin et plus sûrement, enfin hâter sa mort, on a proposé et employé divers appareils pour loger dans le corps de l'animal une bombe dont l'explosion déterminerait dans l'intérieur du corps les plus graves désordres. Le docteur Thiercelin, qui a pu juger du défaut de quelques appareils en usage, de la difficulté de leur maniement difficulté qui tient surtout à leur poids, les a modifiés de telle sorte, qu'au lieu d'un très-lourd fusil tirant contre la baleine une espèce de bombe simplement explosible, l'arme, beaucoup plus légère, lance une balle qui, en éclatant, répand dans toutes les parties blessées une très-forte dose d'un très-violent poison. On comprend combien, avec un tel engin, doit-être rapide la mort du cétacé et combien sont diminués les dangers de la poursuite et les chances de perte.

PAUL LAURENCIN.

L'AIGLE

13

L'AIGLE

Debout sur la cime escarpée d'un pic des Alpes ou des Pyrénées, le voyageur contemple avec admiration la nature toujours belle, même lorsqu'elle n'offre aux yeux que ruines et désolation. Les hautes montagnes couvertes d'une neige éternelle, les rochers déchirés, les torrents qui bondissent en écumant, quelques sapins hardiment jetés sur les bords d'un abîme, captivent tour à tour ses regards; mais la vie manque à ces scènes sublimes, et l'œil y cherche la présence de quelques êtres animés.

Tout à coup un chamois paraît, il bondit avec légèreté sur la corniche d'un rocher, d'autres le suivent et semblent se jouer près du gouffre, où le moindre faux pas peut les précipiter; mais un d'entre eux a levé la tête: il fuit, il se précipite, tous les autres le suivent; qui peut causer cette terreur soudaine?

Un aigle a paru dans la haute région des airs, et, rapide comme l'éclair, il s'élançait sur la proie facile qu'il apercevait, lorsque le chamois agile a fui dans une retraite impénétrable; et c'est un lièvre retardataire sur la cime plus humble d'une colline que le tyran des cieux portera dans son aire, pour servir de pâture à ses petits affamés. Telles sont les scènes qui se répètent dans les hautes montagnes, et qui sont en harmonie avec l'horreur et l'âpreté des sites.

L'aigle a de tout temps été nommé le roi des oiseaux; les naturalistes en comptent trois espèces: l'aigle royal ou grand aigle, l'aigle commun et le petit aigle. Tous possèdent une certaine physionomie commune qui les place dans la même famille, mais ils se distinguent les uns des autres et par des particularités de caractère; car le petit aigle ne partage pas le courage brillant des deux autres, et au lieu de planer en silence dans les cieux comme dans son empire, il fait entendre souvent un cri plaintif que répètent les échos des montagnes.

Dans les aigles, comme dans presque toutes les familles d'oiseaux de proie, la femelle est plus grande que le mâle, mais celui-ci est plus impétueux, plus farouche et plus intraitable.

La femelle de l'aigle royal a plus d'un mètre de longueur depuis la pointe du bec jusqu'à l'extrémité des pieds, et jusqu'à trois mètres d'envergure.

Le bec de l'aigle est fort, crochu, de la couleur d'une corne bleuâtre; il a les ongles noirs et tranchants; sa force est telle qu'il enlève facilement les lièvres et même les jeunes agneaux: lorsque les animaux dont il fait sa proie sont trop lourds pour être transportés, il les dévore en partie et abandonne souvent le reste.

Il n'habite pas seulement les montagnes de l'Europe, mais aussi celles de l'Asie et des parties froides de l'Amérique; il est très sensible aux variations de la température, car, son vol étant extrêmement élevé, lorsqu'il descend dans les plaines, il passe presque sans transition des régions glacées de l'atmosphère dans celles où les rayons du soleil se font le plus vivement sentir.

L'aigle royal a le cri fort et perçant, son regard est d'une extrême vivacité; on a même prétendu, mais sans apporter d'autres preuves qu'une tradition populaire, qu'il regarde le soleil en face sans être ébloui par sa lumière; mais on nous permettra d'en douter. Cet oiseau, quoique d'une extrême férocité, n'a pas les instincts du vautour qui s'acharne sur des charognes infectes; l'aigle, quelque pressé qu'il soit par la faim, n'y touche pas, mais il chasse alors avec plus d'activité le gibier vivant; c'est surtout lorsque les petits sont trop jeunes pour pouvoir par eux-mêmes suffire à leur subsistance, que le père et la mère poursuivent à outrance les animaux.

L'aigle est l'oiseau dont la vue est la meilleure, et elle lui sert plus que l'odorat pour la chasse à laquelle il se livre avec ardeur; les vautours, au contraire, sentent admirablement, et les moindres émanations apportées par les vents les guident vers la proie.

L'aigle fait son nid, que l'on nomme aire, sur la cime de quelque rocher inaccessible, dans un lieu sec autant que possible et garanti des vents; ce nid est composé de petites perches qui sont entrelacées, puis recouvertes de plusieurs couches de bruyère et d'herbe sèche. Il paraît que l'aire, une fois construite, devient son domicile habituel de toute sa vie.

Comme tous les grands animaux carnivores, il est insociable, et c'est tout au plus s'il s'astreint à la vie de famille; jamais il ne se réunit en troupes nombreuses, la mésintelligence s'y mettrait trop vite, les becs et les serres ne tarderaient pas à ensanglanter l'arène, jusqu'à ce que le plus fort restât seul maître absolu par droit de conquête.

L'aigle change de couleur avec l'âge; il est d'abord d'un jaune pâle, puis il devient fauve, et en vieillissant ses plumes blanchissent en partie. Dans le nord surtout, il y en a qui sont presque blancs.

L'aigle commun est de couleur brune ou noire, il existe une moins grande différence de taille entre le mâle et la femelle de cette espèce que chez l'aigle royal; il a l'iris des yeux couleur noisette, la peau qui couvre la base du bec d'un jaune vif, le bec couleur de corne bleuâtre, les doigts jaunes et les ongles noirs.

Réduit en captivité, l'aigle devient triste et de plus en plus farouche, il accueille du bec et de la griffe tout ce qui l'approche; la servitude l'irrite, il lui faut ses montagnes neigeuses, ses pics désolés et les sombres nuages au-dessus desquels il aime à planer en liberté.

Les peuples anciens, qui l'avaient presque divinisé, en faisaient le compagnon du maître des dieux, dont il tenait la foudre dans ses serres; les augures consultaient son vol et en tiraient des présages qu'ils trouvaient toujours moyen de justifier d'une manière plus ou moins spécieuse.

Personne n'ignore que les Romains prirent ce roi des airs pour emblème de leur nationalité; les Aigles romaines parcoururent victorieusement les trois parties du monde alors connues, comme, depuis, les Aigles de la France guidèrent la grande armée jusqu'au jour où elles furent arrêtées dans leur vol par la trahison. Elles sont aujourd'hui l'emblème de notre vaillante armée, et les champs de bataille de la Crimée, les victoires de Magenta, Palestro, Solférino, la glorieuse expédition de Chine, ont prouvé au monde entier que la victoire était toujours fidèle au drapeau de la France.

LE GYPAÈTE

LE GYPAËTE

Le gypaète ou *aigle-vautour*, selon l'étymologie grecque. de son nom, est une espèce particulière de l'ordre des rapaces diurnes, espèce qui, par ses caractères, ses formes générales et ses habitudes, tient des vautours aussi bien que des aigles.

Cet oiseau a un bec fort et recourbé en crochet, la tête complétement emplumée, les tarses courts et recouverts de plumes, des ongles crochus, et des ailes très-longues et très-puissantes. Le gypaète, appelé par Buffon *vautour doré* et connu dans les Alpes françaises sous le nom de *vautour des agneaux*, est le plus grand des rapaces de l'ancien continent, puisque l'envergure de ses ailes varie d'un mètre et demi à trois mètres; ces dimensions énormes sont quelquefois dépassées, car lors de l'expédition d'Egypte on présenta aux savants Monge et Berthollet un gypaète dont les ailes étendues mesuraient un peu moins de cinq mètres d'une extrémité à l'autre.

Le plumage de ce rapace varie suivant son âge. Les jeunes individus ont le cou et la poitrine d'un brun plus ou moins foncé, tandis qu'à l'état adulte les gypaètes ont le manteau noirâtre avec une ligne blanche sur le milieu de chaque plume; le cou et le dessous de leur corps sont d'une brillante couleur fauve, et la tête est entourée d'une bande de plumes noires.

Le gypaète est doué d'un vol puissant qui lui permet de s'élever au plus haut des airs; comme l'aigle et le vautour, il monte et descend en décrivant de larges cercles, et, tout en volant, fait entendre un cri strident.

Cet oiseau vit sur la cime des hautes montagnes. En Europe, où jadis il était très-commun, on le rencontre sur quelques sommets des Alpes et sur les pics élevés des ramifications alpestres du Tyrol et de l'Allemagne; mais c'est surtout dans l'île de Sardaigne que les gypaètes vivent en plus grand nombre. En Syrie, en Egypte, au Cap de Bonne-Espérance, en Sibérie, on en trouve aussi quelques individus.

Ces rapaces se réunissent quelquefois par bandes, mais le plus souvent mènent un existence isolée par paires; ils établissent leur nid dans les crevasses des rochers, sur la crête des pics culminants les plus escarpés et les plus inaccessibles, tout près de la région des neiges éternelles. Dans ce nid, appelé aire comme celui des aigles, dont les dimensions sont assez considérables et qui est formé de branches entrelacées, la femelle dépose deux œufs blanchâtres, parsemés de tâches brunes. Les petits, en naissant, sont difformes; la tête et l'abdomen sont beaucoup plus développés que les ailes, à l'état de moignons, et sont recouverts de petites plumes courtes, lanugineuses, d'un blanc sale.

Comme tous les rapaces diurnes et nocturnes, les gypaètes recherchent de préférence la chair vivante. Leur force musculaire est assez grande pour terrasser les mammifères de moyenne taille : chamois, bouquetins, faons, veaux et moutons. Aussi rusé que vigoureux, ils se cachent, épient le moment où l'un de ces animaux plus jeune, plus faible ou plus maladif que les autres, s'écarte du gros de la troupe et passe au bord d'un précipice; alors, prompt à saisir le moment favorable, le gypaète tombe impétueusement sur sa victime, la frappe de la poitrine, la heurte de ses ailes, l'étourdit, la pousse, finit par la précipiter et la suit dans sa chute pour l'achever et la dépecer. Il la dévore sur place, et, en même temps que les chairs, engloutit les os et les poils, qu'il rejette ensuite sous forme de boules ou de pelotes.

Quelle que soit la vigueur de cet oiseau, il n'enlève pas, comme le prétendent quelques récits populaires, les animaux de la taille du mouton ou du chamois pour les emporter dans son aire. Quand bien même le rapace dont nous parlons serait doué d'assez de force, il manquerait de moyens pour s'en servir, car ses doigts sont relativement trop courts et ses ongles trop faibles pour saisir un animal et s'élever avec lui.

Si la proie vivante vient à lui faire défaut et que la faim l'aiguillonne vivement, le gypaète, ainsi que les autres oiseaux du même ordre, se contente des charognes qu'il rencontre sur sa route.

Parfois, ces grands et forts oiseaux s'attaquent aux enfants, et on a de nombreux exemples de ce peu de respect que professe le gypaète pour notre espèce. En 1819, plusieurs de ces animaux tuèrent et dévorèrent deux enfants aux environs de la ville de Gotha, et le gouvernement du pays, pour éviter le retour de semblables accidents, promit une récompense pour chaque tête de gypaète qu'on tuerait. Chez un ornithologiste du département du Gard, un gypaète vivait dans un état de demi-domesticité; peu courageux en face des autres oiseaux de proie, il s'élançait souvent contre les jeunes enfants, les frappait de sa poitrine et de ses ailes, et même faillit tuer une des nièces de son maître.

Ces attaques fréquemment renouvelées des gypaètes soit contre les enfants, soit contre les troupeaux de moutons, leur a fait déclarer une guerre à outrance, et, malgré les incroyables difficultés qu'il y avait de parvenir à leur nid ou de l'atteindre d'un coup de fusil, on cite des chasseurs tyroliens qui, au dix-huitième siècle, en ont abattu de quarante à soixante. Un de ces hommes, Andréas Darner, est resté célèbre dans les vallées du Tyrol pour avoir à lui seul tué soixante-cinq gypaètes. Grâce à tant d'efforts, cette race de rapaces, espèce de loups aériens, qui par ses mœurs et ses habitudes se rapproche de nos loups terrestres, a presque entièrement disparu de plusieurs contrées.

On ne connaît qu'une seule espèce de gypaète, le *gypaète barbu* que représente notre gravure, dont le plumage est d'un brun grisâtre sur les parties externes du corps, brun-cendré au-dessous. Les yeux sont bordés d'une ligne de plumes noires, le sommet de la tête est couvert de plumes blanches, la nuque et le cou sont d'un rouge très-vif. Sous la mandibule inférieure du bec est une petite touffe de poils roides qui a fait donner au gypaète son surnom de *barbu*.   P. LAURENCIN.

LE SARCORAMPHE

LE SARCORAMPHE

Parmi les oiseaux de proie, nous avons déjà décrit le *Vautour* proprement dit, type d'un genre curieux, dont la destination providentielle est de purger la terre des cadavres qui l'infectent. Un bec droit, recourbé seulement au bout ; un cou long, nu vers le haut, entouré d'un collier de duvet à sa base ; de longues ailes, puissantes et lourdes ; un port gauche et sans noblesse ; un vol lent, mais qui monte à d'énormes hauteurs ; l'habitude de vivre en bandes, la passion des proies mortes, et une voracité inouïe, tels sont les caractères généraux de ce genre.

Une des espèces les plus remarquables qu'il renferme est le *Sarcoramphe*, nom dont la signification, en grec, est *bec charnu*. Cet oiseau, le plus grand de tous les oiseaux connus, mesure au moins un mètre vingt centimètres de longueur et l'envergure de ses ailes dépasse souvent quatre mètres. Il habite principalement la grande arête montagneuse qui court parallèlement à la mer d'un bout à l'autre de l'Amérique méridionale, et qu'on nomme les Cordillères des Andes. Là, sur des pics sourcilleux, toujours couverts de neige, le Sarcoramphe surveille les vastes plaines inondées du soleil brûlant de l'équateur. Après avoir péniblement enlevé son énorme masse du haut de quelque rocher situé à cinq mille mètres au moins au-dessus de l'Océan, le Sarcoramphe plane, monte dans l'espace, et, une fois parvenu à des hauteurs vertigineuses, s'y soutient sans efforts, par le seul développement de ses robustes ailes. De là-haut, son petit œil, à l'iris gris olive, découvre la moindre proie dans la campagne ; et, lorsqu'il a aperçu le cadavre de quelque lama ou de quelque buffle, il se laisse tomber avec une rapidité foudroyante, et engloutit des masses énormes de chair morte.

Une espèce, qui a reçu le nom de *Sarcoramphe Papa* (*Vautour Papa* de Linné), a des mœurs particulières et une destination spéciale qui lui concilient plus de sympathie qu'on n'en accorde aux autres espèces du genre. Si le Papa dévore aussi des cadavres ou s'acharne sur des proies sans défense, il rend des services signalés aux colons de l'Amérique tropicale, en purgeant les plaines des serpents venimeux qui y abondent.

Moins sale et moins fétide que les autres Vautours, il se tient sur la lisière des bois et perche sur les grands arbres. Son plumage, roux clair en dessus, est d'un blanc pur en dessous ; un collier d'un beau bleu d'ardoise garnit le bas du cou ; les ailes sont noires ; le bec est noir et rouge, surmonté d'une crête orangée.

Une autre espèce a reçu les noms de *Gryphus*, ou *Griffon*, ou *Condor*. Elle se distingue par une crête très-développée qui, chez le mâle, s'étend sur toute la tête et se prolonge en embranchements charnus jusque sur le jabot. C'est cette espèce qui renferme le *Grand Vautour des Andes* qui, en langue Quichua, se nommait *Condor*.

Son vol est d'une puissance dont rien n'approche, non par la rapidité, qui est dépassée de beaucoup chez les Falconiens, mais par l'élévation. Le Gryphus respire à des hauteurs que n'a jamais atteintes aucun autre animal ; il se meut avec aisance dans cette atmosphère rare dont la température glaciale formerait, pour les autres oiseaux, un contraste mortel avec la température torride des couches inférieures. M. Le Maout affirme qu'on en a vu planer à plus de dix mille mètres au-dessus du niveau des plateaux de l'Amérique.

À ces hauteurs, l'homme lui-même, celui de tous les êtres créés qui supporte le mieux les conditions extrêmes des milieux les plus différents, sent ses tempes battre avec violence, ses yeux se voiler, le sang s'échapper par ses narines, ses membres se roidir sous l'influence du froid, et si l'épreuve se prolongeait, la mort arriverait bien vite. Dans cette zone inaccessible à tous les êtres, le Sarcoramphe Gryphus se meut avec facilité, par les oscillations insensibles de ses vastes ailes. Son vol, disgracieux quand il s'élève de la plaine, dessine de gracieuses spirales, à ces énormes hauteurs au-dessus des deux Océans.

Bien des fables ont été répandues sur ce puissant oiseau. Les voyageurs qui les premiers parcoururent le Chili et le Pérou, ne se sont pas fait faute de représenter le Sarcoramphe comme le tyran ailé de ces montagnes. À les entendre, il décimait les troupeaux, enlevait des moutons et jusqu'à des lamas vivants dans ses serres ; plusieurs se réunissaient pour attaquer un buffle ou un bœuf, et quelquefois même osaient s'en prendre à l'homme et emporter de jeunes bergers. Valmont de Bomare et Buffon lui-même sont remplis de contes effrayants sur ces oiseaux géants, pirates hardis de l'air, dont les exploits remettent en mémoire le fantastique *Roc*, cet oiseau fabuleux du conte des *Mille et une Nuits*. L'imagination du narrateur a suppléé à l'observation du naturaliste, et parce que l'aigle enlève des proies assez pesantes dans ses puissantes serres, on s'est persuadé qu'un rapace plus gros devait faire encore davantage. Rien n'est vrai dans ces récits. Comme tous les oiseaux du genre vautour, le Sarcoramphe obéit à la loi de son organisation et ne recherche que des proies mortes, ou celles que la maladie lui livre sans défense. Qu'une brebis s'écarte du troupeau pour mettre bas, le Sarcoramphe plane silencieusement au-dessus d'elle, et quand le petit agneau voit le jour, il se précipite sur lui, le perce de son bec et déchire ses entrailles, mais sans même s'attaquer à la mère. Un corbeau qui lui disputerait sa proie suffirait à le mettre en fuite. Les Sarcoramphes vivent en troupe, s'avertissant par des cris, si l'un d'eux a découvert quelque débris abandonné par le jaguar. Si les pâtres les surprennent à terre, profitant de leur lourdeur, ils les enveloppent de leur *lazzo*. Quelquefois même, quand ils les trouvent gorgés de chair et endormis sur quelque grand arbre, ils y montent, et, de leurs mains garnies de cuir, les étouffent sans crainte.

À le voir, cependant, le Sarcoramphe, nommé aussi *le Roi des vautours*, est un majestueux animal. Son plumage d'un noir bleu, ses rémiges gris-perle, le collier blanc et soyeux qui entoure son cou, son bec jaune citron, la crête châtaine et bleuâtre qui le recouvre, son cou et son jabot rosés, composent un ensemble qui ne manque pas de beauté. Mais, pour qui a vu le Sarcoramphe installé sur un cadavre, se gorgeant de chair pourrie, puis digérant stupidement, les yeux fermés, le bec et les narines dégouttants de sang fétide, ce puissant animal n'est plus qu'un lâche et vorace vautour.

CHASSE A L'ÉMERILLON

L'ÉMERILLON

L'émerillon, ainsi nommé de son habitude de faire la chasse aux merles, est une espèce du genre faucon, qui habite les contrées septentrionales et tempérées de l'Europe. C'est le plus petit de nos oiseaux de proie, mais ce n'est pas le moins courageux.

D'une longueur de trente à trente-trois centimètres, l'émerillon présente à peu de chose près les mêmes caractères que le faucon, si ce n'est qu'il est plus léger et plus svelte. Il a la tête plate, des yeux moyens dont le tour est dégarni de plumes, un bec robuste, recourbé à sa base de couleur bleuâtre ; la mandibule inférieure est renflée et recouverte par la supérieure qui est forte et crochue. Les jambes sont emplumées, les tarses robustes et de couleur jaune, la queue est arrondie. Quant au plumage de cet oiseau, il est brun au-dessus du corps, blanchâtre au-dessous, varié à certaines places de larges taches oblongues et de nuance foncée.

Le vol de l'émerillon est rapide, soutenu ; à voir sa légèreté sans égale, on dirait, selon une expression des anciens fauconniers, que cet oiseau nage dans l'air. Quand il s'élance sur une proie, l'émerillon rase le sol avec une vitesse vertigineuse, et lorsqu'il plane, la rapidité de mouvement de ses ailes est telle, que l'on a peine à se figurer qu'elles ne sont pas immobiles.

L'émerillon est un oiseau complétement carnassier, qui ne recherche que les proies vivantes, les pigeons, les perdrix, les alouettes, les cailles, mais surtout les merles. Une variété américaine, l'émerillon de la Caroline, s'attaque aux lézards, aux grenouilles, aux sauterelles, quelquefois aux jeunes poulets; mais comme il est de petite taille et plus faible que la poule, celle-ci défend ses poussins et souvent fait lâcher prise à leur ennemi.

Les manœuvres de l'émerillon pour se rendre maître des pigeons et des perdrix, ses victimes les plus ordinaires, sont assez curieuses. Rarement ces oiseaux vivent isolés; aussi quand l'émerillon a jeté son dévolu sur un individu de la troupe, il vole, plane, effraye sa victime de manière à la séparer de ses compagnons, et, quand il a réussi, se met à décrire autour d'elle des cercles de plus en plus étroits qui l'étourdissent, l'affolent, paralysent ses mouvements et la livrent sans défense à l'oiseau de proie. Quelquefois, c'est en profitant d'un moment favorable que l'émerillon surprend les oiseaux endormis, et lorsqu'il passe devant une haie ou un arbre cachant un nid d'oisillons, sa vue inspire un tel effroi aux malheureux petits oiseaux, qu'ils se laissent tuer à coups de bec sans même chercher à fuir.

Bien que ce soit généralement à l'oiseau de proie que reste la victoire, il n'est pas rare qu'exclusivement occupé par l'objet poursuivi, l'émerillon, d'une étourderie sans égale, oublie de veiller à sa propre sûreté et devienne à son tour la victime des animaux qu'il attaquait. Quand l'émerillon de la Caroline se mesure avec le geai bleu d'Amérique, oiseau criard, moqueur, rusé, mais hardi et courageux, celui-ci pousse des cris d'alarme et en même temps, comme s'il était pris, des cris plaintifs auxquels il mêle des cris imités de ceux de son ennemi. A sa voix, les autres geais arrivent en nombre, poursuivent, harcèlent l'émerillon qui n'a qu'à prendre la fuite, si même il ne reste étendu sur le sol, par suite des innombrables coups de bec dont il a été criblé.

L'émerillon dispose son nid dans les crevasses et au sommet des rochers. Dans ce nid, la femelle dépose chaque année cinq ou six œufs nuancés de brun-roux. Les petits, longtemps nourris par le père et la mère, quittent le nid pour n'y plus revenir dès qu'ils se sentent assez forts pour aller en chasse.

L'émerillon est dans nos pays un oiseau de passage, qui nous quitte au printemps pour gagner les pays du Nord, et ne revient habiter les contrées méridionales, qu'en octobre ou en novembre, alors que le froid commence à se faire sentir.

Bien que ces petits rapaces s'apprivoisent assez facilement, leur naturel sauvage les a fait rejeter des volières. Comme la dureté et le mauvais goût de leur chair ne permet d'en tirer aucune ressource alimentaire, si on les élève, c'est dans le but de les dresser à chasser pour le compte d'un maître.

La chasse par les oiseaux de proie fut introduite en Europe par les premiers croisés, qui avaient appris des musulmans à faire tourner au profit des plaisirs de l'homme, les instincts cruels et sanguinaires de certains animaux pour des espèces moins défendues. Longtemps ce mode de chasse fut un grand honneur parmi la noblesse, il n'y eut si mince châtelain qui ne voulut avoir ses faucons et ses fauconniers. Le dressage des oiseaux de proie constitua à cette époque un art particulier qui eut ses maîtres et ses élèves, ses lois et ses règles, sa langue ou plutôt son jargon spécial souvent ridicule, qui prit place parmi les industries humaines les plus honorées et les plus prisées, comme toutes celles, dit un écrivain, dont l'utilité est la plus contestable.

Aujourd'hui, l'art de la fauconnerie est totalement abandonné, il n'est plus pratiqué qu'en Asie Mineure; en Europe on ne chasse guère au faucon, cependant l'éducation de l'émerillon est encore pour quelques amateurs un passe-temps agréable, car l'oiseau familier et docile, s'habitue facilement à rendre les services que l'on exige de lui. Comme début de cette éducation, on commence par enfermer l'émerillon dans une chambre assez vaste et on ne lui donne sa nourriture que quand il vient la chercher à l'appel de son maître. Habitué à obéir, on le conduit en plaine, on le lâche après avoir pris la précaution de lui attacher une ficelle à la patte; on l'appelle de nouveau jusqu'à ce qu'il soit habitué à revenir. Enfin bien assuré de son obéissance, on le mène à la chasse en ayant soin de le prédisposer à la recherche d'une proie par un jeûne de vingt-quatre heures. Dès qu'un gibier est en vue, l'émerillon s'élance et, quand il s'est rendu maître de l'animal poursuivi, on le rappelle pour le faire revenir et lui donner sa nourriture en petite quantité toutefois, pour que de nouveau il se remette à voler et à chasser.

P. LAURENCIN.

LE GRAND-DUC

LE GRAND-DUC

Les *Rapaces nocturnes*, vulgairement appelés *chouettes*, sont, ainsi que leur nom l'indique, les oiseaux de proie qui chassent la nuit. Les ornithologistes contemporains les ont classés en famille sous le nom de *Strigidées*.

Les oiseaux de cette famille se reconnaissent facilement aux caractères suivants : la tête est grosse, plate, munie de deux aigrettes dans certaines espèces, lisse dans quelques autres ; leurs yeux, fort grands et dirigés en avant, sont entourés d'un cercle de plumes effilées formant un disque, et sont remarquables surtout par la grandeur de la pupille ; leur bec est court et crochu, leurs ongles forts et aigus ; leur plumage, très-moelleux, est irrégulièrement parsemé de taches, de stries et de lignes. Les Rapaces ne font aucun bruit en volant et peuvent ainsi facilement surprendre leur proie endormie ; cela tient à ce que l'appareil du vol n'a peu de force chez eux, et que les premières pennes de leurs ailes n'offrent aucune résistance à l'air par leur bord. La plupart des espèces de cette famille engloutissent leur proie tout entière sans la dépecer ; puis, après la digestion, ils rejettent, sous forme de pelotte, les os, les poils, les plumes ou les élytres des animaux dont ils se sont nourris. Quelques espèces, les *Chevêches* entre autres, dépècent leur proie et savent fort bien plumer les petits oiseaux qu'elles ont pris. La femelle pond de deux à quatre œufs, d'un blanc généralement pur et approchant de la forme sphérique. Elle les dépose dans des trous de murs et de rochers, dans le creux des arbres, sous le toit des grands édifices, ou bien encore dans les nids abandonnés des pies, des corbeaux ou même des écureuils. Une seule espèce, la *Grande-Chevêche*, se construit un nid à terre sur une éminence ou dans les hautes herbes des marais. Le mâle et la femelle se partagent les soins de la couvaison : ils sont pleins de sollicitude pour leurs petits qu'ils ne quittent que lorsque ceux-ci sont en état de pourvoir à leur subsistance. Passé cette époque, ils se séparent et vivent solitaires.

Le développement singulier de la pupille chez les Strigidées, fait que ces oiseaux sont éblouis par la lumière du soleil : aussi, la plupart restent-ils tapis pendant le jour dans des trous de vieilles masures, des creux d'arbres ou des fourrés épais. Quelques rares espèces peuvent cependant supporter l'éclat du jour, mais ce n'est généralement qu'au crépuscule et au clair de lune qu'on les voit prendre leur vol et rechercher leur proie. Les grandes espèces, telles que le Grand-Duc, chassent les lapins, les lièvres, les écureuils, etc.; mais quand ce gibier manque, elles se contentent de rats, de taupes, et même d'insectes. — Les petites espèces se nourrissent indifféremment de passereaux, de grenouilles, de lézards, de petits rongeurs et d'insectes.

Tous les oiseaux ont une antipathie incroyable pour les chouettes. Aussi, lorsqu'une d'elles a le malheur de s'aventurer en plein jour, elle est immédiatement assaillie par les passereaux qui se trouvent dans le voisinage : les pies, les geais, les plus petits oiseaux même l'entourent en criaillant, et la pauvre chouette, effrayée par l'éclat de la lumière, ne peut répondre que par des gestes risibles à ces attaques et à ces insultes.

Si la haine que les oiseaux ont pour les chouettes est justifiée jusqu'à un certain point, l'antipathie que les hommes lui témoignent sottement n'a pas de raison d'être. Les rapaces nocturnes, les petites espèces particulièrement, rendent de grands services à l'agriculture en détruisant dans les campagnes une foule d'insectes nuisibles et de petits rongeurs. Il serait donc préférable de favoriser la multiplication de ces oiseaux au lieu de les détruire.

Le nombre des espèces qui composent la famille des Rapaces nocturnes est assez nombreux. Nous en possédons quatorze en Europe, mais on en retrouve un grand nombre dans presque toutes les parties du monde. Les différences que présentent ces espèces sont si peu tranchées que leur classification a été assez difficile à établir. Le prince Charles Bonaparte, savant naturaliste, les divise en quatre classes : les *Surninées*, les *Bubolinées*, les *Ululinées* et les *Striginées*. Cette classification est généralement adoptée aujourd'hui.

1° *Surninées*. — Les oiseaux qui composent cette famille forment le passage des rapaces diurnes aux rapaces nocturnes. Ils ont la tête arrondie et sans aigrette. On trouve communément en France un des principaux types de cette famille, c'est la *Chevêche commune* ou *noctuelle*. Elle a les parties supérieures d'un gris blanc, avec de grandes taches blanches de forme irrégulière, la poitrine d'un blanc pur, et les parties inférieures d'un blanc roussâtre ; sa taille est celle d'un merle.

2° *Bubolinées*. — Les Bubolinées ont la tête aplatie, ornée de plumes formant deux aigrettes latérales ; le disque des plumes qui entourent les yeux est peu large. — Le type de cette famille est le *Grand-Duc* que représente notre gravure. C'est le plus grand des rapaces nocturnes : sa longueur varie de 60 à 70 centimètres. Son plumage est fauve, mais un peu brun en dessus. Les aigrettes qui ornent la tête sont presque toutes noires. Cet oiseau se trouve dans toute la France. — Nous possédons aussi le *Petit-Duc*. C'est une jolie espèce, de la grosseur d'un merle, à plumage brun cendré en dessus, mêlé de roux en dessous, agréablement varié de mèches noires longitudinales et de taches blanchâtres. Elle est commune partout et fait une guerre acharnée aux mulots, aux chenilles et aux insectes coléoptères. — Le *Hibou commun* ou *Moyen-Duc* se trouve avec des taches longitudinales brunes sur le corps et dessous. Cette espèce est très-répandue en France. — Le *Hibou Brachyote*, vulgairement appelé *Chouette*, est couleur de rouille, flammé de brun au centre. Les aigrettes sont très-petites et manquent chez la femelle. Cet oiseau est de passage en France dans les mois d'octobre et de novembre.

3° *Ululinées*. — Les Ululinées ont la tête arrondie, sans aigrette, et le disque largement développé et complet. L'espèce la plus commune chez nous est le *Chat-Huant-Hulotte*. Le fond du plumage est grisâtre chez le mâle, roussâtre chez la femelle. Il est couvert partout de taches longitudinales brunes. Il habite les grandes forêts d'Europe.

4° *Striginées*. — Les Striginées n'ont point d'aigrettes et se distinguent surtout par le disque facial très-marqué et très-complet. — Le principal type est l'*Effraie commune*, connu sous le nom de *Chouette des clochers*. Son plumage est gris pointillé de blanc et de noir. Le cri lugubre que cet oiseau fait entendre pendant la nuit, lui a sans doute valu le nom sous lequel on le désigne. Ce bruit, joint au voisinage des cimetières et des églises dont il habite les tours, inspire généralement un sentiment de frayeur et de crainte aux esprits faibles et superstitieux. Pour eux, l'idée de cimetière, de tombeaux, de morts, s'associe toujours à la présence de cet oiseau, et si par hasard il voltige autour de quelque maison où se trouve un malade, le vulgaire ne manque pas de tirer de cette circonstance le plus funeste des présages. Nous tenons donc à détruire ce préjugé malheureusement trop répandu, surtout dans nos campagnes ; non, la chouette n'est pas un oiseau de mauvais augure, et Dieu ne lui a pas donné la mission de venir nous annoncer de sinistres nouvelles. Le préjugé existait même chez les Romains ; les Grecs, au contraire, avaient cet oiseau en estime et en vénération ; ils en avaient fait le symbole de la Sagesse, et l'attribuaient spécialement à Minerve.

LE COQ ET LA POULE

LE COQ ET LA POULE

Le coq est le type des gallinacés. Cette espèce se distingue par le bec convexe à mandibule supérieure recourbée et à bords recouvrant l'inférieure. Les narines sont percées dans une membrane et recouvertes par une écaille cartilagineuse. Les doigts sont séparés ou seulement réunis à leur base par une courte membrane.

De tous les animaux répandus sur la surface du globe, il n'en est pas qui soient plus universellement connus que le coq et la poule, il n'en est pas non plus peut-être à cause de cela même, dont on connaisse moins l'origine première. Partout où il y a des hommes, on trouve ces animaux à l'état de domesticité, comme si la nature les avait destinés à multiplier à l'ombre de la protection des hommes pour servir à leurs besoins; il semble, en effet, qu'elle leur ait refusé les qualités nécessaires pour vivre à l'état sauvage. Leur vol est lourd et de courte durée, leurs ailes sont courtes et faibles, leurs armes défensives sont nulles, car ni leurs becs ni leurs serres ne peuvent être redoutables; leurs habitudes sont pacifiques; car le mâle, si fier, si intrépide, se montre inoffensif et presque timide quand il n'est pas jaloux.

On dirait qu'en tous lieux et en tout temps il y a eu des coqs et des poules : on en trouve des images dans les monuments de la haute antiquité et des mentions dans les plus anciens ouvrages connus; les prêtres de l'ancienne Égypte en ont fait une étude particulière, et les Romains honoraient les coqs comme le symbole de la vigilance et du courage.

Ces utiles animaux ne demandent de l'homme qu'un abri contre les oiseaux de proie, et savent trouver leur nourriture dans les haies ou en grattant la terre. Leur utilité est tellement reconnue, que partout où il est question de former des établissements ou des colonies, on prend soin de transporter de ces animaux comme on porterait des graines indispensables ou des instruments utiles. Il n'y en a pas, en effet, qui coûtent moins de soins et dont on tire un plus grand parti : les plumes servent à plusieurs usages; la chair fournit un mets aussi sain que recherché, et les œufs sont un aliment de première nécessité.

Pour tirer un bon parti des poules, il faut qu'elles ne soient ni trop ni pas assez nourries, c'est un point d'une grande importance; puis elles doivent être préservées du froid en hiver et de la trop grande chaleur en été. La position et la composition des poulaillers ne sont pas des choses indifférentes; autant que possible il faut les placer au levant; ils doivent être élevés d'un pied au-dessus du sol, les murailles doivent être bien crépies, la porte doit être fermée hermétiquement, et la petite fenêtre du haut doit être bien grillée, afin que les belettes, les fouines, les rats et les chats ne puissent y trouver passage. Les juchoirs doivent être formés de lasseaux équarris, parce que les poules ne peuvent se tenir affermies sur des perches trop cylindriques. Quand elles sont sorties du poulailler, il faut avoir grand soin d'ouvrir les portes pour renouveler l'air, et il est bien d'en laver de temps en temps le plancher avec de l'eau mélangée de vinaigre.

À l'aide de ces précautions si simples et si faciles, les poules pondront toute l'année.

Quand vient le temps de l'incubation et qu'une poule veut couver, on la voit aller, venir et caqueter sans cesse, comme pour chercher un lieu où elle puisse rester tranquille et retirée; elle ne tarde pas à se réfugier dans un des paniers qu'il faut avoir préparé exprès, et autant que possible dans un endroit sombre et exposé au midi. On peut donner à une poule couveuse depuis quinze jusqu'à dix-huit œufs; ils doivent avoir été pondus dans le mois par de jeunes poules, l'espèce en sera meilleure et la couvée viendra à meilleur terme. Tant que les œufs sont sous la poule, il faut bien se garder d'y toucher : au bout de vingt et un jours, les poulets brisent leurs coquilles, et à deux semaines de là ils peuvent suivre leur mère dans la basse-cour.

On a dressé des chapons à couver, et pour y parvenir on a recours à un expédient singulier : on leur plume le ventre et on le frotte avec des orties. Le malheureux chapon, placé ensuite sur les œufs, sent que leur contact frais et lisse soulage sa cuisson; il y reste. Quand les poulets viennent à éclore, il en prend un soin tout maternel; il les suit, les surveille, les dirige et les défend, comme le ferait la meilleure poule; et, par un sentiment extraordinaire de ses nouvelles fonctions, on le voit, lui qui était triste et honteux, se présenter tout à coup la tête haute, la patte tendue, la démarche hardie, l'œil intrépide. En remplissant les devoirs d'une poule, il reprend la dignité du coq.

Le coq et la poule offrent un grand nombre de variétés de grosseur, de forme et de couleur. Les espèces, toutes semblables dans leurs habitudes, diffèrent par la taille et le plumage. Il en est dont la crête est remplacée par une touffe de plumes redressées, d'autres ont des plumes sur les tarses et les doigts; il y en a qui manquent de queue, qui ont les plumes tournées à rebours, cinq ou même six doigts aux pattes.

Les Égyptiens avaient le secret de construire des fours où ils faisaient éclore cinquante mille poulets à la fois. Ce secret, qui était favorisé par le climat de l'Afrique, est entièrement perdu. Les économistes modernes ont essayé de résoudre ce problème, et ils y sont parvenus, mais par des moyens trop coûteux pour qu'on puisse les employer avec avantage.

CHASSE AUX ALÓUETTES

LES ALOUETTES

Les alouettes sont, parmi les passereaux, de charmants petits oiseaux qui se disputent en grâce, en gentillesse à la mésange et à la fauvette, dont le chant perçant et mélodieux réveille et réjouit les échos de nos bosquets et de nos bois.

Ces oiseaux font partie de l'ordre des passereaux, famille des dentirostres ; ils ont pour espèce type notre alouette des champs, nommée vulgairement *aloue*, et que distinguent un bec conique, des ailes dont les plumes rémiges sont très-allongées et un plumage gris-roussâtre.

Cette alouette chante presque continuellement ; elle se fait entendre tout en cherchant sa nourriture sur les routes et dans les champs, quand elle s'élève dans les airs ou qu'elle redescend sur le sol. Elle chante encore alors qu'elle est privée de sa liberté et élevée en cage ; dans ce cas, ses modulations se transforment selon les airs qu'on veut lui apprendre. Le chant matinal de l'alouette était, chez les Grecs, le signal indiquant au moissonneur le moment de commencer son travail, suspendu vers midi, alors que la chaleur du jour rend l'oiseau silencieux.

A l'état libre, l'alouette vit surtout dans les champs, voltige parmi les hautes herbes des prairies, s'abat sur les routes où elle cherche à trouver des grains d'avoine. Sa nourriture la plus ordinaire se compose d'insectes qu'elle poursuit, saisit et mange, en volant, de petits vers qu'elle fait sortir du sol. Cette guerre incessante qu'elle livre aux insectes, et surtout aux sauterelles l'avait rendue sacrée dans l'île de Lemnos, où ces dernières faisaient et font encore chaque année d'incalculables ravages.

En cage, les alouettes mangent volontiers une pâtée formée d'un mélange de graine et de mie de pain ; mais quand on l'élève en captivité, il faut avoir soin de recouvrir la cage d'une toile qui cache à l'oiseau la vue du ciel, des champs et de la verdure, car alors il essaie continuellement de prendre son vol, se frappe la tête contre les barreaux et ne tarderait pas à se tuer si l'on n'usait de la précaution indiquée.

C'est à terre et au printemps que les alouettes font leur nid ; elles choisissent pour l'établir une pièce de blé ou d'avoine, une prairie artificielle ou naturelle, et leur progéniture est généralement assez forte pour quitter le nid quand vient le moment de la fenaison ou celui de la moisson.

A l'entrée de l'hiver les alouettes qui, pendant la belle saison, avaient vécu à peu près isolées, se réunissent en troupes nombreuses ; à cette époque de l'année elles sont grasses et on leur donne communément le nom de mauviettes. Leur chair, très-délicate, très-estimée des gourmets, est la base des pâtés si renommés de Pithiviers. Pour chasser ce gibier, on fait usage des appeaux, des filets et du fusil chargé à très-petit plomb. Profitant de l'attraction qu'exerce sur tous les petits oiseaux les objets miroitants au soleil, on les attire à portée de fusil ou dans le cercle d'action des filets, en faisant tourner à distance des fragments de miroirs enchassés dans un morceau de bois auquel une ficelle ou un ressort d'acier imprime un mouvement de rotation. Il devrait en coûter beaucoup à l'homme de détruire ces charmants petits animaux si vifs, si enjoués, qui ont l'air si heureux de vivre, et si ce n'était leur gentillesse, leurs services, comme oiseaux insectivores, ne devraient-ils pas plaider en leur faveur ?

Le genre alouette se subdivise en un assez grand nombre de variétés rangées dans deux catégories comprenant elles-mêmes plusieurs sections. La première, celle des alouettes proprement dites, renferme les alouettes *grandes voilières et peu percheuses* appartenant presque toutes à l'Europe, une seule est américaine. Elles se font remarquer par leur vol rapide, soutenu, qui leur permet de s'élever au plus haut des airs ; souvent elles font entendre leur chant sonore à des hauteurs où l'œil peut à peine les distinguer. Elles ne reposent jamais à terre que dans les plaines, construisent leur nid directement sur le sol.

Dans la première section de cette catégorie sont :

L'*alouette commune*, le type de l'espèce, remarquable par la longueur de l'ongle du pouce, ce qui lui permet de marcher assez facilement dans les terres labourées ;

L'alouette calandre, la plus volumineuse, dont le bec est conique, droit et fort, la gorge blanche. Cette espèce porte autour du cou un collier de plumes noires et se rencontre dans les pays chauds de l'Europe, en Provence, en Espagne et en Italie.

La seconde section des alouettes grandes voilières comprend deux espèces appartenant pour la presque totalité à l'Afrique et aux Indes. Leur vol est moins puissant, moins élevé que celui des oiseaux de la section précédente, leur chant n'a pas autant de volume et d'étendue, et elles le font entendre alors même qu'elles reposent à terre, ce qui n'a pas lieu chez les alouettes européennes. Elles ne s'établissent pas sur le sol, mais font leur nid sur les tertres élevés, au sommet des murs, sur le toit des maisons et quelquefois au centre des buissons.

La seconde catégorie des alouettes est désignée par la qualification d'alouettes *petites voilières et percheuses* ; elle comprend un grand nombre d'oiseaux répandus en Europe, en Asie et en Afrique. Parmi les espèces principales, nous citerons :

L'*alouette cochevis* ou *huppée*, qu'on appelle aussi l'alouette des chemins : elle a sur la tête une petite huppe de plumes ; l'*alouette à gros bec*, l'*alouette mirafre*, particulière à l'Hindoustan ; l'*alouette sicly*, à bec grêle, qui vit au Paraguay ; enfin l'*alouette ferrugineuse*, ainsi nommée de la couleur de son plumage, que l'on rencontre dans l'Afrique australe.

PAUL LAURENCIN.

LE PAON

LE PAON

Les *gallinacés*, qui composent le quatrième ordre des oiseaux, forment deux divisions dont la première et la principale comprend des oiseaux ayant des rapports plus directs avec le *coq* domestique et qui, comme lui, ont les doigts réunis à leur base par une courte membrane, et dentelés le long de leurs bords. Tels sont les *paons*, les *dindons*, les *pintades* et les *faisans*. La deuxième division comprend les nombreuses espèces de pigeons qui ont les doigts dépourvus de membranes intermédiaires.

Le paon est sans contredit le plus beau des gallinacés, soit qu'il laisse majestueusement traîner sa longue queue comme une robe de moire, soit qu'il la déploie en éventail chatoyant. Quoi que nous puissions dire, nous ne saurions approcher du brillant portrait qu'a fait de cet oiseau l'immortel Buffon ; nous le reproduisons comme un modèle de style élégant et de fidélité descriptive : — « Le paon a la taille grande, le port imposant, la démarche fière, la figure noble, les proportions du corps élégantes et sveltes ; tout ce qui annonce un être de distinction lui a été donné. Une aigrette mobile et légère, peinte des plus riches couleurs, orne sa tête sans la charger ; son incomparable plumage semble réunir tout ce qui flatte les yeux dans le coloris tendre et frais des plus belles fleurs, tout ce qui éblouit dans les reflets scintillants des pierreries, tout ce qui étonne dans l'état majestueux de l'arc-en-ciel. Non-seulement la nature a réuni sur le plumage des paons toutes les couleurs du ciel et de la terre pour en faire le chef-d'œuvre de la magnificence, elle les a encore mêlées, assorties, nuancées, fondues de son inimitable pinceau, et en a fait un tableau unique où ces couleurs tirent de leur mélange des nuances plus sombres, et de leurs oppositions entre elles, un nouveau lustre et des effets de lumière si sublimes, que notre art ne peut ni les imiter ni les décrire. »

L'antiquité païenne regardait le paon comme l'oiseau favori de Junon, femme de Jupiter, maître du tonnerre, roi des dieux et des hommes, nous dit la mythologie ; modèle de grâce et d'élégance, il avait le privilège de *percher* à côté de sa maîtresse sur le trône de l'Olympe, en compagnie de l'aigle, symbole de la puissance et de la force.

Quant à ce qui regarde son intelligence et ses mérites personnels, nous ne savons rien qui l'élève au-dessus des autres gallinacés de basse-cour ; ses mœurs sont les mêmes ; comme les coqs, les poules et les dindes, les paons se nourrissent de graines et de débris abandonnés. Leurs pontes, moins abondantes que celles des poules, sont de 8 à 10 œufs au plus ; chaque œuf se pond à quelques jours d'intervalle ; le travail de l'incubation est d'un mois ; les petits, aussitôt nés, suivent leur mère et cherchent leur nourriture.

Au moyen âge et plus anciennement chez les Romains, la chair du paon était très-estimée ; il figurait sur les tables les plus splendides, parmi les mets les plus délicats. Les traditions qui nous sont restées sur ce point sont assez équivoques pour nous autoriser à penser que le paon était servi sur les tables plutôt comme objet de luxe que comme mets de bon goût. Aujourd'hui cet oiseau n'est point inscrit au nombre de nos ressources culinaires, mais il restera toujours comme le plus bel ornement de nos basses-cours.

Il est généralement admis que notre paon domestique est originaire de Java. Cependant il en existe une autre espèce qui est restée stationnaire à Java, et qu'on désigne sous le nom de *paon spicifère*, dont l'aigrette est en forme d'épi et dont le plumage, par la variété et l'éclat, est bien inférieur à celui que Buffon a décrit.

On est généralement convenu de prendre le paon pour personnifier l'orgueil et la vanité ; aussi dit-on : *orgueilleux comme un paon*, d'un homme dont la démarche hautaine et la toilette prétentieuse semblent dire à tous : *Regardez-moi !* On a pu remarquer en effet que le paon, lorsqu'il fait la roue, aime à être regardé, et que même il semble comprendre l'admiration qu'il cause, surtout si elle est directement manifestée par des gestes approbatifs et des paroles flatteuses ; mais ce n'est pas en ce point seulement que consiste l'orgueil du paon ; il sait qu'il est beau sans doute et il aime à se faire admirer ; mais, voyez l'aberration de son esprit, c'est par le chant qu'il se croit supérieur, et c'est de sa voix qu'il est le plus orgueilleux. Or, chacun sait à quoi s'en tenir sur l'organe vocal du paon, ce n'est pas une voix, encore moins un chant ; c'est un cri informe impossible à noter. Cette supériorité qu'il croit à son chant, à ce cri discordant, a été constatée d'une manière positive dans les circonstances suivantes : M. V...B..., grand amateur de gallinacés, dont il possède la plus riche collection, avait en 1860 une magnifique paire de paons qui vivaient au milieu des faisans, des pintades et des coqs d'Inde dans une basse-cour où se trouvait tout le confort imaginable. La femelle venait de terminer sa ponte et les dispositions du mâle ne semblant pas être favorables à l'incubation, M. V...B... prit le parti de séparer le paon de sa femelle et le plaça dans une cour réservée aux oiseaux de toutes espèces qui pouvaient jusqu'à un certain point se croire libres sous le ciel que leur dissimulait à peine un immense treillis de fil de fer. Le paon, introduit dans ce nouvel asile, ne se préoccupait pas plus que ne le comportait la haute estime qu'il avait pour lui-même, de ses nouveaux compagnons de demeure, lorsque ses regards sont tout à coup attirés par la figure d'un autre être de son espèce qu'il aperçoit, mais qu'il ne peut approcher, le grillage lui opposant un obstacle insurmontable. Cet être n'était cependant que sa propre image reproduite par une glace placée dans un kiosque attenant à la volière. Le paon, se voyant obligé d'engager la lutte à distance, déploie avec la plus superbe énergie toutes les magnificences de son plumage, il étale sa queue, en fait crépiter les longues pennes, se rengorge au milieu de cette auréole diaprée et frémissante... mais il reste stupéfait en voyant son adversaire, son rival peut-être, l'admirer et montrer la même assurance. Il redouble d'efforts et l'autre insiste, enfin, de guerre lasse, il laisse retomber sa queue et jette par un cri formidable un dernier défi à son antagoniste. Aucune réponse n'arrivant sur ce nouveau terrain, les cris se succèdent, et notre paon reste convaincu que sa voix lui a valu la victoire. On peut conclure de ce fait que le paon place plutôt son orgueil dans sa voix que dans son plumage.

L'AUTRUCHE D'AFRIQUE

L'AUTRUCHE

L'autruche est un oiseau des contrées les plus chaudes de l'Afrique et de l'Amérique, si toutefois on peut nommer oiseau un animal qui a des plumes qui ne lui servent que d'ornement et des ailes avec lesquelles il ne peut pas se détacher du sol. On la classe dans la famille des brévipennes échassiers; elle a des jambes, en effet, d'une grande longueur, des ailes courtes, des plumes lâches et flexibles, qui ne s'accrochent pas entre elles comme celles des autres oiseaux.

L'autruche, qui pèse jusqu'à 50 kilos, a environ 2 mètres 50 cent. de hauteur; elle a le cou très-long, la tête petite, les yeux grands et vifs avec de longs cils aux paupières supérieures, les pieds charnus comme ceux du chameau; ce qui, joint à d'autres traits de ressemblance, la fait nommer par les Arabes l'*oiseau-chameau*.

L'espèce autruche n'a pas ces subdivisions infinies qui rendent difficiles les classifications d'un grand nombre d'animaux; on en connaît deux espèces, celle d'Afrique, qui est la plus grande, et celle que Buffon nomme *touyou*, qui habite l'Amérique méridionale; elles représentent la branche aînée et la branche cadette, rien de plus.

Les autruches ont de très-nombreux rapports d'organisation avec les quadrupèdes. On les trouve en troupes nombreuses sur plusieurs points de l'Afrique et surtout en Arabie. Quelquefois les voyageurs qui profitent des caravanes pour traverser le désert, croient apercevoir à l'horizon un gros de cavalerie de ces Arabes pillards dont la rencontre est si dangereuse; ils préparent leurs armes et s'avancent avec circonspection; tout à coup cette cavalerie s'ébranle, fuit avec rapidité et disparaît à l'horizon en élevant un long nuage de poussière. Ce sont des autruches qui, elles-mêmes effrayées, ont fui devant quelque oasis de ces contrées brûlantes.

On a fait plusieurs contes ridicules sur les autruches : par exemple, on leur a attribué à tort la faculté de digérer le fer, les cailloux et d'autres corps durs; on a prétendu qu'elles lançaient des pierres, en se sauvant, contre le chasseur qui les poursuit; et l'on a exagéré leur stupidité en disant qu'elles se figurent ne pas être vues du chasseur lorsqu'elles ne l'aperçoivent pas. Rien de cela n'existe.

Quelques-unes vivent solitaires, d'autres forment des troupes nombreuses, de trente, quarante et même cinquante individus. Avant la ponte, elles forment leur nid, qui est une espèce d'aire creusée dans la terre et dont les rebords sont formés des produits de l'excavation; elles y déposent les œufs de manière que le petit bout est dirigé vers le centre; quelquefois le même nid en

contient jusqu'à soixante qui constituent le produit de la ponte de quatre ou cinq femelles; mais habituellement ce dépôt varie de vingt-quatre à trente-deux; la durée de l'incubation est de trente-six à quarante jours, suivant la chaleur de l'atmosphère. Dans certaines contrées de la zone torride, les rayons du soleil suffisent pour l'éclosion des œufs déposés dans le sable; mais pendant les nuits humides ou fraîches les autruches viennent couver.

« Un jour, dit le voyageur le Vaillant, je me plaçai « dans un buisson pour observer un nid d'autruche qui « avait été découvert et d'où on avait vu sortir une « femelle. Trois autres femelles se rendirent au même « nid; elles se relevaient l'une après l'autre; une seule « resta un quart d'heure à couver, tandis qu'une nou- « velle venue s'était mise à côté d'elle; ce qui me fit « penser que quelquefois et pendant les nuits fraîches « et pluvieuses, elles s'entendent pour couver à deux « et même davantage. Le soleil touchait à son déclin, « un mâle arrive qui s'approche du nid pour y prendre « sa place, » car les mâles couvent aussi bien que les « femelles. » (1er voyage, folio 374.)

Les Africains recherchent les œufs d'autruche, qui sont, dit-on, assez délicats; lorsqu'ils sont vides, on les enfile pour former des guirlandes que l'on suspend comme ornements aux voûtes des églises et des mosquées en Orient.

Lorsque l'autruche est prise jeune, on l'apprivoise facilement. Les habitants du Dahra et de la Libye en possèdent de nombreux troupeaux qui sont leur plus grande richesse : c'est d'ailleurs un animal inoffensif, qui ne se défend qu'à la dernière extrémité contre un agresseur injuste; alors elle l'accueille à grands coups de bec et à coups de pied.

La jeune autruche a les plumes d'un gris cendré, mais après la première année ces plumes tombent, et il n'en repousse plus sur la tête, les cuisses et le haut du cou; alors elles sont alternativement blanches et noires les plus belles, celles qui sont recherchées dans le commerce, sont les plumes des ailes et surtout celles de la queue.

L'autruche d'Amérique a des plumes de couleur grise, beaucoup moins précieuses que celles de la grande autruche; elle en diffère aussi par les plumes qui lui garnissent la tête et par ses doigts au nombre de trois, tandis que l'autre n'en possède que deux.

Du reste, elles ont la même force musculaire dans les cuisses, la même rapidité dans la course, le même aspect, les mêmes mœurs et les mêmes habitudes.

CHASSE A L'AUTRUCHE

CHASSE A L'AUTRUCHE

L'autruche, que les Arabes ont nommée l'*oiseau-cha-meau*, est le plus grand et le plus gros des oiseaux connus. Elle a un cou très-long, terminé par une tête très-petite et hors de proportion avec le volume du corps, les jambes d'une grande longueur et d'une grande force, terminées par des pieds charnus, des ailes courtes dont les plumes ondoyantes et trop facilement flexibles n'ont entre elles aucune liaison. La queue est formée d'une touffe de plumes légères, très-fines que le commerce recherche comme ornement, surtout pour les coiffures de femmes, les panaches et les plumets. La couleur générale de ce plumage varie suivant l'âge de l'oiseau. Lorsqu'il est jeune, tout son corps est recouvert d'un duvet gris-cendré; ce duvet tombe un an après la naissance de la jeune autruche, ne repousse plus ni sur la tête, ni sur le haut du cou et les cuisses, mais sur les autres parties du corps se trouve remplacé par des plumes.

La disproportion des ailes de l'autruche avec le volume et surtout le poids de son corps, poids qui atteint jusqu'à cinquante kilogrammes, ne permet pas à l'oiseau de voler, mais la nature a réparé en quelque sorte son erreur, par le don de jambes robustes et infatigables, qui font que l'animal peut courir avec une extrême rapidité, et soutenir sa course pendant un temps très-long. Telle est d'ailleurs la force de ses membres et aussi celle de tout le corps, que l'autruche peut porter un homme sur son dos sans pour cela que sa vitesse en soit de beaucoup diminuée. Quand l'autruche se dirige dans la même direction que le vent, elle étend ses ailes qui lui servent, comme les voiles à un navire, pour accélérer encore sa vitesse. Ainsi aidée, elle peut défier à la course les chevaux les plus rapides, les lévriers les plus ardents.

Les autruches sont répandues dans un grand nombre de contrées de l'ancien continent, et, quelles que soient les régions qu'elles habitent, ne se font distinguer entre elles par aucun caractère bien tranché. L'autruche de l'Hindoustan et celle des déserts de l'Afrique ne diffèrent guère l'une de l'autre par leur taille et la couleur de leur plumage.

Longtemps on a cru que les autruches étaient des oiseaux dépourvus de l'instinct le plus ordinaire, incapables de se défendre et s'imaginant être en sûreté, du moment que, cachant leur tête sous leur aile ou entre les jambes, elles ne voyaient plus le péril. Cependant de ce que la race de cet oiseau a pu se conserver, et subsiste encore dans des pays où abondent ses ennemis de tous genres, où rien ne la protége contre les attaques des chacals, des chats-tigres, des hommes surtout qui en veulent à sa chair, à ses œufs et qui lui font, il ne faut pas qu'elle soit aussi dépourvue de ressources contre les causes de destruction qui, de toutes parts, l'entourent et la menacent. Loin d'être un oiseau inintelligent comme on l'a prétendu, il ne faut rien moins que sa vigilance, son adresse, sa célérité, son courage parfois, pour résister à la guerre acharnée que lui font les chasseurs, pour dissimuler aux yeux de ses ennemis, et au besoin préserver de toute atteinte les œufs de son nid.

Ce dernier, creusé dans le sol et entouré d'un rempart de terre, renferme quelquefois jusqu'à soixante œufs pondus par diverses femelles qui les couvent chacune à leur tour pendant la journée; la nuit, c'est au mâle à prendre leur place, non-seulement dans le but d'entretenir la chaleur, mais surtout pour veiller sur les œufs et défendre les petits nouvellement éclos.

On connaît deux espèces principales d'autruche : la noire, que sa taille de plus de deux mètres et demi a fait surnommer la grande autruche, et la grise, appelée par opposition la petite autruche. Ces deux variétés vivent côte à côte en Asie et en Afrique dans les plaines désertes voisines de l'équateur, où elles se nourrissent de graines, d'herbes et avalent de petits cailloux destinés à faciliter la trituration des aliments dans son estomac, habitude qui, du reste, lui est commune avec beaucoup d'autres oiseaux, notamment ceux élevés dans nos basses-cours.

Les habitants des pays où vivent les autruches recherchent, en les chassant, leur chair dont ils se nourrissent, leurs œufs très-volumineux et d'un goût délicat, mais surtout leurs plumes qu'achète le commerce européen. Comme ce commerce est très-lucratif, on n'épargne ni soins, ni fatigues, ni dépenses afin de réussir dans les expéditions dont le but est de s'approprier les dépouilles de l'oiseau.

La beauté de ces plumes dépend du sexe de l'autruche, et c'est de la queue que sont arrachées ces belles et ondoyantes plumes que tout le monde connaît, de réputation au moins. Dans la crainte de souiller de sang ou d'en briser quelqu'une, le fusil, banni de ces chasses, fait place à la massue ou au lacet.

Certains chasseurs africains attirent l'oiseau vers eux; après s'être cachés sous une peau d'autruche conservée et préparée, ils s'en approchent le plus près qu'ils peuvent. D'une main passée dans le cou, ils simulent les mouvements de l'animal vivant, de l'autre, répandent du grain pour amener les autruches, les guider en quelque sorte vers les piéges préparés d'avance.

Les Arabes poursuivent ces échassiers, montés sur leurs plus rapides coureurs, mais quelle que soit la vitesse de ces animaux, ils ne parviendraient jamais à gagner l'autruche de vitesse, si une habitude singulière de celle-ci ne venait égaliser les chances. L'oiseau qui fuit décrivant presque toujours un cercle plus ou moins étendu, le chasseur coupe à propos ce cercle, gagne du terrain et force sa proie. Mais ce n'est guère qu'après huit ou dix heures de galop continuel, de poursuites, de ruses, de feintes, de bâtons et de pierres lancés dans les jambes de l'autruche, de cris poussés pour l'effrayer, que l'on arrive à ce résultat.

Dans les déserts de l'Arabie on chasse quelquefois les autruches à l'aide du faucon; dans l'Hindoustan, on les fait forcer par des lévriers; dans d'autres contrées, le chasseur se place à l'affût, et quand l'animal arrive à portée, il lui brise les jambes d'un coup de fusil. Il arrive parfois que le chasseur, serrant de trop près sa proie, se croit au moment de s'en emparer, mais celle-ci se défend énergiquement, renverse son ennemi d'un coup de pied, le blesse d'un coup de bec vigoureusement lancé et s'enfuit de nouveau.

P. LAURENCIN.

LE CASOAR

LE CASOAR

Le casoar appartient à l'ordre des échassiers, dont nous avons décrit les principaux caractères dans l'une des notices de cette collection. Cuvier, le grand naturaliste, a fait, de cet oiseau, le type d'une famille spéciale, appelée *brévipenne* (à plumes courtes) et comprenant deux genres : le *casoar*, proprement dit, et l'*émun* ou *casoar de la Nouvelle-Hollande*.

Le *casoar*, proprement dit, est, après l'autruche, le plus gros des oiseaux de l'ancien continent. Ses ailes, excessivement courtes, ne peuvent non-seulement lui servir pour le vol, mais encore n'aident que très-peu sa course; ses plumes ont les barbes si peu garnies de barbules, que de loin on les prendrait pour des piquants de hérisson, des soies de sanglier, ou des poils d'ours.

Le *casoar à casque*, l'une des espèces de cette famille, égale presque l'autruche pour la grosseur; ses jambes sont sensiblement plus courtes que celles de cet oiseau, il a le bec comprimé latéralement; une proéminence osseuse, recouverte d'une substance cornée, surmonte sa tête et forme une crête immobile qui a fait donner à cet oiseau son nom de casoar à casque. La tête et le cou de cette espèce sont recouverts d'une peau nue, mais d'une couleur bleu-céleste et d'une teinte de feu avec des caroncules ou joues analogues à celles qu'il est facile de voir chez les dindons domestiques. Les ailes ont quelques tiges noires, dépourvues de barbes, qui servent à l'oiseau comme les piquants au porc-épic.

Le casoar avale tout ce qu'on lui présente, mais il préfère, pour sa nourriture, des fruits, des racines ou des graines, des œufs et quelquefois aussi de petits animaux, qu'il avale sans les diviser. Il boit abondamment; on a pu constater chez les casoars élevés en domesticité une consommation d'eau de quatre à cinq litres par jour. La voix du casoar rappelle le grognement guttural du cochon, et son cri, quand il est en colère, devient un bourdonnement très-ronflant.

Cet oiseau, quoique d'apparence plus massive que l'autruche, court cependant aussi vite qu'elle. Pour se défendre, quand il est poursuivi par les chasseurs ou par les animaux de proie, il se sert très-adroitement de son bec, de ses piquants, de ses pieds, dont il lance de vigoureux coups, tant en avant qu'en arrière.

Le casoar est, du reste, un animal sauvage dont l'homme ne tire que très-peu d'avantages; seuls les naturels de l'île d'Amboine mangent sa chair, bien qu'elle soit noire, dure est peu succulente.

La femelle du casoar dépose dans le sable ses œufs; ordinairement au nombre de trois ou quatre, d'une couleur verte plus ou moins foncée; ces œufs sont moins gros que ceux de l'autruche, leur coque est plus fragile et l'oiseau ne les couve que pendant la nuit; le jour il abandonne à la chaleur solaire le soin de les faire éclore. La durée de l'incubation est d'environ un mois, et les petits, quand ils sortent de la coquille, sont dépourvus de casques; leur plumage est roux clair, mêlé de blanc grisâtre.

On rencontre les casoars par couples solitaires dans la partie la plus orientale du sud de l'Asie, aux îles Moluques, à Java, à Sumatra et surtout dans les profondes et ténébreuses forêts vierges de l'île de Céram. A Amboine où, comme nous l'avons dit, on mange sa chair, le casoar est élevé en basse-cour, mais plutôt à l'état d'animal esclave qu'en oiseau apprivoisé.

L'*émun* forme un genre se rattachant, comme le casoar, à la famille des brévipennes; il est, en quelque sorte le trait d'union entre cet oiseau et l'autruche. Par ses formes extérieurs, l'émun se rapproche du casoar; cependant sa taille est plus élevée et il n'a pas le sommet de la tête surmonté d'une excroissance cornée en forme de crête ou de casque; ses joues sont également dépourvues de caroncules. Le bec de l'émun rappelle par sa forme celui de l'autruche, bien qu'il soit plus fort et plus allongé; ses ailes et sa queue sont aussi courtes et mêmes aussi nulles que celles du casoar; ses jambes, très-fortes, sont terminées par trois doigts armés d'ongles aigus et robustes; le doigt du milieu est beaucoup plus long que les deux autres. D'une belle couleur brune, tirant sur le gris, le plumage de l'émun est formé de longs fils à barbules courtes sortant par paire d'un même tuyau. Cet oiseau, d'un naturel très-farouche, est privé de la faculté de voler, mais, comme l'autruche et le casoar, il court avec une très-grande rapidité. Il est herbivore, et se nourrit d'herbes, de fruits et de graines.

L'émun, particulier à la Nouvelle-Hollande, était autrefois très-commun dans les vastes forêts d'eucalyptus (1) de la région appelée Nouvelle-Galle du Sud, mais, depuis les vastes défrichements dont cette colonie a été le théâtre, les émuns sont devenus beaucoup plus rares; par suite, leurs plumes, dont l'industrie avait trouvé l'emploi comme ornement de luxe, ont atteint un prix presque aussi élevé que les plumes d'autruche, quoique ces dernières soient incomparablement plus belles. Les naturels de la Nouvelle-Hollande chassent l'émun pour se nourrir de sa chair dont le goût, dit-on, se rapproche beaucoup de celui de la viande du bœuf.

La femelle de l'émun pond de dix à douze œufs plus petits d'un tiers que ceux de l'autruche; ces œufs sont d'un beau vert émeraude foncé, piqueté de gris clair. Contrairement à ce que l'on peut accoutumer à voir chez les autres oiseaux, c'est le mâle qui couve ces œufs, dont la femelle ne prend aucun soin. Les petits, au sortir de leur enveloppe calcaire, sont couverts d'un duvet gris sale et ont pour livrée quatre bandes d'un roux foncé.

PAUL LAURENCIN.

(1) Les *eucalyptus*, dont le nom, dérivé de la langue grecque, signifie *bien coiffé*, sont de grands arbres de la même famille que les myrthes; leur caractère distinctif consiste dans une espèce de coiffe recouvrant la fleur avant son épanouissement, coiffe qui tombe comme une calotte lorsque la fleur la pousse en se développant. L'eucalyptus dépasse souvent une hauteur de cinquante mètres et un diamètre de cinq; son bois est recherché pour les constructions civiles et navales, et aussi par l'ébénisterie.

LE JABIRU DU SÉNÉGAL. — LE FLAMANT

LE JABIRU ET LE FLAMANT

Le *flamant* ou *flammant*, que les naturalistes modernes désignent sous le nom un peu barbare de *phénicoptère*, est un très-bel oiseau de l'ordre des échassiers, famille des macrodactyles, que la forme un peu singulière de son bec, le peu d'épaisseur de son corps et la longueur excessive de ses jambes feraient remarquer si la beauté, le coloris, l'éclat de son plumage n'attiraient déjà les regards.

La disposition particulière des doigts du pied de cet animal, dont les trois de devant sont réunis par une membrane tandis que le quatrième, celui de derrière, libre et court, ne porte à terre que par son extrémité, ont longtemps fait hésiter les naturalistes sur la classification des flamants. Devaient-ils appartenir à l'ordre des échassiers ou bien à celui des palmipèdes? Les habitudes, les mœurs de ces oiseaux ont fait reconnaître qu'ils devaient être rangés parmi les premiers plutôt que parmi les seconds.

Le plumage des flamants n'atteint toute sa beauté qu'une année après la naissance de l'oiseau. D'abord blanc varié de noir, ce plumage devient rouge clair mélangé de teintes blanches que relèvent çà et là des zônes de rose tendre; les plumes de la gorge et celles de la poitrine sont d'un rouge éclatant. C'est à cause de la beauté de ce plumage que les Grecs avaient appelé l'oiseau *aux ailes de flamme* l'animal qui le porte. Dans nos pays, on le connut sous le nom de *flambant*, d'où, par corruption, vint le nom de flammant et enfin flamant, désignation usuelle du phénicoptère des savants.

Les flamants vivent en familles ordinairement composées de dix à trente individus; mais lorsqu'ils émigrent d'une contrée dans une autre, ils volent en troupes nombreuses; observant un ordre analogue à celui des grues, et quand ils se reposent à terre pour passer la nuit ou pour pêcher, ils se rangent tous sur une seule ligne. Quelques sentinelles placées en avant et en arrière de la troupe sont chargées de veiller au salut général et elles donnent le signal d'alarme par un cri qui rappelle la sonnerie d'un clairon.

Ces oiseaux habitent les lieux bas et marécageux, où ils trouvent en abondance leur nourriture, composée de poissons, de vers, de mollusques. C'est dans ces mêmes localités que la femelle établit son nid, formé d'un amas de terre, de glaise et d'herbes, assez élevé pour être à l'abri des submersions. La base de ce nid plonge dans l'eau, mais la partie supérieure, desséchée, creuse et déprimée, reçoit les deux ou trois œufs que la femelle couve avec la queue et le bas-ventre, ses jambes plongeant dans l'eau de chaque côté du nid.

Les flamants se rencontrent dans les contrées chaudes de l'Amérique du Sud, sur les bords du Rio de la Plata, dans les pampas de Buénos-Ayres, dans certaines régions occidentales de l'Afrique, et sur notre continent, le long de des côtes de la Méditerranée, où ils vivent plus souvent solitaires que réunis en famille. En France, on trouve des flamants sur les côtes du Languedoc et de la Provence, vers les Martigues, dans les environs de Montpellier, les marais d'Arles, mais surtout dans les prairies du delta de la Camargue.

La chair des flamants a été comparée pour le goût à celle des perdrix, mais il y a à ce sujet une grande divergence d'opinions. Toujours est-il que les anciens en faisaient grand cas, et que l'empereur romain Héliogabale entretenait des troupes de chasseurs chargés exclusivement de fournir sa table de flamants. En Egypte, on chasse les flamants autant pour leur chair, vendue sur les marchés publics, que pour leur plumage, dont les plumes roses et rouges s'emploient comme ornement, et le duvet, presque aussi épais que celui du cygne, comme fourrure.

Le genre phénicoptère ou flamant se subdivise en plusieurs espèces :

Le *flamant ordinaire* ou des anciens, dont la couleur générale est rose avec des teintes plus vives sur la tête, le cou et le dos. Les ailes sont rouge de feu, les pieds rose tirant sur le rouge, et le bec est rouge vif. Cette espèce habite le Sud de l'Europe.

Le *flamant rouge* est plus grand de taille et a le plumage plus vivement coloré que le précédent; il est commun dans l'Amérique méridionale, au Brésil, au Paraguay, dans l'État du Rio de la Plata.

Le *flamant à manteau de feu* a la tête, le cou, le dos et la queue d'un rouge pâle, les ailes sont d'un vermillon éclatant. On le rencontre dans la Patagonie, à Buénos-Ayres, au Chili et dans l'île de Cuba.

Le *flamant pygmée*, ainsi nommé de sa taille moitié plus petite que celle du flamant d'Europe, est une espèce particulière au Sénégal et au cap de Bonne-Espérance.

Le *jabiru*, l'un des oiseaux que représente notre gravure, est un animal du genre cigogne, ordre des échassiers, famille des cultrirostres. Comme la cigogne, le jabiru a un bec conique, pointu et fendu en avant des yeux. Le cou et les pieds sont très-longs; ces derniers sont formés de quatre doigts, dont les trois extérieurs ou de devant réunis par une membrane, le quatrième, celui de derrière, est libre.

Les jabirus vivent le long des cours d'eau, au milieu des marécages, des prairies inondées, des tourbières de l'Afrique et de l'Amérique méridionale. Ils se nourrissent de reptiles, de vers, de mollusques, sont surtout friands de poissons, dont ils dépeuplent les cours d'eau et les étangs, et d'abeilles, dont on trouve quelquefois de grands amas dans leur estomac.

Comme les autres oiseaux du genre cigogne, les jabirus sont migrateurs, et comme tels fortement organisés pour le vol; leur appareil moteur est puissant, en même temps que la légèreté spécifique de leur corps est aussi grande que possible; leur vol, un peu lourd mais soutenu, permet à l'animal de franchir d'immenses espaces sans se reposer à terre.

On connaît deux espèces principales de jabirus : 1° Le jabiru à tête et cou emplumés vit au Sénégal; il a le bec rouge à la pointe et noir à sa base, laquelle est garnie de petites excroissances charnues. Ses jambes sont vertes, ses articulations roses de couleur blanche, la tête et le cou sont garnis de plumes noires.

2° Le jabiru d'Amérique, à tête et cou nus, dont la couleur générale est blanche, sauf les grandes plumes rémiges et rectrices de ses ailes, qui sont de couleur noire empourprée; le bec et les pieds également noirs.

P. LAURENCIN.

LA GRUE CENDRÉE

LA GRUE CENDRÉE

Ces oiseaux, à l'aspect gracieux, à la démarche mesurée, grave et cadencée, ont été connus de toute antiquité, les historiens et les poëtes anciens le mentionnent dans leurs récits et leurs descriptions, où la vérité se dégage difficilement de la fiction, où le merveilleux domine souvent les faits réels.

Les observations des naturalistes modernes nous ont fait mieux connaître les mœurs et les habitudes des grues formant un genre particulier de l'ordre des échassiers, famille des cultrirostres (oiseaux dont le bec a la forme d'un couteau).

Les grues ont le bec long, droit, pointu, comprimé latéralement, les narines percées dans un sillon et à moitié recouvertes par une membrane; les tarses très-longs, entièrement dénudés, les doigts extérieurs unis à leur base par une membrane; la couleur du plumage varie selon les espèces. La brièveté de leurs ailes et le volume de leur corps rendent difficile aux grues leur ascension dans les airs; quand elles veulent prendre leur essor, elles courent pendant quelques pas en rasant le sol, étendant les ailes afin d'avoir plus de prise sur l'air. Ainsi mis en train, le vol des grues est élevé, puissant et continu.

Ces échassiers sont des oiseaux migrateurs qui arrivent dans nos pays à la mi-avril ou dans les premiers jours de mai, et nous quittent vers le commencement d'octobre pour descendre dans les contrées plus chaudes du nord de l'Afrique. Le jour du départ, un peu avant le coucher du soleil, les grues se réunissent dans la plaine choisie comme lieu de rendez-vous, s'agitent, s'appellent, s'inquiètent, puis quand l'obscurité commence à remplacer le jour, elles s'élèvent en tourbillonnant, forment d'abord une troupe confuse, puis l'ordre se met dans la colonne, elles se rangent en une masse triangulaire dont la pointe est dirigée en avant. Cette disposition des grues leur fournit un moyen de fendre l'air avec plus de rapidité, moins de fatigue; chaque individu vient d'ailleurs, à son tour, prendre la tête de la colonne ou se ranger sur les flancs. Le voyage de ces oiseaux s'exécute tantôt en rasant le sol, ce qui est un signe certain de prochaine perturbation atmosphérique; tantôt ils s'élèvent si haut que l'œil a peine à les percevoir et que leur voix éclatante et sonore prévient seule de leur passage.

Si ce n'est à l'époque de la ponte où elles s'accouplent, les grues se réunissent généralement en société; elles habitent les plaines humides, les marais, les abords des grands fleuves où elles trouvent des aliments appropriés à leur nature; elles recherchent les reptiles, les vers, les poissons, quelquefois les petits mammifères et aussi, pense-t-on, les grains de semailles, car, dans les contrées où elles sont communes, on les voit s'abattre en grand nombre sur les champs nouvellement ensemencés. On s'accorde donc à les considérer comme très-nuisibles à l'agriculture, et en Pologne, où ces oiseaux sont nombreux, les paysans sont obligés de construire sur leurs terres à céréales des huttes où ils s'établissent pour effrayer et chasser les grues. Les espèces particulières à l'Asie commettent également de grands dégâts dans les rizières.

Les grues, que la longueur de leurs jambes gêne pour couver leurs œufs, construisent, sur une petite butte dans les joncs qui croissent aux abords des étangs, leur nid formé de tiges flexibles et de brins d'herbes grossièrement entrelacés; elles y déposent leurs œufs que le mâle et la femelle couvent alternativement en se mettant à cheval sur le nid et laissant leurs jambes pendre de chaque côté ou reposer sur le sol inférieur, si l'éminence de terre n'est pas très-élevée.

Les petits, quand ils naissent, sont recouverts d'un duvet jaunâtre; et jusqu'à ce qu'ils puissent sortir du nid, le père et la mère leur apportent leur nourriture; pour défendre leur progéniture, ces animaux, ordinairement farouches, circonspects, s'enfuyant à la moindre alarme, sont d'une incroyable hardiesse, s'élancent contre les plus grands mammifères, cherchent de leur bec à les atteindre aux yeux, et n'épargnent même pas l'homme, si celui-ci est l'agresseur.

Prises jeunes, les grues sont douces et familières; elles oublient leur liberté pour s'accommoder du régime de la basse-cour où on les élève volontiers à cause de leur beauté. La chair des grues, coriace et noire, est peu recherchée, cependant les Grecs élevaient et engraissaient ces oiseaux pour leur table; les Romains les imitèrent pendant quelque temps, puis finirent par leur préférer les cigognes.

Le genre grue comprend plusieurs variétés, à la tête desquelles se place la grue commune ou grue cendrée, que représente notre gravure, la plus généralement répandue et que les anciens désignaient par les noms d'oiseau de Lybie, d'oiseau de Scythie. Elle tire son nom de la nuance de son plumage, de teinte gris cendré sur tout le corps à l'exception de la gorge, du devant du cou et de l'occiput qui sont noirâtres; une partie nue au sommet de la tête est de couleur rouge vif.

Les grues cendrées étaient autrefois beaucoup plus communes en Europe qu'elles le sont aujourd'hui, et au siècle dernier on les rencontrait encore réunies en grandes troupes dans les comtés anglais de Lincoln et de Cambridge. Dans ces pays, la vie des grues était alors protégée par la loi, frappant d'une amende ceux qui les chassaient ou détruisaient leurs couvées. Actuellement ces oiseaux se rencontrent dans les contrées du nord de l'Europe, immigrent dans nos pays vers la fin de l'automne, et quelquefois, dans les hivers les plus rigoureux, poussent leur course jusque dans l'Asie méridionale et en Afrique, sur les bords du Nil.

La grue cendrée blanchâtre, dont les ailes sont également mi-partie noire et blanche, habite la Nouvelle-Hollande et les Indes orientales.

La grue caronculée, ainsi nommée de deux caroncules ou membranes qui pendent au-dessous de son bec, se rencontre surtout dans le pays des Caffres.

Les grues d'Amérique et celles de la baie d'Hudson sont à peu de chose près semblables à la grue cendrée d'Europe; les grues à collier et à collier noir, sont ainsi désignées d'un rang de plumes de couleur sombre qui leur entoure le cou. P. LAURENCIN.

LE MARABOU

LE MARABOU

Les marabous, dits aussi cigognes à sac, sont de beaux oiseaux faisant partie de l'ordre des échassiers, famille des cultrirostres, genre cigogne.

Ils se distinguent des cigognes proprement dites en ce qu'ils n'ont pas la tête enplumée, mais seulement recouverte d'une peau rouge, calleuse et recouverte de petits poils clairsemés; leur bec est plus gros, mais formé d'une substance plus légère. Les parties supérieures de leur plumage, composées de plumes roides et dures, sont cendrées; les plumes inférieures sont longues et de couleur blanche; du milieu du cou pend une membrane recouverte d'un léger duvet :les plumes de la queue sont duveteuses, d'un blanc pur et constituent ces panaches légers que recherchent les femmes pour orner leur coiffure, et qui sont d'autant plus estimées, partant plus chères, que plus grand est leur volume et plus éclatante leur blancheur.

Les marabous ont tout à fait les mêmes habitudes et les mêmes mœurs que les cigognes de nos climats; comme ces oiseaux, ils dévorent les reptiles, lézards, couleuvres, vipères, les mollusques terrestres, les insectes de toute sorte, quelquefois aussi les oiseaux et les petits mammifères.

Quand le volume de sa proie le permet, le marabou l'engloutit d'un seul coup, mais si l'animal qu'il a surpris est trop gros, ou peut lui échapper, l'oiseau lui brise les os à coups de bec, l'avale et, à l'aide d'un tour de bec particulier aux échassiers, le fait arriver au fond de son gosier. Le marabou est également friand d'abeilles; il recherche aussi les poissons, qu'il pêche avec beaucoup d'adresse.

Ces divers genres de nourriture font que les cigognes à sac habitent les parties basses et humides des vallées, les marais, les savanes à demi inondées, le bord des grands fleuves à plage vaseuse. Patient, immobile, infatigable, il attend des heures entières, debout sur une seule patte, le cou replié de telle sorte que la tête rejetée en arrière repose sur ses épaules, le passage d'une proie, ou bien volant au-dessus des cours d'eau pour descendre et plonger avec rapidité aussitôt qu'un poisson passe à portée de sa vue.

Le goût que montrent ces animaux pour les charognes et leur voracité les portant à dévorer gloutonnement toutes les substances animales et végétales en ont fait, dans le Bengale, les gardiens de la salubrité publique. A Calcutta, métropole de l'empire anglais des Indes, les immondices ne sont pas enlevés et l'on se repose exclusivement sur les marabous du soin d'assainir les rues, et de détruire ainsi la cause des miasmes pestilentiels prompts à se former sous ces latitudes brûlantes. Ces oiseaux sont d'autant plus nombreux à Calcutta qu'une forte amende est imposée à quiconque maltraite ces animaux, assez privés et bien au courant des habitudes de la population pour venir à l'heure des repas se ranger en ligne devant les casernes et attendre les débris qu'on leur jette, surtout les os, sur lesquels ils se précipitent avec avidité, qu'ils se disputent par une lutte acharnée et avalent d'une seule pièce.

Un autre service que rendent les marabous, c'est de purger le sol des reptiles venimeux dont les morsures ne les effrayent nullement, soit que le venin reste sans effet sur eux, soit que l'instinct leur indique un moyen curatif d'un effet immédiat. D'un vigoureux coup de bec, ils brisent la tête du serpent, d'un autre l'épine dorsale et l'avalent quand ainsi ils l'ont mis hors d'état de nuire.

La démarche de cette espèce de cigogne est grave et lente, son vol est facile mais pesant. Lorsque l'oiseau veut s'élever, il s'élance de terre en deux ou trois sauts, part le cou et les jambes étendus horizontalement; les ailes, largement déployées, forment avec le reste du corps, une croix à angles presque droits et s'élèvent en décrivant des spires qui vont en s'élargissant jusqu'aux plus grandes hauteurs où l'œil n'a plus assez de puissance visuelle pour les suivre; leur descente s'effectue également en tournoyant.

Les marabous sont privés de voix : dans leur jeune âge, pour demander leur nourriture, ils poussent une espèce de cri ou sifflement guttural, mais adultes, ils ne font plus entendre qu'un fort claquement de leurs deux mandibules l'une contre l'autre. C'est pour eux le signe de leur joie, de leur colère, leur cri de ralliement, et souvent, pour le produire, ils renversent leur tête jusqu'à ce que leur bec soit horizontalement étendu sur le dos.

Comme presque tous les grands échassiers, les marabous construisent leur nid avec beaucoup de soin, le composent d'un grossier entrelacement de branchages et de roseaux dont le fond est occupé par des mottes de gazon et l'intérieur garni de plumes, d'herbes, de plumes : l'ensemble forme un lit assez moelleux, peu profond, mais dont les bords sont cependant assez relevés pour que les œufs, et plus tard les petits, ne puissent tomber.

Ce nid, le marabou l'établit ordinairement au sommet des arbres élevés ou, quand il est familier avec l'homme, sur le toit, les cheminées des édifices; la femelle y dépose trois, quatre, quelquefois cinq œufs de couleur blanche et de grain très-fin. Les petits, au moment de leur éclosion, sont recouverts d'un plumage semblable à celui des marabous adultes, mais le bec et les pieds, moins colorés, croissent très-lentement, et telle est la faiblesse de ces derniers, que le jeune oiseau, pendant un certain temps après sa naissance, semble se traîner sur les genoux. Incapables alors de chercher eux-mêmes leurs aliments, ils sont nourris par le père et la mère qui dégorgent la nourriture déjà à demi triturée de leur jabot de leurs petits. Plus tard, la femelle leur montre à découvrir les vers et les insectes, les fait voleter autour du nid, veille sur eux avec la plus vive sollicitude, les défend énergiquement contre tout ennemi, qu'elle attaque et repousse à coups de bec.

D'un naturel doux, qui n'a rien de sauvage ni de défiant, le marabou s'apprivoise facilement, témoigne de l'affection et de la reconnaissance à son maître, ne perd en esclavage aucune des qualités qui en font pour ainsi dire l'agent sanitaire unique de certains pays, et baromètre infaillible, annonce les orages et les autres perturbations atmosphériques par ses violents battements d'aile, ses bonds et ses sautillements.

Les marabous se rencontrent dans la Sénégambie, sur la côte ouest de l'Afrique et dans l'Hindoustan, au Bengale; là, comme nous l'avons dit plus haut, la loi municipale de Calcutta les couvre de sa protection.

P. LAURENCIN.

L'IBIS-SACRÉ

L'IBIS-SACRÉ

L'idée d'une croyance, d'une religion est un besoin si vif de l'âme humaine que les hommes, lorsque l'idée du vrai Dieu se fut obscurcie dans leur esprit, divinisèrent, pour les adorer, les objets qui frappaient plus vivement leur imagination; c'est ainsi qu'ils rendirent un culte au soleil, à la lune et aux autres astres. Plus tard, l'ignorance et la superstition les portèrent à offrir leurs hommages aux plantes et aux animaux. C'est ainsi que les Egyptiens adorèrent l'ibis, l'ichneumon et surtout le fameux bœuf Apis.

L'ibis, que représente notre gravure, est un bel oiseau de la famille des échassiers longirostres, perché sur deux jambes longues et minces, ayant la tête prolongée par un bec très-long, arqué, presque carré à sa base, mais arrondi à sa pointe.

Les ibis vivent en société de six à dix individus, quelquefois plus; de mœurs et d'habitudes ils sont doux et paisibles; leur démarche est lente, mesurée; souvent ces oiseaux restent des heures entières à la place où ils se sont abattus et, sans remuer le reste du corps, fouillent de leur long bec les vases et les limons. Ils habitent les terrains bas et humides, les marécages, les bords des rivières, où ils trouvent en abondance des vers, des insectes aquatiques, des mollusques, des herbes tendres, des plantes d'eau bulbeuses. Les ibis sont migrateurs et dans leurs courses parcourent d'immenses espaces pour trouver les terrains et les climats qui leur conviennent.

Les anciens Egyptiens, dans la croyance où ils étaient que ces oiseaux sont les ennemis naturels des crocodiles et des serpents qui infestent les bords du Nil, vénéraient les ibis. Les savants modernes, s'appuyant sur ce fait, reconnu aujourd'hui, que les ibis ne détruisent nullement les œufs des reptiles, pensent que les honneurs divins étaient rendus à ces animaux pour la seule raison que, leur arrivée en Egypte annonçait les débordements annuels du Nil, débordements qui, dans un pays privé de pluies comme est l'Egypte, sont un des plus grands bienfaits de la Providence.

Les prêtres égyptiens attribuaient aux ibis une longévité extraordinaire, et le peuple attachait aux plumes de ces oiseaux des vertus et des propriétés religieuses en même temps que médicales. Comme l'ibis ne boit jamais d'une eau trouble, les prêtres d'Isis, divinité égyptienne à laquelle était consacré l'oiseau dont nous parlons, employaient comme eau lustrale l'eau puisée aux sources où allaient se désaltérer ces *dieux*, qui circulaient d'autant plus librement dans les villes et dans les campagnes que le meurtrier de l'un d'eux était puni de mort. Dans les principales cités de la vallée du Nil, des temples étaient élevés où l'on nourrissait, entretenait et soignait les ibis lorsqu'ils étaient malades, et quand ils mouraient, leurs corps étaient embaumés et conservés par des procédés analogues à ceux qui servaient pour les corps humains. Ces ibis momifiés, dont on peut, du reste, voir plusieurs spécimens dans les galeries du musée égyptien du Louvre, étaient renfermés dans des urnes de terre cuite et déposés dans de vastes nécropoles. C'est surtout aux savants qui accompagnèrent l'armée française d'Egypte que nous sommes redevables de connaître ces particularités de la religion des anciens Egyptiens, et parmi les objets curieux que le général Bonaparte avait rapporté de l'expédition à son château de la Malmaison, se trouvaient des ibis-momifiés, les premiers que l'on ait vus en France.

Aujourd'hui, les habitants de la moderne Egypte ne professent plus aucune espèce de culte pour l'oiseau jadis associé aux ténébreux mystères d'Isis et d'Osiris; ils le chassent et mangent sa chair, laquelle, à cause du genre de nourriture de l'animal, n'est pas un mets très-recherché, excepté toutefois celle de l'oiseau quand il est jeune et qu'il vient à peine de quitter le nid. La chasse faite aux ibis en a beaucoup diminué le nombre; dans la Basse-Egypte, il ne s'en rencontre guère plus qu'au moment où le Nil déborde. Le reste de l'année, le pays étant trop sec et trop aride pour qu'ils puissent facilement y trouver leur nourriture, les ibis regagnent l'Ethiopie, la Nubie et l'Abyssinie.

Outre l'ibis, les Egyptiens adoraient encore comme dieu l'*ichneumon*, petit mammifère que les naturalistes modernes ont appelé *mangouste* et qui, bien qu'il n'ait pas en tout plus de cinquante centimètres de longueur de la tête à l'extrémité de la queue, ne craint nullement de s'attaquer aux serpents et aux crocodiles, dont il détruit les œufs.

Mais de tous les animaux divinisés dans l'Egypte ancienne, aucun, pas même l'ibis dont nous venons de parler, ne pouvait rivaliser avec le bœuf Apis. On avait bâti à ce dernier des temples où on lui rendait des honneurs extraordinaires pendant sa vie, de plus grands encore après sa mort. Lorsque le bœuf Apis mourait, l'Egypte entrait dans un deuil général et célébrait ses funérailles avec une magnificence plus grande que celle déployée pour les rois. Puis, quand les derniers honneurs avaient été rendus au dieu défunt, on lui cherchait dans tout le pays un successeur, que l'on reconnaissait à certains signes: le nouveau bœuf Apis devait être marqué sur le front d'une tache blanche en forme de croissant; sur le dos, d'une autre tache affectant la figure d'un aigle, et sur la langue, d'une troisième tache en forme d'escarbot. Lorsque ce bœuf était trouvé, le deuil du pays prenait fin et alors lui succédait une longue série de fêtes, de cérémonies, de réjouissances publiques. Le nouveau dieu, amené à Memphis, était installé dans son temple avec de grands honneurs.

Le culte rendu aux animaux ne resta pas borné à l'ancienne Egypte et, de nos jours encore, quelques peuplades de l'Afrique centrale adorent les crocodiles, les serpents, les gorilles, et leur sacrifient des victimes humaines.

Les Hindous, peuples cependant plus avancés en civilisation, vénèrent tous les êtres vivants: mammifères, oiseaux, reptiles, poissons ou insectes, dans la croyance où ils sont que les âmes humaines, après qu'elles ont quitté les corps qu'elles animaient, vont se purifier dans les corps des animaux. Mais, comme dans l'Egypte ancienne, les êtres vivants les plus vénérés des Hindous sont encore le bœuf et la vache, auxquels un culte public est rendu dans des temples élevés en leur honneur. L'urine de vache est l'eau lustrale dont se sert l'hindou pour sa purification interne et externe, et le plus grand bonheur pour un brahmine, prêtre du brahmanisme, religion de ce pays, est de mourir en tenant une vache par la queue: il se croit sûr alors de son salut éternel.

P. LAURENCIN.

LE MENURE-LYRE

LE MENURE-LYRE

Parmi les îles du vaste archipel formant la cinquième partie du monde, appelée Océanie de sa situation au milieu de l'Océan, est l'Australie ou Nouvelle-Hollande, ainsi désignée de ce qu'elle est tout entière située au sud de l'Équateur et qu'elle a été signalée, pour la première fois, par des navigateurs hollandais qui la découvrirent au commencement du dix-septième siècle.

L'intérieur de ce continent, un peu moins vaste que notre Europe et dont le climat varie des chaleurs brûlantes de la zône torride à la température plus modérée dont jouissent nos pays, n'a pas encore été exploré, car les Européens ne se sont guère établis que sur les côtes; mais le peu que l'on connaît de ses productions de toutes sortes suffit pour faire regarder l'Australie comme l'une des contrées les plus favorisées du globe.

Ce pays recèle en effet de riches mines d'or découvertes en 1851 et actuellement les plus productives du monde en métal précieux, d'abondants dépôts de fer, de cuivre, de plomb et de houille; les bois utiles y sont rassemblés en vastes forêts; le blé, qu'y ont introduit les Anglais, y donne des produits n'ayant pour rivaux que les froments de l'Algérie française. Quant au règne animal, un des plus curieux que l'on connaisse, il présente une espèces sauvages : le kanguroo, l'opossum, l'échidné, le phalanger, l'ornythorrinque, le menure-lyre, le cygne noir, le casoar, enfin une foule de reptiles et d'insectes extraordinaires et souvent venimeux. Quant aux espèces domestiques, la plupart de celles qu'y ont introduites les Européens s'y sont acclimatées, notamment le mouton, formant d'immenses troupeaux et fournissant chaque année une quantité prodigieuse de laine.

Les habitants indigènes de l'Australie appartiennent à la race nègre, mais la couleur de leur peau est plutôt jaunâtre que noire; ils sont idolâtres, leur intelligence est peu développée et ils vivent dans un état complet d'abrutissement; quant à la population coloniale, elle est presque entièrement d'origine anglaise.

Ce sont, en effet, les Anglais qui se regardent comme les maîtres de tout ce continent austral, et qui y ont fondé les grands établissements ou colonies de la Nouvelle-Galle du Sud, de Victoria, des parties septentrionale, méridionale et occidentale de l'Australie.

Ces colonies ont pour capitale *Sydney*, sur la baie ou port Jackson, grande ville peuplée aujourd'hui de près de cent mille âmes et qui doit son origine au dépôt pénitentiaire de Botany-Bay, qui de 1788 à 1838 reçut tous les convicts ou individus condamnés à la déportation par les tribunaux anglais. Viennent ensuite, comme villes principales : *Melbourne*, bâtie sur le port Philipp, seconde ville de l'Océanie comme importance et qui, bien que fondée en 1837 seulement, compte déjà presque autant d'habitants que Sydney, grâce aux riches mines d'or découvertes et exploitées dans ses environs. *Geelong*, bâtie comme Melbourne sur la magnifique baie de port Philipp; *Adélaïde*, l'une des plus florissantes cités australiennes; *Newcastle*, centre de vastes exploitations carbonifères; *Bathurst*, sur le

fleuve Macquarie, première ville fondée dans l'intérieur des terres au delà d'une chaîne de montagnes appelées les *Montagnes-Bleues*, et que l'on considéra longtemps comme infranchissables. C'est dans ses environs qu'ont été signalées les fameuses mines d'or dont la production dépasse aujourd'hui celle des *placers* californiens. *Perth*, chef-lieu de l'Australie occidentale, est le centre des missions catholiques bénédictines qui travaillent à la conversion des indigènes; *Burra-Burra* exploite en grand de riches mines de cuivre; *Parramatta*, ville située, comme Sidney, sur le Port-Jakson, est la plus ancienne ville de l'Australie; elle possède divers établissements publics et une école pour les indigènes.

Au nombre des animaux sauvages exclusivement propres à l'Australie et que nous avons cités plus haut, l'un des plus curieux est, sans contredit, l'oiseau de l'ordre des passereaux que la disposition en forme de lyre antique des pennes de sa queue a fait appeler menure-lyre. Cet animal, de la taille de notre faisan d'Europe, présente comme caractères principaux un bec à bords plus haut que large, vers le milieu duquel se trouvent percées les narines ovales, grandes, recouvertes d'une membrane. Ses pieds sont grêles, ses ailes courtes concaves, sa queue à pennes très-larges. Cet appendice en la partie la plus curieuse du corps du menure-lyre, est formé chez les mâles de trois sortes de plumes; deux sont très-longues, à tiges minces, à barbes effilées très-écartées; deux médianes sont garnies d'un seul côté de barbes serrées, étroites, inclinées en arc, enfin deux externes plus courtes, à grandes barbes intérieures, forment un large ruban rayé de bandes brunes et rousses. Ce sont ces plumes externes qui figurent les contours de la lyre, tandis que les internes semblent en former les cordes. Malgré cette curieuse disposition, tout l'ensemble du menure-lyre est assez pauvre d'aspect, à cause de la teinte uniforme brun grisâtre des plumes. La queue du menure femelle beaucoup plus petite et dépourvue des longues plumes qui ornent celle du mâle.

On connaît peu les habitudes de cet animal; on sait seulement que c'est un oiseau chanteur, qui niche dans les arbres, à peu d'élévation du sol et se nourrit de larves et de vers.

Les menures se rencontrent surtout dans les forêts d'eucaliptus, grands végétaux, de croissance rapide, atteignant souvent soixante mètres d'élévation, quinze à vingt mètres de circonférence et qui couvrent la surface entière des Montagnes-Bleues.

Cet oiseau, appelé par les Anglais de l'Australie, *faisan des bois*, recherche les ravins, les cantons caillleux et retirés, reste tranquillement perché pendant le jour, et la nuit gratte et disperse, à l'aide de grands ongles dont sont armés ses doigts, les amas de feuilles sèches et de détritus des forêts, sous lesquels se cachent les petits animaux dont il se nourrit.

Les menures-lyres, autrefois communs dans les environs de Sydney, deviennent de plus en plus rares décimés qu'ils sont par la chasse que leur font les colons de la métropole australienne.

P. LAURENCIN.

LE CALAO ET LE MARTIN-PÊCHEUR

LE CALAO ET LE MARTIN-PÊCHEUR

Le *calao* et le *martin-pêcheur* forment deux genres de la famille des syndactiles de l'ordre des passereaux.

Le premier, dont le nom vient de deux mots qui signifient bœuf et corne, est un oiseau vivant dans les contrées chaudes de l'ancien continent. Son bec est gros, long et arqué ; son front est nu dans la partie antérieure ; les narines sont placées à la naissance du bec et celui-ci est surmonté d'un casque ou protubérance cornée qui s'accroît avec l'âge. Les pattes du calao sont courtes, ses pieds ont quatre doigts, dont trois devant, un derrière ; ces doigts sont couverts d'écailles et réunis à leur base.

La démarche des calaos est lourde, peu facile, ces oiseaux courent par bandes comme les corbeaux, perchent sur les arbres élevés et préfèrent ceux qui sont morts parce qu'ils trouvent commode de placer leur nid dans les cavités du tronc. Bien que ces animaux aient un caractère triste et taciturne, ils se réunissent en société et vivent en troupes nombreuses dans les forêts de l'Asie et de l'Afrique.

Les calaos sont carnassiers comme les martins-pêcheurs, et, selon l'occasion, se nourrissent de chair fraîche ou de corps morts qu'ils trouvent sur leur chemin. Ils recherchent de préférence les souris, les rats, les mulots, tous les petits mammifères destructeurs de graines et de fruits, aussi les peuples des pays dans lesquels vivent ces oiseaux se gardent-ils bien de les détruire. Ils les élèvent au contraire dans un état de demi-domesticité, on les laisse établir leur nid dans les accidents que présente la maçonnerie des habitations.

Comme le martin-pêcheur, le calao saisit sa proie avec beaucoup d'adresse, la serre dans son bec pour la tuer, la ramollit ; puis, avant de l'avaler, la jette en l'air et la reçoit la tête la première dans son vaste gosier. Il imite en cela un autre oiseau, le cormoran, qui rejette en l'air le poisson qu'il vient de pêcher et l'avale en commençant par la tête afin que les nageoires ne s'accrochent pas dans sa gorge.

On connaît plusieurs espèces de calaos, nommés les uns *calaos casqués* si leur bec est muni de l'appendice corné dont nous avons parlé plus haut, et *calaos non casqués* s'ils en sont privés.

Parmi les premiers, nous citerons : le *calao rhinocéros* ainsi nommé de ce que le casque qu'il porte sur la tête est recourbé à son extrémité comme l'unique corne du rhinocéros, il habite les régions chaudes de l'Inde, de Java, de Sumatra, des îles Philippines. Le bec seul a plus de trente centimètres, sa longueur atteint souvent un mètre de la tête à l'extrémité de la queue. Une autre espèce, le *calao bicorne*, a le casque concave dans sa partie inférieure et présentant deux saillies en avant en forme de double corne.

Parmi les espèces sans casques, nous citerons le *calao-toch* : cet oiseau, commun au Sénégal, est un peu plus gros que notre pie ordinaire ; il a le bec rouge et son plumage est varié de noir et de blanc.

Le *martin-pêcheur*, nommé aussi *alcyon*, est un des plus jolis oiseaux de l'Europe ; sa longueur varie entre quinze et dix-huit centimètres et l'envergure de ses ailes atteint souvent trente-cinq centimètres. Son plumage est noir, orange et blanc ; les flancs et le sommet de la tête sont vert foncé et marqué de taches bleues transversales, la queue est bleu-foncé, les ailes sont rouges, le bec est noir, excepté à la base où domine la couleur jaune. Ses ailes, quoique assez courtes, permettent cependant à cet oiseau une certaine rapidité dans son vol.

Le martin-pêcheur vit sur le bord des rivières ou des ruisseaux, niche dans des trous creusés par les rats d'eau ou les écrevisses ; il agrandit lui-même cette demeure dont il maçonne et rétrécit l'ouverture après le déblaiement.

Cet oiseau se nourrit de petits poissons, et pour les pêcher se tient sur une branche avancée au-dessus de l'eau. Il y reste immobile, épie, souvent pendant des heures entières, le passage d'une proie, et, quand il la voit passer, se laisse tomber dans l'eau. Après plusieurs secondes d'immersion, il en sort tenant dans son bec un poisson qu'il bat contre terre avant de l'avaler. Quelquefois, surtout en hiver, quand les eaux troubles ou couvertes de glace l'obligent à se contenter des eaux vives des ruisseaux, le martin-pêcheur suspend son vol rapide, demeure immobile, plane à une hauteur de six à sept mètres, puis fond sur sa proie dès qu'il l'aperçoit.

La femelle de cet oiseau dépose ses œufs, ordinairement au nombre de sept, sur les débris d'arêtes et d'écailles de poissons, qui, réduites en poussière fine, tapissent l'intérieur de son nid. Quand les petits sont devenus un peu grands, leur voracité est telle qu'ils ne peuvent plus se contenter de la nourriture que le père et la mère leur apporter ; alors ils s'agitent dans leur nid, font un bruit incessant, poussent des cris presque toujours indiquent leur retraite aux oiseaux de proie.

Les martins-pêcheurs sont communs en Sibérie, les peuples superstitieux de ces contrées s'imaginent se préserver de tout accident fâcheux en portant sur eux, en guise de talisman, la peau, le bec et les ongles de cet oiseau ; s'ils viennent à égarer cette sauvegarde, ils attribuent à sa perte tous les maux dont le sort peut les frapper. D'autres peuplades du Nord jettent les plumes du martin-pêcheur sur l'eau et attribuent une vertu particulière à celles qui surnagent.

En France, on a longtemps cru que l'odeur du corps desséché des martins-pêcheurs préservait les lainages des insectes qui le dévorent ; ce fait est aujourd'hui contesté et l'emploi du martin-pêcheur, comme insecticide, paraît aujourd'hui abandonné.

P. LAURENCIN.

LES PALMIPÈDES

OIE DE GAMBIE. — MACREUSE A LARGE BEC. — HARLE HUPPÉ. — CYGNE A BEC NOIR. — SARCELLE BLANCHE ET NOIRE. — CANARD ARLEQUIN. — CANARD DE MIQUELON.

LES PALMIPÈDES

Les oiseaux conformés de la manière la plus favorable à la natation ont les pattes courtes, implantées à l'arrière du corps. Les doigts de pieds sont entièrement réunis par des *palmures* ou membranes découpées, d'où le nom de palmipèdes donné aux oiseaux qui présentent cette conformation. L'union des doigts par une membrane mince et élastique fait des pattes entières, ou même seulement des doigts, de véritables rames dont l'action est des plus puissantes pour favoriser la rapidité de l'animal sur l'eau.

Le plumage des palmipèdes est serré, rendu presque imperméable par un suc huileux qui l'imprègne; quant à la peau, elle est protégée contre le froid par un épais duvet. Leur cou, beaucoup plus long que leurs jambes, permet à ces animaux d'aller jusque sous l'eau chercher leur nourriture, composée de graines, de fruits, surtout de vers, dont ces oiseaux sont extrêmement friands. Les palmipèdes des bords de la mer vivent aussi de mollusques qu'ils ramassent sur les grèves, ou de poissons qu'ils poursuivent à la nage.

Quelques espèces habitent les bords des ruisseaux, des marais, qu'ils quittent rarement pour s'aventurer dans l'intérieur des terres; d'autres, surtout les espèces maritimes, vivent presque constamment à la surface des flots et viennent à terre seulement pour y déposer et y couver leurs œufs.

Selon les espèces, les ailes des palmipèdes sont plus ou moins étendues, plus ou moins fortes eu égard à la grosseur du corps; de là, chez certains de ces oiseaux, un vol puissant et soutenu, tandis que chez d'autres la faculté proprement dite de voler paraît impossible.

Le plumage des palmipèdes mâles diffère de celui des femelles; il est en général plus foncé, les couleurs en sont plus vives, mais ces caractères distinctifs ne se décident guère qu'après la deuxième ou la troisième année; jusqu'à cet âge, le plumage du jeune oiseau mâle est incertain et variable de nuances.

On trouve des palmipèdes dans tous les pays du globe, et, dans tous les pays aussi, l'homme en tire un parti utile soit en les élevant à l'état domestique pour se nourrir de leur chair, comme les oies et les canards, soit en les chassant, comme les eiders ou les albatros, pour s'emparer de leurs plumes ou de leur graisse.

Parmi les espèces les plus remarquables, nous citerons les palmipèdes marins, le *plongeon*, ainsi désigné de son habitude de plonger soit pour fuir un danger, soit pour chercher sa nourriture. Le *pétrel*, nommé aussi oiseau de la tempête, parce qu'il semble prévoir et annoncer les orages en se réfugiant sur les verges des navires, est un oiseau des tropiques et des régions polaires comme l'*albatros*, le plus gros des oiseaux palmipèdes. Ce dernier vit dans les mers australes aux environs du cap Horn, ce qui lui a fait donner par les navigateurs le nom de mouton du Cap. La *frégate*, que son vol rapide a fait comparer au navire dont elle porte le nom, est un oiseau magnifique, aimant à s'égarer sur les vastes solitudes de l'Océan, se jouant à la crête des vagues ou se glissant dans les replis qu'elles forment en roulant les unes sur les autres. Ses ailes atteignent souvent quatre à cinq mètres d'envergure.

Les *mouettes* et les *goëlands* se rencontrent tous deux sur nos côtes; la voracité avec laquelle ils se jettent sur le cadavre des animaux qu'ils voient flotter, leur a fait donner le nom de vautours de la mer. Le *manchot*, habitant les îles des mers antarctiques, a les ailes tronquées, il ne vole pas, mais nage et plonge au sein des eaux, dont il ne quitte guère la surface qu'au moment de la ponte et de l'incubation.

Le pélican vit au bord de la mer, aux environs des lacs et des étangs d'eau douce. Il présente cette particularité unique qu'au-dessus de son bec long et plat s'étend une poche membraneuse assez vaste, dans laquelle il met en réserve le produit de sa pêche ou de sa chasse. Le *cormoran* vit de poissons qu'il avale tout d'une pièce; seulement, pour que les ouïes et les nageoires n'obstruent pas son gosier, il rejette sa proie en l'air et la reçoit dans son bec la tête la première. L'adresse du cormoran à prendre les poissons a été mise à profit par les pêcheurs chinois. Les *cygnes*, ces beaux palmipèdes dont la démarche est si fière, le port si noble et si majestueux, font l'ornement des pièces d'eau de nos parcs. Le plumage des cygnes est généralement blanc, sauf chez une espèce, le cygne de la Nouvelle-Hollande, où il est complétement noir. Quant à son chant célébré par quelques poètes comme une mélodie touchante, ce n'est qu'un cri sourd, nasillard, désagréable.

Ces espèces, sauf le cygne, le pélican et le cormoran, n'ont pas été réduites en domesticité; on ne fait la guerre à quelques-unes que pour leur duvet ou leurs plumes; leur nourriture composée de poissons, communique à leur chair un goût détestable. Il n'en est pas de même des espèces suivantes que, pour la plupart, on élève dans les basses-cours ou que l'on chasse pour la délicatesse de leur chair.

Les *oies*, dont la couleur varie à l'état domestique, sont grises à l'état sauvage; comme les palmipèdes dont nous allons parler, elles se nourrissent de graines et d'herbages. Les *canards* voyageurs à l'état sauvage ont le bec plat et large, leur cri nasillard assourdit les autres oiseaux des basses-cours, où on les élève facilement. Une espèce de canard, l'*eider*, habite le nord de l'Europe; c'est le duvet, si doux, si léger de cet oiseau qui remplit les édredons. La *sarcelle* et la *macreuse* sont aussi des espèces de canards sauvages dont la chair est très-délicate. La première vit sur les bords des marécages, des tourbières, des étangs de nos pays, mais le second est un oiseau de passage qui nous arrive aux approches de l'hiver et reste jusqu'aux chaleurs de l'été pour retourner dans le Nord.

P. LAURENCIN.

LES SARCELLES

LES SARCELLES

On donne le nom de marais à des terrains bas, re-couverts d'eaux stagnantes que cachent souvent de hautes plantes herbacées et qui ne peuvent pénétrer dans le sol à cause de sa nature argileuse et de l'épaisse couche d'animaux et de végétaux qui recouvre le fond. Il ne faut pas confondre les marais avec les étangs et les lacs, vastes amas d'eaux généralement limpides, qui nourrissent des poissons et qu'alimentent des sources, des ruisseaux ou des rivières, tandis que les eaux des marais sont stagnantes, laissent échapper des gaz non-seulement malsains, mais à la longue mortels pour l'homme.

Ce sont ordinairement les pluies et souvent aussi les débordements des rivières sur un fond qui ne se laisse pas facilement traverser qui donnent naissance aux marais, et c'est surtout aux environs des bois, au sein des forêts, à l'embouchure des fleuves et des rivières que l'on en rencontre.

Dans nos pays, pour dessécher un marais, il suffit souvent de déboiser les alentours ou de donner un écoulement aux eaux ; par ces opérations on rend ainsi la santé et la force aux populations voisines, générale-ment minées et affaiblies par les fièvres qu'engendrent les miasmes pestilentiels des terres marécageuses.

Une fois desséchés, les terrains que recouvraient les eaux stagnantes se transforment en terres de culture de premier ordre, ce qu'il est facile de comprendre quand on songe à la fertilité de la couche d'humus formée par l'énorme amas de corps organisés de toute nature, végétaux et animaux, qui constituent le fond des marais. C'est ainsi qu'en France ont été desséchés et transformés les marais de la Bresse, de la Norman-die, du Lyonnais, des Landes, de la Camargue, de la Touraine, de l'Isère, etc. La Sologne, pays couvert de marécages et extrêmement malsain, commence à s'as-sainir, grâce aux travaux de dessèchement entrepris de tous côtés. Dans quelques années, sa réputation d'insalubrité n'existera plus qu'à l'état de souvenir. Il est cependant quelques marais que l'on se garde bien de dessécher, à cause de la matière brun-noirâtre friable de nature charbonneuse que l'on en tire, que l'on fait sécher au soleil et à laquelle on donne le nom de tourbe. Les produits des tourbières remplacent dans quelques pays le bois et le charbon minéral pour le chauffage domestique et pour l'alimentation des foyers industriels.

A cause de leurs amas d'eaux stagnantes, quelques pays sont à peu près inhabitables, ou sont le séjour de populations misérables, minées par les fièvres palu-déennes, usées avant l'âge ; tels sont parmi les plus con-nus : les marais Pontins dans la Campagne de Rome, ceux des embouchures des grands fleuves américains, de l'Amazone surtout, les Palus-Méotides aux confins de l'Europe, les marais du Don et les immenses marais qui avoisinent les mers Blanche et Baltique.

Les gaz délétères qui s'exhalent des marais parais-sent sans action sur certains oiseaux, tels que les sar-celles, les macreuses, les canards qui en font leur sé-jour habituel.

Les sarcelles, que représente notre gravure, sont des oiseaux palmipèdes de la famille des anatidées, genre canard. Elle se distingue des canards proprement dits par une taille plus petite, mais, comme eux, elles ont, à cause du recul de leurs pieds en arrière du corps, une démarche incertaine et sans grâce ; la terre n'est pas leur élément, elles sont constituées pour vivre sur l'eau. Aussi est-ce toujours sur le bord des cours d'eau, des marais, des étangs, que le chasseur peut espérer rencontrer des sarcelles, et est-ce au milieu des roseaux et des joncs que ces oiseaux établissent leur nid formé d'une touffe d'herbes grossièrement tressées, mais bien garni de duvet. Les sarcelles se nourrissent de petits mollusques, d'insectes aquatiques, de jeunes crustacés, de vermisseaux, de petits reptiles, de frai de poisson, de plantes aquatiques, lentilles d'eau, graines de jonc, et, douées d'une certaine intelligence, laissent pendant quelque temps macérer et s'amollir dans l'eau les aliments trop résistants [pour pouvoir être avalés.

Comme toutes les autres espèces de canards sau-vages, les sarcelles sont des oiseaux migrateurs qui vont passer l'été dans les pays septentrionaux, sauf une espèce indigène dans nos pays, remontent jus-qu'aux îles Feroë et l'hiver redescendent vers les contrées les plus chaudes en séjournant très-peu de temps sous notre climat. Certaines espèces se rencon-trent à Java, à Madagascar, en Égypte, aux Antilles et dans les Guyanes.

La chair des sarcelles est un mets recherché des gourmets et qui paraît sur les tables les plus richement servies. Les Romains, nos maîtres en raffinements cu-linaires, élevaient les sarcelles dans des enclos assez vastes pour leur permettre de se croire en liberté. Les modernes ont hérité des goûts de leurs aïeux ; aussi chaque année, à l'époque du passage des sarcelles dans nos contrées, fait-on à ces oiseaux une chasse active, chasse qui exige une certaine adresse à cause de la difficulté d'approcher de l'animal rusé et défiant, ha-bile à déjouer les embûches. On le tire à l'affût avec des fusils vulgairement appelés canardières, ou bien on le prend à l'aide de filets et de nasses. C'est pendant l'hiver, à la chute du jour, mais surtout quand les grands froids ont fait se solidifier les eaux des marais et des étangs que la chasse aux sarcelles est lucrative ; aussi cet exercice ne convient-il guère qu'aux hommes de robuste constitution, habitués dès leur jeune âge à se jouer de la fatigue et des intempéries des saisons.

On connaît deux variétés principales de sarcelles. La sarcelle ordinaire et la petite sarcelle. La première, plus connue sous les noms de *racanette* et de *mucanette*, émigre chaque année, ne paraît en France qu'au prin-temps et à l'automne, voyage en troupes nombreuses, est longue d'environ trente à quarante centimètres. Le fond gris de son plumage est émaillé de noir, marqué d'une tache verte sur les ailes et d'une ligne blanche sur le front. Le sommet du front est noirâtre ; la gorge, noire chez le mâle, est blanche chez la femelle.

La petite sarcelle, ou sarcelle d'hiver, qui n'a pas plus de trente-cinq centimètres de longueur, c'est-à-dire qu'elle n'est guère plus grosse qu'une perdrix, reste toute l'année dans nos pays. Son plumage ne dif-fère pas sensiblement de celui de la sarcelle ordinaire.

PAUL LAURENCIN.

CHASSE AUX OIES SAUVAGES

LES OIES

Dans la série des ressources alimentaires que nous fournissent les oiseaux, l'oie vient immédiatement après les poules et les canards. Cet animal, qui appartient à l'ordre des palmipèdes, famille des anatidées, dont le canard est le type, forment la tribu spéciale des ansérinées (du nom *anser*, nom des oies dans la langue latine).

Les oies se distinguent des canards par le volume plus considérable du corps et par la forme du bec, qui est plus court que la tête, plus étroit en avant qu'en arrière. Leurs jambes sont plus élevées, moins écartées, plus portées vers le centre de gravité du corps, ce qui rend la marche de ces oiseaux plus facile et plus rapide que celle des canards et des cygnes; aussi les voit-on se tenir plus souvent à terre que sur l'eau.

Les oies préfèrent pour y vivre les terrains bas et découverts, les prairies humides, les plaines marécageuses, et parfois aiment à s'égarer dans les terres ensemencées, où elles dévorent les jeunes pousses des céréales, si bien que dans certaines contrées où elles sont nombreuses, les cultivateurs se voient obligés de faire garder leurs champs afin d'en éloigner les bandes d'oies qui s'y abattent.

Ces palmipèdes sont sauvages et défiants; il est très-difficile de les approcher, soit qu'ils pâturent dans la campagne, soit qu'ils nagent sur les eaux. Le moindre incident suffit pour les alarmer, car si l'un d'eux pousse un cri d'émoi, toute la bande y répond et prend son vol pour fuir le péril réel ou imaginaire qui lui est signalé. Cette vigilance des oies sauvages se retrouve chez les oies domestiques : il n'est pas de meilleur gardien pour les hôtes de la basse-cour, de plus attentif pour dénoncer un ennemi cherchant à s'introduire ou un oiseau de proie planant dans les airs. La nuit, leur sommeil est si léger, que le moindre bruit suffit pour les éveiller et leur faire pousser des cris. Quand, dans les premiers temps de la République romaine, les Gaulois, ayant pris et saccagé Rome, tentèrent d'enlever par surprise le Capitole où s'était réfugiée la population, ce furent les oies que l'on nourrissait dans le temple qui donnèrent l'alarme et permirent au valeureux Manlius de sauver ses compatriotes. Aussi, en mémoire et en reconnaissance de cette vigilance des oies sacrées, les Romains consacrèrent-ils chaque année une somme à leur entretien, tandis que le jour où était prise cette décision, on fouettait les chiens sur une des places de la ville pour les punir de leur négligence.

Les oies sont des oiseaux voyageurs : chaque année, à la fin de l'automne, celles qui habitent l'Europe émigrent du nord au midi, et regagnent les pays septentrionaux quand revient le printemps. En France, c'est ordinairement aux approches de l'hiver que nous les voyons apparaître en bandes nombreuses qui, au mois de mars, retournent au Spitzberg et au Groënland. C'est à l'époque de ce passage que l'on chasse les oies, dont la chair substantielle et savoureuse est recherchée surtout par les gens pauvres. Dans quelques contrées, cette chair est séchée et conservée comme provision pour l'hiver. Les modes de chasse aux oies varient suivant les pays : les Cosaques les prennent en tendant en travers de défilés ou d'avenues s'ouvrant sur des lacs de vastes filets, dans lesquels les oies se prennent lorsque le soir, elles viennent boire et se reposer sur l'eau. Dans l'Europe occidentale, on emploie aussi des filets tendus horizontalement et au milieu desquels on place quelques oies domestiques dont les cris trompent les oies sauvages et les font donner tête baissée dans les pièges. Enfin, on chasse l'oie au fusil, mais ce mode exige une grande habileté, l'oiseau étant, comme nous l'avons dit, extrêmement sauvage et défiant, ayant des yeux et des organes auditifs qui lui permettent de voir et d'entendre de loin.

C'est ordinairement à terre, dans les bruyères, mais aussi dans les marais, que les oies font leur nid; grossier assemblage de joncs coupés, d'herbes sèches, sur lequel elles déposent leurs œufs dont le nombre varie de six à dix, d'une teinte verdâtre ou blanchâtre. Seule, la femelle couve ses œufs; le mâle ou *jars* reste au près d'elle pour la défendre, aussi pour préserver de toute attaque les petits *oisons* qui naissent couverts de duvet et qui, à peine venus au jour, se mettent à chercher d'eux-mêmes leur nourriture; et, comme les cannetons, vont presque spontanément se mettre à l'eau. Le pelage des oies sauvages est généralement gris entremêlé, suivant les espèces, d'autres teintes plus ou moins vives. Leur nourriture se compose de végétaux aquatiques, de racines bulbeuses, de graines, d'insectes et d'herbes tendres.

Depuis un temps immémorial, les oies ont été élevées à l'état domestique, et l'on ne sait pas au juste quel peuple eut le premier l'idée de réduire cet animal en esclavage et de faire tourner à son profit l'aptitude remarquable de ces oiseaux à s'engraisser. Les Romains nourrissaient les oies dans des parcs spéciaux, les Celtes et les Gaulois élevaient aussi des oies, et les tribus qui habitaient les pays formant actuellement les départements du Nord et du Pas-de-Calais en faisaient pâturer d'immenses troupeaux que l'on conduisait à pied jusqu'à Rome. Pour éviter les pertes en route, les conducteurs de ces oiseaux faisaient généralement passer au premier rang les oies faibles ou fatiguées, afin que, poussées par la colonne, elles fussent contre leur gré obligées d'avancer.

En Egypte et en Grèce, à Sparte notamment, l'oie était la pièce d'honneur des festins; à Rome, on ne commença à manger cet animal que sous le règne des empereurs, alors que se perdit le souvenir du service qu'elles avaient autrefois rendu. C'est à Rome—et deux consuls se disputaient l'honneur de cette barbare invention — que l'on privait les oies d'eau, de mouvement et de lumière pour obtenir ces foies monstrueux et succulents si recherchés encore des gourmets, et dont deux villes françaises, Strasbourg et Toulouse, font des pâtés d'une renommée universelle.

Outre leur chair, ces oiseaux nous fournissent leur peau qui, garnie de son duvet, sert à confectionner des fourrures, à fabriquer des houppes à poudre, leurs plumes moyennes qu'utilisent les tapissiers et les plumassiers, enfin leurs grosses plumes, généralement employées pour écrire

LE GRAND MANCHOT. — LES PINGOUINS.

LE GRAND MANCHOT. — LES PINGOUINS

Les pingouins et les manchots ont souvent été confondus entre eux, mais des études plus récentes ont permis de mieux connaître les caractères distinctifs de ces deux genres d'oiseaux, que la nature semble avoir pris soin de séparer de toute l'épaisseur du globe, puisque les premiers ne se rencontrent que dans les contrées avoisinant le pôle nord, tandis que les seconds vivent sur les rivages des mers australes.

Les pingouins ont un bec droit comprimé, à arête convexe marqué, chez les individus adultes seulement, de sillons peu profonds. La mandibule supérieure de ce bec est renflée, tandis que celle du dessous est recourbée et se termine en pointe. Les narines sont linéaires, percées de chaque côté du bec et presque entièrement closes par une membrane recouverte de plumes.

Ces oiseaux ont les pieds courts, très-reculés vers la partie inférieure du corps, ce qui rend leur démarche sur le sol lourde, difficile et embarrassée. Les doigts des pieds sont réunis par une membrane comme ceux de tous les palmipèdes ; leurs ailes et leur queue sont très-peu développées.

Le corps des pingouins est revêtu de plumes courtes, pressées les unes contre les autres et recouvrant une épaisse couche de graisse destinée elle-même à protéger l'animal contre l'action trop vive du froid.

Les habitudes des pingouins sont essentiellement aquatiques ; on les rencontre dans les régions les plus froides qui avoisinent le pôle nord, et ils ne quittent que très-rarement les bords de la mer. Si la singulière disposition de leurs pieds rend difficile sur le sol la marche de ces oiseaux, cette disposition favorise d'autant plus leur natation, qui est vive et aisée. En outre, ils plongent facilement et peuvent rester quelques instants sous l'eau afin d'y saisir les poissons dont ils font leur principale nourriture ; sur le rivage, où leur posture au repos est telle qu'ils ont l'air d'être assis sur leur séant, ils se contentent de crustacés, de vers marins qu'ils trouvent en fouillant du bec dans le sable ; à défaut de nourriture animale, ils se contentent d'algues marines.

Si une espèce de pingouins brachyptère, dont les ailes sont dépourvues de ces grandes plumes appelées pennes rectrices, est hors d'état de voler, une autre à un vol peu soutenue sans doute mais cependant rapide ; l'oiseau se dirige dans l'air en effleurant la surface des eaux, se jouant entre les vagues comme les mouettes de nos rivages et plongeant subitement si une proie passe à portée de sa vue.

À l'époque de la ponte, les pingouins s'établissent dans des trous, des crevasses, des anfractuosités de rochers, tapissent ces retraites de quelques herbes marines et y déposent un seul œuf oblong marqué de taches ou raies noires sur un fond très-coloré.

Loin de vivre solitaires, ces animaux nichent en société et se rassemblent en troupes parfois si nombreuses que les navigateurs dans les régions boréales peuvent en tuer à coups de bâton des quantités considérables. La présence de l'homme, présence qui n'a lieu du reste qu'à de rares intervalles dans les parages où ils vivent, n'effraye nullement les mâles, et les femelles, occupées à couver, se laissent même approcher sans faire aucun mouvement.

Le genre pingouin, essentiellement européen et asiatique, comprend deux espèces : le grand pingouin et le pingouin commun.

Le premier, appelé aussi pingouin brachyptère ou à ailes courtes, se rencontre en troupes innombrables dans les pays compris sous les plus hautes latitudes du globe, au Spitzberg et surtout au Groënland. Toutes les parties inférieures de son corps sont noires ; la gorge et le devant du cou de même teinte, mais nuancés de brun sombre. Quant aux surfaces inférieures, elles sont d'un blanc pur, ainsi que le sillon central du bec et une grande tache en avant des yeux.

Le pingouin commun a, comme le précédent, les parties supérieures du corps noires, les inférieures blanches ; une bande qui va de l'œil au bec et l'un des sillons de ce dernier sont également d'un blanc pur. Ces pingouins, plus petits de taille que les pingouins brachyptères et d'un volume égal à celui de notre canard domestique, vivent sur les rivages des mers arctiques des deux mondes ; l'hiver, ils émigrent sur les côtes du nord de l'Écosse et de la Norwége ; quelquefois il en est qui arrivent sur nos côtes de Picardie et de Normandie.

Les manchots qui, selon l'expression de Buffon, sont « le moins oiseau possible, » se distinguent des pingouins en ce que leurs ailes, dépourvues de grandes plumes, présentent l'apparence de moignons et que leur corps est couvert d'un duvet fin et serré ressemblant plutôt à des poils qu'à des plumes.

Les manchots ont le bec fort, plus long que la tête et comprimé latéralement ; leurs pieds très-gros, très-courts, placés en arrière du corps, ont quelque analogie avec les pieds des mammifères. De la grosseur d'une oie commune, cet oiseau a le dos de couleur bleu ardoisé, le ventre blanc et saliné. Il vit presque toute l'année sur la mer, s'abandonne aux vents et aux courants marins, court à l'aventure souvent très-loin des côtes, puisque des navigateurs ont parfois rencontré des manchots à une distance de plus de quarante kilomètres de toute terre ; ces palmipèdes sont excellents nageurs, leur corps tout entier, sauf la tête, disparaît sous l'eau ; ils plongent facilement et longtemps, se meuvent avec une vitesse prodigieuse et quelquefois s'élancent d'un bond au-dessus des vagues en décrivant un arc de cercle.

À terre, où le manchot se rend pour déposer ses œufs dans des trous de rocher ou des espèces de terriers creusés dans le sable, sa démarche est gauche, pesante ; l'animal, qui semblait si intelligent quand il se jouait parmi les lames, devient stupide, se laisse facilement approcher et assommer sans faire aucun effort pour se défendre ou seulement pour fuir. Cette trop grande facilité que l'on a de les détruire a déjà beaucoup diminué le nombre des manchots que l'on rencontrait sur les rivages glacés et privés de végétation des contrées australes. Ils sont cependant encore communs aux îles Malouines, sur les côtes qui forment le détroit de Magellan, au Cap Horn, sur les rivages de la Nouvelle-Guinée, où on les voit rangés en longues files dont chaque individu se tient debout, le corps portant sur les pieds et en ligne perpendiculaire avec la tête et le cou. Notre gravure donne du reste une idée exacte de la position singulière du manchot à l'état de repos.   P. LAURENCIN.

LE PLONGEON. — LE MACAREUX

LE PLONGEON

L'ordre des palmipèdes auquel appartient le *Plongeon* se compose d'individus essentiellement nageurs. Leurs pattes, comme l'indique leur nom, sont palmées, c'est-à-dire qu'entre chaque doigt existe une membrane qui oppose plus de surface à la résistance de l'eau dans laquelle ils sont destinés à se mouvoir. La construction de leur corps est également disposée pour la plus grande facilité de leurs mouvements. La poitrine ou *torse* est comprimée pour mieux fendre l'eau, et c'est sur le modèle des carcasses des palmipèdes qu'ont été construits les premiers bateaux. De même que les rames sont ordinairement beaucoup plus à l'arrière qu'à l'avant d'un canot, de même leurs pattes sont à l'arrière de leur corps. Leur plumage serré, imprégné d'un suc huileux est impénétrable à l'humidité, l'eau glisse sur lui sans le mouiller, il est assez compact, surtout au ventre et sur les flancs, pour garantir l'oiseau contre les chocs qui pourraient ébranler ses organes intérieurs, et contre les frottements imprévus produits par les obstacles cachés sous les herbes ou la vase. Ces animaux ont généralement le cou plus long que les jambes, disposition excessivement favorable pour fouiller au fond de l'eau les aliments qui leur sont propres ou atteindre la proie vivante qu'ils poursuivent. On sait que cette faculté qu'ont les oiseaux aquatiques de pouvoir rester assez longtemps la tête et même le corps entier sous l'eau, tient à la disposition particulière de leurs poumons qui, au lieu d'être divisés en lobes et de remplir le thorax, sont accolés aux côtes et présentent à leur surface intérieure plusieurs ouvertures ou orifices bronchiques par lesquels se dispense progressivement la provision d'air amassée.

L'ordre des Palmipèdes comprend huit familles qui se subdivisent elles-mêmes en plusieurs tribus. Les différences entre les individus de ces familles et tribus portent sur la conformation variée de la tête, du bec, des pattes plus ou moins palmées et des ailes plus ou moins longues.

Le Plongeon appartient à la famille des *Colymbidés*. Il est le chef de la tribu des *Colymbiens* dont font partie : le *Guillemot*, le *Cérorhynque*, le *Céphe* et le *Starine*.

On distingue trois variétés de plongeons : le plongeon *colymbus*, le plongeon *imbrim* et le plongeon *cat-marin*. Les plongeons sont presque tous maritimes; ils émigrent annuellement. Leurs doigts antérieurs sont complètement palmés, le pouce court formant arc-boutant sous le bas de la jambe et joint aux doigts internes par une petite membrane ; leur queue est arrondie et leurs ailes aiguës. Ils vivent de plantes aquatiques, d'insectes, de mollusques et de poissons.

Le plongeon *imbrim*, qu'on désigne communément sous le nom de *grand plongeon* (voir la gravure), est de passage en France et habite le nord des deux continents. Sa taille est de près d'un mètre. Il a la tête et le cou noir-bleuâtre orné d'un collier jaspé de blanc, le plumage des ailes et du dos moucheté de blanc, le dessous du corps d'un blanc d'argent, la mandibule inférieure est peu bombée, l'œil un peu couvert mais vif.

Le plongeon *imbrim* vit dans les solitaires et niche dans les rochers ; sa ponte est de deux œufs, de couleur verdâtre, mouchetés de noir, ils sont allongés et ont à peu près trois centimètres et demi de longueur sur une hauteur de deux centimètres.

Le plongeon *cat-marin* se montre également sur nos côtes maritimes pendant l'hiver. Il se nourrit comme ses congénères ; sa taille est plus petite que celle de l'*imbrim*; comme lui, sa ponte est de deux œufs, mais il niche dans les roseaux; son plumage est brun sur le cou, les ailes et le dos, le dessous du corps est d'un blanc roux.

Les Palmipèdes aquatiques dont font partie les diverses espèces de plongeons dont nous venons de parler, de même que les *Macareux*, les *Pingouins*, les *Guillemots*, etc., sont d'une très-grande ressource pour les habitants de la plupart des îles septentrionales où l'agriculture est pour ainsi dire impossible, tant la végétation y est ingrate. On compte par milliers les colonies de ces animaux qui peuplent les rochers jetés en groupes ça et là, au milieu des îlots et qui s'élèvent à des hauteurs considérables, 3 à 400 mètres quelquefois. C'est là que de hardis chasseurs, montés sur des canots contenant tous les engins nécessaires, abordent après avoir côtoyé les falaises anguleuses et viennent y faire leurs razzias. Tantôt avec un filet de la forme de ceux qu'on emploie pour la chasse aux insectes, mais en fortes ficelles et à mailles larges, ils attrapent en l'air les oiseaux qui volent assez près et assez paisiblement autour de leur domaine, sans manifester aucune frayeur de la présence de l'homme. Tantôt c'est en se hissant à l'aide d'une longue perche qu'un des plus audacieux chercheurs atteint, de crevasse en crevasse, une anfractuosité à laquelle il fixe une corde à nœuds, qui sert à hisser d'autres chasseurs, qui d'étage en étage arrivent ainsi au sommet de la falaise. L'exploration des cavernes, sous les corniches qui festonnent tout autour des rochers, a lieu à l'aide de fortes planches ou poutres placées en ponts de l'une à l'autre. A ces poutres est fixé un câble très-fort, dont l'extrémité inférieure est garnie d'une planchette sur laquelle se place celui qui doit explorer les refuges dans une hauteur de 3 à 400 mètres ; il arrive successivement au niveau de chaque caverne, hissé par les compagnons placés sur la poutre. Là, il quitte la planchette et le câble, et fait une ample moisson des oiseaux qu'il place dans un sac qui arrive au bas de la falaise, au moyen d'une corde fixée au câble. Pour atteindre aux autres corniches qui se trouvent au niveau de celle où il a opéré, il se replace sur la planchette, imprime au câble un balancement proportionné à la distance qu'il veut franchir et arrive ainsi à un autre refuge où il opère de la même façon. Quand cette chasse est finie, ses compagnons le hissent jusqu'à eux ou le font descendre sur la grève.

Ce n'est pas seulement pour leur alimentation individuelle qu'agissent ces insulaires et qu'ils s'exposent aux mille périls que présentent ces chasses; s'ils n'avaient que les besoins naturels de la faim, ils pourraient certainement y pourvoir sans courir autant de dangers; aussi faut-il reconnaître chez eux un sentiment puissant du principe d'association. C'est ce sentiment qui sollicite l'intelligence et fait prévaloir le courage réfléchi de ces hommes contre les obstacles qu'il leur faut vaincre, pour établir la seule industrie qui soit possible dans ces régions infertiles.

Les habitants des îles Feroé, qui entreprennent ordinairement ces expéditions, ne s'en dissimulent point les périls; aussi leur départ est-il pour leurs familles un moment de touchantes recommandations et de solennels adieux. Il y a cependant beaucoup moins de sinistres qu'on ne devrait s'y attendre; aussi le retour des chasses est-il fêté avec enthousiasme. Dans les intervalles, les insulaires s'occupent de la préparation des plumes et des peaux des oiseaux qu'ils ont apportés. La peau du plongeon *imbrim* tannée leur fournit une coiffure très-originale, complétement imperméable, et dont le poëte Regnard parle dans son *Voyage en Laponie*. Les femmes salent et fument la chair qui sert à leur nourriture pendant l'hiver.

LE PÉLICAN

LE PÉLICAN

Après l'albatros, qui a le corps plus épais, et le flammant, dont les jambes sont beaucoup plus hautes, le pélican est le plus grand des oiseaux d'eau. Sa grosseur surpasse celle du cygne; sa longueur, lorsqu'il a atteint tout son développement, est de 2 mètres du bout de son bec à l'extrémité de sa queue; et ses ailes étendues ont 4 mètres d'envergure. Grisâtre chez les jeunes pélicans, le plumage, dans la pleine croissance, devient en général d'un blanc nuancé de rose, sur lequel tranche fortement le noir éclatant des pennes des ailes. La tête est particulièrement remarquable, tant pour sa forme que pour sa couleur. Le front et le dessous du cou sont revêtus d'un duvet court et fin qui, s'allongeant sur la nuque, retombe en huppe; la peau nue des tempes et du tour des yeux est de couleur de chair. Le bec est droit, aplati; la mandibule supérieure, terminée en crochet, est jaune vers son milieu et rougeâtre sur les bords; la mandibule inférieure est divisée en deux branches qui se réunissent à la pointe et auxquelles est suspendue une membrane nue, d'un jaune clair, formant poche et profondément sillonnée par ses plis. Cette poche est le trait le plus caractéristique du pélican; c'est par là surtout qu'il a toujours attiré l'attention des observateurs. Peu saillante à l'état de repos, cette membrane acquiert, lorsqu'elle fonctionne, un développement extraordinaire : quand le pélican l'a dilatée et tendue de tout son pouvoir, elle peut recevoir une grande quantité d'eau et contenir assez de poissons pour fournir à six hommes un repas abondant. Ce magasin est d'autant plus précieux que, placées là en réserve et hors de toute action digestive, l'eau et la nourriture s'y conservent dans une parfaite fraîcheur. On comprend que lorsque le sac est plein, cet appendice, que le pélican porte ainsi attaché au-dessous du cou, lui donne une physionomie extraordinaire; mais dans les moments où la besace est vide, et par conséquent retirée, l'aspect de l'oiseau, malgré les proportions démesurées du bec, est assez agréable, surtout si on le regarde nageant ou volant; car de même que les cygnes, les oies et les canards, et presque tous les palmipèdes, le pélican est loin d'exceller dans l'exercice de la marche.

Cette possibilité qui lui est accordée de faire des provisions, a influé sur les mœurs du pélican, et sa vie se partage en alternatives d'un travail très-actif et d'un repos complet, pendant lequel il savoure le fruit de ses peines. Au matin, il est en chasse ou plutôt en pêche : se balançant sur ses ailes puissantes, il explore rapidement une vaste étendue d'eau en se tenant à une médiocre élévation; lorsque son œil perçant a découvert quelque poisson nageant à la surface des flots, il s'arrête, il plane pour attirer l'attention de sa victime, il s'abaisse insensiblement, puis, tombant tout à coup comme une masse, il frappe l'eau de ses ailes, la fait bouillonner, et le poisson est dans le sac avant d'être revenu de son étonnement et de sa frayeur. Le pélican, qui n'accorde rien à son appétit tant que la provision quotidienne n'est pas faite, se met aussitôt en quête d'une autre proie. Si plusieurs de ces oiseaux viennent à se rencontrer, ils concertent leurs opérations, et alors la méthode change : après avoir trouvé un banc de poissons, ils forment à l'entour un cercle dans lequel ils les renferment en nageant, et qu'ils resserrent peu à peu jusqu'à ce que les poissons leur paraissent assez rassemblés; alors, à un signal donné, toutes les ailes frappent l'eau à la fois, et chacun joue du bec au milieu de la troupe qui nage çà et là en tumulte et en désordre. Quand la poche est suffisamment garnie, le pélican prend directement son vol vers le rocher le plus voisin; son fardeau est si peu commode à porter, que, pour soulager le cou, il est obligé de le rentrer autant que possible dans les épaules en rejetant la tête en arrière. Arrivé à son but, le pélican se place avant tout de manière à pouvoir appuyer l'extrémité de son bec sur quelque roche, afin de n'avoir plus à le supporter; puis, s'étant mis ainsi à l'aise, il entre en jouissance, mangeant et dormant alternativement, jusqu'à ce que le sac soit épuisé. Toute la journée s'écoule dans cet état d'heureuse et parfaite quiétude, et ce n'est que vers le soir que l'oiseau paresseux sort de sa léthargie pour aller chercher son souper. Cette seconde pêche est bientôt faite, parce que c'est l'heure où le poisson monte volontiers à la surface de l'eau. Mais il lui faut bien, bon gré mal gré, rompre ces douces habitudes de molle indolence lorsqu'il devient père de famille et qu'il a plusieurs estomacs à remplir; alors tout son temps est consacré à pêcher tant pour lui-même que pour ses petits, auxquels il donne leur pâture en pressant son sac plein contre sa poitrine et en faisant passer ainsi les provisions de son réservoir dans leur bec. Hors ces cas d'activité exceptionnelle, la vie des pélicans se partage en trois temps : à chercher leur nourriture, à manger, à dormir, et à pousser de temps en temps des cris semblables aux braiments d'un âne. Une vie ainsi résumée n'offre rien de poétique à noter, et l'on voit que c'est sans titre aucun que cet oiseau, si matériel dans ses instincts, a été érigé en symbole emblématique du dévouement maternel. La position qu'il prend pour dégorger la pâture dans le bec de ses petits a été la seule origine de cette fable traditionnelle d'après laquelle le pélican déchirerait sa poitrine pour en nourrir ses enfants.

La défense portée par la loi juive de manger du pélican, réputé immonde, semble superflue; car sa chair est huileuse, d'un goût et d'une odeur désagréables. Cet oiseau n'est pas cependant tout à fait inutile; les Chinois et différents peuples de l'Amérique l'apprivoisent, le dressent et l'envoient pêcher pour leur compte; ils visitent le sac au retour du pêcheur, et ne lui laissent que quelques bribes, pour l'obliger par là même à retourner sans cesse au travail : ce doit être une condition bien rude pour le pélican, que nous avons vu paresseux avec délices. Ainsi utilisée pendant la vie de l'oiseau, la poche est plus recherchée encore après sa mort. Les sauvages s'en font des bonnets imperméables, et les Egyptiens des bords du Nil, en conservant les os de la mâchoire, se servent de tout l'appareil, en guise de pelle profonde, pour rejeter l'eau introduite dans leurs barques.

Répandu dans les quatre parties du globe, le pélican semble cependant préférer les latitudes chaudes; il est assez peu commun en Europe pour être admis, à titre d'étranger, dans les ménageries, tandis que dans les Antilles il abonde tellement qu'autrefois on allait à la chasse des pélicans pour en extraire de l'huile.

L'ALBATROS, LE PUFFIN, LE FOU DE BASSAN

L'ALBATROS

Les albatros, dont le nom dérive du nom latin *albus* qui veut dire blanc, appartiennent à la famille des longipennes ou grands voiliers de l'ordre des palmipèdes, comme le canard, les oies et les cygnes. Leur séjour habituel à la surface des mers leur a aussi fait donner le nom d'*oiseaux pélasgiens*.

Les albatros sont de très-gros oiseaux, dont le corps proprement dit atteint près d'un mètre de longueur, et dont les ailes ont souvent plus de trois mètres d'envergure. Ils ont pour caractères distinctifs : un bec robuste, très-long, élevé, droit et comprimé, fortement recourbé et crochu à la pointe ; ce crochet qui termine leur bec semble avoir été ajouté après coup ; il est d'un blanc jaunâtre, tandis que le reste du bec est blanc sale. Les pieds sont courts et palmés, les ailes très-longues, mais fort étroites ; quant à la queue, elle est courte et ne dépasse pas la pointe des ailes. Le dessus du corps des albatros est blanc, avec plusieurs bandes brunes ; les parties inférieures sont d'un blanc pur, et les pattes de couleur rose pâle.

Oiseaux géants de l'ordre des palmipèdes, les albatros ont été appelés, à cause de leurs énormes dimensions, *moutons du cap*, *vaisseaux de guerre*, par les navigateurs qui fréquentent les vastes étendues de l'Océan austral, les côtes du nord et du sud de l'océan Pacifique, les parages septentrionaux du Japon et de la Chine, où vivent ces animaux. La grandeur et la force de leurs ailes permet aux albatros un vol facile et vigoureux. Tantôt on les voit se balancer gracieusement au-dessus des vagues de la mer, tantôt effleurer leur crête de la pointe de l'aile ou s'enfoncer dans leur sillon onduleux, afin d'y saisir les petits poissons ou les coquillages que le mouvement du fluide ramène à la surface ; ils volent contre le vent, semblent défier la tempête sans que leurs efforts trahissent la moindre fatigue, sans même que leur vol en soit ralenti. Du reste, qu'ils poursuivent tranquillement ou précipitent leur course, les albatros ne paraissent imprimer à leurs ailes aucun mouvement apparent ; comme le faucon et diverses variétés de rapaces, ils semblent planer plutôt que voler.

Le genre de nourriture de ces palmipèdes n'est pas très-connu ; quelques naturalistes pensent qu'ils s'alimentent de petits crustacés, d'annélides, de zoophytes mucilagineux, de poissons qu'ils pêchent en rasant les flots, mais surtout de poissons volants, tandis que d'autres observateurs ont remarqué que les albatros recherchent les animaux marins de la classe des mollusques appelés céphalopodes, tels que les seiches et les calmars ; mais leur genre principal de nourriture est la chair corrompue des grands animaux marins dont les cadavres gisent sur les grèves ou flottent à la surface de la mer. La gloutonnerie de ces oiseaux est telle, que souvent la masse énorme d'aliments dont ils se sont gorgés les alourdit, les empêche de fuir en nageant ou de prendre leur essor quand on les approche. Dans cet état, ils se reposent et s'endorment à la surface des îlots, et deviennent une proie facile pour les matelots, qui les poursuivent dans des barques et les assomment à coups de rames et de crocs. Cette gloutonnerie de l'albatros rend sa capture assez facile ; alors même qu'il ne serait pas à jeun, il suffit pour le prendre de le pêcher comme un poisson, en lui lançant une ligne dont l'hameçon est caché par un morceau de chair.

Sa puissance de vol, qui lui permet de parcourir des espaces immenses, de s'éloigner à de grandes distances des côtes ; sa vue perçante, la finesse de son odorat, enfin l'obligation où il est de parcourir un certain espace de terrain avant de prendre son essor ; tous ces caractères, qui lui sont communs avec le vautour terrestre, font considérer l'albatros comme un véritable vautour océanique, destiné à purger la surface des mers des cadavres en putréfaction.

Ainsi que nous l'avons dit, c'est surtout sur les côtes que baigne l'Océan antarctique que se rencontrent les albatros réunis en troupes ; l'île Tristan d'Acunha est l'un de leurs principaux points de rassemblement, celui où les voyageurs, les marins ont pu le mieux observer leurs apparences extérieures, leurs habitudes et leurs mœurs.

Ces oiseaux passent la plus grande partie de leur existence sur les flots, s'y reposent, s'y endorment même et ne paraissent se rapprocher des terres qu'à l'époque de la ponte de leurs œufs, dont chaque individu femelle ne pond qu'un seul à la fois, blanc, très-gros, oblong, d'égale grosseur aux deux bouts. Les nids dans lesquels sont déposés ces œufs sont maçonnés en sable boueux, un peu élevés au-dessus du sol et souvent réunis en grand nombre dans un espace de terrain assez restreint. Ceux de quelques espèces affectent la forme pyramidale tronquée, sont disposés dans les ravins des montagnes, et, au lieu d'être réunis, sont éloignés les uns des autres.

Très-attachés à leurs petits, le père et la mère les nourrissent en leur dégorgeant dans le gosier les aliments à moitié digérés de leur estomac, leur apprennent à se servir de leurs ailes, et, quand ils sont en âge, les conduisent à l'eau. Les jeunes albatros ne sont nullement effrayés de la présence de l'homme, ne fuient pas à son approche, retournent à leur nid si on les en a tirés, et pour se défendre, n'ont d'autre moyen que de lancer sur l'agresseur un flot d'huile fétide qui sort de leur estomac.

L'*albatros commun* est l'espèce la plus forte du genre ; à cause de son plumage blanc, de sa grosseur, et pour cette raison que c'est au sud du cap de Bonne-Espérance qu'on commence à le rencontrer, les navigateurs lui ont donné le nom de *mouton du cap*. L'*albatros exilé*, un peu plus petit que le précédent, est ainsi nommé par allusion aux aventures du héros mythologique Diomède ; l'*albatros à sourcils noirs* doit cette désignation à des taches noires oblongues qui marquent le bord de ses yeux.

P. LAURENCIN.

LES SERPENTS

LES SERPENTS

Les serpents sont des animaux particuliers de la classe des reptiles. Leur corps allongé, cylindrique, recouvert d'écailles d'une couleur très-vive parfois, formé d'anneaux qui sont mobiles et s'emboîtent les uns sur les autres, est absolument dépourvu de membres locomoteurs; il ne se meut que par le moyen des replis qu'il fait sur le sol. C'est par le mouvement des anneaux osseux qui composent leur colonne vertébrale, excessivement souple, qu'a lieu la progression des serpents.

A une force réellement prodigieuse, quelques-uns de ces animaux joignent une extrême agilité, car ils grimpent aux arbres, s'élancent d'un bond sur leur proie, et, pour guetter, surprendre le lièvre, l'agouti, la gazelle qu'ils convoitent, ils s'enroulent sur eux-mêmes, se rapetissent, réduisent considérablement leur volume et tout à coup, lorsque le moment leur paraît favorable, ils se détendent comme un ressort d'acier fortement tendu et s'élancent à une distance considérable ou à une grande hauteur.

La tête des serpents est généralement aplatie; chez quelques espèces, elle affecte la forme triangulaire. Leurs yeux, dépourvus de paupières, paraissent immobiles, ce qui donne à leur regard cette fixité à laquelle on attribua longtemps un pouvoir fascinateur sur les animaux passant à portée d'un serpent. La bouche très-grande de ces reptiles est en outre très-dilatable, à cause d'une disposition particulière des muscles et des nerfs qui font mouvoir les mâchoires; celles-ci sont armées de dents aiguës et, chez plusieurs espèces, de dents creuses ou crochets renfermant du venin. La langue est longue, très-extensible, mais ne lance jamais de venin comme on l'a cru longtemps.

Les ophidiens se nourrissent presque tous de proie vivante et engloutissent dans leur large gueule des animaux plus gros qu'eux-mêmes. Mais avant de les ovaler, ils les brisent en les enserrant dans les redoutables replis de leur corps, les broient, les réduisent pour ainsi dire en une pâte qu'ils humectent de leur bave gluante. Pendant leur digestion, ils tombent dans une somnolence léthargique qui les prive d'une manière absolue de leurs moyens d'attaque et de défense. C'est ce moment que les nègres choisissent pour tuer les plus grands de ces reptiles en leur passant un lacet autour du cou, les suspendent à un arbre et les ouvrent du haut en bas du corps afin de les dépecer et de se nourrir de leur chair.

Cet état de léthargie temporaire ne se produit pas chez les serpents seulement à l'époque de leur repas, époque qui ne se représente guère plus d'une fois par mois, mais encore pendant toute la mauvaise saison, l'hiver dans nos pays, celle des pluies sous la zône torride, que certains de ces animaux passent enfouis dans la vase, cachés dans quelque retraite obscure, souvent seuls, mais fréquemment aussi entrelacés les uns dans les autres. C'est quelque temps après leur ré-

veil qu'ils donnent naissance à leur petits naissant, selon les espèces, tantôt tout formés, tantôt renfermés dans des œufs que la chaleur du soleil fait éclore,

Il y a des serpents dans toutes les parties du monde, mais chaque grande division terrestre semble avoir ses variétés distinctes; c'est ainsi que l'on rencontre les serpents pythons en Asie et en Afrique, les boas dans l'Amérique du Sud, les crotales ou serpents à sonnettes, et beaucoup d'espèces venineuses dans les deux grandes parties de l'Amérique; les couleuvres et les vipères en Europe. Il est de ces animaux qui recherchent les endroits boisés, couverts, humides; d'autres, les plaines sablonneuses brûlées par la chaleur solaire; les espèces à venin sont communes plutôt dans les terrains dénudés, chauds et secs, que dans les lieux froids et humides; enfin quelques serpents vivent sur le bord et au sein des eaux salées.

Parmi les principaux sujets de l'ordre des ophidiens, nous citerons :

Le *boa* et le *python*, remarquables tous deux par leur longueur et leur force vraiment extraordinaires; le *serpent à sonnettes*, long de deux mètres environ, porte au bout de sa queue une spirale écailleuse, qui vibre et retentit quand l'animal se remue; son venin, extrêmement subtil, peut donner la mort à l'homme dans le court espace de deux ou trois minutes; cette rapidité d'absorption rend presque toujours inutiles les plus prompts secours; la *couleuvre*, serpent sans venin, craintif, timide, qui vit d'insectes, de vers et de petits oiseaux; une variété, la *couleuvre à collier*, commune en France, y est connue sous le nom d'anguille de haie et vit dans les prairies ; la *vipère*, de petite taille, se rencontre fréquemment dans les environs de Paris; le fond de sa bouche est garni de crochets venimeux, dont le suc est souvent mortel pour l'homme ; le *serpent à lunettes*, qu'apprivoisent les bateleurs indiens, après lui avoir préalablement arraché ses crochets venimeux, est une espèce de vipère, comme aussi l'*aspic*, que l'on rencontre dans la forêt de Fontainebleau; l'*anguis*, dont une variété, l'*anguis fragile*, appelé aussi *orvet* et enfin *serpent de verre*, à cause de la fragilité de son corps, est un petit serpent long de trente à quarante centimètres qui habite les bois sablonneux de l'Europe; un autre serpent a également reçu le surnom de serpent de verre, c'est l'*ophisaurus*, dont la langue affecte la forme d'un fer de flèche et la bouche est garnie de plusieurs rangées de dents; le *trigonocéphale*, dont le nom signifie tête triangulaire, est extrêmement venimeux; une variété, dite *serpent jaune* des Antilles, à cause de la couleur jaune grisâtre de ses écailles, ou encore vipère fer de lance, est commune à la Martinique où elle infeste les plantations de canne à sucre; les nègres employés à la culture et à la récolte des cannes sont souvent victimes de sa morsure.

PAUL LAURENCIN.

LE CAÏMAN

LE CAÏMAN

Quelle que soit la répulsion ou la crainte que peuvent inspirer à l'homme certains animaux, il n'en est pas qu'il n'attaque de front pour les combattre, et les vaincre presque toujours. La force du lion et du tigre est de beaucoup supérieure à celle de l'homme ; l'agilité de ce dernier ne peut se comparer à celle de la panthère ou du léopard, sa puissance à celle de l'éléphant et de la baleine, et pourtant ce nain si mal défendu que Dieu a donné pour roi à la nature, combat le lion et le tigre, abat le léopard et la panthère, soumet l'éléphant, poursuit et tue la baleine. Il est d'autres animaux que devraient préserver l'horreur instinctive qu'ils nous inspirent, les armes redoutables cachées par la nature dans leurs mâchoires. Qu'importe? L'horreur elle-même est domptée, et les reptiles, malgré leur force et leur venin, sont détruits ou viennent garnir nos ménageries. Les boas surpris pendant leur sommeil sont suspendus aux arbres et éventrés; les crotales et les vipères privés de leurs crochets venimeux, dansent pour l'amusement de la foule dans les foires des deux mondes.

Grâce à leurs ailes qui leur livrent des domaines à peu près inaccessibles, les oiseaux pouvaient espérer échapper à nos atteintes. Vaine illusion! Quand il n'a pu tendre des piéges à terre, l'homme a poursuivi les oiseaux d'une flèche ou d'un lingot de plomb, ou a su faire tourner à son profit, les instincts chasseurs et meurtriers de certaines race s animales.

De tous les êtres vivants, les mieux garantis contre l'homme sont les plus petits et les plus faibles. Pris individuellement, les insectes ne sont rien; par leur nombre, ce sont les plus puissants destructeurs, les ennemis les plus difficiles à vaincre. Battus sur un point, ils pullulent sur un autre, et, par périodes régulières reviennent toujours plus nombreux, que jamais; leur apparition, comme celle des sauterelles en Asie et en Afrique, des chenilles et des hannetons dans nos pays, constitue ainsi un fléau dont il est bien difficile, sinon impossible de se garantir. Cette difficulté ne fera que s'accroître si, comme par le passé, on continue à faire une guerre inintelligente à ces petits animaux mammifères, oiseaux et reptiles que la nature a constitués gardiens du règne végétal.

Si dans son intérêt, il est quelques animaux que l'homme doit s'efforcer de conserver, il en est d'autres qu'il lui faut poursuivre à outrance. Parmi ces derniers est le caïman, si redoutable au sein des eaux, extrêmement dangereux encore quand on a réussi à le surprendre endormi sur le sol ou bien à le tirer à terre.

Les caïmans, appelés aussi alligators, sont les crocodiles particuliers à l'Amérique, où ils étaient autrefois très-répandus. Dans les contrées septentrionales du nouveau monde, quand le froid sévit avec quelque rigueur, les caïmans s'enterrent dans la vase et restent engourdis durant tout l'hiver; ceux qui, au contraire, vivent sous des climats plus chauds, tombent dans une espèce de léthargie pendant la saison sèche.

Les caïmans pullulaient autrefois à l'embouchure du Mississipi, dans les terrains marécageux au-dessus desquels s'élève la ville de Nouvelle-Orléans; ils y sont beaucoup plus rares aujourd'hui, mais vivent encore en grandes troupes à la Guyane, au Brésil, dans les basses terres qu'inonde périodiquement le fleuve des Amazones. Là ils atteignent communément de huit à neuf mètres de longueur, et leur force extraordinaire leur permet d'attaquer les plus grands et les plus féroces mammifères.

Cet animal redoutable, les nègres sont assez hardis pour aller le chercher, l'exciter jusqu'au fond des fleuves, pour le relancer dans les marais bourbeux où il s'enterre. Armés d'une forte perche dont la pointe a été durcie au feu, ils harcèlent le caïman, lui crèvent les yeux, saisissant le moment favorable, celui où il ouvre sa large gueule hérissée d'une double rangée de dents fortes et pointues, pour lui enfoncer la pointe de leur épieu jusqu'au plus profond du gosier. Alors, appuyant sur l'extrémité restée libre, comme sur un levier, ils forcent l'animal à rester immobile, l'assomment tout à leur aise, le dépouillent, le dépècent, se nourrissent de sa chair délicate, selon eux, malgré son goût musqué très-prononcé. Quelquefois et afin de jouir de l'agonie de leur ennemi, les chasseurs le retournent sur le dos, et contemplent le gigantesque saurien se débattant et agonisant.

Plus hardis encore, les indigènes de la Guyane et du Brésil vont même chercher le caïman jusqu'au sein de son propre élément. Le bras recouvert d'une pièce de cuir, et la main armée d'un morceau de bois pointu et durci au feu à ses extrémités, le chasseur guette le caïman filant entre deux eaux, et dès qu'il l'aperçoit se jette à la nage, pousse droit au reptile, le poursuit, évite avec adresse les coups de queue; s'il est poursuivi, plonge pour reparaître un peu plus loin, de manière à rester toujours de face. Sitôt que l'animal ouvre la gueule, le chasseur y plonge son bras recouvert de cuir, plante verticalement son bâton pointu entre la langue et le palais du caïman, de sorte que celui-ci en refermant violemment sa gueule se cloue les mâchoires l'une à l'autre. Réduit à l'impuissance, le reptile est tiré à terre et tué sans peine. Quand par malheur le chasseur se sent serré de trop près ou même saisi par le caïman, il le force à lâcher prise en lui crevant les yeux avec les doigts.

L'historien Hérode, qui visitait l'Égypte au Ve siècle avant notre ère, raconte comment à cette époque on chassait ou plutôt on pêchait le crocodile. Le gigantesque animal se laissait prendre à un hameçon que l'on prenait à peine le soin de dissimuler dans un morceau de porc. Le chasseur, ayant auprès de lui un jeune cochon, qu'il pinçait pour le faire crier, disposait sa ligne et se tenait prêt à tirer sur la corde aussitôt que le crocodile y aurait mordu. Les cris du petit cochon attiraient le saurien, qui se hâtait d'accourir, mais rencontrant en route une autre pâture, il l'avalait en passant. On le tirait alors à terre et là le combat s'engageait, combat généralement terminé par la défaite et la mort de l'animal.

P. LAURENCIN.

LE GAVIAL DU GANGE

LE GAVIAL DU GANGE

Les crocodiles, espèce du genre des sauriens, sont, avec les boas, les plus grands reptiles que nous connaissions aujourd'hui. Tout, chez cet animal, paraît disposé pour le rendre redoutable aux autres êtres vivants : il a la gueule fendue jusqu'aux oreilles, ses mâchoires sont armées d'une soixantaine de dents disposées sur une seule rangée, mais fortes, aiguës et tranchantes. Le dos des crocodiles est recouvert d'écailles tellement dures et épaisses qu'une balle de fusil rebondit à leur surface et s'amortit sans produire d'effet. Mais le défaut de l'épaule, la gorge et le ventre sont complétement dépourvus de ces écailles; aussi, pour tuer ces reptiles, c'est-il là qu'il faut les frapper. Par suite d'une disposition spéciale des vertèbres de leur cou, les crocodiles éprouvent une extrême difficulté à exécuter des mouvements latéraux et à changer la direction de leur marche, très-rapide du reste quand ils vont en ligne droite. La nage de ces animaux est extrèmement puissante, et quand ils sont au sein des eaux, ils deviennent bien autrement redoutables que sur le sol.

La fécondité de ces sauriens est prodigieuse, et ils pulluleraient sans doute, s'ils n'avaient dans la nature des ennemis féroces et acharnés, entre autres les vautours et surtout les ichneumons, qui, en quelques instants, détruisent des couvées entières.

Les œufs de la femelle, de la grosseur de ceux d'une forte poule, sont comme ceux-ci recouverts d'une enveloppe calcaire très-dure. Le moment de la ponte venu, la femelle du crocodile choisit une place sèche, abritée et exposée aux rayons chauds du midi. Là, elle creuse un trou profond de quarante centimètres environ et y dépose sa ponte, après avoir eu soin de la garnir de feuilles et de débris de plantes. Ce travail a lieu en avril. Tant qu'ils restent sous leur enveloppe les petits crocodiles sont repliés sur eux-mêmes, et ils n'ont encore que quinze ou seize centimètres quand ils s'en débarrassent. A peine éclos, l'instinct les pousse vers l'eau où ils trouvent un refuge plus sûr contre les chasseurs.

Quelque hideux que nous paraisse cet animal, quel que soit le dégoût involontaire que l'on éprouve pour tous les reptiles en général, on ne peut s'empêcher d'admirer cet instinct maternel dont la nature a doué les êtres en apparence les plus déshérités. Ne semble-t-il pas qu'elle ait voulu par là ramener nos regards sur eux, nous faire oublier leur aspect repoussant, pour ne plus les voir que dans l'exercice des fonctions maternelles? Le crocodile ne s'éloigne guère de ses œufs pendant l'incubation, et jamais assez pour les perdre entièrement de vue. Quand les petits sont éclos, il les conduit, les soigne avec la même sollicitude qu'une poule a pour ses poussins; il les préserve du danger, les défend avec fureur et ne les abandonne pas avant qu'ils soient assez forts pour pouvoir se passer de leur mère. Souvent il arrive que la femelle étant allée à la recherche d'une proie, ne trouve plus de sa couvée que des fragments dispersés sur le sol; alors elle pousse un cri plaintif, se plonge dans le fleuve et va chercher une autre plage pour y déposer en plus de sécurité les espérances d'une nouvelle famille. Le crocodile, qui n'a, comme nous l'avons dit plus haut, que quinze ou seize centimètres à sa naissance, croît rapidement et atteint souvent jusqu'à 10 mètres de longueur. On le trouve dans les deux continents, en Egypte, au Sénégal, dans les Indes orientales et occidentales. Bien qu'il semble préférer le séjour des fleuves, on a vu quelques-uns s'aventurer jusque dans la mer. Leur voracité est peu commune : vers, grenouilles, testacés, grands mammifères, le crocodile engloutit tout. Pour surprendre sa proie, il nage doucement entre deux eaux, se glisse en dessous d'elle, lui ouvre les entrailles ou parfois la saisit par les jambes et l'entraîne au fond des eaux, où il la laisse se pétrifier avant de la dévorer.

La famille des crocodiles se divise en trois variétés distinctes : les crocodiles proprement dits, les caïmans ou alligators, et les gavials. Le premier habite les rivières de l'Afrique et surtout du Nil; sa chair exhale une forte odeur de musc qui n'empêche pourtant pas les nègres de la manger avec plaisir. Les anciens Égyptiens lui rendaient un culte religieux, lui élevaient des temples et en nourrissaient dans le sanctuaire. Hérodote l'historien dit en avoir vu à Memphis avec des anneaux et des chaînes d'or pendus aux narines et aux pattes.

Les caïmans ou alligators, très-répandus en Amérique, sont d'une férocité plus grande que les crocodiles de l'Afrique. Ceux qui habitent les contrées où le froid sévit avec quelque rigueur s'engourdissent pendant l'hiver comme les reptiles d'Europe. Ceux des terres chaudes, au contraire, tombent dans une espèce de léthargie pendant la saison sèche. C'est dans cet état du caïman que les nègres s'en emparent, l'assomment et le dépouillent, pour s'emparer de sa peau et manger sa chair. Ces animaux, très-communs au Brésil, à la Guyane et dans tous les pays baignés par le fleuve des Amazones, atteignent jusqu'à 8 et 9 mètres de longueur et ne craignent pas d'attaquer les jaguars et les plus forts mammifères, l'homme même quelquefois. Du reste, les nègres de ces pays ne craignent guère les caïmans; ils les attaquent avec une incroyable intrépidité. Armé d'un morceau de bois dur, pointu à ses extrémités, le chasseur guette le crocodile. Aussitôt qu'il l'aperçoit, il s'élance à la nage, le poursuit, plonge jusqu'au moment où l'animal ouvrant la gueule, il lui enfonce le morceau de bois verticalement entre les deux mâchoires. Le caïman, en les refermant violemment, s'enfonce les deux pointes dans la gorge et le palais. Alors réduit à l'impuissance, il devient la proie de ses ennemis, qui le tirent au rivage où ils le tuent sans peine. Si le hardi chasseur se sent saisir par le reptile, il le force à lâcher prise en lui crevant les yeux avec ses doigts. Les prêtres des anciennes religions du Brésil sacrifiaient tous les ans à cet animal, considéré comme sacré, une jeune fille qui se dévouait volontairement à cet affreux genre de mort.

Enfin les gavials sont les crocodiles d'Asie; le museau est plus grêle, plus allongé, et plus petit que chez leurs congénères des autres groupes. Ils habitent principalement la vallée du Gange, se nourrissent de poissons et n'attaquent jamais l'homme, non plus les grands animaux. Le culte que les Hindous rendent au gavial est un des obstacles qui, jusqu'à ce jour, ont empêché les naturalistes d'étudier les mœurs très-peu connues de ce reptile.

PAUL LAURENCIN.

LE DRAGON VOLANT

LE DRAGON VOLANT

Selon les anciens, le dragon, dont le nom, dérivé du grec, signifie *voir*, était un animal fabuleux, doué d'une vue extrêmement perçante, et auquel l'imagination des poëtes attribuait un corps gigantesque, composé d'une tête de lion, d'un tronc de chèvre et d'une queue de serpent ; il était ailé, complétement couvert d'écailles ; ses yeux terribles, étincelants, perçaient l'obscurité la plus épaisse, et brillaient durant la nuit comme deux charbons ardents ; sa gueule, armée de dents aigues, tranchantes, vomissait le feu et la fumée. Racine, dans sa tragédie de *Phèdre*, dans cette scène où Théramène raconte à Thésée la mort d'Hippolyte, nous a donné une description complète du dragon, tel que le concevait l'Antiquité.

Dans l'extrême Orient, le dragon fut l'objet d'un culte public, et, dans nos contrées européennes, le Christianisme en fit l'emblème de l'esprit des ténèbres, du mal, du démon ennemi du genre humain ; il le représenta tantôt sous la forme d'un serpent, tantôt lui conserva celle qu'il devait à l'imagination des anciens poëtes ; il nous le montra la tête écrasée sous le talon de la Vierge, mère du Christ rédempteur, ou bien terrassé par l'archange saint Michel et précipité du ciel jusqu'au plus profond des enfers.

Au moyen âge, le dragon joua le personnage *le Diable* dans le jeu de ces mystères et de ces féeries où l'on représentait les principales scènes de la vie du Seigneur, ou des sujets tirés de la Bible ; enfin, par une singulière inconséquence, le dragon, considéré par l'Église comme le type du mal, de la lâcheté, du mensonge, fut admis par l'art héraldique comme l'emblème de la hardiesse et du courage. Comme tel, il figura sur le blason des chevaliers, ces soutiens généralement si fermes et si constants des doctrines religieuses et du clergé chrétien.

Le dragon, dit Lacépède, consacré par la religion des premiers peuples, est devenu l'objet de leur mythologie. Ministres des volontés des dieux, gardiens de leurs trésors, servant leurs passions, leurs haines, soumis au pouvoir des enchanteurs, vaincus par les demi-dieux des temps antiques, entrant même dans les allégories du livre sacré des Juifs, il a été chanté par les poëtes et décrit avec toutes les couleurs qui pouvaient en embellir l'image. Principal ornement des fables pieuses imaginées dans des temps plus récents, dompté par des héros et même par de jeunes héroïnes qui combattaient pour une loi divine, adopté par une seconde mythologie qui plaça les fées sur le trône des anciennes enchanteresses, devenu l'emblème des actions éclatantes des anciens chevaliers, le dragon a vivifié la poésie moderne ainsi qu'il avait animé l'ancienne.

Proclamé par la voix sévère de l'histoire, partout décrit, partout célébré, partout redouté, montré sous toutes les formes, toujours revêtu de la plus grande puissance, immolant ses victimes par son regard, se transportant au milieu des nues avec la rapidité de l'éclair, frappant comme la foudre, dissipant l'obscurité des nuits par l'éclat de ses yeux étincelants, réunissant l'agilité de l'aigle, la force du lion, la grandeur du serpent géant, présentant même quelquefois une figure humaine, doué d'une intelligence presque divine, le dragon a été tout, s'est trouvé partout, hors dans la nature. Il vivra pourtant toujours cet être fabuleux, comme un des plus heureux produits d'une imagination féconde.

Le dragon des naturalistes s'éloigne singulièrement de l'être fantastique dont nous venons de parler. Il n'est guère fait, comme celui-ci, pour inspirer aux artistes modernes ces conceptions étranges, ces pensées originales, ces rapprochements bizarres que nous ont laissés les sculpteurs et les peintres du moyen âge et de la renaissance dans leurs œuvres que conservent nos musées ou qui s'étalent au grand jour sur les murailles des palais, sur le portail des cathédrales et jusque dans l'intérieur des temples chrétiens les plus modestes. Le dragon est un petit animal de l'ordre des sauriens, comme le lézard de nos pays et les gigantesques alligators, gavials et caïmans de l'Inde et de l'Amérique. Il est inoffensif, doux, craintif, timide, non agressif, non venimeux, et c'est tout au plus s'il excite un sentiment de dégoût et de répulsion chez certaines personnes impressionnables qui ne peuvent supporter la vue d'aucun reptile.

Cet animal est de la taille de nos lézards verts du midi, c'est-à-dire d'une longueur de vingt à vingt-cinq centimètres environ, ayant quatre pattes terminées par des doigts libres, une langue courte extrêmement mobile et déliée, le corps couvert d'écailles de diverses couleurs, mais plus généralement grises. Le dragon se nourrit d'insectes, dont il fait provision dans une espèce de poche goîtreuse, rappelant celle du pélican, qu'il porte au-dessous du cou et où il puise à volonté quand la faim se fait sentir.

Destinés à vivre sur les arbres, ces reptiles ont la vue perçante, l'agilité, la prestesse des autres sauriens de petite taille, et si leur marche sur le sol est difficile, ils nagent avec aisance et vitesse. Comme les insectes aquatiques et terrestres, dont ils vivent, fuient rapidement, et que le dragon tenterait vainement de les capturer à la course, la nature a pourvu ce petit animal d'espèces d'ailes formées d'un épanouissement de la peau des flancs étendue en forme de parachute et soutenue par les côtes asternales. Bien différent de l'aile des oiseaux et moins parfait que celle des chauves-souris, ce parachute, que les naturalistes ont nommé *patogium* ou *frange*, permet au dragon volant de s'élancer des arbres, de se laisser tomber sur l'insecte poursuivi et même de diriger sa course quand d'un bond il passe rapidement d'une branche à une autre. Cette fois encore la nature nous montre donc une de ses ressources si diverses et si variées, ce qu'elle sait mettre en œuvre pour vaincre certains obstacles et arriver à son but.

Les dragons choisissent pour retraite le creux des arbres pourris où ils trouvent beaucoup d'insectes, se mettent à l'abri des oiseaux de proie et déposent leurs œufs, que la seule chaleur du soleil prend soin de faire éclore.

Ces reptiles, dont on connaît cinq ou six variétés très-peu différentes les unes des autres, sont particuliers aux contrées chaudes de l'ancien et du nouveau continent, mais on les rencontre plus fréquemment au sein des massifs boisés de l'Hindoustan et des îles de l'Océan indien.

P. LAURENCIN.

LES ABEILLES

LES ABEILLES Nº 1

S'il est, en dehors des merveilles que l'homme offre à l'admiration, un spectacle qui puisse étonner et ravir la pensée, c'est celui que donne une tribu d'abeilles.

Tout le monde connaît le miel, cette substance douce et onctueuse, cet excellent aliment, si recherché par l'homme dès la plus haute antiquité. On connaît aussi l'agréable et utile boisson que le miel fournit, et qui est très-usitée dans certaines contrées de l'Europe, et particulièrement en Pologne. Enfin personne n'ignore les nombreux usages de la cire, cette matière si utile, qui nous donne les cierges et les bougies, et avec laquelle nous imitons tous les objets de la nature.

Ces deux substances si précieuses, si utiles, qui forment l'objet d'un commerce important, que nous récoltons presque sans la moindre dépense, nous sont données par les abeilles, insectes très-répandus chez nous et dans beaucoup d'autres contrées. C'est une petite mouche, admirablement organisée, douée des instincts les plus merveilleux, et qui, dans ses habitudes et sa vie sociale, offre l'exemple de cette existence instinctive en commun, qui exclut tout libre arbitre chez les individus, toute propriété personnelle, toute idée de famille, ces sentiments innés chez presque tous les animaux.

Un essaim est ordinairement composé d'une seule femelle, nommée *reine*, de six cents à douze cents mâles, de quinze à trente mille ouvrières ou *neutres* n'ayant aucun sexe. Les mâles manquent d'aiguillon. Toutes les abeilles qui sont dans une ruche ne se ressemblent pas aussi exactement qu'on se l'imagine ordinairement ; ainsi celles qui vont aux champs, qui reviennent toutes chargées, sont bien plus petites et bien plus courtes que celles qui font la garde et qui construisent. La mère-reine offre des caractères qui permettent aisément de la distinguer de ses enfants et des mâles : Dans sa jeunesse, cette distinction est difficile ; mais, lorsqu'elle a commencé à pondre, son corps s'allonge considérablement, ses ailes paraissent alors beaucoup plus courtes que celles des autres, ses pattes sont plus déliées, sa tête plus délicate ; les deux côtés du ventre s'élargissent bien visiblement. Cette reine est fort brillante dans sa jeunesse, elle est toute dorée ; en vieillissant, elle se ternit, se noircit même. Alors il est temps qu'elle périsse : car, bien qu'elle ne ponde presque plus, elle n'en persiste pas moins à conserver son empire, ce qui occasionne souvent la perte des ruches.

Les mâles sont d'une forme assez différente pour que, dans certains pays, on les prenne pour des ennemis et qu'on n'attende pas que les abeilles les détruisent pour le faire. Ils sont moitié plus gros, plus noirs ; leurs yeux occupent presque toute la tête. Leurs ailes sont aussi longues que le corps, qui est tout couvert de poils. Ils ne sortent de la ruche que par des temps très-chauds, et encore de midi à deux ou trois heures, s'éloignent peu, font beaucoup de bruit en volant, ce qui les fait appeler faux bourdons. Ils ne travaillent jamais et n'apportent rien à la maison commune.

La reine joue un très-grand rôle dans une ruche ; elle est élevée dans une cellule toute particulière, qu'on trouve le plus souvent sur le côté des gâteaux, dont elle se détache en quelque sorte, ayant son ouverture en bas.

Les abeilles fournissent à cette jeune larve, qui s'est développée dans cette belle cellule, une nourriture blanchâtre, glutineuse, nullement semblable à celle des autres abeilles, et qui jouit d'une propriété fécondante toute particulière. Depuis le moment où l'œuf est déposé, il se passe dix-sept jours et demi avant que la reine soit prête à sortir de ses enveloppes. D'abord l'œuf donne naissance à un petit ver blanc. Ce ver ou larve grossit de jour en jour ; les abeilles ferment sa porte à l'époque où il doit se filer une demi-coque, dans laquelle il se transforme en chrysalide. Quand la reine est éclose, elle ne sort pas immédiatement de la cellule. Quelquefois même elle y reste fort longtemps, et, passant sa trompe par un petit trou, les abeilles lui donnent les aliments dont elle peut avoir besoin. C'est pendant cette captivité qu'elle jette de temps à autre un petit cri plaintif et perçant, comme pour supplier sa mère de lui céder sa place, ce qu'elle ne fait pas toujours, et souvent il arrive à cette mère barbare de la tuer dans son berceau, quand les ouvrières n'ont pas le soin de faire bonne garde, ou que le temps ne permet pas à l'ancienne reine de pondre une nouvelle colonie.

La fécondité de la reine est telle, qu'elle pond deux cents œufs par jour, quarante à cinquante mille par an ; et c'est une grande prévoyance, car il périt bien de ces pauvres mouches dans leurs voyages continuels pour amasser leurs indispensables provisions, et tout conspire contre elles : le mauvais temps, les oiseaux et une foule d'autres ennemis. Cette mère si féconde jouit d'un empire absolu dans sa ruche ; elle commande et dirige les travaux, et, fort orgueilleuse de sa domination, elle n'entend le partager avec aucune autre.

Toutes les ouvrières prennent naissance dans ces innombrables petits trous que l'on voit sur les gâteaux. Il y a de semblables cavités des deux côtés, adossées les unes aux autres et séparées par des cloisons fort minces. Ces cellules, qu'on nomme aussi alvéoles, sont construites avec une rapidité étonnante. Une bonne ruche fait un gâteau de 30 à 40 centimètres carrés dans sa journée, et on y compte pas moins de trois à quatre mille cellules. La reine pond un œuf dans chacune d'elles ; de cet œuf, sort un ver qu'on appelle larve, parce que sous son enveloppe est cachée la forme qu'il prendra plus tard. Ce ver, arrivé par son accroissement jusqu'à l'entrée de la cellule, les abeilles lui donnent quelques provisions et l'enferment par une plaque de cire. Il file, ainsi caché, une sorte de coque excessivement fine qui l'enveloppe de tous côtés, et là il se métamorphose en chrysalide, d'où sort, vers le vingtième jour, une abeille parfaite, que ses camarades nettoient et qui vient au soleil se sécher de l'humidité qui la recouvre. Puis, quelques instants après, elle partage les travaux de ses aînées.

Les abeilles qui reviennent des champs, où elles ont été chercher de la cire, se rendent là où le travail est commencé, arrachent avec leurs pattes les petites parcelles qui sont sous les anneaux de leur ventre, les portent à la bouche, les mâchent et en font une sorte de filet qu'elles posent sur le gâteau, en le fixant aux parties déjà commencées. Puis, à l'aide de leurs mandibules, elles en polissent la surface, et dans bien peu de temps une cellule est terminée et d'autres commencées.

COUCOU INDIQUANT UN NID D'ABEILLES

LES ABEILLES N° 2

Toutes les cellules qui doivent recevoir les ouvrières et les mâles ont la même forme; mais celles destinées à ces derniers sont plus larges et plus profondes. Toutes peuvent également recevoir du miel, des œufs ou du pollen, et il est facile de les distinguer.

Le miel, qui est quelquefois partout, occupe cependant d'abord la partie supérieure de la ruche. Il est recouvert par une pellicule de cire fort mince et toujours assez transparente pour laisser voir la couleur du miel.

Au fur et à mesure que chacune de ces cellules est construite, la mère y dépose un œuf, d'où, trois jours après, sort une larve qui d'abord ne couvre pas entièrement le fond de l'alvéole; elle s'y tient sous forme de croissant, grandit peu à peu, si bien que le troisième jour elle recouvre entièrement le fond de cette cavité. C'est autour de ces petites larves que les ingénieuses abeilles travaillent. Lorsque leur mère vient à périr ou leur est enlevée, pour obtenir une autre reine, elles agrandissent la loge aux dépens des cellules voisines, et fournissent à cette jeune larve cette nourriture spéciale qui renferme toutes les qualités propres à produire des mères fécondes.

Les attentions, les soins que toutes ces abeilles ont les unes pour les autres sont admirables. Les unes font la garde aux portes et s'opposent à l'entrée des abeilles appartenant aux ruches voisines; elles les tuent impitoyablement quand elles les reconnaissent; d'autres nourrissent les petits, accompagnent sans cesse la reine, pourvoient à tous ses besoins. Celle-ci vient-elle à mourir ou à disparaître, si elles n'ont plus d'espérance d'en créer une nouvelle, elles disparaissent peu à peu, la ruche n'est plus approvisionnée et finit misérablement, envahie par toutes sortes d'ennemis.

Les abeilles sont un des rares insectes dont l'homme puisse tirer un parti utile, et l'art de les élever comme de diriger leur production constitue l'*apiculture*.

La première opération de l'apiculteur est de bien choisir l'emplacement du rucher, c'est-à-dire l'endroit où seront établies les demeures ou ruches des abeilles. Une exposition trop découverte, trop chaude force souvent la formation précoce des essaims, mais amène presque toujours la ruine du rucher; une exposition trop froide est pour les abeilles une cause de désertion de leurs travaux; le meilleur emplacement est celui qui tient à la fois des deux expositions, le sud-ouest ou le sud-est, qui se trouve à proximité d'un filet d'eau courante, où les abeilles vont se désaltérer et que de grands arbres garantissent des rayons trop ardents du soleil, en même temps que de la maligne influence des vents humides.

La ruche commune ou villageoise, cloche très-profonde en terre cuite, recouverte d'un épais manteau de paille tordue et percée d'une petite ouverture à son bord inférieur est celle qui satisfait le mieux aux exigences de la production ordinaire. Cette ruche peut être rendue plus commode encore par sa division en deux parties: l'une inférieure cylindrique; l'autre supérieure, en forme de calotte, s'ajustant parfaitement au-dessus de la première

L'instinct des abeilles les portant à déposer leurs provisions d'hiver dans la partie la plus éloignée de l'ouverture de la ruche, c'est-à-dire dans la calotte, il devient facile d'enlever celle-ci et d'en extraire les rayons de cire et de miel qui en garnissent l'intérieur.

Après un séjour d'une certaine durée dans une même ruche, il arrive tout naturellement que celle-ci devient insuffisante pour loger les nombreux insectes nouvellement nés et que, par suite de l'existence de plusieurs mères-reines, de nouveaux essaims se sont formés.

Dans ce cas, une partie des abeilles quitte la ruche sous la conduite de l'une des mères-reines et s'en va à la recherche d'un autre gîte.

L'apiculteur, sans gêner en rien le labeur quotidien des insectes, doit se tenir au courant de leurs manœuvres et saisir le moment opportun, celui pendant lequel toute la bande se met en mouvement, pour présenter aux émigrants de nouvelles ruches intérieurement enduites de miel; au besoin il peut les saisir sous des toiles, des draps, les obliger à entrer dans leurs demeures en les y poussant au moyen de fumée. La ruche nouvellement habitée prend place sur le rucher à côté des anciennes.

Les abeilles ne sont actives que durant les beaux jours du printemps ou de l'été, alors que les végétaux en fleur leur fournissent en abondance les matières qu'elles élaborent pour en former la cire de leurs cellules et le miel qui remplit celles-ci. L'hiver, elles se séquestrent volontairement dans leurs retraites, et c'est alors qu'elles commencent à entamer leurs provisions.

La récolte de la cire du miel est une opération généralement exécutée par des procédés extrêmement pernicieux, entraînant presque toujours la perte totale des essaims.

Une méthode rationnelle, économique et en même temps très-simple consiste à saisir un instant favorable, celui où un essaim vient de quitter sa ruche, ou pendant qu'une partie des abeilles sont dehors, pour faire passer celles qui restent dans une autre ruche au moyen de flocons de fumée qui les forcent à abandonner leurs cellules. Quand on ne veut s'emparer que d'une partie des provisions de cire et de miel, on se contente d'enlever la calotte de la ruche, de la vider promptement et de la remettre aussitôt en place.

Enfin, dans le but d'assurer la conservation des insectes durant la mauvaise saison, il est de toute nécessité de leur laisser une quantité de miel suffisante pour leur consommation hivernale, quantité qui varie selon la force des essaims.

Certains oiseaux sont très-friands de miel; il en est un surtout dans l'intérieur de l'Afrique, le *Coucou indicateur*, qui a l'instinct d'appeler l'homme à son aide en lui indiquant d'une manière très-marquée, par un cri fort aigu et par plusieurs allées et venues, l'endroit où se trouve un nid d'abeilles; tandis que l'on saisit ce qu'il contient, le coucou reste dans les environs et attend la part que ne manque jamais de lui faire le chasseur reconnaissant.

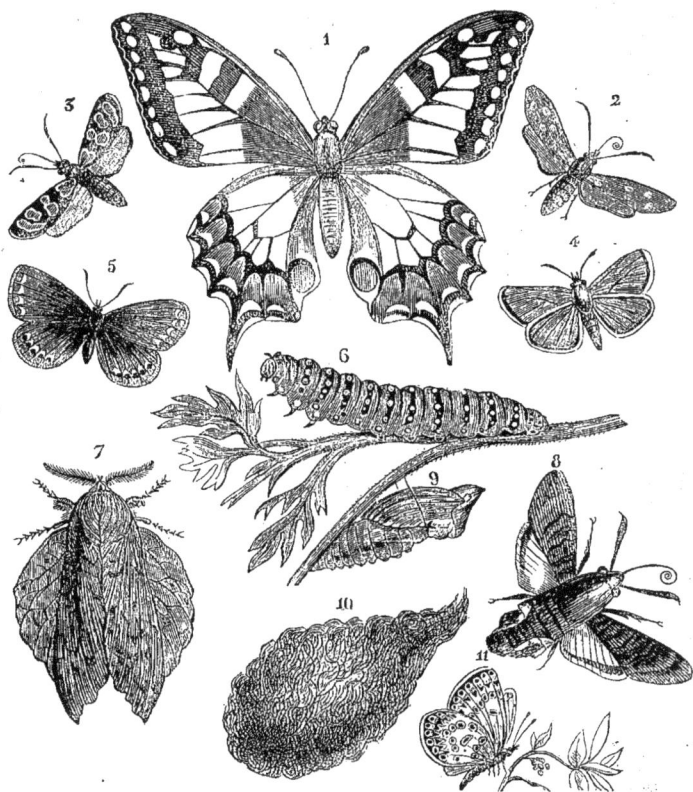

LES PAPILLONS N° 1

LES PAPILLONS OU LÉPIDOPTÈRES (nom formé de deux mots grecs qui signifient *ailes à écailles*) sont ces beaux insectes qui, par leurs brillantes couleurs, leurs formes variées et élégantes, leur vol léger et gracieux, embellissent nos jardins et fixent le plus généralement nos regards. Ils sont parmi les insectes ce que sont parmi les oiseaux les colibris et les oiseaux-mouches.

L'étude des papillons est peut-être la plus agréable partie de cette science qu'on appelle *entomologie*, science éminemment utile et morale, puisque, en même temps qu'elle est un passe-temps agréable, elle élève les idées, fixe l'attention et sert à faire connaître davantage le plan harmonieux de la création, c'est-à-dire Dieu dans ses œuvres.

« Avant de passer à l'état brillant d'insecte parfait, le papillon a subi plusieurs transformations qu'il importe de bien connaître. Nous allons l'étudier sous ses trois formes.

CHENILLES.—A sa sortie de l'œuf, le papillon se présente à nos regards sous la forme d'un petit ver connu sous le nom de *larve* ou plus généralement de *chenille*.

La jeune chenille sort de l'œuf quand un certain degré de chaleur atmosphérique a développé ses organes naissants. Dans un grand nombre de papillons diurnes et nocturnes, l'œuf est muni à sa partie supérieure d'une sorte de petite trappe ou de calotte, que la chenille n'a qu'à soulever pour en sortir. Mais quelquefois cette trappe n'existe pas, et alors la chenille est obligée de ronger la coquille de l'œuf.

Le corps des chenilles est composé de douze anneaux bien distincts, non compris la tête, et muni de pattes écailleuses ou à crochets, dont le nombre varie entre dix et seize. Il est allongé, mou, presque cylindrique et colorié de diverses manières, tantôt nu (chenilles dites *rases*), tantôt hérissé de poils plus ou moins longs (*velues*), d'épines ou de tubercules (*épineuses*). Comme les chenilles sont destinées à se nourrir de matières coriaces, leur bouche est composée d'organes assez forts nommés *mandibules*, dont la nature les a pourvues pour remplir ces fonctions, tandis qu'elles sont à cet état. On remarque encore à la partie inférieure de la tête des chenilles un petit trou nommé *filière;* c'est par cette ouverture que sort la matière à soie, sous la forme d'un fil, qu'elles emploient pour faire la coque dans laquelle elles s'enferment afin de subir leurs métamorphoses. Elles se nourrissent le plus généralement de végétaux, quelques-unes rongent les écailles, d'autres les racines, les boutons, les fleurs, les graines, les fruits; plusieurs espèces enfin attaquent la partie ligneuse la plus dure des arbres. Il y en a qui s'accommodent indifféremment de plusieurs sortes de nourritures.

Quand les chenilles vivent en société, on leur a donné le nom de *processionnaires;* beaucoup d'espèces vivent isolément.

Aussitôt après leur naissance, la plupart des chenilles s'occupent à chercher, en même temps que leur nourriture, un abri propre à les garantir de la pluie, du froid et des rayons du soleil, qui dessèchent bientôt leurs tendres organes. Celles-ci creusent dans l'épaisseur de la feuille qui doit les nourrir une galerie qui les défend contre les intempéries de l'air; d'autres, remarquables par leur agilité, se creusent une galerie dans le bois dont elles se nourrissent, et pour passer l'hiver, elles ont l'intelligence de se fabriquer un logement composé de fragments de bois liés entre eux avec de la soie. On a donné le nom de *plieuses* à des chenilles qui se forment une habitation dans une feuille qu'elles savent plier convenablement pour cela, en appliquant la moitié de la feuille sur l'autre, et en tapissant l'entre-deux d'une soie douce et chaude.

CHRYSALIDES. — Un phénomène étrange est celui de la transformation d'une chenille en un brillant papillon. Avant d'arriver à l'état parfait, avant de déployer ses quatre ailes légères qui ont changé un être lourd et rampant en un animal plein d'élégance, de vivacité, ayant la faculté de se promener dans les airs, la chenille a dû passer par l'état de chrysalide, et y rester plus ou moins longtemps.

Les chenilles changent ordinairement quatre fois de peau avant de passer à l'état de *chrysalide* ou de *nymphe*. Arrivées à la fin de leur accroissement, ce qui a lieu après le quatrième changement, la plupart filent une coque de soie plus ou moins grossière où elles se renferment; d'autres se métamorphosent à nu, elles se suspendent alors aux branches des arbres ou aux anfractuosités des murs, soit par le milieu, soit par l'extrémité du corps, au moyen d'un petit peloton de soie; ces dernières sont couvertes en certains endroits de petites plaques dorées ou argentées. Ces chrysalides éclosent ordinairement en peu de jours. Celles qui s'enferment, au contraire, passent quelquefois l'hiver sous cette forme et ne se métamorphosent en insectes parfaits qu'au printemps ou à l'été suivant.

Lorsque la nature a marqué le moment où le papillon doit sortir de sa prison, l'insecte s'agite, se retourne et parvient à rompre l'adhérence qui tenait son corps collé au fourreau de la chrysalide; il se gonfle en rapprochant son abdomen de sa poitrine et force son enveloppe à se fendre sur le dos pour lui livrer passage; il ne lui reste plus qu'à étendre ses ailes, alors molles, humides, plissées et repliées membrane sur membrane comme un linge mouillé; il y parvient en leur donnant un mouvement rapide, comme un frémissement, et bientôt elles sont étendues, desséchées et capables de le soutenir dans les airs, où il s'élance aussitôt.

PAPILLONS. — Sous ce dernier état il ressemble à l'insecte qui lui a donné naissance. Comme lui, il a quatre ailes veinées recouvertes d'une poussière fine, nuancée de couleurs, et qui, à la loupe, paraît formée d'écailles disposées avec une symétrie remarquable, comme les ardoises qui recouvrent les toits; cette poussière s'en va au moindre contact. Sa bouche est composée d'une *trompe* en spirale destinée à pomper le miel des fleurs, et qui remplace les mandibules de la chenille. Ses yeux sont immobiles, gros, demi-sphériques et à facettes. Sa tête est surmontée de deux *antennes*, sortes de cornes très-minces et de formes variables qui ont leur base près du bord interne des yeux; elles sont mobiles, moins longues que le corps, et terminées souvent par un petit bouton plus ou moins allongé qu'on appelle *massue*. Les pattes, au nombre de six, sont attachées au corselet. L'abdomen, composé de six à sept anneaux, n'offre ni aiguillon ni tarière. Le papillon ne vit que peu de temps sous cette dernière forme. Sa femelle pond ses œufs, souvent très-nombreux, sur les substances végétales dont les petites chenilles doivent se nourrir, et meurt aussitôt après.

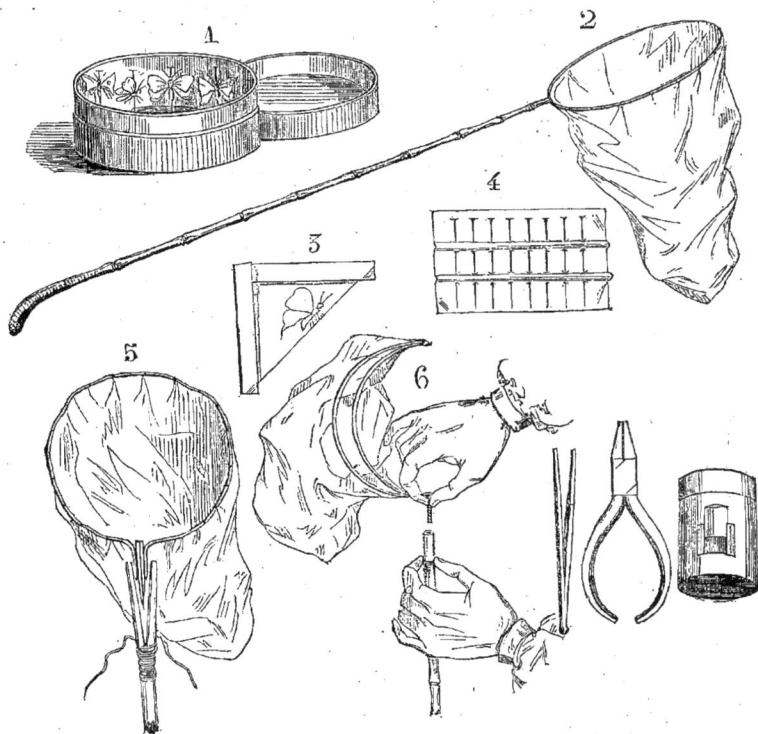

Boîte destinée à recueillir les papillons. — 2. Gaze ou filet préparé par les marchands pour la chasse aux papillons. — 3. Morceau de papier plié en triangle pour maintenir un papillon. — 4. Epingles à papillons. — 5. Gaze ou filet qu'on peut préparer soi-même : un morceau de fil de fer tourné en cercle, fixé au bout d'un bâton fendu préalablement, et maintenu dans cette fente à l'aide d'une ficelle. — 6. Gaze des marchands se vissant au bout d'une canne. — Pinces pour piquer les papillons et boîte à chenilles.

LES PAPILLONS N° 2

La nature a doué les papillons d'un instinct merveilleux pour le choix de la place où ils doivent déposer leurs œufs, et les précautions à prendre pour les garantir contre le froid et l'humidité. Les bombyx et plusieurs autres, avant de déposer les leurs contre une branche ou un tronc d'arbre, commencent par leur préparer un lit de poils disposés sans beaucoup d'ordre, mais doux et moelleux, et pondent dessus plusieurs couches d'œufs, toujours en les entremêlant de poils doux et fins; puis, lorsque la ponte est finie, après avoir recouvert le tout d'une bonne couche de poils soyeux, ils s'occupent à placer un toit capable de les défendre contre les rigueurs de l'hiver.

D'autres papillons se bornent à épancher sur leurs œufs une liqueur visqueuse, qui, en se desséchant, leur forme une couverture solide et imperméable à l'eau. Quelques-uns les cachent sous une substance blanche et écumeuse, moitié friable et moitié cotonneuse quand elle est desséchée, mais qui, étant insoluble dans l'eau, les met parfaitement à l'abri de la pluie et de l'humidité.

CHASSE AUX PAPILLONS

USTENSILES. — Le premier et le plus important de tous les ustensiles qui doivent servir à chasser les papillons est le *filet*. Il est formé par une poche de crêpe vert, longue de 50 centimètres et qui est adaptée à un cercle en fer assez fort pour résister aux mouvements de la main sans cependant la fatiguer. Ce cercle est fixé à une canne de bois léger, de telle longueur qu'on voudra. On peut facilement fabriquer ce filet soi-même, mais ceux qu'on trouve dans le commerce sont préférables.

Les *boîtes* doivent avoir une profondeur de 5 à 6 centimètres; le fond sera garni de liège ou de toute autre matière offrant peu de résistance à l'épingle du chasseur. Les boîtes qui servent à recueillir les chenilles sont ordinairement en fer-blanc et percées de petits trous pour livrer passage à l'air. Les *épingles*, de plusieurs grosseurs, doivent avoir toutes une longueur de 30 à 35 millimètres.

CHASSE. — Nous diviserons ce chapitre en trois sections : la première traitera des chenilles, la seconde des chrysalides, la troisième des insectes parfaits.

Chenilles. — Parmi les chenilles, les unes vivent à découvert sur les plantes, les autres se cachent pendant le jour et ne se montrent que la nuit; d'autres enfin habitent le sommet des arbres et n'en descendent que pour se former en chrysalides.

Les chenilles qui vivent à découvert sont très-nombreuses, et il suffit d'examiner un arbre avec un peu d'attention pour reconnaître de suite leur présence et leurs ravages. Néanmoins, il faut une certaine expérience pour se procurer des espèces un peu rares. Les arbres qui nourrissent le plus grand nombre de chenilles sont le chêne, l'orme, le peuplier et le bouleau. Le printemps et l'automne sont les saisons où l'on en trouve le plus; néanmoins on peut chasser toute l'année. L'hiver on explorera les amas des feuilles sèches: on se procure de cette façon des chenilles de nocturnes assez rares. A partir du mois d'avril, on pourra examiner les plantes qui croissent dans les clairières des bois, telles que l'ortie, le chèvrefeuille, le séneçon, etc. Quand les arbres commencent à se couvrir de feuilles, on devra frapper avec un bâton leur tronc ou leurs branches pour en faire tomber les jeunes chenilles. L'expérience seule apprendra quelles sont les espèces qui méritent d'être recueillies. Les mois de juillet et d'août donnent beaucoup de chenilles de sphinx. Celle du beau *sphinx à tête de mort* se trouve à cette époque dans les champs de pommes de terre. Enfin les larves de nocturnes se montrent avec assez d'abondance en septembre et octobre sur les chênes, les peupliers et les ronces.

Il faut nourrir les chenilles dans les boîtes un peu grandes, bien aérées, aussi hautes que larges et dont le fond contient 5 ou 6 centimètres de terre. On est toujours à peu près sûr d'élever une chenille en lui donnant pour nourriture des feuilles fraîches de la plante sur laquelle on l'a trouvée, et en prenant soin de les renouveler souvent. Beaucoup de chenilles s'accommodent indifféremment de toute espèce de végétaux.

Chrysalides. — Nous avons dit plus haut que les chenilles opèrent leurs métamorphoses, les unes en s'enfermant dans une coque plus ou moins dure, comme le ver à soie, les autres en se suspendant verticalement ou horizontalement aux troncs d'arbres ou aux parois des murailles : le plus grand nombre s'enterre au pied des arbres ou des plantes qui leur ont servi de nourriture. L'hiver est la saison la plus favorable à la recherche des chrysalides nocturnes : on les trouve surtout au pied des ormes et des peupliers. Pour cela, on creuse au bas de ces arbres dans un rayon de 15 centimètres au plus, et à une profondeur de 8 à 10 centimètres à peu près. On peut aussi se procurer plusieurs espèces rares en suivant les paysans quand ils arrachent les bruyères.

Insectes parfaits. — Pour chasser les lépidoptères à l'état d'insecte parfait, une foule de notions, que l'expérience seule peut apprendre, sont indispensables. Nous nous contenterons d'indiquer sommairement les principes qui doivent guider les recherches du jeune entomologiste.

La chasse des papillons diurnes doit être faite au moyen d'un filet. On le fait manœuvrer de droite à gauche, puis, quand l'insecte est pris, on lève la gaze avec les mains pour l'aider à monter, on tourne le fer, et on saisit le papillon par le dessous du corselet, soit avec les doigts, soit avec des pinces appelées *brucelles*, et on lui serre doucement les côtés de la poitrine pour le faire mourir. Une fois mort, on le pique sur le milieu du corselet et on l'étend au moyen de bandelettes de papier fort fixées sur un *étaloir*. Cet étaloir se fabrique en pratiquant, dans du bois tendre, une rainure de la largeur du corps du papillon, qu'on laisse dans cette position le temps nécessaire à sa dessiccation complète.

Les papillons diurnes, comme leur nom l'indique, ne paraissent que le jour : on les trouve dans les clairières des bois, les jardins, les prairies, et à peu près partout. Si, du premier coup de filet, on a manqué un papillon, il faut bien se garder de monter, on tourne le fer, car il disparaîtrait sans retour, tandis que si l'on reste tranquille, on ne tarde pas à le voir revenir.

TABLE DES MATIÈRES.

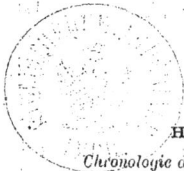

TABLE DES MATIÈRES.

FIN

Librairie de FURNE, JOUVET et Ce

LES MERVEILLES DE LA SCIENCE

descriptions populaires des inventions modernes : machine et bateau à vapeur, locomotives et chemins de fer, locomobiles, machines électriques, paratonnerres, pile de Volta, électro-magnétisme, télégraphe aérien, télégraphe électrique, télégraphie sous - marine , câble transatlantique, galvanoplastie, moteur électrique, horloges et sonnettes électriques, aérostats, éclairage, éthérisation, photographie , stéréoscope, poudre de guerre, artillerie ancienne et moderne, armes à feu portatives, bâtiments cuirassés, drainage, pisciculture, éclairage, etc., etc., par M. Figuier. L'ouvrage complet, publié dans le format grand in-8 jésus,

sera illustré de plus de 1,500 gravures par les meilleures artistes, et formera environ 400 livraisons à 10 centimes, ou 40 séries de 10 livraisons brochées à 1 fr.

Il paraît deux livraisons à 10 centimes, chaque semaine, depuis le mois de mai 1866.

Prix de chaque volume broché, 10 fr.

Relié en toile rouge avec plaques or, 13 fr.

—   —   —   —   tranches dorées, 14 fr.

Relié en demi-chagrin, tranches dor., 15 fr.

Les trois premiers volumes sont en vente, le quatrième paraîtra en novembre 1869.

Librairie et Papeterie classiques de J. GARNIER

COLLECTION DE COUVERTURES DE CAHIERS D'ÉCOLIERS

AVEC VIGNETTES ET NOTICES EXPLICATIVES, RECOMMANDÉES POUR LES CLASSES

SPÉCIALITÉ DE CAHIERS D'ÉCOLIERS

MÉTHODE COLOMBEL

Mention honorable (Exposition universelle de 1867)

COURS PROGRESSIF D'ÉCRITURE en **10** cahiers, contenant tous les exercices propres à conduire l'élève à une bonne expédiée, suivis des Principes et des Modèles pour l'enseignement de la Ronde, de la Bâtarde et de la Gothique.

Par M. V. Colombel, Inspecteur de l'Instruction primaire, Officier d'académie.

10 cahiers : Les n°s 1 à 9. 10 c.

Le n° 10. 15 c.

CAHIERS DE CALCUL à l'usage des commençants.

Par MM. L. Bonvallet, Inspecteur de l'Instruction primaire, Officier d'académie, et J. Siomboing, ancien élève de l'Ecole normale de Versailles.

4 cahiers : Addition. — Soustraction. — Multiplication. — Division.

CAHIERS DE CALCUL à l'usage des écoles primaires, exercices sur le système métrique.

Par les mêmes auteurs.

4 cahiers, ornés de très-belles gravures sur bois :

Mesures de Longueur et Surfaces. — Mesures de Volume et de Capacité. — Mesures de Poids et de Monnaie. — Problèmes.

8 cahiers. Chaque cahier. 10 c.

RÉSULTAT DES EXERCICES ET SOLUTIONS DES PROBLÈMES, contenus dans les cahiers de calcul. 2 brochures grand in-18; chaque, 50 c.

EXERCICES SUR LA GRAMMAIRE, Cahiers-Guides, pour l'application des éléments de la langue française.

Exercices sur les dix parties du discours. — L'Analyse grammaticale. — L'Analyse logique. — Les Participes.

Quatre cahiers; chaque, 10 c.

CAHIER-GUIDE pour la conjugaison des verbes, contenant sur la couverture, en forme de questionnaire, des notions élémentaires, et dans le cours du cahier des remarques sus les verbes des quatre conjugaisons.

Par M. V. Colombel. — Un cahier. 10 c.

MÉTHODE COMPLÈTE D'ÉCRITURE CURSIVE, simple et utile, où l'on se propose particulièrement de conduire l'élève par une suite d'Exercices gradués, à une bonne expédiée ; précédé d'un Exposé des Principes, et suivie de Modèles en *Bâtarde*, en *Ronde* et en *Gothique*.

Par M. V. Colombel, inspecteur de l'instruction primaire, Officier d'académie. 2ᵉ édition. Un vol. in-8 oblong, 24 modèles, 2 fr.

LES FÊTES CHRÉTIENNES, ou explications historiques des Offices et des cérémonies de l'Église, livre de lecture courante.

Par M. V. Colombel. — Ouvrage approuvé par NN. SS. les évêques de Seez et de Versailles. — Un volume in-12 cartonné, 90 c.

NOTIONS ÉLÉMENTAIRES ET UTILES, ou petite Encyclopédie des connaissances usuelles, ouvrage destiné aux écoles.

Par M. V. Colombel. — 3ᵉ édition. Un vol. in-18, cart., 40 c.

TRAITÉ DE PONCTUATION,

Par M. Louandre, rédacteur en chef du *Journal des Instituteurs*. — 1 vol. in-12. 40 c.

LE LIVRE DU JEUNE AGE, premier livre de lecture, faisant suite à toutes les méthodes de lecture.

Par plusieurs instituteurs, sous la direction de M. Colombel, inspecteur primaire. — Un vol. in-18, cartonné. 40 c.

LE SYSTÈME MÉTRIQUE, à l'usage des écoles primaires.

Par M. Loiseau, inspecteur de l'enseignement primaire. 2ᵉ édition. — Un vol. in-12, orné de gravures, br., 40 c.

MÉTHODE MIXTE DE LECTURE, réunissant les avantages de l'ancienne épellation (*Orthographe*), ceux de la nouvelle épellation (*Exercices gradués suivis d'une application immédiate*), et ceux de la lecture sans épellation (*Étude des sons composés, suivis également d'application*).

Par M. F. Dudot, instituteur public, pourvu du certificat d'aptitude aux fonctions d'inspecteur de l'instruction primaire.

La Société pour l'instruction élémentaire de Paris a décerné à la **Méthode DUDOT** une Médaille de bronze (séance du 28 juillet 1867). — Un vol. gr. in-12. Prix : 20 c.

La même méthode en 8 tableaux grand-raisin in-fol., 75 c.

LE PLUS BEAU DES ALPHABETS, méthode simplifiée de lecture, ornée de 130 illustrations par Catenacci et Gérard Seguin, lettres ornées, scènes enfantines, sujets d'histoire naturelle, titre, encadrements, contenant Alphabets divers, Syllabaire, Exercices d'épellation accompagnés de Lectures courantes, avec la Prononciation figurée. Cart. 50 c.

BIBLE EN IMAGES, lectures pour l'Enfance, composées de versets extraits de la Sainte Bible. 1 vol. grand in-18, orné de 350 vignettes, gravées par Andrew, Best et Leloir. Prix, cartonné, couverture illustrée, 1 fr. 50 c.

LE LIVRE D'OR DES PETITS ENFANTS, Alphabet et Bible en images réunis. Un beau volume gr. in-18, orné de 500 gravures, imprimé avec luxe sur fort papier vélin glacé. Cartonné, 2 fr.

Paris. — Imprimé chez PILLET fils aîné, 5, rue des Grands-Augustins.

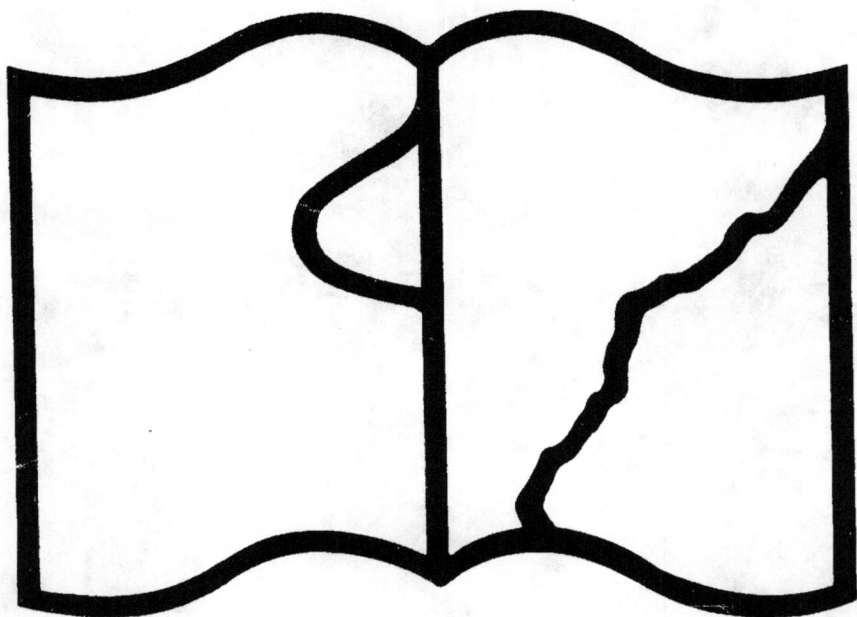

Texte détérioré — reliure défectueuse

NF Z 43-120-11

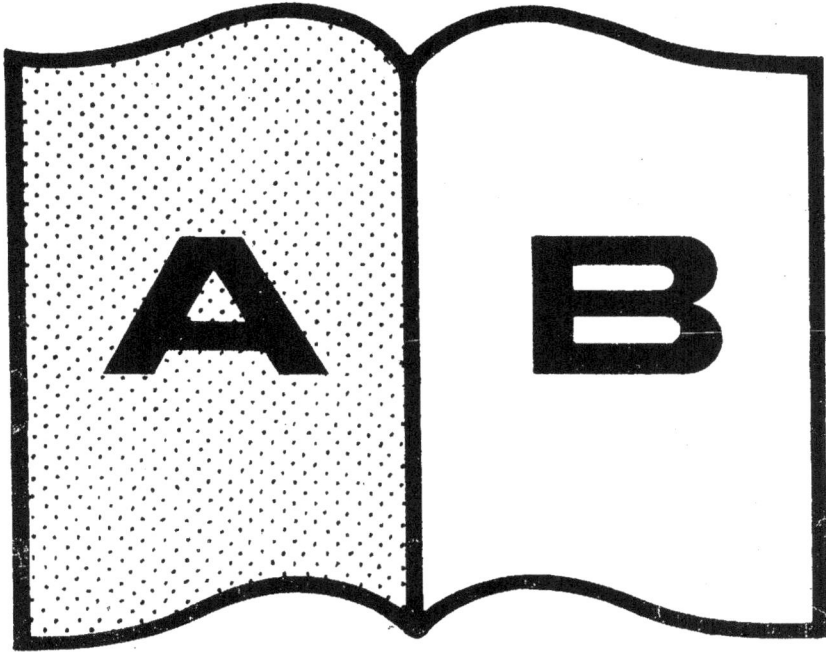

Contraste insuffisant

NF Z 43-120-14

www.ingramcontent.com/pod-product-compliance
Lightning Source LLC
Chambersburg PA
CBHW070758270326
41927CB00010B/2201